AF277412

ciencia que ladra...
serie mayor

Dirigida por Diego Golombek

EL CEREBRO MATEMÁTICO

Stanislas Dehaene

Cómo nacen, viven y a veces mueren los números en nuestra mente

edición en español al cuidado de yamila sevilla
y luciano padilla lópez

traducción de maría josefina d'alessio

siglo veintiuno
editores

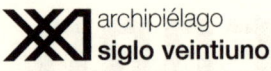
siglo veintiuno

españa
siglo xxi editores
www.sigloxxieditores.com
travesía bellver, 2, 28039, madrid

argentina
siglo xxi editores
www.sigloxxieditores.com.ar
guatemala 4824, c1425bup, buenos aires

méxico
siglo xxi editores
www.sigloxxieditores.com.mx
cerro del agua 248, coyoacán, 04310, ciudad de méxico

Título original: *The number sense*

Diseño de cubierta: Juan Pablo Cambariere

Primera edición: marzo de 2026

ISBN: 978-84-323-2186-3
Depósito legal: M-27736-2025

Impreso en España. *Printed in Spain.*

Índice

PARTE III
De neuronas y números

PARTE IV
La ciencia contemporánea del número y el cerebro

Este libro (y esta colección)

Y el ángel de los números / pensativo, volando / del 1 al 2, del 2 /
al 3, del 3 al 4.
Rafael Alberti, "El ángel de los números"

Nos pasamos la infancia / contando piedras, plantas, / dedos,
arenas, dientes, / la juventud contando / pétalos, cabelleras. /
Contamos los colores, los años, / las vidas y los besos […]. /
El tiempo se hizo número. / Nos rodearon los números.
Pablo Neruda, "Oda a los números"

En el principio fue el número. Quizás antes que el cerebro.
Luego juntaron sus caminos, convirtiendo nuestra capacidad de ver el
mundo matemáticamente en un verdadero sentido –para algunos, el sexto sentido de nuestro cuerpo–.

Ahora bien, ¿qué le pedimos a un sentido? Por ejemplo, que existan
áreas cerebrales especializadas que se activen cuando desarrollamos esa
experiencia sensorial. Eso es lo que ocurre, de hecho, con los números,
tanto en cerebros de primates no humanos como en el nuestro; en efecto, allá por el área parietal (un poco más arriba que las orejas, ideal para
el cabezazo certero y al ángulo), se producen respuestas a los estímulos
de cantidades. Un verdadero mapa cerebral de los números y, por cierto,
uno muy preciso: Stanislas Dehaene y su grupo demostraron que existen
áreas parietales diferentes para la estimación o la comparación numérica, y otras, por ejemplo, para la multiplicación.

En el origen de sus investigaciones hubo algunos casos clínicos, como
el paciente N., quien para llegar a una cantidad determinada se veía obligado a recitar la serie de números naturales. A este paciente se lo podía
considerar un "hombre de la aproximación", ya que sus cálculos arro-
jaban resultados aproximados: 2 + 2 da algo entre 3 y 5, y su año tiene
"cerca de trescientos cincuenta días". Estudiando su cerebro, Dehaene

fue pionero en la investigación de un sentido del número, recorriendo un universo que va de los animales a los humanos de diferentes culturas, de los bebés a los genios de la matemática.

Es que no estamos solos en este sentido del número: los animales (monos, ratas, palomas, salamandras, delfines o leones, por citar algunos estudios) parecen tenerlo. Y también los animales más extraños de todos, los bebés, esos locos bajitos que se incorporan... y cuentan todo lo que hay en su mundo. Sí: mientras que es posible entrenar a una rata para recibir comida sólo si aprieta una palanca una cantidad específica de veces, un bebé de seis meses distingue claramente cantidades y relaciones de mayor/menor. Estos pequeñitos pueden reconocer sumas o restas sencillas –así que tengan cuidado cuando quieran explicarles dulcemente que tal juguete es mucho más caro que otro–.

Una de las principales preguntas en esta historia es si nuestra capacidad de interpretar la naturaleza numérica viene de fábrica o si necesariamente la vamos aprendiendo. Los experimentos con niños de meses de edad (¡meses!) son reveladores al respecto, según los resultados arrojados por el propio Dehaene. Por otra parte, somos especialistas en trazar una geografía de los números o, en otras palabras, ponerlos sobre mapas (mentales o de papel). Nos resulta sencillo pensar en una regla con los números ordenados uno tras otro –aunque esta habilidad se puede trastocar con ciertos tipos de lesiones mentales–. Pero hay mucho más en el mundo de lo que pueden nuestra matemática y nuestra civilización. Ciertas tribus de Nueva Guinea son incapaces de trazar líneas numéricas, mientras que otras, como los mundurucus del Amazonas (también estudiados por el autor), utilizan mentalmente escalas logarítmicas y no lineales. ¿Será entonces que los números son innatos, pero las líneas dependen del delineador y su cultura? ¿Y qué sucede en aquellas culturas que, directamente, no tienen palabras para identificar a los números, como los pirahãs, o que sólo pueden "contar" hasta 5, como los mundurucus (y la palabra "cinco" es la misma que se usa para "una mano")? ¿Será que la necesidad del conteo, o la del sentido del número, se fue afianzando a medida que los humanos se establecieron en comunidades, desarrollaron la agricultura y, más adelante, los almacenes chinos?

La pregunta sobre "naturaleza vs. cultura" es fundamental en el debate de la numerología cerebral y, como suele suceder, hay una suerte de empate técnico. Si bien ya venimos a este mundo con el cerebro preparado para el sentido del número, también es preciso desarrollarlo. El pasaje de contar con los dedos a imaginar las cuentas tiene que ser fomentado paso a paso, como saber de memoria las tablas de multiplicar (algo que para nuestro cerebro no resulta nada trivial): aquí hay una verdadera educación del sentido del número, una de las aplicaciones de las investigaciones de Dehaene en la escuela.

Asimismo, y como corresponde a toda neurociencia cognitiva que se precie de tal, también hay diferencias de género en esto del "sentido del número". Un experimento realizado con miles de personas en Inglaterra demostró que las mujeres son mejores y más rápidas en la estimación inmediata de cantidades pequeñas (que el cerebro cuenta de manera diferente –y más precisa– que cuando se trata de números más grandes). Y si encima son jugadoras de videojuegos, mejor... porque ese vicio de nuestros tiempos además ayuda a identificar de modo instantáneo números de cosas en la pantalla (algún beneficio tienen que tener tantísimas horas de *Call of Duty*, *Minecraft* o *Plantas versus Zombies*).

No es casual que Dehaene sea, desde hace tiempo, uno de los principales investigadores en este tema: él mismo tiene una fuerte educación en matemática y computación, que en algún momento derivó hacia el estudio del cerebro. Su intuición de nuestra manera de calcular de inmediato cantidades pequeñas (algo así como "subitar" –por lo súbito del cálculo–) lo llevó a predecir numéricamente la respuesta de nuestro cerebro –intuición que, paso a paso, fue comprobada experimentalmente–. Claro, lo que suena menos intuitivo es por qué evolucionamos con este sentido del número. Y aquí aparece otra genialidad del autor –que ya nos deslumbró con una idea similar en su maravilloso *El cerebro lector*–: esta numerosidad cerebral puede corresponder a un reciclado de áreas que originalmente tenían otra función y fueron aprovechadas para saber si se vienen demasiados enemigos y conviene huir al trote, o si un árbol tiene más manzanas que otro. Según el propio Dehaene, "las palabras escritas o los números pueden considerarse parásitos que invaden sistemas cerebrales que, en un principio, estaban destinados a un uso bastante diferente". Como diría William Burroughs, el lenguaje es un virus del espacio exterior; quizá, los números también lo sean.

Y todo esto llega inexorablemente a la escuela. Pasadas algunas décadas de ese intento llamado "matemática moderna", que presuponía que los más chiquitos eran incapaces del cálculo –y que mi generación vivió especialmente en la Argentina–, las investigaciones sobre el sentido del número pueden ayudar a una enseñanza más adecuada de lo que inevitablemente se convierte en el terror de cualquier alumno. Todos tenemos más o menos el mismo cerebro, que sabe sumar, restar y comparar cantidades de manera intuitiva, y para el cual multiplicaciones o divisiones complejas pueden transformarse en una pesadilla. Entonces, mediante juegos y lecciones, el autor ofrece recorridos para que el diablo de los números entre amigablemente al aula.

Si bien este libro nos llega un poco desordenado en la biografía del autor (fue su primer texto destinado al público general), engalana perfectamente nuestra biblioteca junto a los extraordinarios *El cerebro lector* (y su hermano menor, *Aprender a leer*) y *La conciencia en el cerebro*, integrando una trilogía apasionante que nada tiene que envidiar a guerras galácticas o señores con anillos.

La naturaleza y la cultura recorren estas páginas, entre animales, bebés, niños prodigio y, sobre todo, el más maravilloso objeto del universo, mezcla de ábaco, tabla de multiplicar, identificador de patrones y admirador de símbolos abstractos: nuestro propio cerebro.

Esta colección de divulgación científica está escrita por científicos que creen que ya es hora de asomar la cabeza por fuera del laboratorio y contar las maravillas, grandezas y miserias de la profesión. Porque de eso se trata: de contar, de compartir un saber que, si sigue encerrado, puede volverse inútil. Esta nueva serie nos permite ofrecer textos más extensos y, en muchos casos, compartir la obra de autores extranjeros contemporáneos.

Ciencia que ladra… no muerde, sólo da señales de que cabalga. Y si es Serie Mayor, ladra más fuerte.

Diego Golombek

Prefacio a la segunda edición

Sin proponérselo, un libro científico es una cápsula de tiempo. No tiene fecha de vencimiento, lo que en muchos casos significa que los lectores evaluarán sus teorías, hechos y evidencias muchos años después de la publicación, y lo harán con omnisciencia retrospectiva. Este libro, que escribí cuando todavía no había cumplido los 30, no es una excepción a esta regla.

Tuve la suerte de comenzar a trabajar en este libro durante los primeros años de la década de 1990, en un momento en que la investigación sobre el número estaba dando los primeros pasos. Un puñado de laboratorios empezaba apenas a rozar el tema, inaugurando este campo de investigación. Algunos hacían foco sobre cómo los niños percibían conjuntos de objetos. Otros se especializaban en la forma en que los niños en edad escolar aprenden las tablas de multiplicar, o estudiaban el extraño comportamiento de los pacientes que sufren lesiones cerebrales que alteran las habilidades para el cálculo. Por último, algunos –entre ellos, yo– hacían las primeras incursiones en la investigación en neuroimágenes para descubrir qué áreas cerebrales se activan cuando a los estudiantes se les hace una pregunta aritmética sencilla, como "¿6 es más grande que 5?". En ese momento, sólo unos pocos de nosotros podíamos ver que todos estos estudios un día confluirían en un solo campo, la cognición matemática, con una serie de técnicas multifacéticas que apuntaban a responder a la estimulante pregunta de Warren McCulloch:

> ¿Qué es un número, que el hombre puede conocerlo, y qué es un hombre, que puede conocer un número?

Escribí este libro con este sencillo objetivo: reunir todos los datos disponibles acerca de cómo el cerebro realiza operaciones aritméticas elementales y probar que se estaba gestando un nuevo y promisorio campo de investigación, lleno de descubrimientos empíricos por realizar. También confiaba en la posibilidad de echar algo de luz sobre las viejas disputas filosóficas que cuestionaron la naturaleza misma de la matemática. Durante los tres años que me llevó compilar las diferentes líneas de investigación en esta área, mi entusiasmo aumentaba a medida que notaba que todas las piezas de ese rompecabezas complejo encajaban en un todo coherente. La investigación con animales sobre el número se enfocaba en una competencia milenaria para el procesamiento de cantidades numéricas aproximadas. Este "sentido numérico", que también está presente en los bebés, les daba a los humanos la intuición del número. Invenciones culturales como el ábaco o los números arábigos lo transformaron luego en nuestra capacidad completa para la matemática simbólica. Así, resultó obvio que una mirada detallada a las estructuras cerebrales del sentido numérico sería muy reveladora acerca de nuestra comprensión de la matemática. Eso daba una perspectiva clara de los mecanismos de la evolución, y conjugaba nuestras habilidades humanas para la matemática con la forma en que los cerebros de los monos (o incluso los de las ratas y las palomas) representan los números.

Desde que se escribió este libro, cerca de quince años atrás, un frenesí de investigación innovadora ha dado a esta área un ímpetu más fuerte que el que nunca imaginé. La cognición matemática es hoy un campo importante de la ciencia cognitiva, y ya no se centra exclusivamente en el concepto del número y sus orígenes, sino que se ha expandido a los campos relacionados del álgebra y la geometría. Varios temas de investigación que fueron apenas esbozados en este libro se han convertido en áreas de investigación por derecho propio: el sentido numérico en los animales, neuroimágenes de cómputos matemáticos, la naturaleza de la discalculia (el déficit en los niños que tienen dificultades matemáticas), etc. Uno de los logros más emocionantes ha sido el descubrimiento de neuronas independientes que codifican el número en el cerebro del mono, en una localización precisa en el lóbulo parietal, que parece ser un homólogo plausible de las regiones corticales que se activan cuando hacemos cálculos mentales. Otra corriente de investigaciones en constante y veloz desarrollo está relacionada con la aplicación de este conocimiento a la educación: ya empezamos a comprender cómo la escuela desarrolla un sentido exacto del número y la aritmética, y cómo se puede ayudar con juegos y programas informáticos pedagógicos muy simples a los niños que están en riesgo de desarrollar discalculia.

Cuando releí la primera edición de este libro, fue muy grato ver que todas estas ideas ya estaban en germen, aunque en forma algo especulativa, hace quince años. Ahora que los resultados de las investigaciones les han dado un fundamento sólido, estoy convencido de que es apropiado lanzar una nueva edición. Por supuesto, muchos libros excelentes se han publicado desde 1997, entre ellos *Mathematical Brain* de Brian Butterworth (1999), *Where Mathematics Comes From* de Rafael Núñez y George Lakoff (2000) y el *Handbook of Mathematical Cognition*, editado por Jamie Campbell (2004). Ninguno de ellos, sin embargo, abarca el rango completo de lo que hoy sabemos acerca del número y el cerebro.

Estoy agradecido a mis agentes, Max y John Brockman, y a mis editoras, Abby Gross y Odile Jacob, quienes me alentaron a embarcarme en esta nueva versión y me ayudaron a decidir qué forma debía tener. De inmediato coincidimos en que reescribir el pasado sería incómodo o hasta presuntuoso. Parecía preferible darle al lector una sensación apropiada de cómo nació el campo hace veinte años, lo que motivó nuestras hipótesis actuales, y cómo los métodos experimentales evolucionaron desde aquel momento, ya fuera para sustentar nuestras teorías o, algunas veces –por fortuna no muchas–, para refutarlas. Por ende, concebimos una segunda edición que dejaría intacta la original pero le agregaría referencias nuevas y, sobre todo, un extenso capítulo final que resume los descubrimientos más destacados que se hicieron desde la primera edición. Seleccionar los descubrimientos que debían estar en este capítulo fue una tarea ardua, dado que en los últimos quince años el campo creció de modo exponencial. En efecto, hay cientos de descubrimientos científicos relevantes. Sin embargo, decidí limitarme a una pequeña lista de datos sorprendentes que, según creo, iluminan nuestra comprensión de qué es la aritmética en el nivel cerebral, y, por lo tanto, cómo deberíamos enseñarla.

La mayoría de los matemáticos, abierta o encubiertamente, adoptan una perspectiva platónica acerca de su disciplina. Se ven a sí mismos como exploradores de un continente de ideas independientes de la mente humana, más viejas que la vida misma e inmanentes en la estructura misma del universo. En cambio, en su clásico tratado ¿*Qué son y para qué sirven los números?*, el gran matemático alemán Richard Dedekind pensó que los números son "creaciones libres de la mente humana", "una emanación inmediata de las leyes puras del pensamiento". Por mi parte, no podría estar más de acuerdo, ni expresar mejor mi convicción; pero entonces la responsabilidad de esclarecer esos orígenes definitivamente recae sobre los psicólogos y neurocientíficos, que deberán desentrañar cómo un cerebro, un conjunto finito de células nerviosas, puede concebir pensamientos tan abstractos. Este libro debería considerarse un modesto aporte para resolver esta cuestión, que indudablemente seguirá fascinándonos durante mucho tiempo.

S. D.
Palaiseau, Francia,
julio de 2010

Prefacio a la primera edición (actualizado)

Estamos rodeados de números. Trazados sobre tarjetas de crédito o grabados sobre monedas, impresos en cheques o alineados en hojas de cálculo digitalizadas, los números rigen nuestras vidas. En efecto, están situados en el núcleo de nuestra tecnología. Sin los números, no podríamos enviar cohetes a otros sitios del sistema solar, tampoco construir puentes, intercambiar bienes o pagar nuestras cuentas. Así, los números son invenciones culturales sólo comparables en importancia a la agricultura o a la rueda. Pero pueden tener raíces todavía más profundas. Miles de años antes de Cristo, los científicos babilonios utilizaban ingeniosas notaciones numéricas para compilar tablas astronómicas de sorprendente precisión. Hay testimonios de que cientos de miles de años antes de esto, los hombres del neolítico grababan los primeros símbolos numéricos escritos en huesos o pintados como puntos en las paredes de las cavernas. Y, según intentaré demostrar más adelante, todavía millones de años antes, mucho antes de que apareciera el *Homo sapiens*, los animales de todas las especies ya guardaban registro de los números y los utilizaban en cómputos mentales simples. Entonces, ¿los números pueden ser tan viejos como la vida misma? ¿Es posible que estén inscriptos en la estructura de nuestros cerebros? ¿Todos tenemos un "sentido numérico", una intuición especial que nos ayuda a comprender los números y la matemática?

Cerca de los 16 años, cuando estaba estudiando para llegar a ser un matemático, sentía fascinación por los objetos abstractos que mis docentes me enseñaban a manipular y, sobre todo, por los más simples de ellos: los números. ¿De dónde venían? ¿Cómo era posible que mi cerebro los comprendiera? ¿Por qué dominarlos parecía tan difícil para la mayoría de la gente? Los historiadores de la ciencia y los filósofos de la matemática habían provisto algunas respuestas tentativas; pero para una mente de orientación científica, el carácter especulativo y contingente de estas explicaciones era insatisfactorio. Es más, en los libros que yo conocía, montones de hechos intrigantes acerca de los números y la matemática quedaban sin respuesta. ¿Por qué todas las lenguas tenían al menos algunos nombres para los números? ¿Por qué todos parecían sentir que las multiplicaciones por siete, ocho o nueve eran particularmente difíciles de aprender? ¿Por qué parecía que yo no podía reconocer más de cuatro objetos de un vistazo? ¿Por qué había diez chicos por chica en los cursos de matemática avanzada a los que asistía? ¿Cuáles eran los trucos que les permitían a los calculistas mentales multiplicar dos números de tres dígitos en unos pocos segundos?

Mientras aprendía cada vez más sobre psicología, neurofisiología y ciencia computacional, se volvió obvio que no había que buscar las respuestas en los libros de historia, sino en la estructura misma de nuestros cerebros, el órgano que nos permite crear la matemática. Desde la perspectiva de un matemático, ese era un momento apasionante para orientarse hacia la neurociencia cognitiva. Parecía que cada mes surgían nuevas técnicas experimentales y resultados sorprendentes. Algunos revelaban que los animales podían resolver problemas aritméticos simples. Otros preguntaban si los bebés tenían alguna noción de cuánto es 1 más 1. También comenzaban a estar disponibles herramientas de imágenes funcionales que permitían visualizar los circuitos activos del cerebro humano cuando calcula y resuelve problemas aritméticos. De pronto, las bases psicológicas y cerebrales de nuestro sentido numérico estaban franqueadas a la experimentación. Un nuevo campo de la ciencia estaba emergiendo: la cognición matemática, o la investigación científica acerca de cómo el cerebro da lugar a la matemática. Tuve la suerte de convertirme en un participante activo en esta búsqueda. Este libro aporta una primera mirada a este nuevo campo de investigación que mis colegas de París y varios equipos de investigación a lo largo del mundo todavía están desarrollando.

Estoy en deuda con muchas personas por ayudarme a completar la transición desde la matemática hacia la neuropsicología. En primer lugar y principalmente, mi programa de investigación sobre la aritmética y el cerebro nunca podría haberse desarrollado sin la asistencia generosa de tres sobresalientes docentes, colegas y amigos que merecen agradecimientos muy especiales: Jean-Pierre Changeux en neurobiología, Laurent Cohen en neuropsicología y Jacques Mehler en psicología cognitiva. Su apoyo, su consejo y a menudo su contribución directa al trabajo que aquí se describe han sido de una ayuda invaluable.

Me gustaría expresar mi gratitud a mis muchos compañeros de investigación de las últimas dos décadas, y particularmente a la contribución crucial de muchos estudiantes y posdoctorandos, muchos de los cuales se volvieron colaboradores esenciales y, simplemente, amigos con los que cuento: Rokny Akhavein, Serge Bossini, Marie Bruandet, Antoine Del Cul, Raphaël Gaillard, Pascal Giraux, Ed Hubbard, Veronique Izard, Markus Kiefer, André Knops, Étienne Koechlin, Sid Kouider, Gurvan Leclec'H, Cathy Lemer, Koleen McCrink, Nicolas Molko, Lionel Naccache, Manuela Piazza, Philippe Pinel, Maria-Grazia Ranzini, Susannah Revkin, Gérard Rozsavolgyi, Elena Rusconi, Mariano Sigman, Olivier Simon, Arnaud Viarouge y Anna Wilson.

Para la primera edición de este libro, también conté con los consejos de muchos otros científicos eminentes. Mike Posner, Don Tucker, Michael Murias, Denis Le Bihan, André Syrota y Vernard Mazoyer compartieron conmigo su conocimiento profundo de las imágenes cerebrales. Emmanuel Dupoux, Anne Christophe y Christophe Pallier me asesoraron sobre psicolingüística. También estoy muy agradecido por los movilizantes debates con Rochel Gelman y Randy Gallistel, y por las acertadas observaciones de Karen Wynn, Sue Carey y Josiane Bertoncini acerca del desarrollo infantil. El fallecido profesor Jean-Louis Signoret ya me había hecho conocer el fascinante dominio de la neuropsicología. Posteriormente, numerosas discusiones con Alfonso Caramazza, Michael McCloskey, Brian Butterworth y Xavier Seron ampliaron mucho mi comprensión de esta disciplina. Xavier Jeannin y Michel Dutat, por último, me asistieron para programar mis experimentos.

Para esta segunda edición, muchos colaboradores adicionales, en Francia y en el extranjero, me ayudaron a progresar en mi investigación: Hillary Barth, Eliza Block, Jessica Cantlon, Laurent Cohen, Jean-Pierre Changeux, Evelyn Eger, Lisa Feigenson, Guillaume Flandin, Tony Greenwald, Marc Hauser, Antoinette Jobert, Ferath Kherif, Andrea Patalano, Lucie Hertz-Pannier, Karen Kopera-Frye, Denis Le Bihan, Stéphane Lehéricy, Jean-Francois Mangin, José Frederico Marques, Jean-Baptiste Poline, Denis Rivière, Jérôme Sackur, Elizabeth Spelke, Ann Streissguth, Bernard Thirion, Pierre-François van de Moortele y Marco Zorzi. También estoy muy agradecido a todos los colegas que, a lo largo de los años y a través de los océanos, por medio de discusiones incansables, me ayudaron a pulir mis pensamientos y corregir mis errores. Es imposible hacer una lista exhaustiva, pero mis pensamientos van en primer lugar y principalmente a Elizabeth Brannon, Wim Fias, Randy Gallistel, Rochel Gelman, Usha Goswami, Nancy Kanwisher, Andreas Nieder, Michael Posner, Bruce McCandliss, Sally y Bennett Shaywitz y Herb Terrace.

Mi investigación sobre la cognición numérica recibió un gran impulso cuando obtuve el subsidio Centennial Fellowship de la Fundación McDonnell, de diez años de extensión, que tuvo un papel esencial en mi carrera. También fue financiada por el INSERM (Instituto Francés para la Investigación Médica y de la Salud), la CEA (Comisión de Energía Atómica), el Collège de France, la Universidad París XI, las fundaciones Fyssen, Bettencourt-Schueller, Volkswagen, Louis D. del Institut de France y la Fundación Francesa para la Investigación Médica. La preparación de este libro se benefició enormemente con el escrutinio cuidadoso de Brian Butterworth, Robbie Cade, Markus Giaquinto y Susana Franck para la edición inglesa, y de Jean-Pierre Changeux, Laurent Cohen, Ghislaine Dehaene-Lambertz y Gérard Jorland para la edición francesa. Un cálido agradecimiento también a Joan Bossert y Abby Gross, mis editores de Oxford University Press, John Brockman, mi agente, y Odile Jacob, mi editora francesa. Su confianza y su apoyo fueron muy valiosos.

Asimismo me gustaría agradecerles a las editoriales y los autores que amablemente me permitieron reproducir las figuras y las citas utilizadas en este libro. Vaya un agradecimiento especial a Gianfranco Denes por señalarme el notable tramo de *La lección* de Ionesco que se cita en el capítulo 7.

Por último, pero no por eso menos importante, la palabra "gracias" no es suficiente para expresar mis sentimientos por mi familia, Ghislaine, Olivier, David y Guillaume, quienes me apoyaron con paciencia durante los largos meses transcurridos en plan de exploración y escritura acerca del universo de los números. Este libro está dedicado a ellos.

S. D.
Piriac, Francia,
agosto de 1996

Introducción
El instinto del número

Cualquier poeta, hasta el más refractario
a la matemática, está obligado
a seguir contando y llegar a doce
si alejandrinos franceses compone.
Raymond Queneau

Al encarar la escritura de este libro, me propuse un ridículo problema aritmético: si este libro debe tener unas doscientas cincuenta páginas de extensión y abarcar nueve capítulos, ¿cuántas páginas habrá por capítulo? Luego de pensar mucho, llegué a la conclusión de que cada uno tendría poco menos de treinta páginas. Sí, eso me llevó aproximadamente cinco segundos, nada mal para un humano, pero una eternidad si se la compara con la velocidad de cualquier calculadora electrónica. De hecho, mi calculadora no sólo respondió de forma instantánea, ¡sino que el resultado que me dio era preciso hasta diez decimales: 27,7777777778!

¿Por qué nuestra capacidad para hacer cálculos mentales es tan inferior a la de una computadora? ¿Y cómo es que alcanzamos excelentes estimaciones como "un poco menos de 30" sin recurrir a un cálculo exacto, algo que está más allá de la capacidad de las mejores calculadoras electrónicas? La resolución de estas acuciantes preguntas, tema central de este libro, nos llevará a encarar acertijos aún más desafiantes:

- ¿Por qué, después de tantos años de entrenamiento, la mayoría de nosotros todavía no sabe con seguridad si 7 por 8 es 54 o 64...? ¿O es 56?
- ¿Por qué nuestro conocimiento matemático es tan frágil que una pequeña lesión cerebral es suficiente para eliminar nuestra capacidad de cálculo?
- ¿Cómo es que un bebé de cinco meses puede saber que 1 más 1 es igual a 2?

- ¿Cómo es posible para los animales sin lenguaje –por ejemplo, los chimpancés, las ratas y las palomas– tener algún conocimiento de aritmética elemental? ¿En qué escuela de la vida silvestre lo aprendieron?

Mi hipótesis es que las respuestas a todas esas preguntas deben buscarse en una única fuente: la estructura de nuestro cerebro. Cada uno de los pensamientos que consideramos, cada cálculo que realizamos, es resultado de la activación de circuitos neuronales especializados que están implantados en nuestra corteza cerebral. Nuestras construcciones matemáticas abstractas se originan en la actividad coherente de nuestros circuitos cerebrales, y de los millones de otros cerebros que nos precedieron, que ayudaron a darle forma y a seleccionar nuestras herramientas matemáticas actuales. ¿Podemos comenzar a comprender las restricciones que nuestra arquitectura neuronal impone a nuestras actividades matemáticas?

Desde Darwin, la evolución ha sido la referencia para los biólogos. En el caso de la matemática, tanto la evolución biológica como la cultural son importantes. La matemática no es un ideal estático y otorgado por Dios, sino un campo de investigación humana en constante cambio. Incluso nuestra notación digital de los números, por obvia que pueda resultar hoy en día, es fruto de un proceso lento de invención a lo largo de miles de años. Lo mismo ocurre con el algoritmo de multiplicación actual, el concepto de raíz cuadrada, los conjuntos de números reales, imaginarios o complejos, y así sucesivamente. En todos aún pueden verse las marcas de su difícil y reciente nacimiento.

La lenta evolución cultural de los objetos matemáticos es un producto de un órgano biológico muy especial, el cerebro, que en sí mismo representa el resultado de una evolución biológica aún más lenta, regida por los principios de la selección natural. Las mismas presiones selectivas que configuraron los delicados mecanismos del ojo, el perfil del ala del colibrí o las minúsculas articulaciones de la hormiga también se ejercieron sobre el cerebro humano. Año a año, especie tras especie, órganos mentales cada vez más especializados germinaron y se desplegaron dentro del cerebro para procesar mejor el enorme flujo de información sensorial que recibía, y para adaptar las reacciones del organismo a un ambiente competitivo o incluso hostil.

Uno de los órganos mentales especializados con los que cuenta el cerebro es un procesador primitivo del número que, sin ser completamente equivalente a la aritmética que se enseña en nuestras escuelas, la prefigura. Aunque pueda parecer improbable, numerosas especies animales que consideramos estúpidas o salvajes, como las ratas y las palomas, en realidad son muy talentosas para el cálculo. Tienen la capacidad de representar mentalmente cantidades y transformarlas de acuerdo con algunas de las reglas de la aritmética. Los científicos que han estudiado estas habilidades creen que los animales poseen un módulo mental, tradicionalmente llamado "acumulador", que puede llevar un registro de varias cantidades. Más adelante veremos cómo las ratas aprovechan este acumulador mental para distinguir series de dos, tres o cuatro sonidos, o para calcular sumas aproximadas de dos cantidades. El mecanismo del acumulador abre una nueva dimensión de percepción sensorial a través de la cual el número cardinal de un conjunto de objetos puede registrarse con tanta facilidad como su color, su forma o su posición. Este "sentido numérico" otorga tanto a los animales como a los humanos una intuición directa de lo que significan los números.

En un libro suyo que rendía homenaje a "el número, la lengua de la ciencia", Tobias Dantzig destacaba la importancia de esta forma elemental de intuición numérica:

> El hombre, incluso en las etapas más tempranas del desarrollo, tiene una facultad que, a falta de un mejor nombre, llamaré "sentido numérico". Esta facultad le permite reconocer que en un pequeño conjunto algo ha cambiado cuando, sin que lo sepa directamente, se quitó o se agregó un objeto a ese conjunto (Dantzig, 1967 [1930]).

Dantzig escribió estas palabras cuando la psicología estaba dominada por la teoría de Jean Piaget, quien negaba que los niños pequeños tuvieran habilidades numéricas. Llevó más de veinte años refutar del todo el constructivismo piagetiano y confirmar la percepción de Dantzig. Todas las personas poseen, incluso en su primer año de vida, una intuición bien desarrollada acerca de los números. Más adelante consideraremos en mayor detalle los ingeniosos experimentos que demuestran que los bebés humanos, lejos de ser incapaces, conocen ya desde el nacimiento algunos fragmentos de aritmética que pueden compararse con el conocimiento animal del número. ¡La resolución de sumas y restas elementales está al alcance de los bebés de seis meses!

Pero no me gustaría crear una confusión. Por supuesto, sólo el cerebro del *Homo sapiens* adulto tiene la capacidad de reconocer que 37 es un número primo, o calcular estimaciones del número π. En efecto, este tipo de proezas son todavía privilegio de sólo algunos humanos de unas pocas culturas. El cerebro bebé y, desde luego, el cerebro animal, lejos de semejantes habilidades matemáticas, realizan sus pequeños milagros aritméticos sólo en contextos limitados. En particular, su acumulador no puede operar con cantidades discretas, sino con estimaciones continuas. Las palomas nunca serán capaces de distinguir 49 de 50, porque no pueden representar estas cantidades más que de una forma aproximada y variable. Para un animal, 5 más 5 no es 10, sino *aproximadamente 10*: tal vez 9, 10 u 11. Tan pobre perspicacia numérica, tanta imprecisión en la visión interna de los números, evita la aparición del conocimiento aritmético exacto en los animales. Por la estructura misma de sus cerebros, están condenados a una aritmética aproximada.

A los humanos, sin embargo, la evolución les ha dado una competencia suplementaria: la habilidad para crear sistemas de símbolos complejos, incluida la lengua hablada y escrita. Las palabras o los símbolos, en tanto pueden deslindar conceptos con significados arbitrariamente próximos, nos permiten superar los límites de la aproximación. La lengua nos permite etiquetar hasta el infinito diferentes números. Estas etiquetas, cuyo ejemplo más evolucionado son los números arábigos, pueden simbolizar y volver discreta cualquier cantidad continua. Gracias a ellas, los números quizá cercanos en cantidad, pero con propiedades aritméticas muy diferentes, pueden distinguirse unos de otros. Sólo a partir de esto puede concebirse la invención de reglas puramente formales para comparar, sumar o dividir dos números. En efecto, los números adquieren vida propia, sin ninguna referencia directa a conjuntos concretos de objetos. El andamiaje de la matemática puede entonces elevarse, cada vez más alto, cada vez más abstracto.

Esto, sin embargo, plantea una paradoja. Nuestros cerebros han permanecido en esencia inalterados desde que apareció el *Homo sapiens*, hace cien mil años. Nuestros genes, en efecto, están condenados a una evolución lenta e ínfima, que depende del azar de las mutaciones. Hacen falta miles de intentos fallidos antes de que aparezca una mutación favorable, digna de ser transmitida a generaciones futuras. En contraste, las culturas evolucionan a través de un proceso mucho más rápido. Las ideas, los inventos, los progresos de todo tipo pueden difundirse a una población completa mediante la lengua y la educación tan pronto como han germinado en alguna mente fecunda. De este modo la matemática, tal como la conocemos hoy, ha surgido en apenas unos pocos miles de años. El concepto de número –vislumbrado por los babilonios, refinado por los griegos, depurado por los indios y los árabes, axiomatizado por Dedekind y Peano, generalizado por Galois– nunca ha dejado de evolucionar de cultura a cultura, ¡obviamente, sin necesidad de que el material genético del matemático se modificara! A simple vista, no hay diferencia entre el cerebro de Einstein y el del hombre que, en el período magdaleniense del paleolítico superior, pintó la cueva de Lascaux. En la escuela primaria, nuestros niños aprenden matemática moderna con un cerebro que inicialmente estaba diseñado para la supervivencia en la sabana africana.

¿Cómo podemos conciliar esta inercia biológica con la altísima velocidad a la que va la evolución cultural? Gracias a extraordinarias herramientas modernas, como la tomografía por emisión de positrones o la resonancia magnética funcional (PET y fMRI, respectivamente), los circuitos cerebrales que subyacen al lenguaje, a la resolución de problemas y al cálculo mental hoy pueden ser registrados por neuroimágenes en el cerebro humano vivo. Veremos que cuando se confronta nuestro cerebro con una tarea para la que no lo preparó la evolución, como multiplicar por dos dígitos, utiliza una vasta red de áreas cerebrales cuyas funciones iniciales son bastante diferentes, pero que, en conjunto, pueden alcanzar la meta deseada. Más allá del acumulador aproximado que compartimos con las ratas y las palomas, nuestro cerebro probablemente no contenga ninguna "unidad aritmética" predestinada para los números y la matemática. Sin embargo, compensa esta limitación utilizando circuitos alternativos que pueden ser lentos e indirectos, pero resultan más o menos funcionales para la tarea que deben realizar.

Por ende, objetos culturales como las palabras escritas o los números pueden considerarse parásitos que invaden sistemas cerebrales que, en un principio, estaban destinados a un uso bastante diferente. Ocasionalmente, como en el caso de la lectura de palabras, ese parásito puede ser tan invasivo como para que la función previa de determinada área cerebral resulte reemplazada completamente por la suya. Así, algunas áreas cerebrales que en otros primates parecen destinadas al reconocimiento de objetos visuales adquieren en el humano alfabetizado un rol especializado e irreemplazable en la identificación de cadenas de letras y dígitos.

Uno no puede más que maravillarse con la flexibilidad de un cerebro que, según el contexto y la época, puede planificar una caza de mamuts o concebir una demostración del último teorema de Fermat. Sin embargo, esta flexibilidad no debería sobrestimarse. De hecho, mi opinión es que precisamente las capacidades y los límites de nuestros circuitos cerebrales son los que determinan los puntos fuertes y débiles de nuestras habilidades matemáticas. Desde tiempos inmemoriales, nuestro cerebro, como el de la rata, ha sido dotado de una representación intuitiva de las cantidades. Por eso somos hábiles para realizar aproximaciones, y nos parece tan obvio que 10 es más grande que 5. Como contrapartida, nuestra memoria, a diferencia de la que posee la computadora, no es digital, sino que funciona asociando ideas. Tal vez por este motivo nos resulte tan difícil recordar la pequeña cantidad de ecuaciones que conforman las tablas de multiplicar.

Al igual que el cerebro del incipiente matemático se presta con mayor o menor facilidad a los requisitos de la matemática, los objetos matemáticos también evolucionan para combinarse cada vez mejor con nuestras limitaciones cerebrales. La historia de la matemática provee gran cantidad de evidencia de que nuestros conceptos de número, lejos de estar congelados, se encuentran en evolución constante. Los matemáticos han trabajado tenazmente durante siglos para mejorar la utilidad de las notaciones numéricas, aumentando su grado de generalidad, sus campos de aplicación, y su simplicidad formal. Al hacerlo, han inventado, sin darse cuenta, formas de hacerlas encajar con las limitaciones de nuestra organización cerebral. A pesar de que en la actualidad unos pocos años de educación son suficientes para aprender la notación digital, no deberíamos olvidar que tomó siglos perfeccionar este sistema antes de que se volviera un juego de niños. Algunos objetos matemáticos hoy parecen muy intuitivos simplemente porque su estructura se adapta bien a nuestra arquitectura cerebral. Por otro lado, para muchos niños las fracciones son muy difíciles de aprender porque su maquinaria cortical resiste a un concepto que va tan en contra del sentido común.

Si la arquitectura básica de nuestro cerebro impone límites tan fuertes a nuestra comprensión de la aritmética, ¿por qué algunos niños se destacan en matemática? ¿Cómo es que matemáticos notables como Gauss, Einstein o Ramanujan alcanzaron una familiaridad tan extraordinaria con los objetos matemáticos? ¿Y cómo es que algunas personas con síndrome del savant y 50 de coeficiente intelectual logran convertirse en expertos del cálculo mental? ¿Deberíamos dar por sentado que algunas personas comenzaron la vida con una arquitectura cerebral particular, o una predisposición biológica para convertirse en genios? Un análisis detallado de esta hipótesis nos demostrará que esto es improbable. Hasta ahora, en todo caso, existe muy poca evidencia de que los grandes matemáticos y los prodigios del cálculo hayan sido dotados con una estructura neurobiológica excepcional. Como el resto de nosotros, los expertos en aritmética tienen que esforzarse para realizar cálculos largos y para comprender conceptos matemáticos abstrusos. Si tienen éxito, es sólo porque dedican un tiempo considerable a este tema y consiguen inventar algoritmos bien ajustados y atajos astutos, que cualquiera de nosotros podría aprender si lo intentara, los cuales que están cuidadosamente diseñados para aprovechar los recursos de nuestro cerebro y superar sus límites. Lo especial en esos individuos es su pasión desproporcionada e implacable por los números y la matemática, ocasionalmente impulsada por su incapacidad para mantener relaciones normales con otros humanos, una patología cerebral llamada "autismo". Estoy convencido de que los niños de iguales habilidades iniciales pueden llegar a tener un desempeño excelente o nulo en matemática dependiendo de su amor u odio por la materia. La pasión da lugar al talento, y los padres y maestros tienen, por lo tanto, una responsabilidad considerable para desarrollar las actitudes positivas o negativas de sus niños respecto de las matemáticas.

En *Los viajes de Gulliver* (III, cap. V), Jonathan Swift describe los extraños métodos de enseñanza utilizados en la escuela de matemática de Lagado, en la Isla de Balnibarbi:

> Estuve en la escuela de matemática, donde el maestro enseñaba a sus discípulos de acuerdo con un método casi inconcebible para los europeos. Las proposiciones y demostraciones se escribían en una delgada oblea con tinta compuesta de una tintura cefálica. El estudiante se la tragaba en ayunas, y durante tres días sólo tomaba pan y agua. Cuando había digerido la oblea, la tintura subía a su cerebro y con ella la proposición. Pero hasta entonces no habían logrado éxito, en parte por algún error en el *quantum* o composición, y en parte por la perversidad de los muchachos, para quienes este bolo es tan nauseabundo que generalmente lo dejan de lado a hurtadillas y lo vomitan antes de que pueda operar: tampoco se ha logrado convencerlos de que guarden una abstinencia tan larga como lo requiere la prescripción.

Aunque la descripción de Swift roza lo absurdo, su metáfora básica del aprendizaje de la matemática como un proceso de asimilación tiene una veracidad innegable. En última instancia, todo el conocimiento matemático se incorpora en los tejidos biológicos del cerebro. Cada una de las clases de matemática que cursan nuestros niños se traduce en modificaciones de millones de sus sinapsis, que implican la expresión de nuevos genes y la formación de miles de millones de moléculas de neurotransmisores y receptores, con la modulación de señales químicas que reflejan el nivel de atención del niño y su compromiso emocional con el tema. Sin embargo, las redes neuronales de nuestros cerebros no son totalmente flexibles. La estructura misma de nuestro cerebro hace que algunos conceptos aritméticos sean más fáciles de "digerir" que otros.

Espero que las perspectivas que sostengo aquí lleven, en última instancia, a mejoras en la enseñanza de la matemática. Un buen plan de estudios debería tener en cuenta las fortalezas y las limitaciones de la estructura cerebral del alumno. Para optimizar las experiencias de aprendizaje de nuestros niños, deberíamos considerar qué impacto tienen la educación y la maduración cerebral sobre la organización de las representaciones mentales. Obviamente, todavía estamos lejos de comprender hasta qué punto el aprendizaje puede modificar nuestra maquinaria cerebral. Sin embargo, lo poco que ya sabemos podría resultar útil. Los fascinantes resultados que los científicos cognitivos han acumulado a lo largo de los últimos veinte años acerca de cómo nuestro cerebro hace cuentas no se han hecho públicos hasta ahora y no se les ha permitido filtrarse en el mundo de la educación. Sería muy feliz si esta obra sirviera como un catalizador para mejorar la comunicación entre las ciencias cognitivas y las ciencias de la educación.

Este libro propone a sus lectores una travesía por la aritmética vista desde los meticulosos ojos de un biólogo, pero sin dejar de lado sus componentes culturales. En los capítulos 1 y 2, al seguir la senda de las habilidades de los animales y los bebés humanos para la aritmética, intentaré convencerlos de que nuestras capacidades matemáticas no carecen de precursores biológicos. En efecto, en el capítulo 3 encontraremos muchas marcas del modo animal de procesamiento de números, activo aun en el comportamiento del humano adulto. En los capítulos 4 y 5, al observar el modo en que los niños aprenden a contar y a calcular, intentaremos comprender cómo puede superarse este sistema inicial aproximado, y qué dificultades supone la adquisición de la matemática avanzada para nuestro cerebro de primates. Esta será una buena oportunidad para investigar los métodos actuales de enseñanza de la matemática y para examinar hasta qué punto se han adaptado naturalmente a nuestra arquitectura mental. En el capítulo 6 también intentaremos esclarecer los rasgos que distinguen a un joven Einstein o a un prodigio del cálculo del resto de nosotros. En los capítulos 7 y 8, por último, nuestro safari seguirá las huellas del número y finalizará en los surcos de la corteza cerebral, donde están localizados los circuitos neuronales que sustentan el cálculo y de donde, ¡ay!, puede desalojarlos una lesión o un accidente vascular, que privan de sentido numérico a sus desdichadas víctimas.

PARTE I
Nuestra herencia numérica

1. Animales talentosos

Una piedra
dos casas
tres ruinas
cuatro sepultureros
un jardín
unas flores

un mapache
Jacques Prévert, "Inventario"

Desde el siglo XVIII, puede leerse en varios libros de historia natural una anécdota:

> El señor de un castillo quería matar a una corneja que había hecho nido en lo alto de una torre. Sin embargo, cada vez que el señor se acercaba a la torre, el ave volaba y quedaba fuera de tiro, a la espera de que el hombre se alejase. En cuanto este se iba, ella volvía a su nido. El hombre decidió pedir ayuda a un vecino. Los dos cazadores entraron a la torre juntos, y luego sólo uno de ellos salió. Pero la corneja no cayó en esta trampa y actuó con sensatez: antes de regresar, esperó a que el segundo hombre saliera. Tampoco bastaron tres, cuatro ni cinco hombres para engañar a la astuta ave. Cada vez, antes de regresar, la corneja aguardaba la partida de todos los cazadores. Finalmente, acudió un grupo de seis cazadores. Cuando cinco de ellos habían dejado la torre, el ave, no tan hábil para la matemática después de todo, regresó confiada y el sexto cazador la abatió.

¿Esta anécdota es auténtica? Nadie lo sabe. Ni siquiera está claro si tiene algo que ver con la competencia numérica: hasta donde sabemos, el ave podría haber memorizado la apariencia de cada cazador, antes que el número total. Sin embargo, decidí destacarla porque aporta un espléndido ejemplo de varios aspectos de la aritmética animal que son el tema de este capítulo. En primer lugar, en gran cantidad de experimentos cuidadosamente controlados, las aves y muchas otras especies animales parecen capaces de percibir las cantidades numéricas sin necesitar un entrenamiento especial. En segundo lugar, esta percepción no es perfectamente certera, y su precisión disminuye a medida que los números se hacen más grandes, lo que explica que el pájaro confunda el 5 y el 6. Por último, y con mayor picardía, la anécdota muestra que las fuerzas de la selección darwiniana también se aplican al dominio aritmético. Si la corneja hubiera sido capaz de contar hasta 6, ¡tal vez nunca le habrían disparado! En numerosas especies, estimar la cantidad y la ferocidad de los predadores o cuantificar y comparar los beneficios de dos posibles provisiones de comida son cuestiones de vida o muerte. Este tipo de argumentos evolutivos debería ayudar a comprender muchos experimentos científicos que han revelado procedimientos sofisticados para el cálculo numérico en los animales.

Un poco de astucia equina

A comienzos del siglo XX, un caballo llamado Hans dio mucho que hablar y llegó a los titulares de los diarios alemanes (Fernald, 1984). Su dueño, Wilhelm von Osten, no era un entrenador de animales de circo. En cambio, era un hombre apasionado que, bajo la influencia de las ideas de Darwin, se había propuesto demostrar el alcance de la inteligencia animal. Terminó pasando más de una década enseñándole aritmética, música y lectura a su caballo. Si bien los resultados demoraron en llegar, al fin superaron todas sus expectativas. El caballo daba la sensación de poseer una inteligencia superior. ¡Aparentemente, podía resolver problemas aritméticos e incluso escribir palabras!

Las demostraciones de las habilidades de ese caballo, que no tardó en ser conocido como "Der kluge Hans" (o "Clever Hans", fuera de Alemania),[1] solían realizarse en el jardín de Von Osten. El público formaba un semicírculo alrededor del animal y le sugería una pregunta aritmética al entrenador; por ejemplo, "¿Cuánto es cinco más tres?".

---

1 En los dos casos, la traducción literal del sobrenombre es "Hans el astuto" o "el inteligente Hans". [N. de T.]

Luego, Von Osten presentaba al animal cinco objetos alineados en una mesa y tres objetos en otra mesa. Luego de analizar el "problema", el caballo respondía golpeando el suelo con uno de sus cascos un número de veces equivalente al total de la suma. Sin embargo, las habilidades matemáticas de Hans excedían por mucho esta simple hazaña. Algunos problemas aritméticos eran pronunciados en voz alta por el público, o se escribían en números arábigos en un pizarrón, y Hans podía resolverlos con igual facilidad (figura 1.1). El caballo también sumaba dos fracciones, como $^2/_5$ y $^1/_2$, y podía dar la respuesta $^9/_{10}$ golpeando primero nueve veces y luego diez veces con el casco. Incluso se decía que, cuando se le pedía que determinara cuáles eran los divisores de 28, Hans llegaba, apropiadamente, a dar las respuestas 2, 4, 7, 14 y 28. Por supuesto, ¡el conocimiento numérico de Hans superaba por mucho lo que una maestra de escuela primaria podría esperar hoy de un alumno razonablemente despierto!

Figura 1.1. Clever Hans y su dueño, Wilhelm von Osten, posan frente a un impresionante despliegue de problemas aritméticos. El pizarrón más grande muestra los códigos numéricos que el caballo usaba para escribir palabras.

En septiembre de 1904, luego de una exhaustiva investigación, un comité de expertos –entre ellos, el eminente psicólogo alemán Carl Stumpf– llegó a la conclusión de que las hazañas de Hans eran reales y no producto de un engaño. Sin embargo, esta generosa conclusión no satisfizo a Oskar Pfungst, uno de los estudiantes de Stumpf. Con ayuda de Von

Osten –el dueño estaba completamente convencido de la inteligencia superior de su prodigio–, comenzó a realizar un estudio sistemático de las habilidades del caballo. Los experimentos de Pfungst son un modelo de rigor y creatividad, incluso para los estándares actuales. Su hipótesis de trabajo era que el caballo no podía ser más que totalmente inepto en matemática. Por tanto, tenía que ser el propio dueño, o alguien del público, quien supiera la respuesta y enviara al animal una señal oculta cuando se había alcanzado el número correcto de golpes, y de este modo hiciera que el animal dejara de golpear con el casco.

Para probarlo, Pfungst inventó una forma de disociar lo que Hans sabía sobre un problema de lo que sabía su dueño. Utilizó un procedimiento que difería sólo en pocos detalles del descripto más arriba. El dueño miraba cuidadosamente cómo se escribía una cuenta sencilla en caracteres grandes de imprenta sobre un tablero. Luego se orientaba el tablero hacia el caballo de modo que sólo él pudiera ver el problema y resolverlo. Sin embargo, en algunos ensayos, de forma subrepticia Pfungst modificaba la suma antes de mostrársela al caballo. Por ejemplo, el amo podía ver 6 + 2, mientras que el caballo en realidad intentaba resolver 6 + 3.

Los resultados de este experimento, y de una serie de controles posteriores, eran claros. Cuando el dueño conocía la respuesta correcta, Hans acertaba la solución sin problemas. Cuando, en cambio, el dueño no conocía el resultado, el caballo fallaba. Es más, el caballo solía cometer un error que correspondía al número que el dueño esperaba. Por supuesto, era el propio Osten, más que Hans, quien resolvía los distintos problemas aritméticos. Pero ¿cómo sabía el caballo cuál era la respuesta? Por fin, Pfungst dedujo que la habilidad de Hans, realmente pasmosa, consistía en detectar movimientos minúsculos de la cabeza o las cejas de su dueño, que en cada ocasión le mostraban el momento en que debía dejar de golpear el suelo. En realidad, el aprendiz de psicólogo nunca dudó de que el entrenador fuera sincero; de hecho, estaba convencido de que las señales eran totalmente inconscientes e involuntarias. Notablemente, el caballo continuaba respondiendo de forma correcta en ausencia de Von Osten: al parecer, detectaba el incremento de tensión en el público a medida que se acercaba al número esperado de golpes. A pesar de sus intentos, e incluso después de haber descubierto la naturaleza exacta de las claves corporales que el animal utilizaba, el propio Pfungst nunca consiguió suprimir todas las formas de comunicación involuntaria.

Las conclusiones de Pfungst desacreditaron enormemente las demostraciones de la supuesta "inteligencia animal" y la solvencia de expertos como Stumpf, que las habían validado ciegamente. En efecto, el fenómeno "Clever Hans" todavía hoy se enseña en las clases de psicología como símbolo perdurable de la influencia dañina que las expectativas y las intervenciones del investigador, por pequeñas que sean, pueden tener en el resultado de cualquier experimento psicológico con humanos o con animales. Históricamente, el caso de Hans tuvo un papel crucial en la conformación del espíritu crítico de los psicólogos y los etólogos, pues llamó la atención sobre la necesidad de tener un diseño experimental riguroso. Dado que incluso un estímulo prácticamente invisible, tan efímero como un parpadeo, puede tener tanta influencia en el desempeño de los animales, un experimento bien diseñado debe estar, desde el comienzo, libre de cualquier posible fuente de error. Esta lección fue particularmente bien recibida por los conductistas –como Burrhus Frederic Skinner–, quienes destinaron gran parte de su trabajo al desarrollo de paradigmas experimentales rigurosos para el estudio del comportamiento animal.

Por desgracia, el ejemplo de Hans tuvo otras consecuencias, más negativas para el desarrollo de la ciencia psicológica. En especial, imprimió un halo de sospecha en el área de investigación sobre la representación de los números en los animales. ¡Irónicamente, hoy cualquier sencilla demostración de la competencia numérica en los animales hace que los científicos arqueen sus cejas con el mismo gesto que le servía como pista a Hans! De manera consciente o no, este tipo de experimentos se asocian con la historia de Hans y, por esto, resultan sospechosos de una falla elemental en el diseño, si no de una rotunda falsificación. Sin embargo, este prejuicio carece de lógica. Los experimentos de Pfungst sólo demostraron que las habilidades numéricas de Hans no eran reales, sino producto de la casualidad. De ninguna manera probaron que para un animal sea imposible comprender algunos aspectos de la aritmética. Hasta épocas recientes, sin embargo, la actitud del científico era buscar con obstinación el defecto en el diseño experimental que pudiera explicar el comportamiento animal sin recurrir a la hipótesis de que los animales poseen un conocimiento (al menos embrionario) del cálculo. Durante un largo tiempo, ni siquiera los resultados más convincentes lograron persuadir a la comunidad científica. Algunos investigadores incluso prefirieron atribuir a los animales habilidades misteriosas e indemostrables, como la facultad de la "discriminación del ritmo", por ejemplo, antes que admitir que podían enumerar una colección de objetos. En resumen, los científicos optaron por arrojar al bebé junto con el agua del baño.

Antes de pasar a algunos de los experimentos que finalmente convencieron hasta a los investigadores más escépticos, me gustaría terminar la historia de Hans con una anécdota moderna. Aun en la actualidad, el entrenamiento de animales de circo utiliza métodos bastante similares al truco de Hans. Si alguna vez ven un espectáculo en el que un animal suma números, "deletrea" palabras o realiza alguna hazaña sorprendente de este tipo, pueden apostar con seguridad a que este comportamiento depende, como el de Hans, de una discreta comunicación con su entrenador humano. Permítanme volver a destacar que no necesariamente una transmisión de este tipo es intencional. A menudo el entrenador está sinceramente convencido de los enormes talentos de su alumno.

Hace algunos años, por casualidad descubrí un divertido artículo en un diario local suizo: una periodista había visitado la casa de Gilles y Caroline P., cuya caniche, llamada Poupette, parecía extraordinariamente talentosa para la matemática. La figura 1.2 muestra al orgulloso dueño de Poupette en plena tarea de presentar a su fiel y genial compañera una serie de dígitos escritos que, según se suponía, la mascota debía sumar. Poupette respondía, sin cometer ni un error, tocando con su pata exactamente el número de veces requeridas la mano del amo, que lamía luego de alcanzar la cantidad correcta. De acuerdo con su amo, el prodigio canino había necesitado sólo un breve período de entrenamiento, lo que lo llevó a creer en la reencarnación o en algún fenómeno paranormal similar. La perspicaz periodista, sin embargo, prefirió creer que el perro podía reaccionar a señales sutiles de los párpados de su amo, o a algunos pequeños movimientos de su mano cuando se alcanzaba el número correcto. Así, este fue en verdad un caso de reencarnación: la reencarnación de la estratagema de Clever Hans, de la cual la historia de Poupette constituía una sorprendente réplica, a un siglo de distancia.

Ratas que cuentan

Luego del incidente de Hans, varios renombrados laboratorios estadounidenses desarrollaron programas de investigación sobre las habilidades matemáticas de los animales. Muchos proyectos de este tipo fracasaron. Un etólogo alemán llamado Otto Koehler, sin embargo, tuvo más éxito. Uno de los cuervos que había entrenado, Jacob, aparentemente aprendió a elegir, entre varios recipientes, aquel cuya tapa mostraba un número fijo de puntos (cinco). Como el tamaño, la forma y la localización de los puntos variaban aleatoriamente de un ensayo a otro, sólo una percepción precisa del número 5 podía dar cuenta de este desempeño (Koehler, 1951). Sin embargo, los resultados alcanzados por el equipo de Koehler tuvieron poco impacto, en parte porque la mayoría de ellos fueron publicados sólo en alemán y en parte porque este investigador no consiguió convencer a sus colegas de que había logrado neutralizar todas las posibles fuentes de error, como la comunicación accidental del investigador, las claves olfatorias o el parecido físico.

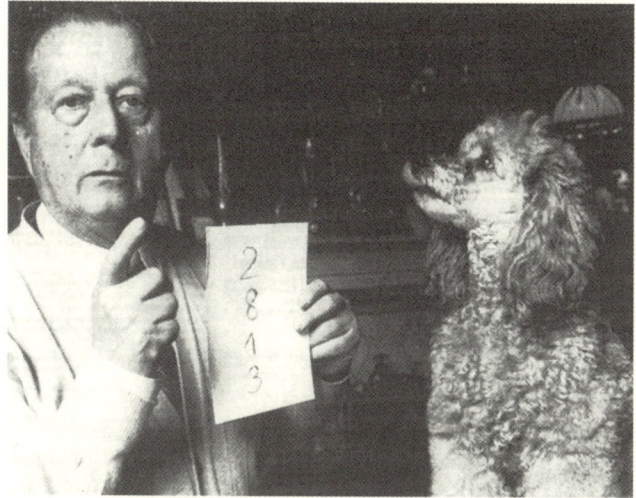

Figura 1.2. En nuestros días, Hans y su astucia reencarnan en forma de caniche: Poupette, la mascota que supuestamente poseía un notable talento para sumar dígitos.

Durante las décadas de 1950 y 1960, en la Universidad de Columbia, Francis Mechner, un psicólogo de animales, y más tarde John Platt y David Johnson, de la Universidad de Iowa, presentaron un paradigma experimental muy convincente (Mechner, 1958, Platt y Johnson, 1971). Se ubicó a una rata, a la que por un tiempo se había privado de comida, en una caja cerrada con dos palancas, A y B. La palanca B estaba conectada a un dispositivo mecánico que entregaba una pequeña cantidad de comida. Sin embargo, este sistema de recompensa no funcionaba instantáneamente. La rata primero tenía que accionar repetidas veces la palanca A. Sólo luego de accionarla determinado número de veces podía cambiar a la palanca B y obtener su merecido premio. Si la rata cambiaba a la palanca B demasiado rápido, no sólo no obtenía comida, sino que además recibía una penalización. En diferentes experimentos, la luz podía apagarse durante algunos segundos, o el contador se reiniciaba, de modo que la rata tenía que comenzar otra vez a accionar la palanca A una serie de *n* veces.

¿Qué hicieron las ratas en este ambiente bastante inusual? Inicialmente descubrieron, por prueba y error, que la comida aparecía cuando accionaban varias veces la palanca A y luego una vez la palanca B. Poco a poco, el número de veces que debían accionarla se estimaba con mayor y mayor precisión. Con el paso del tiempo, al final del período de aprendizaje, las ratas se comportaban de forma muy racional en relación con el número *n* que el investigador había seleccionado. Las ratas que debían accionar cuatro veces la palanca A antes que la B entregara comida, lo hacían aproximadamente cuatro veces. Aquellas sometidas a la situación en que se requería que lo hicieran ocho veces esperaban hasta haber presionado la palanca cerca de ocho veces, y así sucesivamente (figura 1.3). Las astutas ratas contadoras seguían llevando un registro impecable, ¡incluso cuando el número era tan alto como 12 o 16!

Es importante mencionar dos detalles. En primer lugar, a menudo las ratas presionaban la palanca A algunas veces más que el mínimo requerido: cinco veces en lugar de cuatro, por ejemplo. Nuevamente, esta era una estrategia eminentemente racional: dado que recibían una penalización por cambiar antes a la palanca B, las ratas preferían ir a lo seguro y accionar la palanca A una vez más, antes que hacerlo una vez de menos. En segundo lugar, incluso después de un entrenamiento considerable, el comportamiento de las ratas seguía siendo bastante impreciso. Cuando la estrategia era presionar la palanca A exactamente cuatro veces, las ratas muchas veces la accionaban cuatro, cinco o seis veces y, en algunos ensayos, tres o incluso siete veces. Su conducta definitivamente no era "digital"; de ensayo a ensayo, el margen de variación era considerable. En efecto, esta variabilidad aumentaba en proporción directa con el número de veces que las ratas estimaban que él esperaba. Cuando el blanco –es decir, la cantidad esperada– eran las cuatro veces, las respuestas de las ratas iban desde las tres hasta las siete, pero cuando el blanco era dieciséis, las respuestas iban de doce a veinticuatro, o sea que cubrían un intervalo mucho más grande. Aparentemente, los pequeños roedores estaban equipados con un mecanismo de estimación más bien impreciso, bastante diferente de nuestras calculadoras digitales.

Dada esta situación, muchos de ustedes probablemente se estarán preguntando si no atribuimos muy a la ligera una competencia numérica a

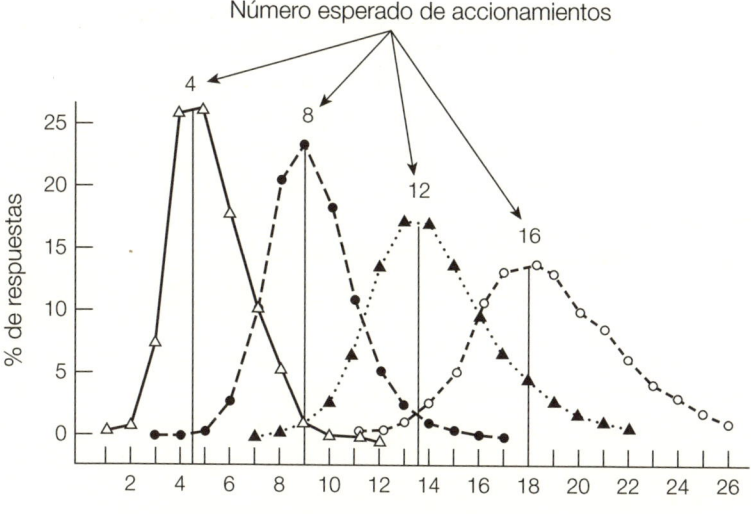

Figura 1.3. En un experimento realizado por Mechner, una rata aprende a presionar la palanca A un número predeterminado de veces antes de cambiar a la palanca B. La rata acierta aproximadamente el número elegido por el investigador, aunque su estimación se vuelve cada vez más imprecisa a medida que los números se agrandan (adaptado de Mechner, 1958; © Society for the Experimental Analysis of Behavior).

las ratas, y si no es posible encontrar una explicación más sencilla para su conducta. En primer lugar, déjenme señalar que el efecto Clever Hans no puede ejercer influencia en este tipo de experimento, porque las ratas están aisladas en sus jaulas y todas las circunstancias experimentales están controladas por un aparato mecánico automático. Sin embargo, ¿la rata realmente es sensible al *número* de veces que se presiona la palanca, o estima el *tiempo* transcurrido desde el comienzo del ensayo, o algún otro parámetro no numérico? Si la rata presionara la palanca a un ritmo regular –por ejemplo, una vez por segundo–, el comportamiento expuesto más arriba podría explicarse en todo su alcance por estimación temporal, más que numérica. Cuando se accione la palanca A, la rata esperará cuatro, ocho, doce o dieciséis segundos, dependiendo del cronograma impuesto, antes de cambiar a la palanca B. Esta explicación puede considerarse más simple que la hipótesis de que las ratas son capaces de contar sus movimientos, pese a que, de hecho, las estimaciones a propósito de la duración y los números son operaciones de una complejidad equivalente.

Para refutar una explicación basada en el factor tiempo como esta, Francis Mechner y Laurence Guevrekian (1962) utilizaron un control muy simple: variaron el grado de privación de alimento que se les imponía a las ratas. Cuando los roedores estaban muy hambrientos y, lógicamente, ansiosos por obtener su recompensa alimenticia lo antes posible, accionaban las palancas tanto más rápido. Sin embargo, el aumento del ritmo no tenía efecto alguno en el *número* de veces que presionaban la palanca. Las ratas a las que se entrenaba con un número-blanco de cuatro accionamientos continuaban produciendo entre tres y siete, mientras que las entrenadas para presionar ocho veces seguían accionando la palanca aproximadamente ocho veces, y así sucesivamente. Ni el número de accionamientos promedio ni la dispersión de los resultados se vieron modificados con los ritmos más rápidos. La conclusión es que, obviamente, un parámetro numérico más que temporal dirige el comportamiento de las ratas.

Un experimento más reciente realizado por Russell Church y Warren Meck en la Universidad de Brown demuestra que las ratas espontáneamente prestan tanta atención al número de eventos como a su duración. En el experimento de Church y Meck (1984), un parlante instalado en la jaula de las ratas emitía una secuencia de tonos. Había dos secuencias posibles. La secuencia A tenía dos tonos y duraba un total de dos segundos, mientras que la secuencia B constaba de ocho tonos y duraba ocho segundos. Las ratas debían distinguir entre las dos melodías. Luego de cada melodía, se insertaban dos palancas en la jaula. Para recibir la recompensa en forma de alimento, las ratas tenían que presionar la palanca izquierda si habían oído la secuencia A, y la derecha si habían oído la B (figura 1.4).

Varios experimentos preliminares habían demostrado que muy pronto las ratas puestas en esta situación aprendían a accionar la palanca correcta. Obviamente, podían utilizar dos parámetros distintos para distinguir A de B: la duración total de la secuencia (dos segundos frente a ocho) o el número de tonos (dos frente a ocho). ¿Las ratas prestaban atención a la duración, al número o a ambos? Para descubrirlo, los investigadores presentaron algunas secuencias de prueba en que la duración permanecía fija mientras se variaba el número, y otras en que se fijaba el número y se variaba la duración. En el primer caso, todas las secuencias duraban cuatro segundos, pero estaban formadas por una cantidad de tonos que iba de dos a ocho. En el segundo caso, todas las secuencias estaban formadas por cuatro tonos, pero la duración se extendía de dos a ocho segundos. En todas las secuencias de este tipo, las ratas siempre re-

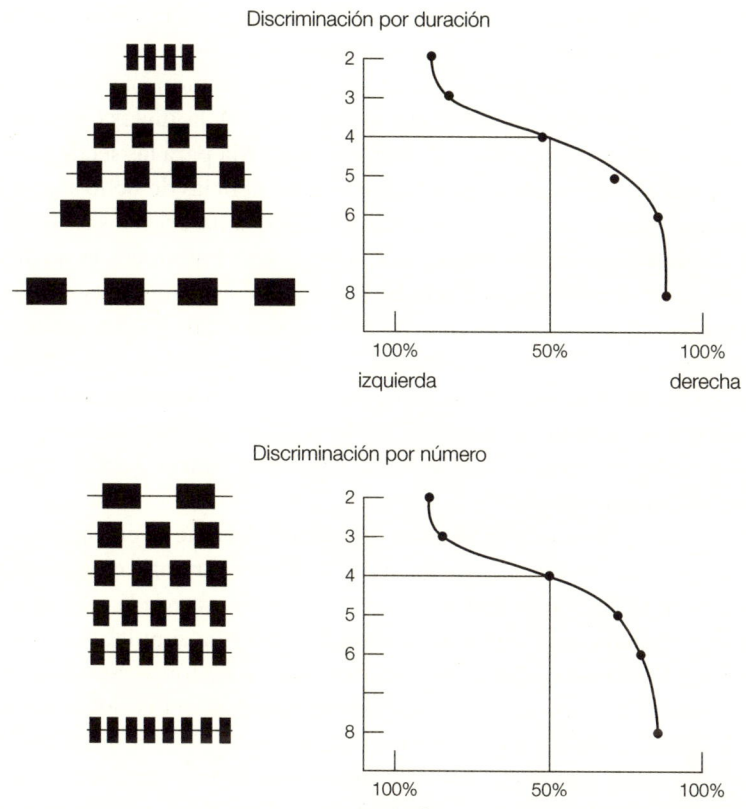

Figura 1.4. Meck y Church entrenaron a un grupo de ratas para que presionaran la palanca de la izquierda cuando oyeran una secuencia corta de dos tonos y la palanca de la derecha cuando oyeran una secuencia larga de ocho tonos. Más tarde, las ratas generalizaron de forma espontánea: para el mismo número de sonidos, diferenciaban las secuencias de dos segundos de las secuencias de ocho segundos (arriba) y, para una duración total equivalente, discriminaban entre los dos tonos y los ocho tonos (abajo). En ambos casos, el cuatro parece ser un "promedio subjetivo" entre dos y ocho: el punto en que las ratas no pueden decidir si deberían presionar la derecha o la izquierda (adaptado de Meck y Church, 1983).

cibían una recompensa en comida, sin importar la palanca que eligieran. En términos antropocéntricos, los investigadores simplemente estaban preguntando cómo sonaban estos nuevos estímulos para las ratas, sin dejar que la recompensa interfiriera con su decisión. El experimento, entonces, medía la habilidad de las ratas para generalizar las conductas aprendidas con anterioridad a una situación novedosa.

Los resultados fueron muy claros. Las ratas generalizaban con igual facilidad tanto la duración como el número. Cuando la duración era fija, continuaban accionando la palanca izquierda cuando oían dos tonos, y la palanca derecha cuando oían ocho tonos. A la inversa, cuando el número era fijo, presionaban la palanca izquierda para las secuencias de dos segundos y la palanca derecha para las secuencias de ocho segundos. ¿Pero qué pasaba con los valores intermedios? Al parecer, las ratas los reducían al estímulo más cercano que habían aprendido; así, la novedosa secuencia de tres tonos producía la misma respuesta que la secuencia de dos tonos utilizada para el entrenamiento, mientras que las secuencias de cinco o seis tonos se clasificaban del mismo modo que la secuencia original de ocho tonos. Es curioso que, cuando la secuencia incluía sólo cuatro tonos, las ratas no podían decidir si debían presionar la izquierda o la derecha. ¡Para una rata, el 4 parece ser el punto medio subjetivo entre los números 2 y 8!

Tengamos presente que las ratas no sabían, durante el entrenamiento, que después serían evaluadas con secuencias que variaban en duración o en el número de tonos. Entonces, este experimento revela que, cuando una rata escucha una melodía, su cerebro de forma simultánea y espontánea registra tanto la duración como el número de tonos. Sería un error grave pensar que, como estos experimentos utilizan el condicionamiento, de algún modo les enseñan a las ratas a contar. Al contrario, las ratas entran a escena equipadas con mecanismos de última tecnología para la percepción visual, auditiva, táctil y numérica. El condicionamiento sólo le enseña al animal a asociar percepciones que siempre ha experimentado, como las representaciones de la duración del estímulo, su color o su número, con acciones novedosas como accionar una palanca. No hay motivo para pensar que el número es un parámetro complejo del mundo externo, más abstracto que los llamados "parámetros objetivos" o "físicos" como el color, la posición en el espacio o la duración en el tiempo. De hecho, en tanto un animal esté equipado con los módulos cerebrales apropiados, computar el número aproximado de objetos que contiene un conjunto probablemente no sea más difícil que percibir sus colores o sus posiciones.

En efecto, hoy en día sabemos que de forma espontánea las ratas y otras muchas especies prestan atención a cantidades numéricas de todo tipo: acciones, sonidos, luces, trozos de comida.[2] Por ejemplo, los inves-

---

2 La cognición numérica en animales ha sido tema de distintos trabajos de revisión, como Davis y Pérusse (1988), Gallistel (1989, 1990), Brannon y Terrace

tigadores han comprobado que los mapaches, cuando se les presentan varias cajas transparentes con uvas adentro, pueden aprender a seleccionar en forma sistemática las que contienen tres uvas y a dejar de lado las que contienen dos o cuatro. Del mismo modo, se ha condicionado a las ratas para que tomen, con regularidad, el cuarto túnel de la izquierda en un laberinto, sin importar el espacio que separe los túneles consecutivos. Otros investigadores les han enseñado a los pájaros a elegir la quinta semilla que encuentran cuando visitan varias jaulas interconectadas. Dadas ciertas circunstancias, las palomas pueden estimar el número de veces que han picado sobre un blanco y diferenciar, por ejemplo, entre cuarenta y cinco y cincuenta picotazos. Veamos un último ejemplo: varios animales, incluidas las ratas, parecen recordar el número de recompensas y castigos que han recibido en una situación determinada. Un elegante experimento que llevaron a cabo E. John Capaldi y Daniel Miller en la Universidad Purdue ha mostrado que, cuando las ratas reciben como recompensas alimentos de dos tipos diferentes –como pasas y cereales–, recuerdan tres tipos de información al mismo tiempo: el número de pasas que han comido, el número de cereales y el número total de alimentos (Capaldi y Miller, 1988). En resumen, lejos de ser una habilidad excepcional, la aritmética es bastante común en el mundo animal. Las ventajas que otorga para la supervivencia son obvias. La rata que recuerda que su escondite es el cuarto a la izquierda se moverá más rápido en el oscuro laberinto de túneles que tiene por hogar. La ardilla que se dé cuenta de que una rama tiene dos nueces y la deje de lado por otra que tiene tres, tendrá más posibilidades de sobrevivir al invierno.

¿Cuán abstractos son los cálculos animales?

Cuando una rata acciona una palanca dos veces, oye dos sonidos y come dos semillas, ¿reconoce que todos estos eventos son ejemplos del número 2? ¿O no puede registrar la conexión entre números que se perciben por medio de diferentes modalidades sensoriales? La capacidad para generalizar a partir de diferentes modalidades de percepción o acción es un componente importante de lo que llamamos "concepto de número". Supongamos, como caso extremo, que un niño pronuncia sistemática-

---

(1998), Dehaene, Dehaene-Lambertz y Cohen (1998), Cantlon y Brannon (2007), Jacob y Nieder (2008), Nieder y Dehaene (2009).

mente la palabra "cuatro" cada vez que ve cuatro objetos, pero elige aleatoriamente las palabras "tres", "cuatro" o "nueve" al oír cuatro sonidos o
saltar cuatro veces. Aunque sin duda su desempeño es excelente con los
estímulos visuales, seríamos reticentes a decir que este niño cuenta con
el conocimiento del concepto de 4, porque consideramos que poseer
este concepto implica ser capaz de aplicarlo a muchas situaciones mul-
timodales diferentes. De hecho, en cuanto los niños han aprendido la
palabra que le da nombre a un número, pueden utilizarla de inmediato
para contar sus autos de juguete, la cantidad de veces que maúlla su gato
o las travesuras de su hermanito menor. ¿Qué ocurre con las ratas? ¿Su
competencia numérica está acotada a determinadas modalidades sensoriales, o es abstracta?

Por desgracia, cualquier respuesta será tentativa, porque fueron pocos
los experimentos exitosos acerca de la generalización multimodal en los
animales. Sin embargo, Russell Church y Warren Meck (1984) han demostrado que las ratas representan el número como un parámetro abstracto que no está unido a una modalidad sensorial específica, auditiva o
visual. Nuevamente colocaron ratas en una jaula con dos palancas, pero
esta vez las estimularon tanto con secuencias visuales como con secuencias auditivas. Inicialmente, las ratas fueron condicionadas a presionar la
palanca izquierda cuando oían dos tonos, y la derecha cuando oían cuatro tonos. Por separado, también se les enseñó a asociar dos destellos de
luz con la palanca izquierda, y cuatro destellos con la derecha. El punto
era cómo se codificaban estas dos experiencias de aprendizaje en el cerebro de la rata. ¿Se almacenaban como dos porciones de conocimiento no
relacionado? ¿O las ratas habían aprendido una regla abstracta como "2
es izquierda y 4 es derecha"? Para descubrirlo, los dos investigadores realizaron algunos ensayos en los que sonidos y luces se presentaban mez-
clados. Se sorprendieron al observar que, cuando presentaban un único
tono sincronizado con un destello, es decir, un total de dos eventos, las
ratas inmediatamente presionaban la palanca izquierda. A la inversa,
cuando presentaban una secuencia de dos tonos sincronizados con dos
destellos de luz –un total de cuatro eventos–, las ratas sistemáticamente
accionaban la palanca derecha. Los animales generalizaban su conocimiento a una situación completamente novedosa. Sus conceptos de los
números 2 y 4 no estaban conectados con la información perceptiva, de
nivel bajo, visual o auditiva, sino con una representación de nivel más
alto, es decir más abstracta.

Consideremos cuán peculiar fue el comportamiento de las ratas en
los ensayos con los dos tonos sincronizados con los dos pulsos de luz.

Recordemos que, durante su entrenamiento, a las ratas siempre se las recompensaba por presionar la palanca izquierda luego de oír dos tonos, y del mismo modo se las premiaba luego de ver dos pulsos de luz. Entonces, tanto los estímulos auditivos de los "dos tonos" como los estímulos visuales de los "dos pulsos" se asociaban con presionar la palanca izquierda. Sin embargo, cuando estos dos estímulos se presentaban juntos, ¡las ratas presionaban la palanca que se había asociado con el número 4! Para captar mejor el significado de este resultado, imaginemos un supuesto experimento en el que se entrena a las ratas para presionar la palanca izquierda siempre que vean un cuadrado (por oposición a un círculo), y para presionar la izquierda siempre que vean el color rojo (por oposición al verde). Si a las ratas se les presentara un cuadrado rojo –la combinación de los dos estímulos–, apuesto a que presionarían con mayor determinación la palanca izquierda. ¿Por qué con los números de tonos y de luces no sucede lo mismo que con las formas y los colores? El experimento demuestra que las ratas "saben", hasta cierto punto, que los números no se suman del mismo modo que las formas y colores. Un cuadrado más el color rojo hacen un cuadrado rojo, pero dos tonos sumados a dos pulsos de luz no intensifican la sensación de la numerosidad 2. En lugar de eso, 2 más 2 es 4, y el cerebro de la rata parece apreciar esta ley fundamental de la aritmética.

Tal vez el mejor ejemplo de las habilidades abstractas de suma en los animales se encuentre en el trabajo que realizaron Guy Woodruff y David Premack (1981) en la Universidad de Pennsylvania. Estos autores se propusieron probar que un chimpancé podía realizar cálculos sencillos a partir de fracciones concretas. En su primer experimento, la tarea del chimpancé era simple: se lo recompensaba por elegir, entre dos objetos, el que fuera físicamente idéntico a un tercero. Por ejemplo, se le presentaba un vaso lleno hasta la mitad con un líquido azulado, y el animal tenía que señalar un vaso idéntico presentado junto a otro que estaba lleno hasta tres cuartos de su volumen. El chimpancé dominó inmediatamente esta simple tarea de emparejamiento basado en la forma física. A partir de ese momento, la tarea se fue haciendo más abstracta. Al chimpancé se le mostraba un vaso medio lleno otra vez, pero para entonces las opciones eran o media manzana o tres cuartos de manzana. En cuanto a su apariencia física, las dos alternativas eran enormemente diferentes del estímulo que se había mostrado como ejemplo; sin embargo, el chimpancé seleccionaba consistentemente la media manzana, y parecía basar sus respuestas en la similitud conceptual entre medio vaso y media manzana. Se evaluaron fracciones de un cuarto, un medio y tres cuartos con similar éxito: el animal sabía que un cuarto de torta es a una torta entera lo que un cuarto de un vaso de leche es a un vaso de leche completo.

En su último experimento, Woodruff y Premack comprobaron que los chimpancés podían incluso combinar mentalmente dos fracciones de este tipo: cuando el estímulo de muestra consistía en un cuarto de manzana y medio vaso, y la opción era entre un disco completo o tres cuartos de disco, los animales elegían lo último en más ocasiones que las que podrían predecirse sólo por azar. Obviamente, estaban realizando un cálculo interno no muy diferente de la suma de dos fracciones: $\frac{1}{4} + \frac{1}{2} = \frac{3}{4}$. Probablemente, no usaban sofisticados algoritmos de cálculo simbólico como los que emplearíamos nosotros; pero, desde luego, tenían una comprensión intuitiva de cómo debían combinarse estas proporciones.

Una última anécdota en relación con el trabajo de Woodruff y Premack: si bien el manuscrito que refería su trabajo se llamaba inicialmente "Conceptos matemáticos primitivos en el chimpancé: proporcionalidad y numerosidad", ¡un error editorial hizo que apareciera en las páginas de la revista científica *Nature* con el título "Conceptos matemáticos *primativos*"! A pesar de que esta alteración fue involuntaria, no era tan inapropiada. Porque, en efecto, la habilidad del animal no era primitiva. Y si se entiende que "primativo" significa "específico de los primates", el neologismo resultaba muy apropiado, porque en ninguna otra especie hasta ahora se ha observado una habilidad abstracta para sumar fracciones de este tipo.

Sin embargo, la suma no es la única operación numérica en el repertorio de los animales. La de comparar dos cantidades numéricas es en verdad una capacidad fundamental, y de hecho está bien extendida entre los animales. Muestre a un chimpancé dos bandejas en las que se hayan dispuesto varios trozos de chocolate (Rumbaugh, Savage-Rumbaugh y Hegel, 1987). En la primera bandeja, ponga dos pilas de chocolate, una con cuatro trocitos y otra con tres. En la segunda bandeja, una pila con cinco trocitos de chocolate y, separado de esta, un único trocito. Dé al animal el tiempo suficiente para que observe la situación cuidadosamente antes de dejarlo elegir una bandeja y comer su contenido. ¿Qué bandeja cree que elegirá? En la mayor parte de las ocasiones, sin entrenamiento, el chimpancé seleccionará la bandeja con el número total más alto de trocitos de chocolate (figura 1.5). De este modo, el primate glotón debe computar espontáneamente el total de la primera bandeja ($4 + 3 = 7$) y el total de la segunda bandeja ($5 + 1 = 6$), y por último debe estimar que 7 es más alto que 6 y que resulta más beneficioso elegir la primera bandeja. Si el chimpancé no pudiera hacer las cuentas y se contentara con elegir la bandeja con la pila de chocolates más grande, debería haberse equivocado en este ejemplo en particular, porque, mientras la pila con cinco trozos de la segunda bandeja excede cada una de las pilas de la primera bandeja, la cantidad total de trozos de la primera bandeja es mayor. Claramente, tanto las dos sumas como la operación de comparación final son necesarias para el éxito.

Figura 1.5. Un chimpancé elige espontáneamente el par de bandejas que contiene el número total de trocitos de chocolate más grande, lo que revela su capacidad innata para sumar y comparar numerosidades aproximadas (reproducido de Rumhaugh, Savage-Rumbaugh y Hegel, 1987).

Aunque los chimpancés tienen un desempeño sorprendentemente bueno para seleccionar el más alto entre dos números, dicho desempeño no está exento de errores. Como suele suceder, la índole de estos errores da pistas importantes acerca de las representaciones mentales que se utilizan (Dehaene, Dehaene-Lambertz y Cohen, 1998). Cuando las dos cantidades son bastante diferentes, como en el caso de 2 y 6, los chimpancés casi nunca fallan: siempre eligen la más alta. A medida que las cantidades se vuelven más próximas, sin embargo, el buen desempeño se reduce sistemáticamente. Y cuando se diferencian por apenas una unidad, sólo el 70% de las elecciones del chimpancé son correctas. El hecho de que la tasa de error dependa con regularidad de la separación numérica entre los ítems se denomina "efecto de distancia". También va acompañado por un *efecto de magnitud*. Para distancias numéricas iguales, el desempeño empeora a medida que los números por comparar se vuelven más grandes. Los chimpancés no tienen dificultad para determinar que 2 es más grande que 1, aunque estas dos cantidades se diferencian sólo por una unidad. Sin embargo, fallan con frecuencia cada vez mayor a medida que uno avanza hacia números más altos como 2 frente a 3, 3 frente a 4, y así sucesivamente. Se han observado efectos de distancia y de magnitud similares en una gran variedad de tareas y en distintas especies, incluidos palomas, ratas, delfines y simios. No parecen existir animales que escapen a estas reglas del comportamiento (ni siquiera el *Homo sapiens*, como veremos más adelante).

¿Por qué estos efectos de distancia y de magnitud son importantes? Porque demuestran, una vez más, que los animales no poseen una representación digital o discreta de los números. Sólo unos pocos primeros números –1, 2 y 3– pueden diferenciarse con gran precisión. Tan pronto como avanzamos hacia cantidades más grandes, la confusión aumenta. La variabilidad de la representación interna de los números crece de forma directamente proporcional a la cantidad representada. Esta es la razón por la que, cuando los números se hacen grandes, un animal tiene problemas para distinguir el número n de su sucesor $n + 1$. Esto no debería llevarnos a la conclusión, sin embargo, de que los números grandes están fuera del alcance del cerebro de una rata o una paloma. En efecto, cuando la distancia numérica es suficiente, los animales pueden diferenciar con éxito y comparar números muy grandes, del orden de 45 contra 50. Su imprecisión simplemente los deja ciegos a las sutilezas de la aritmética, como la distinción entre 49 y 50.

Dentro de los límites establecidos por esta imprecisión interna, hemos visto a través de numerosos ejemplos que los animales poseen herramientas matemáticas funcionales. Pueden sumar dos cantidades y elegir espontáneamente el más grande entre dos conjuntos. ¿Realmente tendríamos que estar tan sorprendidos? Primero intentemos pensar si el resultado de estos experimentos podría haber sido diferente. Cuando se le ofrece a un perro la opción entre un plato lleno y un plato con la mitad de la misma comida, ¿no elige espontáneamente el que tiene más cantidad? Actuar de forma diferente sería devastadoramente irracional. Elegir la más grande entre dos cantidades de comida probablemente es una de las precondiciones para la supervivencia de un organismo vivo.

La evolución ha sido capaz de concebir estrategias tan complejas para la recolección de comida, el almacenamiento y la depredación que no debería sorprendernos que una operación tan simple como la comparación de dos cantidades existiera para tantas especies. Incluso es probable que un algoritmo mental de comparación haya sido descubierto temprano, y tal vez incluso que haya sido reinventado varias veces en el curso de la evolución. Hasta el más elemental de los organismos, en definitiva, se enfrenta a una búsqueda interminable para encontrar el mejor ambiente con la mejor comida, la menor cantidad de predadores, la mayor cantidad de compañeros del sexo opuesto, etc. Se debe optimizar para sobrevivir, y comparar para optimizar.

Todavía tenemos que comprender, sin embargo, a través de qué mecanismos neurales se lleva a cabo este tipo de cálculos. ¿Hay minicalculadoras en los cerebros de los pájaros, las ratas y los primates? ¿Cómo funcionan?

La metáfora del acumulador

¿Cómo puede saber una rata que 2 más 2 es igual a 4? ¿Cómo es que una paloma puede realizar una comparación entre cuarenta y cinco y cincuenta picotazos? Sé, por experiencia, que estos resultados suelen observarse con incredulidad, risa, o incluso exasperación, ¡especialmente cuando nuestro público es de profesores de matemática! Nuestras sociedades occidentales, desde Euclides y Pitágoras, han situado la matemática en la cúspide de los logros humanos. La vemos como una habilidad suprema que requiere una trabajosa educación, o bien que llega como un don innato. En la mente de más de un filósofo, la habilidad humana para la matemática deriva de nuestra habilidad para el lenguaje, de modo que es inconcebible que un animal sin lenguaje pueda contar, ni mucho menos calcular con números.

En este contexto, las observaciones sobre el comportamiento animal que acabo de describir se exponen al riesgo de ser simplemente ignoradas, como muchas veces ocurre con resultados científicos inesperados o aparentemente aberrantes. Sin un marco teórico que los avale, pueden parecer resultados aislados; peculiares, sí, pero en última instancia, poco concluyentes y, desde luego, insignificantes para cuestionar la ecuación "matemática = lenguaje". Para resolver estos fenómenos, necesitaríamos una teoría que explicara, de una forma bastante simple, cómo es posible contar sin palabras.

Por fortuna, esta teoría existe (Meck y Church, 1983). En efecto, todos sabemos que hay dispositivos mecánicos cuyo funcionamiento no es tan diferente del característico de las ratas. Todos los autos, por ejemplo, están equipados con un mecanismo de cómputo, que lleva la cuenta del número de kilómetros acumulados desde que el vehículo se puso en marcha por primera vez. En su versión más sencilla, este "contador" es simplemente una rueda dentada que avanza un diente por cada kilómetro que se recorre. Al menos en principio, este ejemplo muestra que un simple dispositivo mecánico puede llevar la cuenta de una cantidad acumulada. ¿Por qué un sistema biológico no podría incorporar principios similares para contar?

El cuentakilómetros del auto es un ejemplo imperfecto porque utiliza la notación digital, un sistema simbólico que muy probablemente sea específico de los humanos. Para explicar las habilidades aritméticas de los animales, deberíamos buscar una metáfora aún más simple. Imaginemos a Robinson Crusoe, en su isla desierta, solo e indefenso. Para que el ejemplo sea más claro, imaginemos incluso que recibió un golpe en la cabeza que lo privó de cualquier tipo de lenguaje y lo volvió incapaz de utilizar las palabras que hacen referencia a números para contar o hacer cálculos. ¿Cómo podría Robinson construir una calculadora aproximada utilizando sólo las herramientas improvisadas que tiene a su disposición? Esto en realidad es más sencillo de lo que parecería. Supongamos que Robinson descubrió una fuente en las cercanías. Talla un tanque con un tronco grande, y ubica este acumulador al lado de la fuente, de manera tal que el agua no ingresa directamente dentro de él, sino que se la puede desviar temporariamente mediante una pequeña caña de bambú. Con este dispositivo rudimentario, cuyo componente central es el acumulador, Robinson será capaz de contar, sumar y comparar magnitudes numéricas aproximadas. En esencia, el acumulador le permite dominar la aritmética tan bien como lo hace una rata o una paloma.

Supongamos ahora que a la isla de Robinson se acerca una canoa repleta de caníbales. ¿Cómo puede hacer Robinson, que está siguiendo esta escena con un largavista, para llevar un registro del número de atacantes utilizando su calculadora? En primer lugar, tendría que vaciar el acumulador. Luego, cada vez que un caníbal pisara tierra, Robinson desviaría por un breve lapso algo de agua de la fuente dentro del acumulador. Es más, lo haría de manera tal que siempre llevara una cantidad fija de tiempo y que el flujo de agua permaneciera constante. Entonces, para contar a cada atacante, una cantidad de agua más o menos fija ingresa al acumulador. Al final, el nivel del agua del acumulador será igual a *n* veces la cantidad de agua que se echó dentro del acumulador a cada paso. Este nivel final puede servir como una representación aproximada del número *n* de caníbales que ha llegado a la isla. Esto es así porque depende sólo del número de eventos que se han contado. El resto de los parámetros, como la duración de cada evento, el intervalo de tiempo entre ellos, y demás, no tiene influencia alguna. Entonces, el nivel final de agua que hay en el acumulador es completamente equivalente a un número.

Al marcar el nivel que alcanza el agua en el acumulador, Robinson puede tener un registro de la cantidad de gente que ha llegado, y puede usar este número para cálculos posteriores. Al día siguiente, por ejemplo, se acerca una segunda canoa. Para estimar el número total de atacantes, en primer lugar Robinson llena el acumulador hasta el nivel del marcador del día previo, y luego agrega una cantidad fija de agua por cada recién llegado, del mismo modo en que lo hizo anteriormente. Luego de completada esta operación, el nuevo nivel del agua representa el resultado de la suma de los atacantes que se encontraban en la primera canoa y los de la segunda canoa. Robinson puede tener un registro permanente de este cálculo tallando una marca diferente en el acumulador.

Al día siguiente, unos pocos salvajes dejan la isla. Para evaluar su número, ante todo Robinson vacía su acumulador; de inmediato, repite el procedimiento antes descripto, aunque esta vez agrega algo de agua por cada caníbal que se aleja. Se da cuenta de que el nivel final del agua, que representa el número de personas que se han ido, es mucho más bajo que la marca del día anterior. Al comparar los dos niveles de agua, Robinson llega a la preocupante conclusión de que, muy probablemente, el número de nativos que se han ido es menor que el número de nativos que han llegado en los últimos dos días. En resumen, utilizando su rudimentario dispositivo, Robinson puede contar, computar sumas simples y comparar los resultados de sus cálculos, tal como hacen los animales de los experimentos anteriores.

Una clara desventaja del acumulador es que, aunque forman un conjunto discreto, los números están representados por una variable continua: el nivel del agua. Dado que todos los sistemas físicos son inherentemente variables, un mismo número puede representarse, en momentos distintos, con diferentes cantidades de agua en el acumulador. Supongamos, por ejemplo, que el flujo de agua no es perfectamente constante y varía aleatoriamente entre cuatro y seis litros por segundo, con un promedio de cinco litros por segundo. Si Robinson desvía agua durante dos décimas de segundo en el acumulador, se transferirá un litro en promedio. Sin embargo, esta cantidad variará de 0,8 a 1,2 litros. Entonces, si se cuentan cinco ítems, el nivel de agua final variará entre los cuatro y los seis litros. Dado que los mismos niveles exactos de agua podrían haberse alcanzado si se hubieran contado cuatro o seis ítems, la calculadora de Robinson no es capaz de diferenciar con un buen nivel de confianza los números 4, 5 y 6. Si llegan seis caníbales y luego sólo cinco se alejan, Robinson corre el peligro de no notar la ausencia de uno de ellos. ¡Es exactamente la misma situación a la que se enfrentó la corneja de la anécdota que mencioné al comienzo de este capítulo! Desde luego, Robinson será más capaz de discriminar números cuanto mayor sea la diferencia; este es el efecto de distancia, que se intensificará a medida que los números crezcan, y, de esta manera, reproducirá el efecto de magnitud que también caracteriza el comportamiento animal.

Uno podría objetar que el Robinson que estoy describiendo no es particularmente astuto. ¿Qué le impide utilizar piedras en lugar de imprecisas cantidades de agua? Arrojar en un cuenco una piedra por cada ítem que se cuenta le daría una representación discreta y precisa de su número. De este modo, evitaría errores incluso en la más compleja de las sustracciones. Pero la máquina de Robinson sólo se utiliza aquí como una metáfora del cerebro animal. El sistema nervioso –al menos el que poseen las ratas y las palomas– no parece capaz de contar utilizando símbolos discretos. Es fundamentalmente impreciso, y se muestra incapaz de registrar la cantidad de ítems que cuenta; esto explica su varianza creciente para números cada vez más grandes.

Si bien el modelo del acumulador se describe aquí de manera muy informal, en realidad es un modelo matemático riguroso, cuyas ecuaciones predicen con precisión las variaciones en el comportamiento animal en función del tamaño del número y de la distancia numérica (Meck y Church, 1983; un análisis más reciente consta en Dehaene, 2007). Así, la metáfora del acumulador nos permite comprender por qué el comportamiento de la rata es tan variable entre un ensayo y otro. Incluso luego de una considerable cantidad de entrenamiento, una rata parece incapaz de presionar exactamente cuatro veces una palanca, pero puede accionarla cuatro, cinco o seis veces en diferentes ensayos. Creo que esto ocurre por una incapacidad fundamental para representar los números 4, 5 y 6 con un formato discreto e individualizado, como hacemos los humanos. Para una rata, los números son sólo magnitudes aproximadas, variables de un momento a otro, y tan fugaces y elusivas como la duración de los sonidos o la saturación de los colores. Incluso cuando se repita dos veces una secuencia de sonidos, las ratas probablemente no percibirán el número exacto de sonidos, sino sólo el nivel fluctuante de un acumulador interno.

Por supuesto, el acumulador no es más que una metáfora vívida que meramente explica de qué modo un simple dispositivo físico puede imitar, con un considerable nivel de detalle, los experimentos sobre aritmética animal. No hay grifos y recipientes en los cerebros de las ratas y las palomas. Sin embargo, ¿sería posible detectar en el cerebro sistemas neuronales que puedan cumplir una función similar a los componentes del modelo del acumulador? Esta es una pregunta totalmente abierta. Hoy en día, los científicos apenas están comenzando a comprender de qué manera algunos parámetros se modifican al utilizar distintas sustancias farmacológicas. Inyectarles metanfetaminas a las ratas, por ejemplo, parece acelerar el contador interno (hay una revisión reciente en Williamson, Cheng, Etchegaray y Meck, 2008). Las ratas a las que se les inyecta esta sustancia responden a una secuencia de cuatro sonidos como si hubiera habido cinco o seis: es como si el flujo del agua del acumulador se acelerara. Por cada vez que se cuenta, una cantidad de agua mayor que lo normal ingresa al acumulador, y hace que el nivel final sea demasiado grande. Por eso, un 4 en el *input* puede terminar pareciendo un 6 en el resultado. Sin embargo, todavía sabemos poco acerca de las regiones cerebrales en las que la metanfetamina produce su efecto acelerador. Los circuitos cerebrales están lejos de haber revelado todos sus secretos.

¿Hay neuronas detectoras de número?

Si bien los circuitos cerebrales del procesamiento numérico todavía son en gran parte desconocidos, pueden utilizarse simulaciones de redes neuronales para especular acerca de cómo podría ser su organización. Los modelos de redes neuronales son algoritmos que funcionan en una computadora digital convencional, pero emulan los tipos de cómputos que pueden tener lugar en los circuitos cerebrales reales. Por supuesto, las simulaciones siempre son enormemente simplificadas cuando se las compara con la complejidad global de las redes de neuronas reales. En la mayoría de los modelos de computadora, cada neurona se reduce a una unidad digital con un nivel de salida de activación que varía entre 0 y 1. Las unidades activas excitan o inhiben a sus vecinas, así como a unidades más distantes, por medio de conexiones con un peso variable, análogas a las sinapsis que conectan las neuronas reales. A cada paso, cada unidad simulada suma las entradas que recibe de otras unidades, y se enciende o no, dependiendo de si la suma supera determinado umbral. La analogía con una célula nerviosa real es grosera, pero preserva una propiedad crucial: el hecho de que una gran cantidad de cómputos simples se produce al mismo tiempo en varias neuronas distribuidas dentro de múltiples circuitos. La mayor parte de los neurobiólogos cree que un procesamiento masivo en paralelo de este tipo es la propiedad clave que permite al cerebro realizar operaciones complejas en un tiempo breve, utilizando herramientas biológicas relativamente lentas y poco confiables.

¿Es posible que el procesamiento neuronal en paralelo se utilice para procesar números? Junto con Jean-Pierre Changeux, neurobiólogo que trabaja en el Instituto Pasteur en París, propuse una simulación de red neuronal tentativa para explicar la forma en que los animales extraen los números de su ambiente de manera rápida y en paralelo (Dehaene y Changeux, 1993).[3] Nuestro modelo aborda un problema simple que las ratas y las palomas resuelven rutinariamente: dada una retina en la que se exhiben objetos de varios tamaños, y dada una cóclea en la que se reproducen tonos de varias frecuencias, ¿es posible que una red de neuronas simuladas compute el número total de objetos visuales y auditivos? De acuerdo con el modelo del acumulador, puede computarse este número si se agrega a un acumulador interno una cantidad fija por cada ítem que ingresa. El desafío es hacerlo con redes de células nerviosas simuladas, y alcanzar una representación del número que sea independiente del tamaño y la localización de los objetos visuales, así como del tiempo de presentación de los tonos auditivos.

Resolvimos el problema diseñando, en primer lugar, un circuito que normalizara la entrada visual respecto del tamaño. Esta red detecta las posiciones que ocupan los objetos en la retina, y asigna a cada objeto, sin importar su forma o su tamaño, un número aproximadamente constante de neuronas activas en un mapa de posiciones. Este paso de normalización es crucial, porque permite que la red cuente cada objeto como "uno", sin importar su tamaño. Como veremos más adelante, en los mamíferos esta operación puede lograrse mediante circuitos presentes en la corteza parietal posterior, que, según se sabe, computan una representación de la localización de los objetos sin tener en cuenta la forma y el tamaño exactos.

---

3 Este modelo fue desarrollado posteriormente por otros: Verguts y Fias (2004), Verguts, Fias y Stevens (2005). Véanse también Dehaene (2007) y Pearson, Roitman, Brannon, Platt y Raghavachari (2010).

En nuestra simulación, se efectúa una operación similar para los estímulos auditivos. Sin importar los intervalos de tiempo que median entre la recepción de uno y otro, los *inputs* auditivos se acumulan en un único lugar en la memoria. No bien se lograron estas normalizaciones de tamaño, forma y tiempo de presentación, es fácil estimar el número: uno tiene que evaluar simplemente la actividad neuronal total que existe en el mapa visual normalizado y en el almacén de memoria auditivo. Este total es equivalente al nivel de agua final del acumulador y ofrece una estimación bastante confiable del número. En nuestra simulación, un conjunto de unidades que acumulan activaciones de todas las unidades visuales y auditivas subyacentes se ocupa de la operación de suma. Bajo determinadas condiciones, estas unidades de salida sólo se activan cuando la actividad total que reciben está dentro de un intervalo predefinido que varía de una neurona a otra. Por eso, cada una de estas neuronas simuladas funciona como un detector de número que sólo reacciona cuando se ve un aproximado número de objetos (figura 1.6). Una unidad de la red, por ejemplo, responde de manera óptima cuando se le presentan cuatro objetos: cuatro manchas visuales, cuatro sonidos, dos manchas y dos sonidos u otras opciones. La misma unidad reacciona en pocas ocasiones cuando se le presentan tres o cinco objetos, y nunca en los casos restantes. Así, funciona como un detector abstracto del número 4. Toda la línea de números se puede cubrir mediante esos detectores, cada uno ajustado a un número aproximado diferente, y la precisión del ajuste decrece a medida que uno se acerca a números cada vez más grandes. Como las neuronas simuladas procesan en simultáneo todas las entradas visuales y auditivas, el conjunto de detectores de número responde muy rápido: puede estimar el cardinal de un conjunto de cuatro objetos en paralelo en toda la retina, sin tener que orientarse hacia cada ítem, como hacemos nosotros cuando contamos.

Sorprendentemente, las neuronas detectoras de número que el modelo predice parecen ya identificadas (aunque sea una vez) en el cerebro animal. En la década de 1960, Richard Thompson, neurocientífico de la Universidad de California en Irvine, registró la actividad de neuronas individuales de la corteza de los gatos mientras se les presentaban a los animales series de tonos o de destellos de luz (Thompson, Mayers, Robertson y Patterson, 1970). Algunas células sólo se activaban después de determinado número de eventos. Una neurona, por ejemplo, reaccionaba luego de seis eventos de cualquier tipo, sin importar si eran seis destellos, seis tonos cortos, o seis tonos largos. La modalidad sensorial no parecía importar: a la neurona, aparentemente, sólo le importaba el número. A diferencia de una computadora digital, tampoco respondía

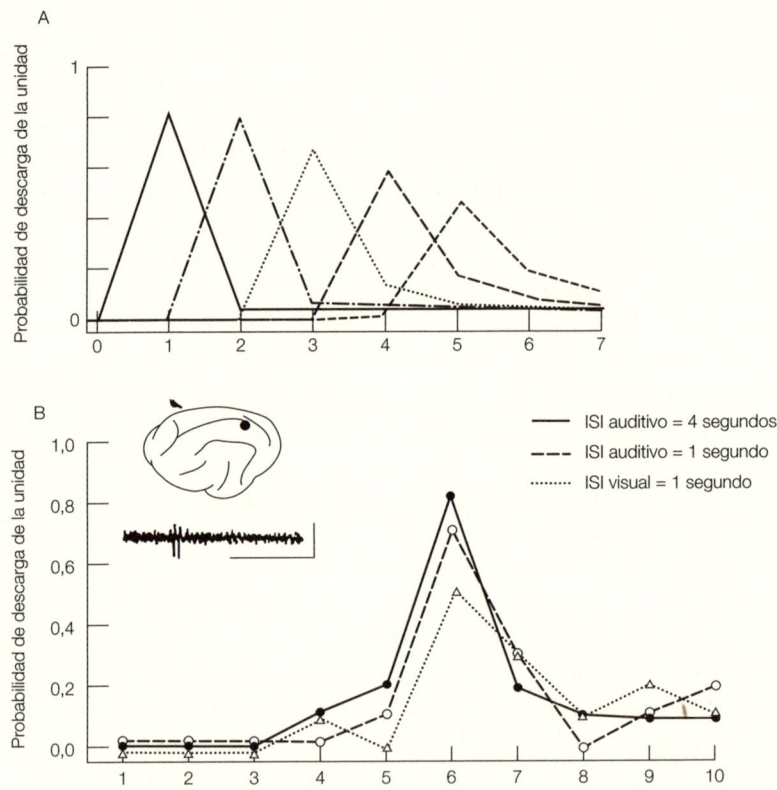

Figura 1.6. Una red neuronal simulada en computadora incorpora "detectores de numerosidad" que responden, preferentemente, a un número específico de ítems de estímulo (arriba). Cada curva muestra la respuesta a una unidad dada de diferentes números de ítems. Nótese la selectividad decreciente de las respuestas a medida que la numerosidad del *input* crece. En 1970, Thompson y sus colegas registraron neuronas "codificadoras del número" similares en la corteza asociativa de gatos anestesiados (abajo). La neurona ilustrada aquí responde preferentemente a seis eventos consecutivos, ya sean seis destellos de luz separados por un segundo, o seis tonos separados por uno o cuatro segundos (arriba, adaptado de Dehaene y Changeux, 1993; abajo, Thompson y otros, 1970; © American Association for the Advancement of Science).
Nota: El ISI, o intervalo entre estímulos, por su sigla en inglés, es el intervalo temporal entre el final de un estímulo y el comienzo de otro.

de una forma discreta a todo o nada. En cambio, su nivel de activación crecía luego del quinto ítem, alcanzaba un máximo para el sexto, y disminuía para números más grandes de ítems, un perfil de respuesta bastante similar al de las neuronas simuladas de nuestro modelo. Varias células similares, cada una ajustada para un número diferente, fueron registradas en un área pequeña de la corteza del gato.

Entonces, en el cerebro bien podría existir un área especializada, equivalente al acumulador de Robinson. Desafortunadamente, el estudio de Thompson, publicado en la prestigiosa revista científica *Science* en 1970, no recibió más atención. Todavía no tenemos idea de si las neuronas de detección de número están conectadas del modo en que lo predice nuestro modelo, o si los cerebros de los gatos utilizan algún otro método para identificar el número. Por supuesto, la última palabra de esta historia será de los neurofisiólogos que se atrevan a continuar la búsqueda de las bases neuronales de la aritmética animal utilizando herramientas modernas de recodificación de neuronas.[4]

Contando en la niebla

Sea cual sea su implementación neuronal exacta, si el modelo del acumulador es correcto, se seguirán necesariamente dos conclusiones. En primer lugar, los animales pueden contar, porque son capaces de hacer crecer un contador interno cada vez que ocurre un evento externo. En segundo lugar, no cuentan exactamente del mismo modo que nosotros. Su representación de los números, al contrario de la nuestra, es imprecisa.

Cuando nosotros contamos, utilizamos una secuencia precisa de palabras de número, y no dejamos lugar para que aparezcan los errores. Cada ítem contado corresponde a un movimiento que es un paso hacia delante en la secuencia numérica. No sucede igual en el caso de las ratas. Sus números son los niveles de un acumulador analógico. Cuando una rata añade una unidad a su total actual, la operación sólo tiene un vago parecido con la rigurosidad lógica de nuestro "+ 1". En cambio, se parece más a añadir un balde de agua al acumulador de Robinson. La condición de la rata recuerda de algún modo la vergüenza aritmética de Alicia en *A través del espejo*:

---

4 Para completar esta observación profética, véase la parte IV de este libro; véanse también Nieder (2005), Nieder y Dehaene (2009). En la actualidad hay evidencia empírica directa de la existencia de neuronas detectoras del número en el cerebro del mono, y sólida evidencia que sugiere su presencia en el cerebro humano.

—¿Sabes sumar? —preguntó la Reina Blanca—. ¿Cuánto es uno más uno más uno más uno más uno más uno más uno más uno más uno más uno?

—No lo sé —dijo Alicia—. Perdí la cuenta.

—No sabe sumar —interrumpió la Reina Roja.

A pesar de que le faltó tiempo para hacer en voz alta la cuenta, podemos presumir que Alicia era capaz de estimar –con un margen de pocas unidades más o menos– el total que le pedía la reina. Del mismo modo, las ratas deben recurrir a las cuentas aproximadas sin palabras o símbolos digitales. La diferencia con nuestras cuentas verbales es tan enorme que quizá ni siquiera deberíamos hablar de "número" en los animales, porque al referirnos al número solemos suponer un símbolo discreto. Por ese motivo los científicos, cuando describen la percepción de las cantidades numéricas, hablan de "numerosidad" antes que de número. El acumulador permite a los animales estimar cuán numerosos son algunos eventos, pero no computar su número exacto. La mente animal sólo puede retener números imprecisos.

¿Realmente es imposible enseñar a los animales una notación simbólica para los números? ¿No podríamos enseñarles a reconocer un conjunto discreto de etiquetas numéricas similares a nuestras palabras para dígitos y números, y luego inculcarles que esas etiquetas hacen referencia a cantidades precisas? De hecho, varios experimentos de ese tipo han tenido algo de éxito. Hacia finales de los años 1980, un investigador japonés, Tetsuro Matsuzawa, le enseñó a un chimpancé llamado Ai cómo utilizar signos arbitrarios para describir conjuntos de objetos (figura 1.7) (Matsuzawa, 1985, 2009). Los pequeños dibujos que cumplían el rol de palabras ocupaban las celdas de un panel computarizado. El chimpancé podía presionar cualquier celda que quisiera con el objetivo de describir lo que veía. Luego de un largo período de entrenamiento, Ai aprendió a utilizar catorce símbolos de objetos, incluso símbolos de colores y, más importante para nosotros, los primeros seis números arábigos. Cuando se le mostraban tres lápices rojos, por ejemplo, el chimpancé primero señalaba un símbolo cuadrado adornado con un diamante negro, que significaba convencionalmente "lápiz", luego un diamante cruzado con una barra horizontal ("rojo"), y finalmente señalaba el número escrito "3".

Esta secuencia de gestos puede haber sido sólo una forma elaborada de reflejo motor memorizado. Sin embargo, Matsuzawa mostró que en efecto, y hasta cierto punto, los dibujos funcionaban como palabras que podían, sólo a partir de sus combinaciones, describir situaciones novedosas. Si, por ejemplo, se le enseñaba al chimpancé un nuevo símbolo para "cepillo de dientes", era en parte capaz de aplicarlo a contextos novedosos como "cinco cepillos de dientes verdes" o "dos cepillos de dientes amarillos". De todos modos, esta capacidad para generalizar estaba cargada de errores frecuentes.

Desde 1985, cuando Matsuzawa reportó por primera vez sus resultados, su chimpancé Ai hizo avances constantes en aritmética. Ahora sabe los primeros nueve dígitos, y puede enumerar conjuntos con una precisión del 95%. Los registros de sus tiempos de respuesta sugieren que, tal como un humano, Ai se vale del cómputo serial para números más grandes que 3 o 4. También aprendió a ordenar los dígitos de acuerdo con su magnitud, aunque, otra vez, le tomó años establecer esta nueva habilidad.

Figura 1.7. El primatólogo japonés Matsuzawa enseñó a su chimpancé Ai un vocabulario de signos visuales, de los que aquí presentamos sólo un pequeño subconjunto. Así, Ai podía etiquetar la identidad, el color y la numerosidad de todos los pequeños conjuntos de objetos (según Matsuzawa, 1985, © Macmillan Magazines Ltd.).

Desde los primeros experimentos de Matsuzawa, el aprendizaje de las etiquetas numéricas se ha reproducido en varios chimpancés en al menos tres diferentes centros de entrenamiento de primates. También se han puesto de manifiesto habilidades similares en especies mucho más distantes de nosotros. Se ha entrenado a delfines para que asociaran objetos arbitrarios con números precisos de peces. Luego de aproximadamente dos mil ensayos, eran capaces de seleccionar, entre dos objetos, el que estaba asociado con la mayor cantidad de peces (Mitchell, Yao, Sherman y O'Regan, 1985, Kilian, Yaman, Von Fersen y Gunturkun, 2003). Irene

Pepperberg, de la Universidad de Arizona, le ha enseñado a su loro Alex un extenso vocabulario de palabras inglesas, entre ellas los nombres de los primeros números (Pepperberg, 1987). Los experimentos con Alex son bastante notables porque no son necesarios carteles o muestras de plástico: puede utilizarse el inglés más o menos estándar para formular preguntas orales, ¡que el animal responde de inmediato emitiendo palabras reconocibles! Cuando se le presenta un conjunto de objetos que incluye, por ejemplo, llaves verdes, llaves rojas, juguetes verdes y juguetes rojos, Alex puede responder preguntas tan complejas como "¿Cuántas llaves rojas?". Desde luego, su entrenamiento llevó un largo tiempo: casi veinte años. Sin embargo, los resultados prueban claramente que etiquetar la numerosidad no es privilegio exclusivo de los mamíferos.

En las investigaciones más recientes, se ha demostrado que los chimpancés son parcialmente capaces de calcular utilizando símbolos numéricos. Sarah Boysen, por ejemplo, le enseñó a su chimpancé llamada Sheba a realizar sumas y comparaciones numéricas simples (Boysen y Berntson, 1989, Boysen, Berntson, Hannan y Cacioppo, 1996). Comenzó enseñando a Sheba las cantidades con las que se asociaban los dígitos arábigos del 0 al 9. Los experimentos de este tipo requieren paciencia y constancia. Durante dos años, se expuso al animal a tareas progresivamente más complejas. Al principio, sólo tenía que ubicar una galletita en cada uno de los seis cuadrados de un tablero. Luego se le mostraban conjuntos de entre una y tres galletitas, y se le pedía que seleccionara, entre varias tarjetas, la que tuviera tantas marcas negras como la cantidad de galletitas que había en el tablero. Entonces aprendió a unir un conjunto de galletitas con un conjunto de marcas, poniendo el foco sólo en su numerosidad. En una tercera etapa, poco a poco las tarjetas con marcas fueron reemplazadas por los correspondientes dígitos arábigos. Así, la chimpancé aprendió a reconocer los dígitos 1, 2 y 3 y a señalar el dígito apropiado cuando veía el número correspondiente de galletitas. Por fin, en la última etapa, Sarah Boysen enseñó a su discípula lo opuesto: tenía que elegir, entre varios conjuntos de objetos, aquel cuya numerosidad se correspondiera con un dígito arábigo dado.

Por obra de estrategias similares, el conocimiento del animal se extendió paulatinamente al conjunto completo de dígitos, del 0 al 9. Al final de este período de entrenamiento, Sheba no tenía inconvenientes para pasar de un dígito a la cantidad correspondiente, y viceversa. Esto puede considerarse la esencia del conocimiento simbólico. Un símbolo, más allá de su forma arbitraria, hace referencia a un significado oculto. Comprender símbolos implica acceder a este significado únicamente a partir de la forma, mientras que la producción de símbolos requiere que se acceda a la forma arbitraria para el significado que se quiere transmitir. Obviamente, después de un largo y arduo entrenamiento, la chimpancé Sheba había logrado dominar estas dos transformaciones.

Una propiedad importante de los símbolos humanos, sin embargo, es que son combinables en oraciones cuyo significado deriva del significado de las palabras que los forman. Los símbolos matemáticos, por ejemplo, pueden combinarse para expresar ecuaciones como $2 + 2 = 4$. ¿Sheba podría también combinar múltiples dígitos en un cálculo simbólico? Para descubrirlo, Boysen diseñó una tarea de suma simbólica. Escondió naranjas en varios lugares de la jaula de Sheba; por ejemplo, dos naranjas bajo una mesa y tres dentro de una caja. En primer lugar, la chimpancé exploraba todos los lugares donde las naranjas podían estar escondidas. Luego volvía al punto de partida y se esperaba que seleccionara, entre varios dígitos arábigos, el que coincidiera con el número total de naranjas que había encontrado. Ya desde el primer ensayo el animal realizó exitosamente la tarea. De inmediato, se probó una versión simbólica. Esta vez, mientras deambulaba por la jaula, el animal no descubría naranjas, sino dígitos arábigos, como el dígito 2 bajo la mesa y el dígito 4 en la caja. Nuevamente, desde el primer ensayo la chimpancé era capaz de informar, regularmente, al terminar la exploración, el total de los dígitos que había visto ($2 + 4 = 6$). Esto implicaba que podía reconocer cada uno de los dígitos, asociarlo mentalmente con cantidades, encontrar el resultado de la suma de estas cantidades y, por último, recuperar la apariencia visual del dígito correspondiente. Nunca antes un animal había estado tan cerca de las habilidades de cálculo simbólico que presentan los seres humanos.

Incluso especies mucho menos astutas que el chimpancé pueden aprender a realizar operaciones mentales básicas con símbolos numéricos. Por ejemplo, dos macacos llamados Abel y Baker, entrenados por David Washburn y Duane Rumbaugh en la Universidad del Estado de Georgia, han mostrado habilidades notables para comparar las cantidades numéricas representadas por los dígitos arábigos (Washburn y Rumbaugh, 1991; también Beran, 2004, Harris, Washburn, Beran y Sevcik, 2007). En la pantalla de una computadora aparecían pares de dígitos arábigos como "2 4". Por medio de un *joystick*, el animal podía elegir un dígito. Una expendedora automática le entregaba luego el número correspondiente de caramelos de fruta, golosina que a los primates les encanta. Si el animal elegía el dígito 4, saborearía cuatro caramelos, mientras que si seleccionaba el dígito 2, sólo recibiría dos. El camino que lo llevaba a elegir el dígito más grande, entonces, era bastante importante. En efecto, la tarea era bastante similar a la de comparación que se describió más arriba, excepto porque no se confrontaba al animal directamente con la comida, sino con una representación simbólica de su cantidad en dígitos arábigos. Tenía que recuperar de la memoria el significado de los símbolos digitales, es decir, la cantidad a la que estaban asociados.

Debería mencionar que, antes de comenzar la prueba, Abel y Baker, a diferencia de Sheba, no habían recibido ningún entrenamiento con dígitos arábigos. Por eso necesitaban varios cientos de ensayos para aprender a seleccionar el dígito más grande con algo de regularidad. Sheba, que ya sabía la cantidad que estaba asociada con los dígitos, respondió correctamente desde el primer ensayo de una tarea de comprensión numérica similar. Luego del entrenamiento, Abel y Baker también tuvieron éxito. No cometieron ningún error cuando los dígitos eran lo suficientemente distantes, pero fallaban hasta el 30% de las veces cuando los dígitos sólo diferían por una unidad. Aquí reconocemos nuestro ya familiar efecto distancia, que revela una tendencia a confundir cantidades cercanas (desde un punto de vista numérico).

Luego de este desempeño con los pares de dígitos, Abel y Baker siguieron avanzando hacia tríos, cuartetos e incluso quintetos de dígitos entre el 1 y el 9. Claramente, los animales no se habían limitado a aprender de memoria las respuestas a todos los pares de dígitos posibles. Aun cuando se les presentaban conjuntos nuevos de números, ordenados de forma aleatoria, como "5 8 2 1", los animales seleccionaban el dígito más alto con una tasa de éxito mucho mayor que si lo hubieran hecho por azar.

No puedo dejar este tema sin mencionar las curiosas dificultades que encontraba Sheba cuando tenía que seleccionar el *más pequeño* entre dos números (Boysen y otros, 1996). La situación experimental parecía bastante simple: al animal se le mostraban dos conjuntos de comida y, cuando señalaba uno, el investigador se lo daba a otro chimpancé, mientras Sheba recibía el *otro* conjunto de comida. En esta situación nueva, para Sheba era importante designar la cantidad más pequeña, para recibir ella la más grande. Sin embargo, la chimpancé nunca lo logró. Continuaba señalando el conjunto más grande, como si elegir la cantidad más grande de comida fuera una respuesta irreprimible. Entonces, Sarah Boysen pensó en reemplazar las pilas reales de comida con los correspondientes dígitos arábigos. ¡Inmediatamente, desde el primer ensayo, Sheba seleccionó el dígito más pequeño! Los símbolos numéricos parecían liberar a Sheba de las contingencias materiales inmediatas. Le permitían actuar sin verse influida por un impulso parasitario que, si no, la obligaba a elegir siempre la cantidad de comida más grande.

Los límites de la matemática animal

¿Cuán significativas son estas demostraciones del cálculo simbólico en los animales? ¿Se las debería ver simplemente como pruebas de circo que se obtienen por chantaje, a expensas de un entrenamiento intensivo que convierte a los animales en máquinas, pero en realidad no nos dice nada de sus habilidades normales? ¿O los animales son casi tan dotados como los humanos en su habilidad para la matemática? Sin reducir la importancia de los experimentos mencionados más arriba, uno se ve forzado a admitir que la manipulación mental de las etiquetas numéricas simbólicas en los animales todavía es un resultado excepcional. Aunque he mencionado experimentos con loros, delfines y macacos, no se conocen casos de suma simbólica en ninguna especie más que en el chimpancé, e incluso su desempeño parece bastante primitivo si se lo compara con el de un niño. A Sheba le tomó varios años de ensayo y error dominar los dígitos del 0 al 9. Al final, la chimpancé todavía cometía errores frecuentes al utilizarlos, como sucede en todos los animales entrenados en tareas numéricas. Un niño pequeño, en cambio, cuenta espontáneamente con los dedos –antes de cumplir 3 años a menudo puede contar hasta 10–, y rápidamente avanza hacia los numerales de varios dígitos, cuya sintaxis es mucho más compleja. El cerebro humano en desarrollo parece absorber el lenguaje sin esfuerzo; lo opuesto a los animales, que por lo general parecen necesitar cientos de repeticiones de la misma lección antes de retener nada.

Entonces, ¿qué deberíamos recordar sobre la aritmética de los animales? En primer lugar, una habilidad indiscutible y bien extendida para comprender las cantidades numéricas, para memorizar, para comparar e incluso para sumarlas de forma aproximada. En segundo lugar, una habilidad considerablemente menor, probablemente acotada a unas pocas especies, para asociar un repertorio de conductas más o menos abstractas (como señalar un número arábigo) a representaciones numéricas. Estos comportamientos pueden servir como etiquetas para cantidades numéricas: los "símbolos". Es como si algunos animales pudieran aprender a etiquetar los niveles del acumulador interno que utilizan para representar los números. Un período de entrenamiento largo les permite memorizar una lista de comportamientos: si el nivel del acumulador está entre x e y, señalar con el dedo hacia el número "2"; si está entre y y z, señalar hacia el "3", y así sucesivamente. Esta puede ser simplemente una lista de comportamientos condicionados que está relacionada sólo de forma remota con la extraordinaria fluidez que demuestran los humanos cuando utilizan la palabra "dos" en contextos tan diferentes como "dos manzanas", "dos más dos es igual a cuatro" o "dos docenas". Si bien nos maravillamos con la habilidad matemática de los animales para manipular representaciones aproximadas de las cantidades numéricas, enseñarles un lenguaje simbólico parece ir en contra de sus predisposiciones naturales. En efecto, la adquisición de símbolos en los animales nunca ocurre en la naturaleza.

Del animal al hombre

La evolución es un mecanismo conservador. Cuando un órgano útil emerge a través de mutaciones aleatorias, la selección natural hace su trabajo para transmitirla a las generaciones que siguen. En efecto, la conservación de rasgos favorables es una gran fuente de la organización de la vida. Entonces, si nuestros primos más cercanos, los chimpancés, poseen alguna habilidad para la aritmética, y si especies tan diferentes como ratas, palomas y delfines también están dotadas de habilidades numéricas, es probable que nosotros, ejemplares de *Homo sapiens*, hayamos recibido una herencia similar. Nuestros cerebros, como los de las ratas, probablemente estén equipados con un acumulador que nos permite percibir, memorizar y comparar magnitudes numéricas.

Muchas diferencias evidentes separan las habilidades cognitivas humanas de las de otros animales, incluidos los chimpancés. Para empezar, tenemos una capacidad asombrosa para desarrollar sistemas simbólicos, en especial el lenguaje matemático. También estamos dotados de un órgano del lenguaje cerebral que nos permite expresar nuestros pensamientos y compartirlos con otros miembros de nuestra especie. Por último, en el reino animal parece única nuestra capacidad para diseñar planes intrincados para actuar, sobre la base de una memoria retrospectiva de los acontecimientos pasados tanto como de una memoria prospectiva de las posibilidades futuras. Sin embargo, ¿eso significa que en otros aspectos nuestras herramientas cerebrales para procesar el número deberían ser muy diferentes de las de otros animales? La simple hipótesis de trabajo que defenderé a lo largo de este libro postula que en realidad estamos dotados de una representación mental de las cantidades bastante similar a la que puede encontrarse en ratas, palomas o monos. Como ellos, somos capaces de numerar con rapidez conjuntos de objetos visuales y auditivos, de sumarlos y de comparar sus numerosidades. Especulo que estas habilidades no sólo nos permiten resolver rápidamente la numerosidad de los conjuntos, sino que también están en la base de nuestra comprensión de los símbolos numéricos, como los dígitos arábigos. En suma, el sentido numérico que heredamos de nuestra historia evolutiva cumple el rol de un germen que propicia el surgimiento de habilidades matemáticas más avanzadas.[5]

En los capítulos que siguen, analizaremos las habilidades matemáticas de los humanos, buscando vestigios del modo animal de percibir los números. El primer indicio que estudiaremos (tal vez el más impresionante) es la notable capacidad de las criaturas humanas para la aritmética, que aparece mucho antes de que se sienten en un pupitre por primera vez; de hecho, ¡mucho antes de que puedan siquiera sentarse!

---

5 Para una actualización reciente de esta perspectiva, llamada "reciclaje neuronal", y su posible extensión a las habilidades para la lectura y el lenguaje, véanse Dehaene y Cohen (2007), Dehaene (2009).

2. Contar a los pocos meses

Siendo el alma inmortal, y habiendo nacido muchas veces y habiendo visto tanto lo de aquí como lo del Hades y todas las cosas, no hay nada que no tenga aprendido; con lo que no es de extrañar que también sobre la virtud y sobre las demás cosas sea capaz ella de recordar lo que desde luego ya antes sabía.

Platón, Menón

¿Los bebés tienen algún conocimiento abstracto de la aritmética cuando nacen? La pregunta parece ridícula. La intuición sugiere que los bebés son organismos vírgenes, que inicialmente no cuentan con ningún tipo de capacidad más allá de la habilidad para aprender. Sin embargo, si nuestra hipótesis de trabajo es correcta, el cerebro humano está dotado de un mecanismo innato para aprehender las cantidades numéricas, que fue heredado de nuestro pasado evolutivo y que guía la adquisición de la matemática. Para que pueda tener influencia sobre el aprendizaje de las palabras que nombran los números, este módulo protonumérico debería estar allí antes del período de crecimiento exuberante del lenguaje, que algunos psicólogos llaman la "explosión léxica", que ocurre a la edad de un año y medio, aproximadamente. En el primer año de vida, entonces, los bebés ya deberían comprender algunas porciones de la aritmética.

Bebé, modelo para armar: la teoría de Jean Piaget

Hasta comienzos de la década de 1980, nadie había propuesto un análisis empírico de la habilidad numérica de los bebés. Antes de eso, la psicología evolutiva estaba dominada por el constructivismo, una perspectiva del desarrollo humano que hacía que la noción de la aritmética en el primer año de vida sonara por sí misma inconcebible. De acuerdo con la teoría que esbozó por primera vez Jean Piaget, el fundador del constructivismo, hace unos cincuenta años, las habilidades lógicas y matemáticas se construyen progresivamente en la mente del bebé por medio de la observación, la internalización y la abstracción de regularidades del mundo externo (Piaget, 1948/1960, 1952). Cuando un bebé nace, su cerebro es una página en blanco, absolutamente desprovista de conocimiento conceptual. Los genes no le brindan al organismo ninguna idea abstracta acerca del ambiente en el que vivirá. Solamente generan dispositivos motores y perceptuales simples, y un mecanismo de aprendizaje general que poco a poco utiliza las interacciones del sujeto con su ambiente para organizarse.

Durante el primer año de vida, de acuerdo con la teoría constructivista, los niños están en una fase "sensoriomotora": exploran su entorno gracias a los cinco sentidos, y aprenden a controlarlo mediante las acciones motoras. Piaget argumenta que en este proceso los niños no pueden dejar de reconocer ciertas regularidades muy sólidas. Por ejemplo, un objeto que desaparece detrás de una pantalla siempre reaparece al bajar la pantalla; cuando dos objetos chocan, nunca se penetran el uno al otro, etc. Guiados por este tipo de descubrimientos, los bebés van construyendo, poco a poco, una serie de representaciones mentales cada vez más refinadas y abstractas del mundo en el que crecen. Desde esta perspectiva, entonces, el desarrollo del pensamiento abstracto consiste en subir una serie de escalones en el funcionamiento mental, las etapas piagetianas, que los psicólogos pueden identificar y clasificar.

Piaget y sus colegas especularon mucho acerca de cómo se desarrolla el concepto del número en los niños pequeños. Creían que el número, como cualquier otra representación abstracta del mundo, debía construirse en el curso de interacciones sensoriomotoras con el entorno. La teoría dice algo así: los niños nacen sin ninguna idea preconcebida acerca de la aritmética. Les lleva años de observación atenta comprender realmente lo que es un número. A través de la manipulación de conjuntos de objetos, llegan finalmente a descubrir que el número es la única propiedad que no varía cuando los objetos se mueven, o cuando su apariencia cambia. Así es como Seymour Papert (1960) describía este proceso:

> Para el bebé, los objetos ni siquiera existen; se necesita una estructuración inicial para que la experiencia se organice en *cosas*. Enfaticemos que el bebé no descubre la existencia de los objetos de la manera en que un explorador descubre una montaña, sino más bien como alguien descubre la música: la ha oído por años, pero antes de

este momento sólo era ruido para sus oídos. Una vez que ha "adquirido los objetos", el niño todavía tiene un largo camino que recorrer antes de alcanzar las etapas sucesivas: la de las clases, la de las seriaciones, las inclusiones y, finalmente, el número.

En apariencia, Piaget y sus muchos colaboradores habían acumulado prueba sobre prueba de la incapacidad de los niños para comprender la aritmética. Por ejemplo, si se esconde un juguete detrás de una tela, los bebés de 10 meses no extienden la mano para alcanzarlo; para Piaget, este descubrimiento demostraba que los bebés creen que el juguete deja de existir cuando está fuera de la vista. Esta aparente falta de "permanencia del objeto", en la jerga piagetiana, ¿no implicaría que los bebés son completamente ignorantes del mundo en el que viven? Si no se dan cuenta de que los objetos continúan existiendo cuando están fuera de la vista, ¿cómo podrían saber algo acerca de las propiedades más abstractas y efímeras del número?

Otras observaciones de Piaget parecían indicar que el concepto del número no comienza a comprenderse antes de los 4 o 5 años de edad. Antes de esa edad, los niños fallan en lo que Piaget llamaba la prueba de "conservación del número". En primer lugar, se les muestran filas igualmente espaciadas de seis vasos y seis botellas. Si se les pregunta si hay más vasos o más botellas, los niños responden "es lo mismo". Aparentemente, utilizan la correspondencia uno a uno entre los objetos de las dos filas. Luego, se dispersa la fila de vasos de modo que se vuelva más larga que la de botellas. Obviamente, el número no se ve afectado por esta manipulación. Sin embargo, cuando se repite la pregunta anterior, en este caso los niños sistemáticamente responden que hay más vasos que botellas. No parecen darse cuenta de que mover los objetos no altera su número: los psicólogos dirían que no "conservan el número".

Incluso una vez que los niños logran superar la prueba de conservación del número, los constructivistas no les reconocen una comprensión conceptual de la aritmética. Hasta que tienen 7 u 8 años, todavía es fácil engañarlos con pruebas numéricas simples. Si se les muestra, por ejemplo, un ramo de ocho flores en el que hay seis rosas y dos tulipanes y se les hace una pregunta ridícula como "¿Hay más rosas que flores?", ¡la mayoría responderá que las rosas son más numerosas que las flores! De inmediato, Piaget llega a la conclusión de que, antes de la edad de la razón, los niños no tienen conocimiento de las bases más elementales de la teoría de los conjuntos, lo que muchos matemáticos creen que constituye el fundamento para la aritmética: aparentemente ignoran que un subconjunto no puede tener más elementos que el conjunto original del que se lo extrajo.

Los descubrimientos de Piaget tuvieron un impacto considerable sobre nuestros sistemas educativos. Sus conclusiones instilaron entre los educadores una actitud pesimista y una política de "espera-y-verás". La teoría afirma que el ascenso regular a través de las etapas piagetianas progresa de acuerdo con un proceso de crecimiento inmutable. Antes de los 6 o 7 años, el niño no está "listo" para la aritmética. Entonces, la enseñanza precoz de la matemática es una empresa vana o incluso dañina. Si se enseña temprano, el concepto del número no puede más que estar distorsionado en la cabeza de los niños. Tendrá que aprenderse de memoria, sin comprensión genuina. Al no lograr comprender de qué se trata la aritmética, los niños desarrollarán un fuerte sentimiento de ansiedad respecto de la matemática. De acuerdo con la teoría piagetiana, es mejor comenzar enseñando lógica y ordenamiento de conjuntos, porque estas nociones son un prerrequisito para la adquisición del concepto de número. Esta es la razón principal por la que, todavía hoy, los niños de la mayoría de los jardines de infantes pasan la mayor parte del día formando torres de cubos de tamaños decrecientes, mucho antes de aprender a contar.

¿Se justifica tal grado de pesimismo? Hemos visto que las ratas y las palomas reconocen de inmediato un número determinado de objetos, incluso si se modifica su configuración espacial. Ya sabemos que un chimpancé elegiría espontáneamente la más grande entre dos cantidades numéricas. ¿Es concebible que los niños humanos, antes de sus 4 o 5 años, vayan tan a la zaga de otros animales en la aritmética?

Los errores de Piaget

Hoy sabemos que este aspecto del constructivismo de Piaget estaba equivocado. Obviamente, los niños pequeños tienen mucho para aprender acerca de la aritmética, y obviamente su comprensión conceptual de los números se profundiza con la edad y la educación; pero esto no significa que estén privados de toda representación mental genuina de los números, ¡ni siquiera cuando nacen! Ocurre simplemente que hay que evaluarlos utilizando métodos de investigación adaptados a su corta edad. Por desgracia, las pruebas que usaba Piaget no permitían a los niños mostrar de qué son capaces. Su defecto más importante está en que se basaban sobre un diálogo abierto entre los investigadores y sus pequeños sujetos. ¿Los niños realmente comprenden todas las preguntas que se les hacen? Y, más importante, ¿interpretan estas preguntas del mismo modo en que lo harían los adultos? Varios motivos permiten pensar que no. Cuando se enfrenta a los niños a situaciones análogas a las utilizadas con los animales, y cuando se evalúa sus mentes sin recurrir a palabras, sus habilidades numéricas resultan por lo menos considerables.

Tomemos como ejemplo la prueba piagetiana clásica de conservación del número. Ya en 1967, en la prestigiosa revista *Science*, Jacques Mehler y Tom Bever, que en ese momento formaban parte del departamento de psicología del MIT, demostraron que los resultados de esta prueba cambiaban de manera radical de acuerdo con el contexto y con el nivel de motivación de los niños (Mehler y Bever, 1967). Les mostraron a los mismos niños, de 2 o 4 años de edad, dos series de estímulos. En una, similar a la situación de conservación clásica, el experimentador colocaba dos filas de piedritas. Una era corta pero estaba formada por seis piedritas, y la otra, aunque era más larga, estaba formada por sólo cuatro (figura 2.1). Cuando se les preguntaba a los niños qué fila tenía más piedritas, la mayoría de los niños de 3 y 4 años lo hacía mal, y seleccionaba la fila más larga pero menos numerosa. Esto recuerda el error clásico de no conservación de Piaget.

Antes de la modificación　　　　　Después de la modificación

Figura 2.1. Cuando dos filas de ítems están en correspondencia perfecta uno a uno (izquierda), un niño de 3 o 4 años dice que son iguales. Si se modifica la fila de abajo acortándola y agregándole dos ítems (derecha), el niño declara que la fila de arriba tiene más ítems. Este es el error clásico que descubrió Piaget: el niño responde a partir del largo de la fila más que sobre la base del número. Sin embargo, Mehler y Bever (1967) probaron que, cuando las filas están formadas por confites M&M, los niños eligen espontáneamente la fila de abajo. Entonces, el error piagetiano no es imputable a la incompetencia de los niños para la aritmética, sino meramente para las desconcertantes condiciones de las pruebas de conservación del número.

En la segunda serie de ensayos, sin embargo, la trampa de Mehler y Bever consistía en reemplazar las piedritas con sabrosas golosinas (confites M&M). En lugar de tener que responder a preguntas complicadas, a los niños se les permitía elegir una de las dos filas y comérsela en cuanto quisieran. Este procedimiento tenía la ventaja de evitar las dificultades de comprensión del lenguaje, y al mismo tiempo aumentar la motivación de los niños para seleccionar la fila con la mayor cantidad de golosinas. En efecto, cuando se utilizaban golosinas, la mayoría de los niños elegía el más grande entre dos números, incluso si el largo de las filas entraba en conflicto con el número. ¡Esto sirvió como una sorprendente demostración de que sus habilidades numéricas no eran más desdeñables que su apetito por los dulces!

El hecho de que los niños de 3 y 4 años de edad seleccionen la fila más numerosa de golosinas tal vez no sea muy sorprendente, a pesar de que se contrapone de modo directo con la teoría de Piaget. Pero hay más. En el experimento de Mehler y Bever, los niños más pequeños, de alrededor de 2 años, resultaban infalibles en la prueba, tanto con piedritas como con confites M&M. Sólo los más grandes fallaban en conservar el número de las piedritas. Por tanto, el desempeño en las pruebas de conservación del número parece decaer temporariamente entre los 2 y los 3 años de edad. Pero las habilidades de los niños de 3 y 4 años definitivamente no están menos desarrolladas que las de los niños de 2 años. Entonces, las pruebas piagetianas no pueden medir las habilidades numéricas reales de los niños. Por alguna razón, estas pruebas parecen confundir a los niños más grandes hasta un extremo tal que se vuelven incapaces de rendir tan bien como sus hermanos menores.

Creo que lo que ocurre es lo siguiente: los niños de 3 y 4 años interpretan las preguntas del experimentador de forma bastante diferente de como lo hacen los adultos. Las palabras utilizadas para formular las preguntas y el contexto en el que se las plantea hacen que los niños se confundan y crean que se les pide que evalúen el largo de las filas, más que su numerosidad. Recordemos que, en el influyente experimento de Piaget, el experimentador hace la misma pregunta dos veces: "¿Son iguales, o una fila tiene más piedras?". Primero hace esta pregunta cuando las dos filas están en correspondencia perfecta uno a uno, y luego otra vez, después de que su largo se haya modificado.

¿Qué pueden pensar los niños frente a estas dos preguntas sucesivas? Supongamos, por un momento, que la igualdad numérica de las dos filas es obvia para ellos. Debe parecerles bastante extraño que un adulto repita la misma pregunta trivial dos veces. En efecto, supone una violación de las reglas normales de conversación hacer una pregunta cuya respuesta ya es conocida para ambos hablantes. Ante este conflicto interno, tal vez los niños se den cuenta de que la segunda pregunta, aunque superficialmente es idéntica a la primera, no tiene el mismo significado. Quizás en sus cabezas ocurre algo como el siguiente razonamiento:

Si estos adultos me hacen la misma pregunta dos veces, debe ser porque están esperando una respuesta diferente. Sin embargo, la única cosa que cambió frente a la situación anterior es el largo de una de las filas. Entonces, la nueva pregunta debe estar centrada en el largo de las filas, aunque parece hacer referencia a su número. Creo que debo responder sobre la base del largo de la fila más que sobre la base del número.

Esta línea de razonamiento, aunque bastante refinada, está al alcance del entendimiento de los niños de 3 y 4 años. De hecho, las inferencias inconscientes de este tipo subyacen a la interpretación de muchas oraciones, incluidas aquellas que un niño muy pequeño puede producir o comprender.

Todos realizamos normalmente cientos de inferencias de este tipo. Comprender una oración consiste en ir más allá de su significado literal y recuperar el significado real que el hablante buscaba transmitir inicialmente. En muchas circunstancias, el significado real puede ser exactamente el opuesto del literal. Cuando hablamos de una buena película decimos "No estuvo mal, ¿no?". Y cuando preguntamos "¿Podrías pasarme la sal?", ¡definitivamente no nos sentimos satisfechos cuando la respuesta es apenas un "Sí" que no va acompañado de una acción! Este tipo de ejemplos demuestra que reinterpretamos constantemente las oraciones que oímos, realizando complejas inferencias inconscientes en relación con las intenciones del otro hablante. No hay razón para pensar que los niños pequeños no estén haciendo lo mismo cuando conversan con un adulto durante estas pruebas. De hecho, esta hipótesis parece mucho más plausible, dado que es precisamente cerca de los 3 o 4 años de edad –el punto en que Mehler y Bever notaron que los niños comienzan a no conservar el número– que en los niños pequeños aparece la habilidad que los psicólogos llaman una "teoría de la mente" y que consiste en la posibilidad de razonar acerca de las intenciones, creencias y conocimientos de otras personas (Frith y Frith, 2003).[6]

Dos psicólogos evolutivos de la Universidad de Edimburgo, James McCarrigle y Margaret Donaldson, pusieron a prueba una nueva hipótesis: que la incapacidad de los niños "no conservativos" se debía a que

---

6 Hoy en día sabemos que, en pruebas no verbales más simples, incluso los niños más pequeños muestran evidencias de representarse las mentes de los otros; véase Onishi y Baillargeon (2005).

no entendían del todo las intenciones del investigador (McGarrigle y Donaldson, 1974). En su experimento, la mitad de los ensayos eran del tipo clásico, en los que el experimentador modificaba el largo de una fila y luego preguntaba "¿Cuál tiene más?". En la otra mitad de los ensayos, en cambio, la transformación de longitud era realizada de forma casual por un oso de peluche. Mientras el experimentador estaba mirando convenientemente hacia otro lado, un oso de peluche alargaba una de las filas. El investigador luego se daba vuelta y exclamaba: "¡Oh, no! Este oso bobo volvió a mezclar todo". Sólo después de decir esto el investigador hacía otra vez la pregunta "¿Cuál tiene más?". La idea subyacente era que, en esta situación, esta pregunta parecía sincera y podía interpretarse en un sentido literal. Dado que el oso había mezclado las dos filas, el adulto ya no sabía cuántos objetos había, y por eso le preguntaba al niño. En esta situación, la gran mayoría de los niños respondía de manera correcta basándose en el número, sin verse influenciados por el largo de las filas. Los mismos niños, sin embargo, fallaban y respondían sistemáticamente sobre la base de la longitud cuando el experimentador realizaba la transformación intencionalmente. Esto prueba dos puntos: en primer lugar, que hasta un niño es capaz de interpretar la misma pregunta de dos formas bastante distintas, dependiendo del contexto. En segundo lugar (y mal que le pese a Piaget), que, cuando la pregunta se realiza en un contexto que tiene sentido, los niños pequeños responden bien: ¡pueden conservar el número!

No me gustaría terminar esta discusión con un malentendido. De ningún modo creo que el fracaso de los niños en las tareas piagetianas de conservación sea un tema trivial. Al contrario, este es un campo de investigación activo que todavía atrae a muchos investigadores de todo el mundo. Luego de cientos de experimentos, todavía no entendemos con precisión por qué los niños se ven engañados tan fácilmente con pistas falsas, como el largo de una fila, cuando tienen que juzgar el número. Algunos científicos piensan que la falla en las tareas piagetianas refleja la maduración continua de la corteza prefrontal, una región del cerebro que nos permite seleccionar una estrategia y continuar utilizándola a pesar de la distracción (Goldman-Rakic, Isseroff, Schwartz y Bugbee, 1983, Diamond y Goldman-Rakic, 1989). Si esta teoría resultase correcta, las pruebas piagetianas podrían tener un nuevo significado como marcadores conductuales de la habilidad de los niños para resistir la distracción. Sin embargo, desarrollar estas ideas sería un tema para otro libro. Mi propósito aquí es más modesto. Mi único objetivo es convencerlos de que ahora sabemos qué es lo que las pruebas piagetianas *no* evalúan. Al contrario de lo que pensaba su creador, estas no son buenas mediciones del momento en que un niño comienza a comprender el concepto del número.

Cada vez más jóvenes

Los experimentos que he descripto hasta aquí desafían la escala temporal piagetiana para el desarrollo numérico en la medida en que sugieren que los niños "conservan el número" a una edad mucho más temprana que lo que antes se creía posible. Sin embargo, ¿refutan todo el constructivismo? En verdad, no. La teoría de Piaget es mucho más sutil de lo que puedo exponer en unos pocos párrafos, y podría dar cabida de muchas maneras a estos resultados que acabamos de presentar.

Piaget podría haber sostenido, por ejemplo, que, al quitar algunas de las claves conflictivas de su prueba de conservación del número original, los experimentos modificados simplifican demasiado la tarea de los niños. Piaget sabía muy bien que su prueba de conservación del número confundía a los niños; de hecho, estaba diseñada *a propósito* para que el largo de la fila entrara en conflicto con el número. Desde su perspectiva, los niños sólo dominan verdaderamente las bases conceptuales de la aritmética una vez que son capaces de predecir qué fila tiene una cantidad mayor de ítems sobre una base puramente lógica, es decir, reflexionando acerca de las consecuencias lógicas de las operaciones llevadas a cabo, y sin dejarse distraer por los cambios irrelevantes en el largo de las filas, o en la forma en que el experimentador plantea las preguntas. Según parece, resistirse a las pistas confusas es un elemento central de la definición piagetiana de lo que significa tener una comprensión conceptual del número.

Piaget también podría haber planteado que elegir el número más grande de golosinas no requiere una comprensión *conceptual* del número, sino sólo una coordinación sensoriomotora que le permita al niño reconocer la pila más grande y orientarse hacia ella. A lo largo de su trabajo, Piaget puso un énfasis incesante en la inteligencia sensoriomotora de los niños, de manera tal que bien podría haber aceptado sin problemas que los niños descubrieran la estrategia de "elegir el más grande" a una edad temprana. Habría insistido, sin embargo, en que esta estrategia se utiliza sin ningún tipo de comprensión de su base lógica; sólo más tarde, según sostenía, los niños logran reflexionar acerca de sus habilidades sensoriomotoras y llegar a una interpretación más abstracta del número.

Algo típico de esta actitud es la reacción de Piaget al oír hablar del trabajo de Otto Koehler sobre la percepción de la numerosidad en los pájaros y las ardillas: aceptó que los animales podían adquirir "números sensoriomotores", pero no una comprensión conceptual de la aritmética.

Antes de la década de 1980, los experimentos que desafiaban la teoría de Piaget en realidad no abordaban su hipótesis central (o dogma) de que los bebés no cuentan con un concepto genuino del número. Incluso en la prueba de las piedritas de Mehler y Bever los niños más pequeños ya habían cumplido 2 años. Esto todavía dejaba un largo tiempo para que un mecanismo de tipo piagetiano construyese esa propiedad notable que es el número. En este contexto, los estudios científicos de los niños de repente se volvieron de importancia teórica primordial. ¿Podría demostrarse que incluso los bebés, antes del año, ya han dominado algunos aspectos del concepto de número, antes de haber tenido oportunidad de abstraerlos de las interacciones con el ambiente? La respuesta es que sí. En la década de 1980, se observaron habilidades numéricas en bebés de 6 meses de edad y en recién nacidos.

Obviamente, para revelar la competencia numérica a una edad tan temprana, las preguntas verbales no funcionan. Los científicos, entonces, recurrieron a la atracción que sienten los bebés por la novedad. Cualquier padre sabe que, cuando un bebé ve el mismo juguete una y otra vez, termina por perder el interés en él. Cuando se llega a este punto, presentar un nuevo juguete puede reavivar su interés. Esta observación elemental –que por supuesto debe ser replicada en el laboratorio y en una situación rigurosamente controlada– prueba que el niño ha notado la diferencia entre el primero y el segundo juguete. Esta técnica puede extenderse para hacerles a los bebés todo tipo de preguntas. De este modo los investigadores pudieron demostrar que, desde momentos muy tempranos en la vida, los bebés e incluso los recién nacidos pueden percibir diferencias en el color, la forma, el tamaño y, como a esta altura pueden imaginar, también en el número.

El primer experimento que confirmó que los niños reconocen pequeños números tuvo lugar en 1980 en el laboratorio de Prentice Starkey, en la Universidad de Pensilvania (Starkey, Cooper y Jr., 1980). Se evaluó en total a setenta y dos bebés, de entre 16 y 30 semanas. Cada bebé, sentado sobre la falda de su madre, miraba una pantalla en la que se proyectaban diapositivas (figura 2.2). Una cámara de video que se enfocaba sobre los ojos de los bebés filmaba su mirada, lo que permitía que un operador, ciego por completo a las condiciones del experimento, midiera exactamente cuánto tiempo pasaba el bebé mirando cada diapositiva. Cuando

Habituación   Prueba

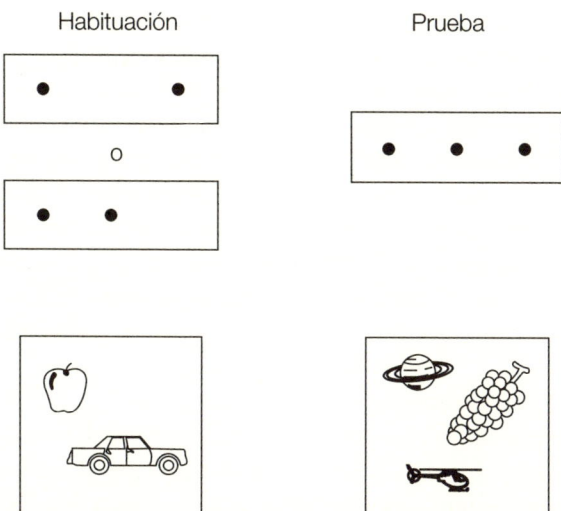

Figura 2.2. Para probar que los bebés diferencian las numerosidades 2 y 3, primero se les muestran repetidas veces conjuntos con un número fijo de ítems, por ejemplo, dos (izquierda). Luego de esta fase de habituación, los bebés miran durante más tiempo conjuntos de tres ítems (derecha) que conjuntos de dos. Como la localización del objeto, el tamaño y la identidad varían, sólo una sensibilidad a la numerosidad puede explicar la renovada atención de los bebés (arriba, estímulos utilizados por Starkey, Cooper y Jr., 1980; abajo, estímulos similares a los utilizados por Strauss y Curtis, 1981).

el bebé comenzaba a mirar a otro lugar, aparecía una nueva diapositiva en la pantalla. Al principio, el contenido de las diapositivas era básicamente el mismo: dos puntos negros grandes, siempre a una misma altura, pero más o menos separados de un ensayo a otro. De ensayo a ensayo, el bebé empezaba a aburrirse, y, por lo tanto, a mirar este estímulo repetitivo durante períodos cada vez más breves. Esto se conoce como "fase de habituación". Luego las diapositivas se cambiaban sin aviso a nuevas diapositivas que contenían tres puntos negros. Inmediatamente, el bebé comenzaba a fijar su mirada sobre estas imágenes inesperadas durante un tiempo más largo. El tiempo de fijación, que era de 1,9 segundos justo antes del cambio, saltaba a 2,5 segundos en la primera de las nuevas diapositivas. Así, se pone en evidencia que el bebé detectaba el cambio de dos a tres puntos. Otros niños, evaluados de la misma manera, detectaban el cambio de tres a dos puntos. Inicialmente, estos experimentos se realizaron con niños de 6 o 7 meses de edad, pero unos pocos años más tarde, Sue Ellen Antell y Daniel Keating, de la Universidad de Maryland en Baltimore, demostraron con una técnica similar que hasta los recién nacidos podían diferenciar los números 2 y 3 apenas unos días después de abandonar el vientre de sus madres (Antell y Keating, 1983).[7]

¿Cómo puede uno asegurarse de que lo que llama la atención del bebé, más que cualquier otra modificación física del estímulo, es el cambio en el número? En sus primeros experimentos, Starkey y Cooper habían alineado puntos, de manera tal que la figura global que formaban no diera ninguna clave acerca del número (en otras distribuciones, el número se confunde frecuentemente con la forma, porque dos puntos forman una línea y tres puntos, un triángulo). También variaban la distancia entre los puntos, de forma que ni su densidad ni el largo total de la línea fueran suficientes para diferenciar dos de tres.

Más tarde, Mark Strauss y Lynne Curtis, de la Universidad de Pittsburgh, presentaron un control aún mejor (Strauss y Curtis, 1981). Simplemente utilizaron fotografías en color de objetos comunes de todo tipo. Los objetos eran pequeños o grandes, estaban alineados o no, y fotografiados de cerca o de lejos. Sólo su número permanecía constante: en una mitad del experimento había dos objetos y en la otra, tres. Esta considerable variabilidad en todos los parámetros físicos posibles no perturbó para nada a los bebés, que continuaron siendo sensibles al cambio en el número. Más recientemente, el experimento fue reproducido por Erikvan Loosbroek y Ad Smitsman, dos psicólogos de la Universidad Católica de Nijmegen, Países Bajos, incluso con dispositivos móviles: formas geométricas aleatorias que durante su trayectoria ocasionalmente se esconden unas a otras (Van Loosbroek y Smitsman, 1998). En los primeros pocos meses de vida, los bebés parecen notar la constancia de los objetos en un ambiente en movimiento e incluso en estos contextos son capaces de captar su numerosidad.

El poder de abstracción de los bebés

Todavía resta ver si esta sensibilidad precoz a la numerosidad meramente refleja el poder del sistema visual de los niños o si muestra una representación más abstracta del número. Con niños muy pequeños, tenemos que hacer las mismas preguntas que las que hacíamos con las ratas y los chimpancés. ¿Son capaces de captar el número de tonos que forman

---

7 Véase una demostración más reciente de la habilidad numérica en los recién nacidos en Izard, Sann, Spelke y Streri (2009).

parte de una secuencia auditiva, por ejemplo? Y más importante, ¿saben que el mismo concepto abstracto 3 se aplica a tres sonidos y a tres objetos visuales? Por último, ¿pueden combinar mentalmente sus representaciones numéricas para realizar cálculos elementales como 1 + 1 = 2?

Para responder a la primera pregunta, los científicos simplemente reformularon los experimentos originarios sobre el reconocimiento visual del número para pasarlos a la modalidad auditiva. De este modo, aburrieron a los bebés repitiendo secuencias de tres sonidos una y otra vez, y luego verificaron si una secuencia posterior, novedosa, de dos sonidos lograba renovar su interés. Uno de estos experimentos es especialmente llamativo porque sugiere que, ya a los 4 días de edad, un bebé puede descomponer los sonidos del habla en unidades más pequeñas –sílabas– que luego puede "numerar". Pero a una edad tan temprana, más que la orientación de la mirada, la herramienta experimental que conviene utilizar para medir qué llama la atención de los bebés es el ritmo con que succionan. De este modo, Ranka Bijeljac-Babic y sus colegas del Laboratorio de Ciencia Cognitiva y Psicolingüística de París hicieron que los bebés chuparan una tetina o chupete conectado a un transductor de presión y una computadora (Bijeljac-Babic, Bertoncini y Mehler, 1991). Siempre que el bebé chupa, la computadora lo registra e inmediatamente produce una palabra sin sentido como "bakifoo" o "pilofa" a través de un parlante. Todas las palabras comparten el mismo número de sílabas: tres, por ejemplo. Cuando a un bebé se lo pone por primera vez en esta peculiar situación en la que chupar produce sonido, muestra mayor interés, que se traduce en un ritmo de succión elevado. Luego de unos pocos minutos, sin embargo, los bebés se aburren y su ritmo de succión baja. En cuanto la computadora detecta esta caída, pasa a producir palabras de sólo dos sílabas. ¿La reacción del bebé? De inmediato, vuelve a succionar enérgicamente para escuchar esa nueva estructura de las palabras. Para asegurar que esta reacción está relacionada con el número de sílabas más que con la mera presencia de palabras nuevas, con algunos bebés se presentan nuevas palabras mientras el número de sílabas permanece constante. En este grupo control, no se registró reacción alguna. Dado que la duración de las palabras y la tasa de habla son muy variables, el número de sílabas es, en efecto, el único parámetro que puede permitirles a los bebés diferenciar la primera lista de palabras de la segunda.

¡Entonces no se trata de su sistema visual! Los niños muy pequeños, queda claro, prestan la misma atención al número de sonidos que al número de objetos que los rodean. También sabemos, gracias a un experimento realizado por Karen Wynn, que a los 6 meses de edad podrán ver la diferencia entre números de acciones, como un títere haciendo dos o tres saltos (Wynn, 1996). Sin embargo, ¿se dan cuenta de la "correspondencia" entre el sonido y la vista, para parafrasear al poeta francés Baudelaire? ¿Anticipan que tres rayos deberían predecir un número igual de truenos? En definitiva, ¿acceden a una representación abstracta del número, independientemente de la modalidad visual o auditiva que le sirva de medio? Hoy podemos dar una respuesta afirmativa a esta pregunta gracias a una serie de experimentos diseñados por los psicólogos estadounidenses Prentice Starkey, Elizabeth Spelke y Rochel Gelman (1983, 1990),[8] de una inventiva tal que su trabajo se ubica en los primeros puestos de mi panteón personal de la psicología experimental. Lo cierto es que, antes de la revolución cognitiva de los años ochenta y de trabajos como estos, habría parecido prácticamente imposible hacer una pregunta tan compleja acerca de la mente de un bebé.

En este experimento multimedia, un bebé de 6, 7 u 8 meses –sentado en el regazo de su madre– ve en una pantalla imágenes emitidas desde dos proyectores de diapositivas. A la derecha, la diapositiva muestra dos objetos comunes, acomodados de manera aleatoria. A la izquierda, una diapositiva similar muestra tres objetos. Al mismo tiempo, el bebé oye una secuencia de golpes de tambor emitida por un parlante central ubicado entre las dos pantallas. Por último, como siempre, se observa al bebé gracias a una cámara de video oculta que permite a los investigadores medir cuánto tiempo pasa el bebé mirando cada diapositiva.

Al principio, el bebé está atento y explora las imágenes visualmente. Desde luego, las que tienen tres objetos son más complejas que las que sólo tienen dos, de manera que el bebé les dedique un poco más de tiempo y atención. Luego de unos pocos ensayos, sin embargo, este sesgo desaparece, y emerge un resultado fascinante: el bebé mira por más tiempo la diapositiva cuya numerosidad equivale a la secuencia de sonidos que está escuchando. Invariablemente, mira durante más tiempo tres objetos cuando oye tres golpes de tambor, pero prefiere mirar dos objetos cuando oye dos golpes de tambor.

Entonces, parece probable que el bebé pueda identificar el número de sonidos –aunque varíe de un ensayo a otro– y sea capaz de compararlo con el número de objetos que se encuentran frente a él. Si los dos

---

8 Véronique Izard incluso demostró una habilidad similar en los recién nacidos; véase Izard y otros (2009).

números no coinciden, el bebé decide no demorarse más indagando esta diapositiva, sino espiar la otra. El mero hecho de que un niño de sólo unos pocos meses de edad utilice una estrategia tan sofisticada como esta implica que su representación numérica no está ligada a la percepción visual o auditiva de nivel más bajo. La explicación más simple es que el niño realmente percibe números antes que patrones auditivos o configuraciones geométricas de objetos. La misma representación del número "3" parece activarse en su cerebro, ya sea que vea tres objetos u oiga tres sonidos. Esta representación interna, abstracta y amodal (en el sentido de que es independiente de la modalidad, visual o auditiva, en que percibe la información) le permite al niño darse cuenta de la correspondencia que existe entre el número de objetos que hay en una diapositiva y el número de sonidos que oye de forma simultánea. Recordemos que los animales se comportan de un modo muy similar: también parecen poseer neuronas que responden igualmente bien a tres sonidos o tres luces. El comportamiento de los bebés bien puede reflejar un módulo abstracto para la percepción del número, implantado por la evolución hace años, muy profundo, dentro de los cerebros de los humanos y los animales.

¿Cuánto es 1 más 1?

Avancemos por un momento en la comparación entre el comportamiento de los bebés y el de otras especies animales. Vimos en el capítulo precedente que un chimpancé puede computar el total aproximado de una simple suma como dos naranjas más tres naranjas. ¿Es posible que esto también sea así para los bebés pequeños? A primera vista, se trata de una hipótesis bastante osada. Estamos más inclinados a pensar que la adquisición de la matemática comienza en los años de jardín de infantes. Hasta la década de 1990, una cuestión tan iconoclasta como la posible existencia de habilidades de cálculo en el primer año de vida no había recibido ninguna evaluación empírica. Sin embargo, para ese momento, la comunidad científica ya se había preparado lo suficiente –con los muchos experimentos sobre la percepción numérica tanto en bebés como en animales– como para que alguien se decidiera a intentar un experimento de este tipo, y también para que sus resultados recibieran atención.

En 1992, un famoso artículo de Karen Wynn sobre la suma y la resta en bebés de 4 y 5 meses de edad apareció en la revista *Nature* (Wynn,

1992a).[9] La joven científica estadounidense había utilizado un diseño simple pero ingenioso, que se basaba sobre la habilidad de los niños para detectar eventos físicamente imposibles. Varios experimentos anteriores habían demostrado que, en su primer año de vida, los bebés expresan gran desconcierto cuando presencian eventos "mágicos", que violan las leyes fundamentales de la física.[10] Por ejemplo, si ven un objeto que permanece suspendido misteriosamente en el aire luego de perder su sostén, los bebés miran esta escena con una atención incrédula. Del mismo modo, se sorprenden cuando una escena sugiere que dos objetos físicos ocupan la misma localización en el espacio. Por último, si uno esconde un objeto detrás de una pantalla y luego baja la pantalla pero antes retira ese objeto, a los bebés les resulta sorprendente no verlo otra vez. De paso, nótese que esta observación prueba que, ya a los 5 meses, y al contrario de lo que proponía la teoría de Piaget, "fuera de la vista" no significa "fuera de la mente". Ahora sabemos que el fracaso constatado entre los niños menores de 1 año en la tarea de permanencia del objeto que había propuesto Piaget está ligado a la inmadurez de su corteza prefrontal, que controla sus movimientos de aprehensión. ¡El hecho de que no puedan estirarse para alcanzar un objeto escondido no implica que crean que se ha ido! (Baillargeon, 1986, Diamond y Goldman-Rakic, 1989).

En todas las situaciones de este tipo, la sorpresa de los bebés se traduce en un aumento significativo del tiempo que pasan examinando una escena, en comparación con una situación control en la que no se viola ninguna de las leyes de la física. El truco de Karen Wynn consiste en adaptar esta idea para probar el sentido numérico de los bebés. En su experimento, en el queles mostró eventos que interpretables como transformaciones numéricas –por ejemplo, un objeto más otro objeto–, evaluó si, cuando se les presenta el cálculo 1 + 1, los bebés esperan el resultado numérico preciso de dos objetos.

Cuando llegaban al laboratorio, los participantes de 5 meses de edad descubrían un pequeño teatro de títeres con una pantalla rotativa en el frente (figura 2.3). La mano del investigador aparecía de un lado, soste-

---

9 Para réplicas y extensiones, en especial a números más grandes, véanse Simon, Hespos y Rochat (1995), Koechlin, Dehaene y Mehler (1997), McCrink y Wynn (2004, 2009). Para límites y para discusión, véanse Feigenson, Carey y Spelke (2002), Feigenson, Dehaene y Spelke (2004).

10 Por ejemplo, Gelman y Tucker (1975), Gelman y Gallistel (1978). Véase una revisión en Wang y Baillargeon (2008).

Secuencia inicial: 1 + 1

1. El primer objeto entra en escena

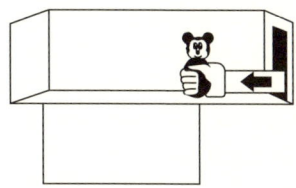

2. Lo cubre la pantalla.

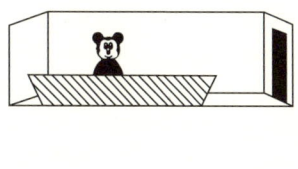

3. Se agrega el segundo objeto.

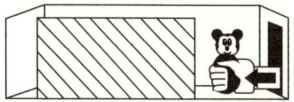

4. La mano sale vacía.

Resultado posible: 1 + 1 = 2

5. La pantalla baja…

y revela dos objetos

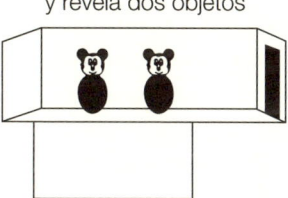

Resultado imposible: 1 + 1 = 1

5. La pantalla baja…

y revela un objeto

Figura 2.3. El experimento de Karen Wynn muestra que los bebés de 4 meses y medio esperan que 1 + 1 tenga como resultado 2. Primero, se esconde un juguete detrás de una pantalla. Luego, se agrega un segundo juguete idéntico. Por último, se baja la pantalla, a veces mostrando los dos juguetes, y a veces sólo uno (ya que el otro juguete ha sido quitado de forma encubierta). Los bebés miran sistemáticamente durante más tiempo el evento imposible 1 + 1 = 1 que el posible 1 + 1 = 2, lo que sugiere que estaban esperando dos objetos (adaptado de Wynn, 1992a).

niendo un ratón Mickey de juguete, que ubicaba en el escenario. Luego aparecía la pantalla y tapaba la localización del juguete. La mano se presentaba en escena una segunda vez con un segundo ratón Mickey, lo depositaba detrás de la pantalla y salía vacía. Toda la secuencia de eventos significaba una ilustración concreta de la suma 1 + 1: al principio, sólo había un juguete detrás de la pantalla, y luego se agregaba un segundo. Los niños nunca veían los dos juguetes juntos, sino uno después del otro. ¿Habrían inferido, sin embargo, que debería haber dos Mickeys detrás de la pantalla?

Para responder a esta pregunta, se bajaba la pantalla, y se revelaba un resultado inesperado: ¡sólo se podía ver un Mickey! Sin que los pequeños lo supieran, uno de los dos juguetes había sido retirado del escenario a través de una puerta trampa. Para estimar el grado de sorpresa de los bebés, se medía el tiempo que pasaban fijando su mirada sobre esta situación imposible 1 + 1 = 1 y se comparaba este tiempo con el tiempo de fijación cuando se les presentaba el resultado esperado de dos objetos (1 + 1 = 2). En promedio, los bebés miraban un segundo más la suma falsa 1 + 1 = 1 que el evento esperable 1 + 1 = 2. Pero todavía podría objetarse que los niños no estaban computando sumas, sino que simplemente miraban más tiempo a un solo objeto que a dos idénticos. Sin embargo, esta explicación no se sostiene, porque los resultados se revirtieron en un segundo grupo de bebés, a los que se les presentó la operación 2 − 1 en lugar de 1 + 1. En este grupo, los bebés estaban sorprendidos de descubrir dos objetos detrás de la pantalla (2 − 1 = 2), y examinaban esta situación hasta tres segundos más que el evento esperable 2 − 1 = 1.

Como la misma Wynn observa, si uno quiere hacer de abogado del diablo, estos resultados todavía no implican necesariamente que los bebés puedan realizar cálculos exactos. Simplemente pueden saber que la numerosidad de un conjunto cambia cuando se agregan o se quitan objetos, sin por eso tener que poder predecir el resultado numérico preciso. Si así fuera, podría ocurrir que se dieran cuenta de que 1 + 1 no puede ser, de ninguna manera, igual a 1, ni 2 − 1 puede ser igual a 2, sin necesariamente conocer el resultado exacto de estas operaciones. Sin embargo, esta forzada explicación tampoco soporta la evaluación experimental. Para mostrarlo, basta con reproducir la situación de suma de 1 + 1 con resultados de dos o tres objetos. Karen Wynn realizó esta prueba y observó que, otra vez, los bebés de 5 meses de edad miraban durante más tiempo el resultado imposible de tres objetos que el resultado posible de dos objetos. La demostración es irrefutable: los bebés saben que 1 + 1 no es ni 1 ni 3, sino exactamente 2.

Este conocimiento pone a los bebés a la par de las ratas que estudiábamos, de las palomas, de los delfines o de Sheba, la chimpancé prodigio cuyas habilidades de cómputo se describieron en el capítulo anterior. De hecho, el diseño exacto del experimento de Karen Wynn fue reproducido de manera prácticamente idéntica por el psicólogo de Harvard Mark Hauser y sus colegas, con monos Rhesus en su hábitat natural (Hauser, MacNeilage y Ware, 1996). Cuando un mono, intrigado por la presencia de Hauser, se ofrecía como voluntario para mirarlo, Hauser escondía sucesivamente, una tras otra, dos berenjenas en una caja cerrada. Luego, en algunos ensayos, quitaba una antes de abrir la caja, mientras un colega filmaba al animal para medir su grado de sorpresa. Los resultados de esta escena salvaje fueron importantes y fascinantes. Los monos reaccionaban de forma aún más contundente que los bebés: en los ensayos "mágicos" en los que faltaba una de las berenjenas esperadas, pasaban un tiempo considerable escrutando la caja. Por supuesto, los bebés humanos son por lo menos tan dotados como sus primos animales en la aritmética, lo que confirma que los cómputos numéricos elementales pueden ser realizados por organismos que no poseen lenguaje.

De todos modos, los experimentos de Karen Wynn no dicen nada acerca de cuán abstracto es realmente el conocimiento de los bebés. Los bebés podrían tener una imagen vívida y realista de los objetos que se encuentran escondidos detrás de la pantalla, un tipo de fotografía mental lo suficientemente precisa como para que se den cuenta de inmediato si faltan o sobran objetos. Alternativamente, podrían recordar sólo el número de objetos agregados o sustraídos de detrás de la pantalla, sin que les importe su localización e identidad. Para descubrirlo, uno puede evitar que los niños construyan un modelo mental previo de la localización de los objetos y su identidad, y ver si todavía pueden anticipar su número. Esta idea ha servido como base para un experimento realizado recientemente por Étienne Koechlin en nuestro laboratorio de París (Koechlin y otros, 1997). El diseño es bastante similar al de los estudios de Wynn, con la salvedad de que en esta oportunidad los objetos están ubicados en una plataforma giratoria que rota lentamente y los mantiene en movimiento constante, incluso cuando están escondidos detrás de la escena. Entonces, es imposible predecir dónde estarán cuando baje la pantalla. Los bebés no pueden conformar una imagen mental precisa de la escena; todo lo que pueden construir es una representación abstracta de dos objetos que rotan con localizaciones impredecibles.

Para nuestra sorpresa, los resultados demuestran que de ningún modo los bebés de 4 años y medio se ven confundidos por el movimiento de los objetos. Todavía les parecen llamativos los eventos imposibles $1 + 1 = 1$ y $2 - 1 = 2$. Por lo tanto, su comportamiento no depende significativamente de la expectativa de la localización precisa de los objetos. No esperan encontrar una configuración precisa de objetos detrás de la pantalla, sino meramente dos objetos, ni más, ni menos. Un psicólogo del Georgia Institute of Technology, Tony Simon, y sus colegas incluso han mostrado que los bebés no prestan atención a la identidad exacta de los objetos que se encuentran detrás de escena cuando computan su número (Simon y otros, 1995). A diferencia de los niños más grandes, los bebés de 4 y 5 meses de edad no se sorprenden mucho con los cambios en la apariencia de los objetos en el curso de las operaciones aritméticas. Si se ubican dos ratones Mickey de juguete detrás de la pantalla, no se sorprenden al descubrir dos pelotas rojas en lugar de los juguetes originales cuando esta baja. Sin embargo, su atención se excita mucho si sólo se ve una pelota. Que ese personaje se convierta en una pelota (o un sapo en un príncipe) es una transformación poco habitual pero aceptable en lo que concierne al sistema de procesamiento de número del bebé; en la medida en que ningún objeto desaparezca o sea creado de la nada, la operación se juzga como correcta desde un punto de vista numérico y no produce demasiada reacción de sorpresa en los bebés. En contraste, la desaparición de un objeto o su replicación inexplicable, como en el milagro de los panes y los peces, parece asombrosa porque viola nuestras expectativas numéricas más arraigadas. Llevar la cuenta de un pequeño número de objetos parece ser literalmente un juego de niños de 5 meses. Pero, además, el sentido numérico de los bebés es tan sofisticado que les impide dejarse engañar por el movimiento del objeto o por cambios repentinos en su identidad.

Los límites de la aritmética infantil

Si bien espero que estos experimentos los hayan convencido de que los niños pequeños tienen un talento natural para los números, no es necesario que corran a inscribir a su bebé más pequeño en un curso nocturno de matemática superior, ni que consulten a un neurólogo infantil si sus niños cometen errores astronómicos en cuentas elementales. Debería avergonzarme si mi refutación de Piaget sirviera como un pretexto para los charlatanes que se describen como capaces de despertar la inteligencia en el primer año de vida presentándoles a los niños sumas escritas en números arábigos, o incluso en caracteres japoneses, que por supuesto son completamente incapaces de comprender. Aunque las habilidades numéricas de los niños pequeños son reales, están limitadas estrictamente a los aspectos más elementales de la aritmética.

En primer lugar, sus habilidades para el cálculo exacto no parecen extenderse más allá de los números 1, 2, 3 y tal vez 4. Siempre que los experimentos involucran conjuntos de dos o tres objetos, se descubre que los niños los diferencian. Sin embargo, sólo ocasionalmente se muestra que distinguen cuatro puntos de cinco, o incluso de seis (Feigenson y otros, 2004). Aparentemente, los bebés sólo tienen un conocimiento preciso de los primeros pocos números. Su habilidad bien puede ser, en este campo, inferior a la de los chimpancés adultos, cuyo desempeño permanece por encima del azar, incluso cuando tienen que elegir entre seis y siete trozos de chocolate.

No concluyamos demasiado rápido que el número 4 marca los confines del universo aritmético del bebé. Los experimentos con los que contamos hasta el momento se han concentrado en la representación exacta de pequeños números enteros en la mente del bebé. Los bebés, sin embargo, como las ratas, las palomas, o los monos, probablemente posean sólo una representación mental aproximada y continua de los números. Es posible, además, que esta representación responda a los efectos de distancia y tamaño encontrados en las ratas y los chimpancés. Entonces, deberíamos esperar que los bebés fueran incapaces, más allá de determinado límite, de diferenciar un número n de su sucesor $n + 1$. Esto, en efecto, es lo que se observa más allá del número 4. Sin embargo, deberíamos también esperar que reconocieran números más allá de este límite, en tanto estuvieran contrastados con números todavía más distantes. Entonces, los bebés pueden no saber si $2 + 2$ es 3, 4 o 5, pero todavía pueden verse sorprendidos si ven una escena que sugiere que $2 + 2$ es 8. Hasta donde sé, esta predicción todavía no ha sido probada.[11] Si se mostrara que es correcta, extendería considerablemente el conocimiento numérico atribuido a niños muy pequeños.

La aritmética de los bebés tiene una segunda limitación importante. En situaciones en que un adulto automáticamente intuye la presencia de varios objetos, no está dicho que los bebés lleguen a la misma conclusión. Me explico. Supongan que de atrás de una pantalla aparecen alternativamente un camioncito rojo y una pelota verde. Ustedes, como

---

11 Desde 1997, varios experimentos han demostrado este punto. Véanse, por ejemplo, McCrink y Wynn (2004, 2009).

adultos, llegarían inmediatamente a la conclusión de que allí están escondidos por lo menos dos objetos, y estarían muy desconcertados si, al mirar detrás de la pantalla, descubrieran sólo uno: por ejemplo, la pelota verde. Los pequeños reaccionan de forma diferente. Ya sea que uno o dos objetos sean visibles cuando baje la pantalla, los bebés de 10 meses de edad no dan señales de sorpresa (Xu y Carey, 1996). Aparentemente, para ellos el hecho de que formas y colores bastante diferentes aparezcan alternativamente detrás de la pantalla no es indicio suficiente de la presencia de varios objetos. Sucede lo mismo cuando el experimento se realiza con objetos muy familiares, como su propio biberón o su muñeca favorita. Sólo a los 12 meses de edad comienzan a esperar dos objetos. Incluso en ese momento, el experimento funciona sólo con objetos de formas diferentes. Si varían sólo el color o la forma, un bebé de hasta 12 meses piensa que no alcanza con ver aparecer una pelota grande de un lado de una pantalla y una pequeña del otro lado para inferir la presencia de dos objetos diferentes detrás de la pantalla.

La única clave que los bebés parecen encontrar concluyente es la trayectoria seguida por los objetos (figura 2.4).[12] De este modo, cuando se repite el mismo experimento, no con una, sino con dos pantallas separadas por un espacio, si un objeto aparece alternativamente en la pantalla derecha y en la pantalla izquierda, los bebés infieren la presencia de dos objetos, uno detrás de cada pantalla. Saben que sería imposible que un solo objeto se moviera de una pantalla a la otra sin aparecer, aunque fuera por un momento corto, en el espacio que los separa. Sin embargo, si un objeto efectivamente aparece en este espacio en el momento apropiado, entonces la preferencia del bebé cambia, y otra vez sólo espera un objeto. Y, a la inversa, si hay sólo una pantalla pero a los bebés se les muestran dos objetos juntos en el escenario por sólo dos segundos al comienzo del experimento, entonces esperan encontrar dos objetos al final.

La información acerca de las trayectorias espaciales de los objetos, por ende, da una clave fundamental para la percepción de la numerosidad. Nótese que esta conclusión no contradice de ningún modo los resultados del experimento de la plataforma giratoria que describí más arriba, que demostraba que a los bebés no les importa si los objetos que están detrás de la pantalla se mueven o se quedan quietos. De hecho, resulta más que justificado creer que en ese experimento, también, la informa-

---

12 Para una validación de esta afirmación y sus límites, véanse Bonatti, Frot, Zangl y Mehler (2002), Xu, Carey y Quint (2004), Krojgaard (2007).

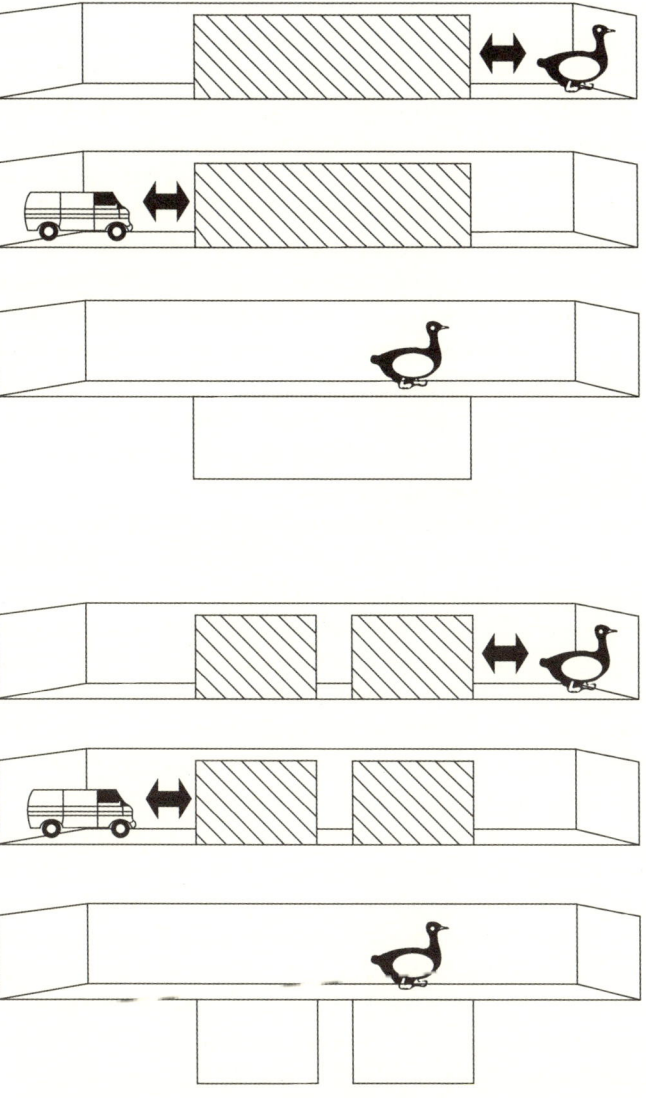

Figura 2.4. Las expectativas numéricas de los bebés están basadas en la trayectoria de los objetos, no en su identidad. En la situación de arriba, un pato y un camión aparecen alternativamente a la derecha y a la izquierda de una pantalla. A pesar del cambio en la identidad del objeto, los bebés no muestran sorpresa cuando la pantalla baja y revela un único objeto. En la situación de abajo, se corta una ventana en la pantalla, lo que hace físicamente imposible que un objeto se mueva de derecha a izquierda sin aparecer en esta ventana por un breve lapso. En esta situación, los niños esperan dos objetos y se sorprenden si sólo aparece uno cuando baja la pantalla (adaptado de Xu y Carey, 1996).

ción de la trayectoria es crucial. En la condición de 1 + 1 = 2, por ejemplo, justo después de que el ratón Mickey de juguete se ha ubicado en la plataforma giratoria detrás de la pantalla, aparece un juguete idéntico en la mano del experimentador a la derecha de la pantalla. Físicamente es imposible que sea el mismo juguete que antes, porque no habría forma de que este hubiera salido de detrás de la pantalla sin que se lo viera. Así, los bebés llegan a la conclusión de que hay un segundo Mickey, superficialmente idéntico al primero, y por lo tanto deben esperar un total de dos objetos. No importa si los juguetes se mueven hasta que sus localizaciones son impredecibles. Una vez que la representación abstracta de "2" se ha activado, puede resistir este tipo de modificación. La información espacial acerca de la localización de los objetos discretos en el espacio y el tiempo es crítica para preparar las representaciones del número en el cerebro del bebé, pero, una vez creada la representación, esta información parece perder toda importancia.

En resumen, las inferencias numéricas de los bebés parecen estar completamente determinadas por la trayectoria espacio-temporal de los objetos. Si el movimiento que ven no podría haber sido causado por un único objeto sin violar las leyes de la física, realizan la inferencia de que hay por lo menos dos objetos. En caso contrario, se quedan con la hipótesis por defecto de que sólo hay un objeto, incluso si eso implica que el objeto cambie constantemente de forma, tamaño y color. No importa la identidad del objeto; sólo importan la localización y la trayectoria.

Sólo un detective bastante tonto desatiende la mitad de las pistas disponibles. Y ya que los bebés nos acostumbraron a un estándar de desempeño bastante más brillante, deberíamos preguntarnos si esta estrategia no es más astuta de lo que parece. ¿La línea de pensamiento del bebé es deficiente, o certifica, por el contrario, una sabiduría digna de un Sherlock Holmes? Al fin y al cabo, todos saben que un estafador puede disfrazarse para hacerse pasar por personas diferentes sin dejar de ser él mismo. Este también es el caso con muchos objetos comunes cuyo aspecto varía. Los perfiles y caras de las personas, por ejemplo, son objetos visuales bastante diferentes; sin embargo, los bebés tienen que aprender que son meramente diferentes perspectivas de las mismas personas. ¿Cómo podría un niño saber de antemano que un camión no puede convertirse en una pelota, mientras un pequeño pedacito de goma roja de inmediato se transforma en un gran globo rosa cuando alguien lo infla? Este tipo de información anecdótica no puede conocerse de antemano. Tiene que aprenderse poco a poco, en cada encuentro con un nuevo objeto. Sin embargo, el único modo de aprender algo es no ser demasiado prejuicioso. Esto puede explicar por qué los bebés utilizan por defecto la hipótesis de que sólo hay un objeto ahí. Como buenos lógicos, sostienen esta hipótesis hasta que hay clara prueba de lo contrario, incluso cuando son testigos de transformaciones curiosas en la forma y el color del objeto.

Desde un punto de vista evolutivo, es bastante notable que la naturaleza haya sentado las bases de la aritmética sobre las leyes más fundamentales de la física. Al menos tres leyes son explotadas por el "sentido numérico" humano. En primer lugar, un objeto no puede ocupar simultáneamente varias localizaciones. En segundo lugar, dos objetos no pueden ocupar la misma localización. Por último, un objeto físico no puede desaparecer de forma abrupta, ni puede repentinamente salir a la superficie en una localización que antes estaba vacía; su trayectoria tiene que ser continua. Les debemos a las psicólogas infantiles Elizabeth Spelke y Renée Baillargeon el descubrimiento de que hasta los bebés muy pequeños comprenden estas leyes (Baillargeon, 1986, Baillargeon y DeVos, 1991, Spelke, Breinlinger, Macomber y Jacobson, 1992, Spelke, Katz, Purcell, Ehrlich y Breinlinger, 1994, Spelke y Tsivkin, 2001). En efecto, en nuestro ambiente físico admiten muy pocas excepciones, las más relevantes de ellas causadas por sombras, reflejos y transparencias. (Tal vez esto pueda explicar la fascinación y la confusión que estos "objetos" ejercen sobre los niños pequeños.) Estos principios, entonces, ofrecen una base firme para la pequeña cantidad de teoría del número de la que parecen estar dotados el cerebro animal y el humano. El cerebro del bebé los utiliza exclusivamente para predecir cuántos objetos distintos están presentes. Se niega con terquedad a explotar otras claves para el número que puedan ser accidentales, como la apariencia visual de los objetos. Esto constituye un testimonio de la antigüedad del "sentido numérico" de los bebés, porque sólo la evolución, con sus millones de años de prueba y error, podría ser capaz de seleccionar las propiedades fundamentales y anecdóticas de los objetos físicos.

En efecto, el fuerte nexo entre los objetos físicos discretos y la información numérica dura hasta una edad mucho mayor, en la que eventualmente tiene un impacto negativo en algunos aspectos del desarrollo matemático. Si ustedes conocen a niños de 3 o 4 años, intenten realizar el siguiente experimento (Shipley y Shepperson, 1990). Muéstrenles la imagen de la figura 2.5 y pregúntenles cuántos tenedores pueden ver. Se sorprenderán al descubrir que llegan a un total errado, porque cuentan cada segmento separado de un tenedor como una unidad, de modo que cuentan el tenedor roto dos veces y anuncian un total de seis. Es extremadamente difícil explicarles que las dos piezas separadas deberían contarse como una unidad. Del mismo modo, muéstrenles dos manzanas rojas y tres bananas amarillas y pregúntenles cuántos colores diferentes hay, o cuántos tipos diferentes de frutas pueden ver. Obviamente, la respuesta correcta es dos. Sin embargo, hasta una edad relativamente avanzada, los niños no pueden evitar contar cada objeto individual como una unidad y, por lo tanto, llegar al total erróneo de cinco unidades. La máxima "el número es una propiedad de los conjuntos de objetos físicos discretos" está profundamente incrustada en sus cerebros.

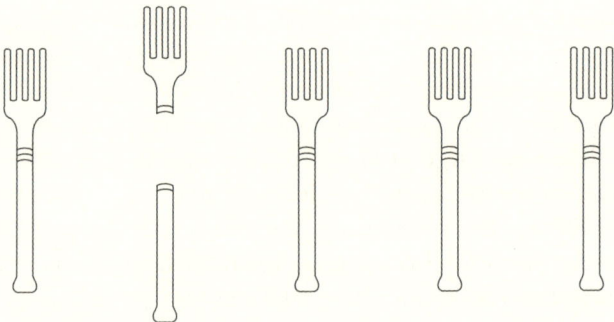

Figura 2.5. Los niños de 3 a 4 años creen que este conjunto está formado por seis tenedores. No pueden evitar contar cada objeto físico discreto como una unidad (adaptado de Shipley y Shepperson, 1990).

El número: innato y adquirido

A lo largo de este capítulo, he hablado de los bebés como si fueran organismos inertes con comportamientos rígidos. Cuando se discuten experimentos con niños pequeños, con facilidad olvidamos que los grupos etarios pueden variar desde unos pocos días hasta 10 o 12 meses de edad. De hecho, el primer año de vida es el momento en que el cerebro del bebé posee la máxima plasticidad. Durante este período, los bebés absorben una cantidad impresionante de nuevo conocimiento, día tras día, y no pueden entonces ser considerados de ninguna manera un sistema estático cuyo desempeño sea estable. Desde el momento mismo del nacimiento, aprenden a reconocer la voz y la cara de su madre; comienzan a procesar la lengua hablada en el ambiente que los rodea; descubren cómo dirigir sus movimientos corporales, y la lista podría seguir por siempre. No tenemos ninguna razón para creer que el desarrollo numérico escapa a esta explosión monumental de aprendizaje y descubrimiento.

Para hacer justicia a la fluidez de la inteligencia de los bebés, las habilidades numéricas que he descripto en este capítulo deberían situarse dentro de un marco dinámico, un ejercicio peligroso, dado que todavía sabemos tan poco acerca de la lógica con la que la representación del número evoluciona en el primer año de vida. Pero por lo menos podemos intentar esbozar un escenario tentativo del orden y la forma en que estas habilidades maduran a medida que pasan los meses.

Comencemos con el nacimiento, una edad en la que las habilidades de distinción de número ya han sido ampliamente demostradas. Los bebés recién nacidos distinguen de inmediato dos objetos de tres, y tal vez hasta tres de cuatro, y sus oídos perciben la diferencia entre dos y tres sonidos. Entonces, el cerebro del recién nacido en apariencia viene equipado con detectores numéricos que probablemente están establecidos desde antes del nacimiento. El plan requerido para conformar estos detectores tal vez pertenezca a nuestra dotación genética. En efecto, es difícil ver cómo los niños podrían obtener del ambiente la información suficiente para aprender los números 1, 2 y 3 a una edad tan temprana. Aun si se supone que el aprendizaje es posible desde antes del nacimiento, o en las primeras pocas horas de vida, durante las que la estimulación visual con frecuencia está cerca de ser nula, el problema permanece, porque parece imposible para un organismo que ignora todo acerca de los números aprender a reconocerlos. ¡Es como si uno le pidiera a un televisor en blanco y negro que aprenda de colores! Lo más probable es que un módulo cerebral especializado para la identificación del número se establezca a través de la maduración espontánea de redes neuronales cerebrales, bajo control genético directo, y con la guía mínima del ambiente. Dado que el código genético humano es heredado a partir de millones de años de evolución, probablemente compartamos este sistema protonumérico innato con muchas otras especies animales: una conclusión cuya plausibilidad hemos ponderado en el capítulo anterior.

Si bien el recién nacido puede estar equipado con detectores visuales y auditivos de numerosidad, hasta hoy ningún experimento ha probado que estas dos modalidades de ingreso de información se comuniquen y compartan sus claves numéricas desde el nacimiento. Hasta el momento, sólo se ha demostrado la conexión entre dos sonidos y dos imágenes, o entre tres sonidos y tres imágenes en bebés de 6 a 8 meses de edad. Mientras esperamos a que lleguen experimentos concluyentes con niños más pequeños, todavía es posible sostener que el aprendizaje, más que la maduración del cerebro, es responsable del conocimiento que el bebé tiene de la correspondencia numérica entre modalidades sensoriales.

Cuando escucha que los objetos individuales emiten un sonido, los pares de objetos emiten dos sonidos y así sucesivamente, el bebé puede descubrir la relación no arbitraria entre un número de objetos y un número de sonidos. Sin embargo, ¿es posible tal regreso al constructivismo? Algunos objetos generan más de un sonido, y otros no generan ninguno. Las pistas ambientales, entonces, no carecen de ambigüedad, y todavía no está para nada claro si garantizarían alguna forma de aprendizaje. Por eso, mi sospecha es que la preferencia de los bebés por una correspondencia entre sonidos y objetos nace de una competencia innata y abstracta para los números.

Una incertidumbre similar reina sobre las habilidades de suma y resta. Los experimentos de 1 + 1 y 2 − 1 de Karen Wynn se llevaron a cabo sólo con bebés que tenían como mínimo 4 meses y medio. Este lapso de tiempo puede ser suficiente para que el bebé descubra empíricamente que cuando un objeto y luego un segundo objeto desaparecen detrás de una pantalla, dos objetos aparecerán si uno se ocupa de buscarlos. Después de todo, en ese caso Piaget tendría algo de razón: los bebés tendrían que captar las reglas elementales de la aritmética de su entorno, aunque deberían hacerlo a una edad mucho más precoz que la imaginada. Sin embargo, en lugar de esto, este conocimiento puede ser innato, alojado dentro de la misma arquitectura del cerebro del bebé, y volverse manifiesto en cuanto emerge la habilidad para memorizar la presencia detrás de una pantalla, cerca de los 4 meses de edad.

Sea cual sea su origen, es claro que un acumulador numérico rudimentario permite a bebés que no superan los 6 meses de edad reconocer pequeños números de objetos o sonidos, y combinarlos en sumas y restas elementales. Es curioso que la única noción aritmética simple que puede faltarles sea la de ordenar los números. ¿A qué edad sabemos que 3 es más grande que 2? Pocos experimentos han estudiado esta pregunta en criaturas muy pequeñas, y ninguno es realmente convincente. Sin embargo, sus resultados sugieren que no se encuentra una competencia ordinal notable antes de los 15 meses. A esta edad, los niños comienzan a comportarse como los macacos Abel y Baker, o como la chimpancé Sheba: seleccionan de manera espontánea el más grande entre dos conjuntos de juguetes. Los bebés más pequeños parecen no darse cuenta del orden natural de los números. Es como si sus detectores numéricos –programados para responder a uno, dos o tres objetos– no tuvieran ninguna relación particular entre sí. Tal vez podamos asemejar la representación que los bebés tienen de los números 1, 2 y 3 a nuestro conocimiento adulto de los colores azul, amarillo o verde. Podemos reconocer

esos colores, y podemos hasta saber cómo se combinan ("azul más amarillo forman verde"), sin embargo no tenemos absolutamente ningún
concepto de un orden en el cual ponerlos. Del mismo modo, los bebés
pueden reconocer uno, dos o tres objetos e incluso saber que 1 + 1 = 2,
sin necesariamente darse cuenta de que 3 es más grande que 2, o que 2
es más grande que 1.

Si se puede confiar en estos datos preliminares, entonces los conceptos
de "más pequeño" y "más grande" están entre los más lentos en ponerse
en marcha en la mente del bebé. ¿De dónde vendrían? Probablemente
de una observación de las propiedades de suma y resta (Cooper, 1984).
El número "más grande" sería el que se puede alcanzar sumando, y el
"más pequeño" el que se puede alcanzar a través de la resta. Los bebés
descubrirían que la misma relación "más grande que" existe entre 2 y 1
y entre 3 y 2, porque la misma operación de adición, "+ 1", permite ir de
1 a 2 y de 2 a 3. Al practicar sucesiones de sumas, los niños verían que
los detectores de 1, 2 y 3 se encienden en un orden reproducible en su
mente, y por lo tanto aprenderían acerca de su posición en la serie de
números.

Pero este es un escenario hipotético. Haría falta realizar una serie de
experimentos antes de que pudiera ser confirmado o refutado. La única
cosa que sabemos, en este punto, es que los bebés son mucho mejores
matemáticos de lo que pensábamos hace apenas quince años. Cuando
soplan la primera vela de su torta de cumpleaños, con todo derecho los
padres pueden sentirse orgullosos de ellos, porque ya han adquirido,
ya sea mediante el aprendizaje o por mera maduración cerebral, los rudimentos de la aritmética y un sentido numérico sorprendentemente
articulado.

3. Nuestra herencia numérica

Recomiendo que cuestionen todas sus creencias,
excepto la de que dos más dos es cuatro.
Voltaire, "El hombre de los cuarenta escudos"

Hace mucho que me intrigan los números romanos. Hay algo contradictorio entre la simplicidad de los primeros números y la desconcertante complejidad de los otros. Los primeros tres números, I, II y III, siguen una regla obvia: en ellos, simplemente, cada barra expresa una unidad. El número IV, sin embargo, rompe la regla. Presenta un nuevo signo, V, cuyo significado de ningún modo se desprende de los anteriores, y una operación de sustracción, 5 – 1, que parece arbitraria: ¿por qué no 6 – 2, 7 – 3 o incluso 2 × 2?

La historia de la notación numérica nos enseña que los tres primeros números romanos son una suerte de fósiles vivientes: nos llevan hasta un tiempo remoto en que los humanos todavía no habían inventado una forma de escribir los números, y se contentaban, para llevar las cuentas, con tallar sobre una vara una marca por cada oveja o camello que poseían. Las series de marcas aseguraban un registro duradero de una cuenta pasada, fácil de controlar: bastaba verificar que a cada incisión correspondiera un cordero. Este fue, en efecto, el inicio de una notación simbólica, porque la misma fila de cinco marcas podía simbolizar cualquier conjunto de cinco objetos. Esta reseña histórica, sin embargo, no hace más que acrecentar el misterio que rodea al cuarto número romano. ¿Por qué las personas abandonaron una notación que, después de todo, era tan útil y simple? ¿Cómo es que la arbitrariedad de IV, con toda la carga de conocimiento implícito que requiere, llegó a reemplazar la simplicidad del III, que ponía los números al alcance del pastor promedio? Y sobre todo, si, por una u otra razón, se requería una revisión del sistema de notación numérica, ¿por qué la eludieron los primeros números, I, II y III?

Alguien sugerirá que eso se debió a un accidente histórico. Algunos eventos fortuitos deben haber tenido un papel en el destino de la notación numérica romana y su supervivencia hasta la actualidad. Y, sin embargo, la singularidad de las cifras 1, 2 y 3 tiene algo de universal que trasciende la historia del mundo mediterráneo antiguo. En su extenso libro acerca de la historia de las notaciones numéricas Georges Ifrah (1998) muestra que en *la gran mayoría* de las civilizaciones, los primeros tres números se denotaban inicialmente como en la notación romana, repitiendo el símbolo de la unidad tantas veces como fuera necesario (véanse también Menninger, 1969, Ifrah, 1985). Y la mayoría, si no todas las civilizaciones, dejan de utilizar este sistema después del número 3 (figura 3.1). Los chinos, por ejemplo, denotan los números 1, 2 y 3 utilizando una, dos y tres barras horizontales; sin embargo, utilizan un símbolo radicalmente diferente para el número 4. Hasta nuestros propios dígitos arábigos, aunque parezcan arbitrarios, derivan del mismo principio. Nuestro dígito 1 es una sola barra, y nuestros dígitos 2 y 3 en realidad se originaron a partir de dos o tres barras horizontales que se unieron progresivamente cuando se deformaron por la escritura manuscrita. Sólo los números arábigos de 4 en adelante pueden, entonces, considerarse genuinamente arbitrarios.

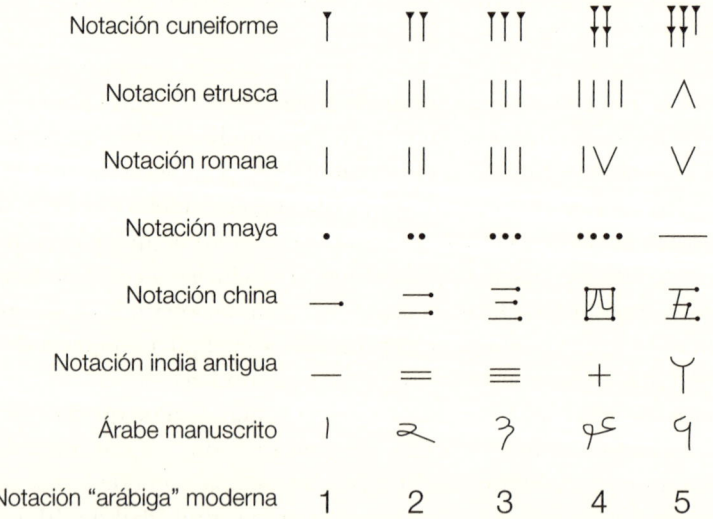

Figura 3.1. En todo el mundo, los humanos siempre han denotado los primeros tres números con series de marcas idénticas. Casi todas las civilizaciones abandonan esta notación analógica luego de los números 3 o 4, que marcan los límites de la aprehensión "inmediata" del número por parte de los hombres (basado en los grafismos de Ifrah, 1994).

Docenas de sociedades humanas alrededor del mundo han adoptado paulatinamente la misma solución. Casi todas ellas han convenido en denotar los primeros tres o cuatro números con una cantidad idéntica de marcas, y los números siguientes, con símbolos fundamentalmente arbitrarios. Una convergencia transcultural tan notable necesita una explicación general. Parece suficientemente claro que alinear diecinueve barritas para denotar el número 19 significaría imponerle una carga insoportable a la escritura y la lectura de números: escribir diecinueve trazos es una operación lenta y propensa al error, y ¿cómo podría distinguir el lector diecinueve de dieciocho o veinte marcas? Así, era inevitable que comenzaran a aparecer notaciones numéricas más compactas que meras filas de barras, especialmente para los números más grandes. Sin embargo, esto todavía no explica por qué todos los pueblos, de las más diversas regiones, eligieron consistentemente deshacerse de este sistema a partir del número 3, en lugar de, digamos, 5, 8 o 10.

En este punto, es tentador hacer un paralelo con las habilidades de reconocimiento de números de los bebés. Los bebés humanos distinguen sin dificultad entre uno y dos objetos, o entre dos y tres, pero sus habilidades no se extienden mucho más allá de esto. Obviamente, los bebés no contribuyen mucho a la evolución de las notaciones numéricas. Sin embargo, supongamos que las habilidades de discriminación de números no se modificaran en los adultos humanos. Esto nos permitiría vislumbrar un inicio de explicación: a partir del número 3, la notación de barras ya no sería legible, porque no estaríamos en condiciones de distinguir con un golpe de vista el IIII del IIIII.

Por lo tanto, los números romanos nos llevan a examinar en qué medida las habilidades protonuméricas que describimos en los capítulos precedentes para los animales y los bebés humanos se extienden a los adultos humanos. En este capítulo, saldremos en busca de fósiles vivientes y otras claves que, como los números romanos, nos lleven a las bases mismas de la aritmética humana. En efecto, encontramos muchas evidencias de que la representación protonumérica de las cantidades todavía vive dentro de nosotros. Si bien el lenguaje y la cultura matemáticos obviamente nos han permitido ir mucho más allá de los límites de la representación numérica animal, este módulo primitivo está todavía en el corazón de nuestras intuiciones acerca de los números. Veremos entonces que mantiene una influencia considerable en nuestra forma de percibir, concebir, escribir o hablar acerca de los números.

1, 2, 3... y lo demás

El hecho de que exista un límite estricto para el número de objetos que podemos enumerar de una vez ha sido conocido por los psicólogos por más de un siglo. En 1886, James McKeen Cattel, en su laboratorio de Léipzig, demostró que, cuando a los sujetos se les mostraba por un breve lapso una tarjeta con varios puntos negros, podían enumerarlos con precisión confiable sólo si no eran más que tres (Cattell, 1886). A partir de este límite, se acumulaban los errores. H. C. Warren, por entonces en Princeton, y luego Bertrand Bourdon, en la Sorbona de París, desarrollaron, cada uno por su parte, nuevos métodos de investigación para medir con precisión el tiempo requerido para cuantificar conjuntos de objetos (Warren, 1897, Bourdon, 1908). En 1908, Bourdon no tenía ningún equipamiento experimental de alta tecnología a su disposición: ni calculadoras, ni proyectores rápidos. Sus experimentos, por lo general realizados sobre sí mismo, involucraban el uso de herramientas especiales, como él mismo explica en su publicación original:

> Los números, que estaban formados a partir de puntos brillantes alineados de forma horizontal, estaban a un metro de mis ojos. Una hoja de cobre con una apertura rectangular, que caía de una altura fija, los hacía visibles por un tiempo muy corto [...]. Para medir los tiempos de reacción, utilicé un cronoscopio de Hipp cuidadosamente ajustado [un cronómetro electromecánico preciso hasta una milésima de segundo]. El circuito eléctrico del cronoscopio estaba cerrado cuando los puntos comenzaban a hacerse visibles. Dentro de este circuito se insertaba un interruptor bucal, que consistía de dos hojas de cobre separadas, uno de cuyos lados estaba cubierto con fibra para aislarlo de la boca; sostenía estas hojas entre mis dientes, apretándolas de modo tal que las hojas se tocaran; entonces mencionaba los números con la mayor velocidad posible en cuanto los había reconocido, y para esto tenía que separar los dientes, lo cual interrumpía el circuito.

Con este aparato rudimentario, Bourdon descubrió la ley fundamental de la cuantificación visual en los humanos. El tiempo requerido para nombrar un número de puntos crece lentamente de uno a tres, y luego repentinamente aumenta al cruzar este límite. En el mismo punto exacto, el número de errores también salta de forma abrupta. Este resultado, que se ha reproducido cientos de veces, todavía es válido hoy. Lleva menos de medio segundo percibir la presencia de uno, dos o tres objetos. Más allá de este límite, la velocidad y la precisión caen de forma radical (figura 3.2).

Una medición cuidadosa de la curva de tiempo de respuesta revela varios detalles importantes. Entre los tres y los seis puntos, el aumento en el tiempo de respuesta es *lineal*, lo que significa que enumerar cada punto adicional requiere una duración adicional fija. A un adulto le toma aproximadamente doscientos o trescientos milisegundos identificar cada punto pasando la cantidad de tres. Esta pendiente corresponde aproximadamente al tiempo que le lleva a un adulto recitar números cuando cuenta en voz alta lo más rápido posible. En los niños, la velocidad de recitado de números baja a un número cada uno o dos segundos, y la pendiente de la curva del tiempo de respuesta aumenta en la misma magnitud. Entonces, para enumerar un conjunto que contenga más de tres puntos, tanto los adultos como los niños tienen que contar los puntos a un ritmo relativamente lento.

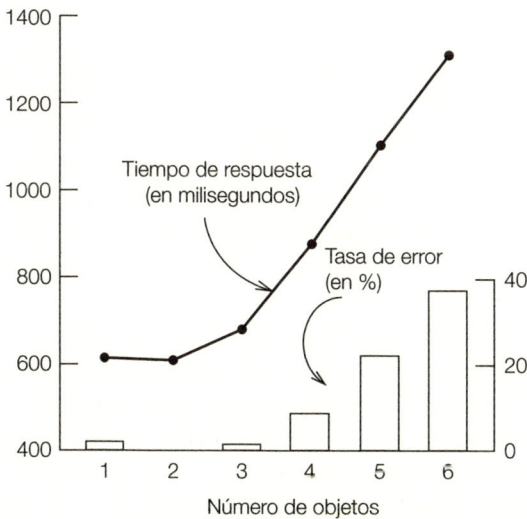

Figura 3.2. Enumerar un conjunto do ítems es rápido cuando hay uno, dos o tres ítems, pero comienza a lentificarse drásticamente a partir de cuatro. En el mismo momento, los errores comienzan a acumularse (basado en un modelo de Mandler y Shebo, 1982).

Pero entonces, ¿por qué la enumeración 1, 2 y 3 es tan rápida? El hecho de que la curva del tiempo de respuesta se achate dentro de esta región sugiere que los primeros tres puntos no tienen que ser contados uno por uno. Los números 1, 2 y 3 parecen reconocerse sin que parezca que se está contando.

Si bien los psicólogos todavía están reflexionando acerca de cómo puede funcionar una enumeración como esta, sin cuenta, por lo menos han concebido un nombre para designarla. Se llama la habilidad de "subitización" o "subitizar", un nombre derivado de la palabra latina *subitus*, que significa "repentino" (Jensen, Reese y Reese, 1950, Mandler y Shebo, 1982, Piazza, Mechelli, Butterworth y Price, 2002, Piazza, Giacomini, Le Bihan y Dehaene, 2003). Este es un nombre no del todo apropiado, dado que la subitización, por más rápida que sea, de ningún modo es instantánea. Lleva cerca de cinco o seis décimas de segundo identificar un conjunto de tres puntos, aproximadamente el tiempo que lleva leer una palabra en voz alta o identificar una cara familiar. Esta duración tampoco es constante: aumenta lentamente de 1 a 3. Es probable, entonces, que requiera una serie de operaciones visuales, más complejas cuanto más grande es el número a reconocer.

¿Cuáles son estas operaciones? Una teoría ampliamente difundida supone que reconocemos conjuntos pequeños de uno, dos o tres objetos rápidamente porque forman configuraciones geométricas fácilmente reconocibles: un objeto forma un punto, dos forman una línea y tres, un triángulo. Esta hipótesis, sin embargo, no puede explicar la observación de que también subitizamos los conjuntos pequeños cuyos objetos están perfectamente alineados, de modo tal que todas las pistas geométricas se vean destruidas. En efecto, ninguna información geométrica diferencia los números romanos II y III, lo que no nos impide distinguirlos: los subitizamos muy fácilmente.

Sin embargo, los psicólogos Lana Trick y Zenon Pylyshyn (1993, 1994) encontraron una situación en que la subitización falla: cuando los objetos están superpuestos, de manera tal que sus posiciones no son perceptibles de inmediato. Cuando vemos círculos concéntricos, por ejemplo, tenemos que contar para determinar si hay dos, tres o cuatro de ellos. El procedimiento de subitización parece requerir que los objetos ocupen posiciones distintas, una clave que, como analizamos con anterioridad, también utilizan los bebés para determinar cuántos objetos hay.

Por esta razón creo que la subitización en los adultos humanos, como la distinción de la numerosidad en los bebés y los animales, depende de circuitos de nuestro sistema visual dedicados a localizar y seguir objetos en el espacio. Las áreas occipitoparietales del cerebro contienen conjuntos de neuronas que extraen con rapidez, al mismo tiempo en todo el campo visual, las ubicaciones de los objetos circundantes. Parece que las neuronas que se encuentran en estas áreas codifican la ubicación de objetos con independencia de su tamaño y de su identidad precisa, y que incluso mantienen una representación de los objetos que se esconden por un breve lapso detrás de una pantalla. La información que extraen, normalizada en relación con la medida y la identidad, es idealmente abstracta como para alimentar un acumulador aproximado. Mi hipótesis es que, durante la subitización, esas áreas descomponen rápidamente la escena visual, es decir, el espacio circundante, en objetos discretos. Con ayuda del acumulador, es fácil contar el total aproximado de los objetos para obtener una estimación de su numerosidad. La simulación de red neuronal que desarrollamos con Jean-Pierre Changeux, y que se describió en el capítulo 1, muestra cómo este cálculo puede implementarse en circuitos cerebrales simples (Dehaene y Changeux, 1993).

¿Por qué este mecanismo presentaría una discontinuidad entre 3 y 4? Recordemos que la precisión del acumulador disminuye con la numerosidad; por lo tanto, resulta cada vez más difícil distinguir un número n de sus vecinos $n + 1$ y $n - 1$. El número 4 parece ser el primer punto en que nuestro acumulador comienza a cometer una cantidad significativa de errores de distinción, y lo confunde con 3 o con 5. Esta es la razón por la que tenemos que contar a partir del límite de 4: nuestro acumulador sigue dándonos una estimación de su número, pero esta ya no es lo suficientemente precisa como para seleccionar con exactitud la palabra justa para nombrarlo.

Sin embargo, esta teoría de la acumulación paralela de localizaciones de objetos no es la única sobre la subitización de que disponemos. De acuerdo con los psicólogos Randy Gallistel y Rochel Gelman, de la UCLA, cuando subitizamos, incluso aunque no lo percibamos, siempre contamos los elementos uno por uno, pero a una velocidad tal que parece que fuera instantáneo (Gallistel y Gelman, 1992). La subitización, entonces, sería un tipo de conteo serial sin palabras. Si bien esto parece contraintuitivo, la subitización realmente requeriría la orientación de la atención hacia cada objeto, uno a la vez, y utilizaría un algoritmo serial, que dé un paso tras otro. Aquí es donde se encuentra la que probablemente sea la mayor diferencia con mi hipótesis. Mi modelo sugiere que, durante la subitización, todos los objetos del campo visual se procesan de forma simultánea y sin que se requiera la atención, lo que en la jerga de los psicólogos cognitivos se llama "procesamiento preatencional en paralelo". En mi simulación de red, los detectores de número comienzan a responder aproximadamente al mismo tiempo, ya sea que uno, dos o tres objetos se encuentren presentes (aunque, a medida que la numerosidad presentada se agranda, es verdad que les lleva un tiempo algo más largo estabilizarse al patrón de activación preciso que se necesita para nombrar cosas). Más importante, en contraste con la hipótesis de conteo rápido de Gelman y Gallistel, es que mis detectores de número no requieren que cada objeto sea señalado por ningún proceso de foco o etiquetado mental: todos se perciben a la vez y en paralelo.

Aunque este asunto aún no está zanjado, tal vez la mejor evidencia de que la subitización no requiere una orientación serial de la atención viene de los pacientes humanos que, luego de una lesión cerebral, pierden la capacidad de explorar con atención su ambiente visual y, en particular, la de contar los elementos (Dehaene y Cohen, 1994). La señora I., a quien tuve ocasión de examinar junto con el doctor Laurent Cohen en el Hospital de la Salpêtrière en París, había sufrido un infarto cerebral posterior, debido a alta presión sanguínea durante su embarazo. Un año más tarde, todavía manifestaba efectos de esta lesión en sus habilidades de percepción visual. La señora I. se había vuelto incapaz de reconocer algunas formas visuales, incluidas caras, y también se quejaba de curiosas distorsiones de la vista. Cuando le pedíamos que describiera una imagen compleja, solía omitir detalles importantes y no lograba una visión del conjunto. Esta dificultad, que los neurólogos llaman "simultanagnosia" (o a veces también "simultagnosia"), hacía que contar fuera imposible para ella. Cuando se le mostraban cuatro, cinco o seis puntos por un breve lapso en la pantalla de una computadora, casi siempre olvidaba contar algunos de ellos. Todo parecía indicar que hacía un esfuerzo por contar, pero no lograba orientarse hacia cada objeto individualmente. Una vez que llegaba a la mitad aproximadamente, se detenía porque tenía la impresión de haberlos contado todos. Otra paciente con un déficit similar mostraba el patrón de error opuesto: no lograba tomar nota de los objetos que ya había contado, y seguía contándolos una y otra vez. ¡Nos decía, sin pestañear, que había doce puntos, cuando en realidad había sólo cuatro!

Sin embargo, y a pesar de su terrible incapacidad para contar, estas dos pacientes sorprendentemente experimentaban pocas dificultades para enumerar conjuntos de uno, dos o incluso tres puntos. Con los números pequeños, respondían de forma bastante rápida, con seguridad, y casi siempre sin fallas. La señora I., por ejemplo, cometía errores sólo el 8% de las veces cuando enumeraba tres ítems, pero erraba el 75% de las veces cuando enumeraba cuatro. Hemos observado esta disociación con frecuencia: la percepción de pequeñas numerosidades puede permanecer intacta, aunque una lesión cerebral hace totalmente imposible que los pacientes orienten la atención de forma secuencial hacia cada objeto. Esto lleva a pensar que la subitización no supone hacer un conteo secuencial, sino una extracción paralela y automática de los objetos de la imagen.

Acercándonos a los números grandes

En la película *Rain Man*, en la que Dustin Hoffman hace el papel de Raymond, un hombre autista con habilidades prodigiosas, hay una escena curiosa. A una camarera se le cae una caja de escarbadientes al piso y, casi de inmediato, Raymond anuncia: "ochenta y dos... ochenta y dos... ochenta y dos... ¡suman doscientos cuarenta y seis!", como si hubiera contado los palillos por grupos de ochenta y dos en menos tiempo del que nos tomaría decir "dos y dos son cuatro". En el capítulo 6 analizaremos en detalle las hazañas que se les han atribuido a los prodigios del cálculo como Raymond. Sin embargo, sólo permítanme decirles ahora que, en este caso particular, no creo que el desempeño de Dustin Hoffman deba tomarse al pie de la letra. Digamos que, en este caso específico, más bien se trata de una licencia cinematográfica. No parece verosímil que puedan distinguirse, a primera vista, grupos de ochenta y dos elementos con la misma velocidad con la que aprehendemos uno, dos o tres elementos. Ha habido unos pocos informes anecdóticos de conteo rápido en algunos pacientes autistas; pero no conozco mediciones de tiempo de respuesta publicadas que permitan determinar si estas personas efectivamente cuentan. Mi propia experiencia es que simular el desempeño de Rain Man resulta relativamente fácil si se comienza a contar por adelantado, sumando mentalmente grupos de puntos, y aparentando un poco. (¡Un resultado exitoso en adivinar el número exacto de gente que se encuentra en un cuarto con frecuencia es suficiente para convertirnos en una leyenda de las habilidades aritméticas!). La posibilidad más atendible, entonces, es que el límite de subitización de tres o cuatro ítems se aplique a todos los humanos sin excepción.

Pero ¿cuál es la naturaleza de este límite? ¿Nuestras habilidades de conteo rápido y paralelo realmente se paralizan cuando un conjunto contiene más de tres ítems? ¿Necesariamente tenemos que contar cuando se alcanza este límite? De hecho, cualquier adulto puede estimar, con un margen razonable de incertidumbre, números mucho más allá de tres o cuatro (Dehaene, 1992, Izard y Dehaene, 2008, Revkin, Piazza,

Izard, Cohen y Dehaene, 2008). El límite de subitización, entonces, no es una barrera inquebrantable, sino una frontera más allá de la cual reina la aproximación. Cuando nos enfrentamos a una multitud, podemos no saber si hay ochenta y una, ochenta y dos u ochenta y tres personas, pero podemos estimar si se encuentran entre ochenta y cien, sin contar.

Este tipo de aproximaciones en general son bastante exactas. Los psicólogos saben, en cambio, de situaciones en las que las estimaciones humanas se alejan sistemáticamente del valor real (figura 3.3). Por ejemplo, todos tendemos a sobrestimar la numerosidad cuando los objetos están dispuestos regularmente en una hoja de papel mientras que, a la inversa, tendemos a subestimar los conjuntos de objetos distribuidos de forma irregular, tal vez porque nuestro sistema visual los agrupa en pequeños conjuntos (Frith y Frith, 1972, Ginsburg, 1976, 1978). Nuestras estimaciones también son sensibles al contexto, lo que nos lleva a subestimar y sobrestimar el mismo conjunto exacto de treinta puntos, dependiendo de si está rodeado por conjuntos de diez o cien puntos. Sin embargo, por lo general, nuestras aproximaciones son notablemente precisas, especialmente si se considera lo poco asiduas que son las ocasiones en las que, en la vida diaria, podemos verificar si son correctas. ¿Con cuánta frecuencia, en efecto, tenemos oportunidad de enterarnos de la respuesta exacta sobre si una multitud está compuesta por cien, doscientas o quinientas personas? Sin embargo, en un experimento de laboratorio, se ha demostrado que una única exposición a información numérica verídica –como un conjunto de doscientos puntos, obviamente etiquetados como tales– es suficiente para mejorar nuestras estimaciones de conjuntos de diez a cuatrocientos puntos (Krueger y Hallford, 1984, Krueger, 1989, Izard y Dehaene, 2008). En resumen, nuestro sistema de estimación de números es bastante fiable y requiere sólo un manojo de medidas precisas para calibrarse de manera correcta.

Lejos de ser excepcional, nuestra percepción de los números grandes sigue leyes estrictamente idénticas a las que rigen el comportamiento numérico de los animales (Van Oeffelen y Vos, 1982, Dehaene, Dehaene-Lambertz y Cohen, 1998, Cordes, Gelman, Gallistel y Whalen, 2001, Dehaene, 2007). Estamos sujetos a un efecto de distancia: distinguimos mejor dos numerosidades distantes, como 80 y 100, que dos números más cercanos, como 81 y 82. Nuestra percepción de la numerosidad también muestra un efecto de magnitud: para una distancia igual, nos cuesta más diferenciar dos numerosidades grandes, como 90 y 100, que dos más pequeñas, como 10 y 20.

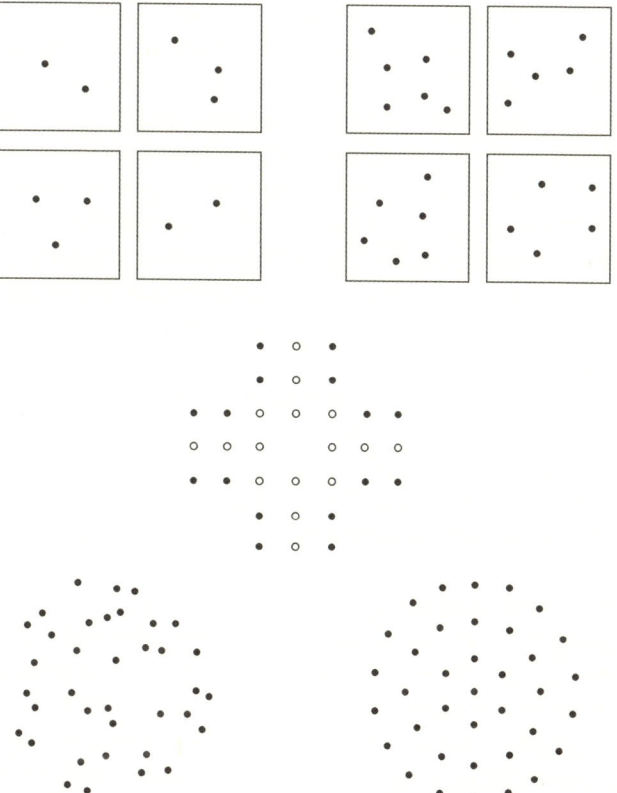

Figura 3.3. La diferencia entre dos y tres ítems (arriba, izquierda) es perceptible inmediatamente para nosotros, pero no podemos distinguir cinco de seis (arriba, derecha) sin contar. Nuestra percepción de los números grandes se basa en la densidad de los ítems, el área que ocupan y la regularidad de su distribución en el espacio. En el centro, en la "ilusión del solitario" –descrita por primera vez por Uta y Christopher Frith en 1972–, nuestro aparato perceptual nos convence incorrectamente de que hay más puntos blancos que negros, probablemente porque los puntos blancos están más cerca. Abajo, los puntos distribuidos aleatoriamente parecen menos numerosos que los regularmente espaciados; en realidad, cada disco tiene treinta y siete puntos.

Estas leyes llaman la atención por su confiable regularidad matemática, un descubrimiento inusual en psicología. Supongamos que una persona dada puede diferenciar, con precisión del 90%, un conjunto de trece puntos de otro conjunto de referencia de diez puntos (por lo tanto, una distancia numérica de 3). Ahora dupliquemos el tamaño de la referencia a veinte puntos. ¿Cuánto tenemos que alejarnos de esta numerosidad para alcanzar otra vez el 90% de diferenciación correcta?

La respuesta es bastante simple: uno tiene que presentar un conjunto de veintiséis puntos, es decir duplicar la distancia numérica a 6. Cuando el número de referencia se duplica, también lo hace la distancia numérica que los humanos pueden distinguir con el mismo porcentaje de éxito. Este principio de multiplicación, también conocido como "ley escalar" o "ley de Weber", por el psicólogo alemán que la descubrió, se explica íntegramente por un mecanismo de acumulación similar al de Robinson en nuestro primer capítulo. Su notable similitud con las leyes que rigen el comportamiento animal prueba que, en lo que concierne a la percepción aproximada de la numerosidad, los humanos no son diferentes de las ratas o las palomas. Todo nuestro talento matemático resulta de poca ayuda cuando se trata de percibir y estimar rápidamente un número grande.

La cantidad detrás de los símbolos

Puede no parecer notable que nuestra aprehensión de la numerosidad difiera poco de la de otros animales. Después de todo, los mamíferos comparten un aparato de percepción visual y auditiva esencialmente similar. En algunos dominios, como el olfato, las habilidades perceptuales humanas incluso resultan bastante inferiores a las de otras especies. Pero en lo que hace al lenguaje, uno puede pensar que nuestro desempeño debería apartarnos del resto del reino animal. Obviamente, lo que nos distingue de otros animales es nuestra habilidad para utilizar símbolos arbitrarios, como las palabras o los números arábigos. Estos símbolos consisten en elementos discretos que pueden manipularse de una manera puramente formal, sin ningún grado de confusión. La introspección sugiere que podemos representar mentalmente el significado de los números del 1 al 9 con la misma agudeza. En efecto, estos símbolos nos parecen equivalentes. Todos parecen ser igualmente fáciles de comprender, y sentimos que nuestro cerebro, igual que una calculadora, puede sumar o comparar dos dígitos cualesquiera en una cantidad de tiempo corta y constante. En resumen, la invención de los símbolos numéricos debería habernos liberado de la confusión de la representación cuantitativa de los números.

¡Qué engañosas pueden ser estas intuiciones! Aunque los símbolos numéricos nos han abierto una puerta única al reino de la aritmética rigurosa, de otro modo inaccesible, no han cercenado las raíces aproximativas de nuestra representación animal de las cantidades. Todo lo contrario:

cada vez que nos enfrentamos a un número arábigo, nuestro cerebro no puede evitar tratarlo como una cantidad analógica y representarlo mentalmente con precisión decreciente, de una forma muy similar a como lo haría una rata o un chimpancé. Esta traducción de símbolos a cantidades le impone un costo importante y mensurable a la velocidad de nuestras operaciones mentales.

La primera demostración de este fenómeno data de 1967. En ese momento se juzgó tan revolucionaria como para merecer el honor de ser publicada en la revista *Nature* (Moyer y Landauer, 1967). Robert Moyer y Thomas Landauer habían medido el tiempo preciso que le llevaba a un adulto decidir cuál de dos dígitos arábigos era más grande. Su experimento consistía en mostrar pares de dígitos como 9 y 7 y pedirle al sujeto que indicara dónde estaba localizado el dígito más grande presionando una de dos teclas de respuesta.

La primera sorpresa fue que, lejos de resultarles fácil, esta tarea de comparación elemental con frecuencia les llevaba a los adultos alrededor de medio segundo, y los resultados no estaban libres de error. Pero la sorpresa mayor fue que el desempeño variaba sistemáticamente de acuerdo con los números presentados. Cuando los dos dígitos representaban cantidades muy diferentes, como 2 y 9, los sujetos respondían rápido y con precisión. Pero su tiempo de respuesta aumentaba por más de cien milisegundos cuando los dos dígitos estaban cerca desde un punto de vista numérico, como 5 y 6, y los sujetos entonces se equivocaban con la frecuencia de una vez cada diez ensayos. Es más, a distancias iguales, las respuestas también se volvían más lentas a medida que los números se volvían cada vez más grandes. O sea que era fácil seleccionar el más grande entre los dígitos 1 y 2, un poco más difícil comparar 2 y 3, y mucho más difícil responder al par 8 y 9.

Que no haya ninguna confusión: las personas que Moyer y Landauer evaluaron no eran anormales, sino individuos como ustedes y yo. Luego de hacer experimentos sobre la comparación de números por más de diez años, todavía no encontré un solo sujeto que compare 5 y 6 con tanta rapidez como compara 2 y 9, sin efecto de distancia. En cierta ocasión evalué a un grupo de brillantes jóvenes científicos, incluidos estudiantes de las dos carreras de matemática más importantes de Francia, la École Normale Supérieure y la École Polytechnique. Todos estaban fascinados de descubrir que se volvían más lentos y cometían errores cuando intentaban decidir si 8 o 9 era el más grande.

Tampoco ayuda el entrenamiento sistemático. Si parafraseamos a Georges Brassens, el tiempo no afecta en nada (ni las tonteras tienen que ver con la edad).[13] En un experimento reciente, intenté entrenar a algunos estudiantes de la Universidad de Oregón para comprobar si conseguían escapar del efecto de distancia. Simplifiqué la tarea todo lo posible presentando sólo los dígitos 1, 4, 6 y 9 en una pantalla de computadora. Los estudiantes tenían que presionar la tecla de la derecha si el dígito que veían era más grande que 5, y la tecla de la izquierda si era menor que 5. Es difícil pensar en una situación más sencilla: al ver un 1 o un 4, hay que presionar la tecla de la izquierda, y si aparece un 6 o un 9, hay que presionar la tecla de la derecha. Sin embargo, luego de varios días y mil seiscientos ensayos de entrenamiento, los sujetos todavía eran más lentos y menos precisos con los dígitos 4 y 6, que están cerca de 5, que con los dígitos 1 y 9, que están más lejos de 5. De hecho, aunque en general las respuestas se volvieron más rápidas mientras avanzaba el entrenamiento, el efecto de distancia en sí mismo –la diferencia entre los dígitos que estaban cerca de 5 y los que estaban lejos– no se vio afectado en absoluto por el entrenamiento.

¿Cómo debemos interpretar estos resultados de comparación de número? Para empezar, es claro que nuestra memoria no conserva una lista almacenada de respuestas para todas las comparaciones de dígitos posibles. Si aprendiéramos todas las combinaciones de dígitos posibles de memoria –por ejemplo, que 1 es más pequeño que 2, 7 más grande que 5, y así sucesivamente– los tiempos de comparación no deberían variar con la distancia numérica. Entonces, ¿de dónde viene el efecto de distancia? En lo que concierne a la apariencia física, los dígitos 4 y 5 no son más parecidos que los dígitos 1 y 5. Por lo tanto, la dificultad para decidir si 4 es más pequeño que 5 no tiene ninguna relación con una aparente dificultad para reconocer las formas de los dígitos. Obviamente, el cerebro no se detiene a reconocer las formas de los dígitos. Rápidamente reconoce que, en el nivel de su *significado cuantitativo*, el dígito 4 está, en efecto, más cerca de 5 que de 1. En algún lugar de nuestros surcos y giros cerebrales hay escondida una representación analógica de las propiedades cuantitativas de los números arábigos. Esta representación, que tiene una forma de cantidad continua similar a la que poseen los animales, preserva las relaciones de proximidad entre los números, de forma que, cuando vemos un dígito o el nombre de un número, esta representación

---

13 Se alude al tema "Le temps ne fait rien à l'affaire", publicado por primera vez en un simple de 1961 y pronto incluido en el octavo *long play* de Brassens, que suele llamarse con ese mismo título. [N. de T.]

cuantitativa se activa inmediatamente, y lleva a una confusión mayor sobre los números cercanos.

Para ser más convincentes, examinemos lo que ocurre cuando comparamos números de dos dígitos (Hinrichs, Yurko y Hu, 1981, Dehaene, Dupoux y Mehler, 1990, Pinel, Dehaene, Riviere y LeBihan, 2001). Supongamos que tienen que decidir si 71 es más pequeño o más grande que 65. Un enfoque racional es examinar inicialmente sólo los dígitos que se encuentran más a la izquierda, 7 y 6, para notar que 7 es más grande que 6 y llegar a la conclusión de que 71 es más grande que 65 sin siquiera considerar la identidad de los dígitos que se encuentran a la derecha. En efecto, este tipo de algoritmo es el que usan las computadoras para comparar números. Pero esta no es la forma en que lo hace el cerebro humano. Cuando se mide el tiempo que lleva comparar varios

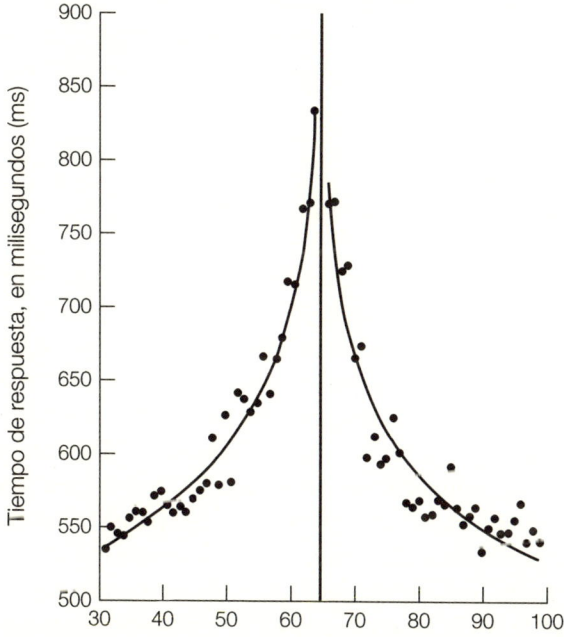

Figura 3.4. ¿Cuánto tiempo lleva comparar dos números? Treinta y cinco voluntarios adultos clasificaron todos los números arábigos de dos dígitos que se encuentran entre el 31 y el 99 como más pequeños o más grandes que 65, mientras se registraban los tiempos de respuesta hasta el mínimo milisegundo. Cada punto negro muestra el tiempo de respuesta promedio a un número dado. Las respuestas se vuelven cada vez más lentas a medida que el número blanco se acerca más a 65: el efecto de distancia (datos tomados de Dehaene, Dupoux y Mehler, 1990).

números de dos dígitos con 65, se observa una curva continua regular (figura 3.4). El tiempo de comparación aumenta de manera sostenida a medida que los números que comparar se vuelven cada vez más cercanos al número de referencia 65. Tanto los dígitos de la izquierda como los de la derecha contribuyen a este aumento progresivo. Por eso, lleva más tiempo darse cuenta de que 71 es más grande que 65 que llegar a la misma decisión para 79 y 65, aunque el dígito que estámás a la izquierda es el mismo en ambos casos. Es más, las respuestas no se vuelven desproporcionadamente más lentas cuando cambian las decenas: comparar 69 con 65 es sólo un poco más lento que comparar 71 con 65, mientras que debería ser mucho más difícil si en efecto al principio prestáramos atención selectivamente al dígito que se encuentra a la izquierda solamente.

La única explicación que puedo encontrar es que nuestro cerebro aprehende un número de dos dígitos como un todo, y lo transforma mentalmente en una cantidad o magnitud interna. En este punto, se olvida de las cifras exactas que llevaron a esta cantidad. A la operación de comparación le importan sólo las cantidades numéricas, no los símbolos que las expresan.

La compresión mental de números grandes

La velocidad con la que comparamos dos números arábigos no depende únicamente de la distancia entre ellos, sino también de su tamaño. Lleva mucho más tiempo decidir que 9 es más grande que 8 que decidir que 2 es más grande que 1. A igual distancia, los números más grandes son más difíciles de comparar que los más pequeños. Esta lentificación para los números más grandes nos recuerda, una vez más, las habilidades perceptuales de los bebés y los animales, que se ven afectadas de forma similar por los efectos de distancia numérica y de tamaño. Un paralelo tan increíble confirma que, a partir de un símbolo como un número arábigo, nuestro cerebro accede a una representación interna de cantidades notablemente similar a la que se encuentra presente en los animales y los niños pequeños.

De hecho, del mismo modo que ocurre con los animales, el parámetro que rige la facilidad con la que distinguimos dos números no es tanto su distancia numérica absoluta, sino su distancia en relación con su tamaño. Desde una perspectiva subjetiva, la distancia entre 8 y 9 no es idéntica a la que existe entre 1 y 2. Nuestro cerebro representa las cantidades de una manera que no se diferencia mucho de la escala logarítmica de una regla de cálculo, donde hay un espacio igual entre el intervalo entre 1 y 2, entre 2 y 4 y entre 4 y 8. Como resultado, la precisión y la velocidad con la que se pueden realizar cálculos necesariamente disminuye a medida que el número se vuelve más grande.

Se puede traer a colación más de un resultado empírico para dar sustento a la hipótesis de la compresión mental de los números grandes.[14] Algunas expresiones están basadas únicamente en la introspección (Shepard, Kilpatrick y Cunningham, 1975). ¿Qué número se clasifica subjetivamente como más cercano a 5: 4 o 6? Si bien la pregunta parece disparatada, la mayoría de las personas responden que, para una distancia igual, el número más grande 6 parece ser menos diferente. Otros experimentos han utilizado métodos más sutiles e indirectos. Por ejemplo, hagamos como si ustedes fueran un generador de números al azar y tuvieran que seleccionar números entre 1 y 50. Al realizar este experimento en gran cantidad de sujetos, aparece una tendencia sistemática: en lugar de responder al azar, tendemos a producir números pequeños con mayor frecuencia que números grandes, como si los más pequeños estuvieran sobrerrepresentados en la "urna mental" de la que extraemos los números (Banks y Hill, 1974). ¡Esto debería persuadirnos de no hacer nunca algo al azar sin utilizar una fuente "objetiva" de aleatoriedad, como un dado o un verdadero generador de números al azar!

Sospecho que esta inclinación hacia los números pequeños tiene consecuencias notables y, en ocasiones, dañinas cuando utilizamos nuestra intuición para llevar a cabo análisis estadísticos e interpretarlos. Consideremos el problema que sigue (Banks y Coleman, 1981, Viarouge, Hubbard, Dehaene y Sackur, 2010). Dos series de números fueron generadas al azar con una computadora. Sin hacer ningún cálculo, su tarea es decidir con cuánta aleatoriedad y cuán equitativamente cada serie parece ser una muestra del intervalo de números que va entre 1 y 2000:

Serie A: 879   5   1322   1987   212   1776   1561   437   1098   663
Serie B: 238   5   689   1987   16   1440   1018   58   421   117

La mayoría de la gente responde que los números que están en la serie B se encuentran distribuidos de una forma más pareja y, por eso, son "más aleatorios" que los de la serie A. En esta última, los números grandes parecen presentarse con demasiada frecuencia y, sin embargo, desde un punto de vista matemático, no es la serie B sino la A la que toma la mejor

---

14 Véanse una revisión y una discusión en Dehaene (2007).

muestra aleatoria de la escala de números que se encuentran entre el 1 y el 2000. Los números de la serie A están espaciados regularmente por poco más de doscientas unidades, mientras que los de la serie B están distribuidos de forma exponencial. La razón por la que preferimos la serie B es que encaja mejor con nuestra idea mental de la recta numérica, que se imagina como una serie comprimida en la que los números más grandes se destacan menos que los pequeños.

El efecto de compresión vuelve a aparecer en la forma en que seleccionamos nuestras unidades de medida. El 17 de abril de 1795, en la joven República Francesa –el 18 Germinal del año III del calendario revolucionario– se instituyó el sistema métrico en París. Con el objetivo de alcanzar la universalidad, sus unidades cubrían un rango de potencias de diez, desde el nanómetro hasta el kilómetro. Aunque cada potencia de diez recibía un nombre específico –milímetro, centímetro, decímetro, metro, y así sucesivamente– estas unidades todavía estaban espaciadas con demasiada distancia como para ser prácticas para el uso diario. Entonces, los legisladores franceses estipularon que "cada unidad decimal tendrá su doble y su mitad". De esta estipulación derivó la serie regular 1, 2, 5, 10, 20, 50, 100… que todavía se utiliza hoy para monedas y billetes. Encaja con nuestro sentido numérico porque se aproxima a una serie exponencial y, al mismo tiempo, está compuesta sólo de pequeños números redondos. En 1877, una limitación similar llevó al coronel Charles Renard a adoptar un método para la normalización de los productos industriales, como los diámetros de los tornillos o los tamaños de las ruedas, que estaba basada en otra serie cuasi logarítmica (100, 125, 160, 200, 250, 315, 400, 500, 630, 800, 1000). En cuanto una secuencia tiene que ser dividida en categorías discretas, la intuición dicta que se seleccione una escala comprimida, con mucha frecuencia logarítmica, que encaja perfectamente con nuestra representación interna de los números.

Entender por reflejo

Cuando vemos un número arábigo, primero que nada este consiste en una distribución de fotones en la retina, y en seguida las áreas visuales del cerebro identifican el patrón como la forma de un dígito familiar. Sin embargo, los muchos ejemplos que acabamos de describir muestran que el cerebro prácticamente no se detiene cuando reconoce las formas sino que reconstruye rápidamente una representación continua y comprimida de la cantidad asociada a esas formas. Esta conversión en una cantidad ocurre de manera inconsciente, automática, y a una gran velocidad. Es prácticamente imposible ver la forma del número 5 sin traducirlo inmediatamente a la cantidad cinco, incluso cuando su traducción no tiene ninguna utilidad en el contexto. La comprensión de los números, entonces, ocurre como un reflejo (Henik y Tzelgov, 1982, Den Heyer y Briand, 1986, Tzelgov, Meyer y Henik, 1992, Dehaene y Akhavein, 1995, Dehaene, Naccache y otros, 1998, Girelli, Lucangeli y Butterworth, 2000, Naccache y Dehaene, 2001a).

Supongamos que se les muestran dos dígitos, uno al lado del otro, y se les pide que decidan, lo más rápido que puedan, si eran iguales o diferentes. Con seguridad pensarán que pueden basar su decisión exclusivamente en la apariencia visual de los dígitos: si comparten o no la misma forma. Pero la medición de los tiempos de respuesta muestra que esta suposición está errada (Duncan y McFarland, 1980, Dehaene y Akhavein, 1995). Decidir que 8 y 9 son dígitos diferentes toma sistemáticamente más tiempo que llegar a la misma decisión para los dígitos 2 y 9. Otra vez, la distancia numérica determina nuestra velocidad de respuesta. De forma bastante inconsciente, nos resistimos a responder que 8 y 9 son dígitos diferentes porque las cantidades que representan son muy similares.

Este mismo reflejo de comprensión afecta también nuestra memoria para las cifras (Morin, DeRosa y Stultz, 1967). Memoricen la siguiente lista de dígitos: 6, 9, 7, 8. ¿Listo? Ahora, díganme si el dígito 5 estaba en la lista. ¿Y el 1? ¿La primera pregunta parece más difícil que la segunda? Aunque la respuesta correcta es "no" en ambos casos, los experimentos formales muestran que cuanto más distante está el dígito de la lista memorizada, más breve es el tiempo de respuesta. La lista, obviamente, no se recuerda sólo como una serie de símbolos arbitrarios, sino también como un enjambre de cantidades cercanas a 7 u 8, lo que explica por qué podemos decidir inmediatamente que 1 no está dentro del conjunto.

¿Es posible suprimir de alguna forma el reflejo de comprensión? Para descubrirlo, podríamos colocar a los participantes de un experimento en una situación en la que fuera realmente ventajoso no conocer el significado de los dígitos. Dos investigadores israelitas, Avishai Henik y Joseph Tzelgov, presentaron pares de dígitos de diferentes dimensiones como 1 y 9 en la pantalla de una computadora (Henik y Tzelgov, 1982, Tzelgov y otros, 1992) y midieron cuánto tiempo necesitaban los sujetos para indicar el símbolo que estaba impreso en letra más grande. Esta tarea requiere que los sujetos enfoquen su atención en el tamaño físico y dejen de lado, en la medida en que sea posible, el tamaño numérico de los dígitos. Otra vez, sin embargo, un análisis de los tiempos de respuesta muestra lo automática e irreprimible que es la comprensión de los números. Es mucho más fácil para los sujetos responder cuando las dimensiones físicas y numéricas de los estímulos son congruentes, como en el par 1 9, que cuando son conflictivas, como en el par 9 1. Aparentemente, no podemos olvidar que el símbolo "1" significa la cantidad 1 y que esa cantidad es más pequeña que 9.

Resulta todavía más sorprendente que el acceso a la cantidad numérica pueda ocurrir en nuestros cerebros en condiciones en las que ni siquiera nos damos cuenta de que hemos visto un número (Dehaene, Naccache y otros, 1998, Reynvoet y Brysbaert, 1999, Naccache y Dehaene, 2001a, 2001b, Reynvoet, Brysbaert y Fias, 2002, Greenwald, Abrams, Naccache y Dehaene, 2003). Al presentar un símbolo en una computadora por un período muy corto de tiempo, se puede hacer que parezca invisible. Una técnica que los psicólogos llaman "*enmascaramiento* sándwich" consiste en poner la palabra o el dígito que se quiere esconder en medio de dos secuencias de caracteres sin significado. Por ejemplo, se puede mostrar "#######", y luego la palabra "cinco", y después "#######" y finalmente la palabra "SEIS". Si las primeras tres cadenas se presentan sólo por una veintésima de segundo cada una, la palabra "cinco", encerrada entre las otras dos cadenas, se vuelve invisible; no sólo difícil de leer, sino que se desvanece del campo de la conciencia. ¡Bajo las condiciones apropiadas, ni siquiera el programador del experimento puede darse cuenta de si la palabra escondida está presente o no! Sólo la primera cadena "#######" y la palabra "SEIS" permanecen visibles de forma consciente. Sin embargo, durante cincuenta milisegundos, el estímulo visual perfectamente normal "cinco" estuvo presente en la retina. Incluso, sin que el sujeto lo sepa, tomó contacto con toda una serie de representaciones mentales presentes en su cerebro. Esto se puede probar si se mide el tiempo que lleva nombrar la palabra-blanco "SEIS": varía sistemáticamente con la distancia numérica que existe entre la palabra escondida o enmascarada y la palabra blanco. La palabra "SEIS" se nombra más rápido cuando está precedida, incluso no a nivel consciente, por un dígito cercano como "cinco" que cuando se la precede con uno más lejano como "dos". Por lo tanto, el reflejo de comprensión se pone en juego también en esta situación: aunque la palabra "cinco" no se vio de forma consciente, el cerebro todavía la interpreta como una "cantidad cercana a seis".

Aunque no nos damos cuenta de todos los cómputos numéricos automáticos que se llevan a cabo continuamente en nuestros circuitos cerebrales, su impacto en nuestras vidas diarias es innegable y se puede ilustrar de muchas formas. En una importante terminal de trenes de París, las plataformas están numeradas, pero el diseño de la estación, que está dividida en varias zonas distintas, impone una alteración de la secuencia numérica: la plataforma 11 está al lado de la plataforma 12, pero la 13 está muy lejos. La continuidad de las cantidades numéricas se encuentra grabada tan profundo en nuestras mentes que este diseño causa confusión en muchos viajeros. Nuestra intuición impone que la plataforma 13 esté junto a la plataforma 12.

En el mismo sentido, consideren la siguiente afirmación del libro *Le secret des nombres* de André Jouette (1996), que seguramente llamará su atención:

> Santa Teresa de Ávila murió durante la noche entre el 4 y el 15 de octubre de 1582.

¡No, no se trata de un error tipográfico! Por casualidad, la santa murió durante la misma noche en que el papa Gregorio XIII abolió el antiguo calendario juliano, instituido por Julio César, y lo reemplazó con el gregoriano que todavía utilizamos en nuestros días. El ajuste, que se volvió necesario por el desacople progresivo de las fechas del calendario con los eventos astronómicos –como los solsticios– a lo largo de los siglos, determinó que el día siguiente al 4 de octubre se convirtiera en el 15 de octubre, una decisión acotada, pero que altera profundamente nuestro sentido de la continuidad de los números.

La interpretación automática de los números también se explota en el campo de la publicidad. Si tantos vendedores se toman la molestia de marcar las etiquetas de precios con el número $399 en lugar de $400, es porque saben que sus clientes pensarán automáticamente que el precio es "más o menos 300", y sólo después de reflexionar un poco se darán cuenta de que la suma real está muy cerca de los 400.

Como último ejemplo, permítanme contarles acerca de mi propia experiencia de tener que adaptarme a la escala de temperatura Fahrenheit. En Francia, donde nací y crecí, utilizamos sólo la escala centígrada, en la que el agua se congela a 0 ° y hierve a 100 °. Incluso luego de vivir dos años en los Estados Unidos me parecía difícil pensar que 32 °F era frío, ¡porque para mí 32 ° automáticamente evocaba la temperatura normal en un caluroso día soleado!

A la inversa, supongo que a la mayoría de los norteamericanos que viajan a Europa les resulta chocante la idea de que algo que se representa con un número tan bajo como 37 puede representar la temperatura del cuerpo humano. La atribución automática de significado a las cantidades numéricas está profundamente incrustada en nuestros cerebros, y un adulto sólo puede analizarla con gran dificultad.

Números en el espacio

Los números no sólo evocan una sensación de cantidad; también provocan un sentido irreprimible de extensión en el espacio. Este vínculo íntimo entre los números y el espacio se hizo evidente en mis experimentos de comparación de número (Dehaene y otros, 1990). Recordarán que los sujetos tenían que clasificar los números como más pequeños o más grandes que 65. Con este objetivo, sostenían dos botones de respuesta, uno en la mano izquierda y otro en la derecha. Como soy un investigador bastante obsesivo, variaba sistemáticamente el lado de la respuesta: la mitad de los sujetos respondía "más grande" con la mano derecha y "más pequeño" con la izquierda, mientras que el otro grupo de sujetos seguía las instrucciones opuestas. Sorprendentemente, esta variable de apariencia inocua tuvo un efecto importante: los sujetos del grupo "más grande-derecha" respondieron más rápido y cometieron menos errores que los del grupo "más grande-izquierda". Cuando el número blanco era mayor que 65, los sujetos presionaban el botón de la derecha más rápido que el de la izquierda; lo inverso ocurría con los números más pequeños que 65. Era como si, en la mente del sujeto, los números grandes se asociaran de forma espontánea con el lado derecho del espacio y los números pequeños, con el izquierdo.

Hasta qué punto esta asociación era automática, todavía quedaba por verse. Para resolver esto, utilicé una tarea que tenía poco que ver con el espacio y la cantidad: ahora los sujetos debían decidir si un dígito era par o impar (Dehaene, Bossini y Giraux, 1993). Posteriormente, otros investigadores han utilizado instrucciones aún más arbitrarias, como distinguir si el nombre de un dígito comienza con una consonante o una vocal, o si tiene una forma visual simétrica (Fias, Brysbaert, Geypens y E'Ydewalle, 1996).[15] Sin importar las instrucciones, ocurre el mismo efecto: cuanto más grande es un número, más rápidas son las respuestas con la mano derecha, comparadas con las dadas con la mano izquierda. Y, a

---

15 Una enorme cantidad de investigación se ha dedicado al efecto SNARC y sus variantes. Véase una revisión en Hubbard, Piazza, Pinel y Dehaene (2005, 2009).

la inversa, cuanto más pequeño es el número, más grande es la tendencia a responder más rápido con la izquierda. Como un tributo a Lewis Carroll, llamé este descubrimiento "efecto SNARC", forma abreviada de "Spatial-Numerical Association of Response Codes" [asociación espacio-numérica de códigos de respuesta]. De hecho, el poema de Lewis Carroll *La caza del Snark*, con su maravilloso despliegue de sinsentido, presenta una expedición que sostiene la incansable búsqueda de una criatura mítica, el Snark, que nadie ha visto pero cuyo comportamiento se conoce con gran detalle, incluidos su hábito de levantarse tarde y su gusto por las casetas de baño; metáfora muy apropiada de la búsqueda obstinada por parte de los científicos de descripciones cada vez más precisas de la naturaleza, sean cuarks, agujeros negros o gramáticas universales. (Desafortunadamente, ¡no logré llegar a un nombre que me permitiese usar la ortografía original del Snark de Carroll!) Visto que el efecto SNARC ocurre siempre que se ve un dígito, incluso cuando la tarea en sí misma no es numérica, queda confirmado que refleja la activación automática de la información acerca de la cantidad en el cerebro del sujeto.

En los muchos experimentos en los que mis colegas y yo nos propusimos "cazar el SNARC", descubrimos varias cosas interesantes (Dehaene y otros, 1993). En primer lugar, el tamaño absoluto de los números no importa. Lo que cuenta es su tamaño en relación con el intervalo de números utilizados en el experimento. Los números 4 y 5, por ejemplo, se ven preferentemente asociados con la derecha si el experimento sólo contiene números del 0 al 5, y con la izquierda si sólo se utilizan números del 4 al 9. En segundo lugar, la mano utilizada para responder también es irrelevante: cuando los sujetos responden cruzando las manos, el lado derecho del *espacio* aún se ve asociado con números más grandes, aunque las respuestas del lado derecho se hagan utilizando la mano izquierda. Y, por supuesto, los sujetos son completamente inconscientes de que están respondiendo más rápido de un lado que del otro.

El descubrimiento de una asociación automática entre los números y el espacio lleva a una metáfora simple pero tremendamente poderosa de la representación mental de las cantidades numéricas: la de una recta numérica. Daría la sensación de que los números estuvieran alineados mentalmente en un segmento, y cada localización correspondiera a determinada cantidad. Los números cercanos se representan como localizaciones contiguas. No resulta sorprendente, entonces, que tendamos a confundirlos, como refleja el efecto de distancia numérica. Es más, se puede pensar, metafóricamente, que la recta está orientada en el espacio: el cero está en la extrema izquierda, y los números más grandes se extienden hacia la derecha. Esa es la razón por la que la codificación refleja de los números arábigos como cantidades también se ve acompañada por una orientación automática de los números en el espacio: los más pequeños a la izquierda y los más grandes a la derecha.

¿Cuál es el origen de este eje privilegiado orientado de izquierda a derecha? ¿Está vinculado a un parámetro biológico, como la lateralidad o la especialización hemisférica, o depende sólo de variables culturales? Con la intención de explorar la primera hipótesis, evalué a un grupo de zurdos, pero su comportamiento no se diferenciaba del de los diestros: seguían asociando los números grandes con el lado derecho. Para abordar la segunda hipótesis, mis colegas y yo reunimos a un grupo de veinte estudiantes iraníes que habían aprendido a leer inicialmente de derecha a izquierda, al contrario de lo que ocurre en nuestra tradición occidental. Esta vez, los resultados fueron más concluyentes. Como grupo, los iraníes no mostraban ninguna asociación preferencial entre los números y el espacio. En cada individuo, sin embargo, la dirección de la asociación variaba en función de la exposición a la cultura occidental. Los estudiantes iraníes que habían vivido en Francia por un largo tiempo mostraban un efecto de SNARC exactamente igual al de los estudiantes franceses nativos, mientras que los que habían emigrado de Irán sólo unos pocos años antes tendían a asociar los números grandes con el lado *izquierdo* del espacio más que con el derecho. Entonces, parece que la inmersión cultural es un factor de gran importancia. La dirección de la asociación entre los números y el espacio parece estar relacionada con la dirección de la escritura (Dehaene y otros, 1993).[16]

Basta reflexionar un instante para notar que, en efecto, la organización de nuestro sistema de escritura tiene consecuencias generalizadas sobre el uso de los números. Siempre que escribimos una serie, los números pequeños aparecen en primer lugar en la secuencia y, por eso, a la izquierda. De este modo, la organización de izquierda a derecha está impuesta en las reglas, los calendarios, los diagramas matemáticos, las estanterías de las bibliotecas, los indicadores de pisos que se encuentran sobre las puertas de los ascensores, los teclados de computadora, y así sucesivamente. La internalización de esta convención comienza en la niñez: los niños estadounidenses pequeños ya exploran conjuntos de objetos de izquierda a derecha, mientras que los israelíes, que aprendieron

---

16 Para una prueba más directa, véanse Ito y Hatta (2004), Zebian (2005), Shaki y Fischer (2008).

a leer y a escribir de derecha a izquierda, hacen exactamente lo opuesto. Cuando cuentan, los niños occidentales casi siempre comienzan por la izquierda. De este modo, la asociación regular del principio y del final del conteo con diferentes direcciones espaciales se internaliza como una característica integral de la representación mental de los números.

Cuando se viola esta convención implícita, de pronto nos volvemos penosamente conscientes de su importancia. Los viajeros que ingresan a la terminal 2 del aeropuerto parisino Charles de Gaulle experimentan una de estas situaciones confusas: las puertas que tienen números pequeños se extienden hacia la derecha, mientras que las que tienen números grandes lo hacen hacia la izquierda. He observado a muchos viajeros, yo incluido, que van hacia la dirección equivocada luego de que se les asigna un número de puerta, desorientación espacial que ni siquiera las visitas repetidas disipan del todo.

Si bien esto todavía no está demostrado de forma empírica, es probable que los números también tengan asociaciones en el eje vertical. Junto con algunos colegas tuvimos ocasión de alojarnos en un hotel que colgaba de un acantilado sobre el mar Adriático cerca de Trieste, en Italia. La entrada estaba en el piso más alto del edificio, y tal vez por esta razón los pisos que seguían estaban numerados de arriba abajo. La confusión cuando tomábamos el ascensor era superlativa. Como íbamos para arriba, esperábamos de manera inconsciente que los números de pisos que se iban iluminando en el cartel aumentaran, pero ocurría lo opuesto, lo que nos confundía por unos pocos segundos. ¡Hasta nos costaba darnos cuenta de qué botón teníamos que tocar para subir un piso! Espero que los arquitectos y los ergonomistas, si alguna vez leen este libro, adopten en el futuro una regla sistemática de numerar de izquierda a derecha y de abajo arriba, porque esta es, en efecto, una convención que nuestros cerebros esperan, al menos en nuestra cultura occidental.

El colorido universo de los números

Si bien en su mayoría las personas tienen una recta numérica mental inconsciente orientada de izquierda a derecha, en algunas, la imagen de los números es mucho más vívida. Entre el 5 y el 10% de la humanidad está por completo convencida de que los números tienen colores y ocupan localizaciones muy precisas en el espacio (Seron, Pesenti, Noël, Deloche y Cornet, 1992). Ya en la década de 1880, sir John Galton se dio cuenta de que varios de sus conocidos –la mayoría de ellos, mujeres– otorgaban a los números cualidades extremadamente precisas y vívidas que resultaban incomprensibles para cualquier otra persona (Galton, 1880). Uno de ellos describía los números como una cinta que se ondulaba hacia la derecha, con muchos colores en los tonos del azul, el amarillo y el rojo (figura 3.5). Otro decía que los números del 1 al 12 se enrollaban en una curva vagamente circular, con un ligero corte entre el 10 y el 11. Después del 12, la curva se lanzaba hacia la izquierda con distintas curvas para cada decena. Una tercera persona sostenía que los primeros treinta números aparecían escritos en una columna vertical en el ojo mental, y que las decenas siguientes doblaban progresivamente hacia la derecha. De acuerdo con él, los números eran "como de un par de centímetros de alto, de un color gris claro o gris amarronado más oscuro".

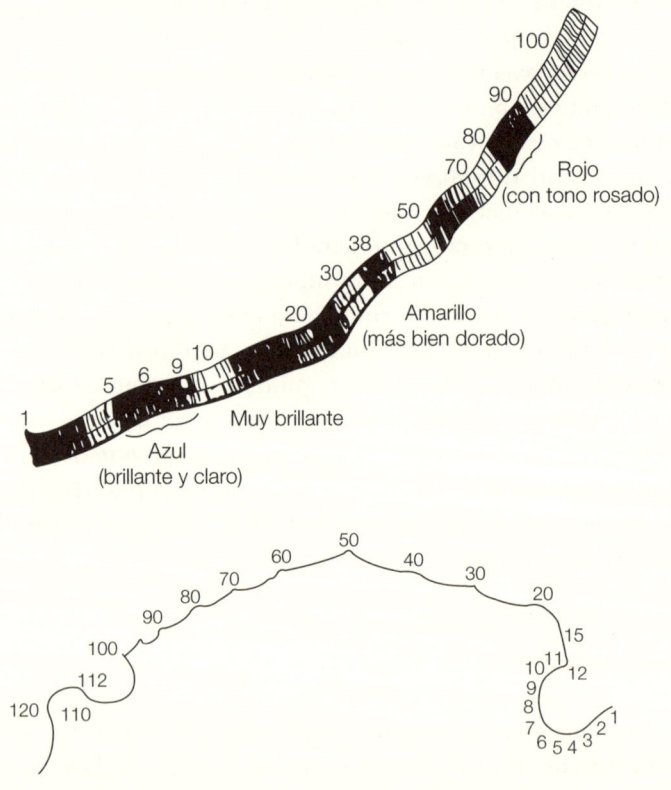

Figura 3.5. Estos dibujos describen las "formas de los números" que experimentaban dos de los sujetos de Galton. El primero de ellos ve un lazo colorido que se extiende hacia la derecha. El segundo ubica los números en una curva serpenteante cuya sección inicial parece un reloj (tomado de Galton, 1880; © Macmillan Magazines).

Por disparatadas que parezcan, estas "formas numéricas" no eran meros inventos que surgían de las fértiles mentes de victorianos ansiosos por satisfacer la pasión de Galton por los números. Una investigación reciente, llevada a cabo un siglo después de la de Galton, encontró imágenes similares de los números en los estudiantes universitarios modernos: en algunos, las mismas curvas; en otros, las mismas líneas rectas, los mismos cambios abruptos en los límites de las decenas, y así sucesivamente (Seron y otros, 1992, Hubbard y otros, 2005, Hubbard, Ranzini, Piazza y Dehaene, 2009). Es más, las asociaciones entre los números y los colores son sistemáticas: la mayoría de la gente asocia el negro y el blanco ya sea con el 0 y el 1, o con el 8 y el 9; amarillo, rojo y azul con números pequeños como el 2, el 3 y el 4; y el marrón, el violeta y el gris con números más grandes como el 6, el 7 y el 8 (Seron y otros, 1992, Cohen Kadosh y Henik, 2006a).

Estas regularidades estadísticas sugieren que, en su mayoría, las personas que dicen experimentar formas para los números describen con sinceridad una experiencia subjetiva genuina, que podría ser de una precisión extrema. A una de estas personas se le entregaron cincuenta lápices de colores para que expresara sus imágenes de los números en papel. En dos ocasiones diferentes, separadas por una semana, eligió casi exactamente los mismos tonos de color. ¡Para algunos números, incluso sintió la necesidad de mezclar los tonos de varios lápices a fin de ilustrar mejor su imagen mental exacta!

A pesar de su singularidad, las formas de los números comparten varias propiedades con la representación de las cantidades numéricas que venimos de estudiar. La serie de los enteros casi siempre se representa con una curva continua, 1 al lado de 2, 2 al lado de 3, y así sucesivamente. En pocas ocasiones uno se encuentra con cambios abruptos de dirección, o pequeñas discontinuidades en los límites de las decenas, por ejemplo, entre 29 y 30. Hasta el momento, nadie ha asegurado ver una imagen desordenada de los números en la cual, por ejemplo, los primos o los cuadrados estén agrupados, o se sucedan en la misma curva 1, 4, 9 y 25. La continuidad de las cantidades numéricas sigue siendo el principio más importante de organización.

También las relaciones entre los números y el espacio parecen respetarse. Para la mayoría de las personas, los números crecientes se extienden hacia la derecha y arriba. Por último, la mayor parte de la gente dice que su forma numérica se vuelve menos nítida a medida que los números se hacen más grandes. Esto recuerda los efectos de magnitud o de compresión que caracterizan al comportamiento numérico de los animales y los humanos, y limita la precisión con la que podemos representarnos mentalmente los números grandes.

En esencia, entonces, las formas de los números pueden compararse con una versión consciente y enriquecida de la recta numérica mental que todos compartimos. Mientras la recta numérica de la mayoría de la gente sólo se vuelve evidente en experimentos sutiles de tiempos de reacción, las formas de los números son fácilmente accesibles a la conciencia y también son más ricas en detalles visuales, como el color o la orientación precisa en el espacio. ¿De dónde vienen estas imágenes? Cuando se les pregunta, quienes poseen formas numéricas refieren que estas surgieron espontáneamente antes de los 8 años de edad, o bien que las han tenido desde que pueden recordar. A veces, varios miembros de una familia comparten el mismo tipo de forma numérica. Sin embargo, esto no significa necesariamente que esté involucrado un componente genético común: el ambiente familiar también podría ser determinante.

Personalmente, me inclino a pensar que las formas numéricas tienen algo que ver con la forma en que, durante el desarrollo, se constituyen los mapas corticales del espacio y el número. Como vimos en el capítulo 2, es posible que los bebés posean ya un "mapa mental" de la numerosidad. Entre los 3 y los 8 años, con la escolarización, la recta numérica inicial debe verse considerablemente enriquecida para mejorar la resolución de los números grandes, e incorporar el conocimiento de la numeración en base 10. Podemos suponer que la adquisición de la aritmética está acompañada de una expansión progresiva de la superficie cortical destinada al "mapa numérico" (este tipo de aumentos se ha observado, en efecto, en las áreas cerebrales sensoriomotoras cuando un animal aprende una tarea manual sofisticada). Como veremos en los capítulos 7 y 8, la corteza parietal inferior –una región cerebral lateral y posterior cercana a la unión entre los lóbulos parietal, occipital y temporal– es candidata posible para el lugar del cerebro en que puede suceder esta expansión de las redes neurales dedicadas al conocimiento aritmético. Como el número total de neuronas permanece constante, el crecimiento de la red numérica debe ocurrir a expensas de los mapas corticales circundantes, incluidos los que codifican el color, la forma y la localización. En algunos niños, el achicamiento de las áreas no numéricas tal vez no llegue a su término más completo. En este caso, puede quedar cierta superposición entre las áreas corticales que codifican los números, el espacio y el color. Subjetivamente, esto podría traducirse en una sensación irreprimible de "ver" el color y la localización de los números. Una explicación similar puede justificar el fenómeno relacionado de la sinestesia: la impresión

–familiar para los poetas o los músicos– de que los sonidos tienen formas y de que los gustos evocan colores.

Por más especulativa que pueda parecer, esta teoría de la forma en que la corteza se ve colonizada por un mapa cada vez más refinado de los números tiene algo de evidencia a su favor. Los neuropsicólogos John Spalding y Oliver Zangwill (1950) describieron a un paciente de 24 años cuya imagen visual de los números desapareció repentinamente cuando tuvo una lesión en el área parieto-occipital izquierda, una región de la que, desde hace mucho tiempo, se ha sospechado que desempeña un papel central en la aritmética mental. En efecto, el paciente tenía dificultades severas tanto en el cálculo como para orientarse en el espacio (analizaremos este síndrome neurológico con mayor detalle en el capítulo 7). Por eso, este caso confirma que el sentimiento subjetivo de "ver números" depende de la codificación simultánea de información numérica y espacial, una al lado de la otra, en la misma región cerebral.

Es más, la idea de que los mapas corticales pueden superponerse y engendrar sensaciones subjetivas extrañas se ha validado en estudios con pacientes que sufrieron amputaciones (Ramachandran, Rogers-Ramachandran y Stewart, 1992, Ramachandran y Hubbard, 2001). Luego de la amputación de un brazo, la región de la corteza somatosensorial que representaba este brazo vuelve a estar disponible y es colonizada paulatinamente por las representaciones que la rodean, como la de la cabeza. Puede suceder entonces que, si se estimulan algunos puntos de la cara, aparezcan sensaciones que se perciben como si vinieran del brazo faltante, y de este modo genera en los pacientes una impresión irrefrenable de tener un miembro fantasma. ¡Una gota de agua que cae sobre la cara, por ejemplo, se siente como si se metiera el brazo inexistente en una cubeta! Creo que el fenómeno de las formas numéricas, en el que los números evocan colores y formas fantasmas, tiene un origen similar en los mapas corticales superpuestos.

Intuiciones numéricas

Llegó el momento de reseñar el mensaje esencial de este capítulo. Estas observaciones acerca de los números romanos, del tiempo que lleva comparar números arábigos y de las extrañas alucinaciones numéricas de algunas personas arrojan algo de luz sobre las fascinantes peculiaridades de nuestra representación mental de los números. Un órgano especializado en la percepción y la representación de las cantidades numéricas está anclado en nuestros cerebros. Sus características lo vinculan de forma inequívoca con las habilidades protonuméricas de los animales y los bebés. Este órgano puede codificar con precisión sólo los conjuntos cuya numerosidad no exceda las tres unidades, y tiende a confundir los números a medida que se vuelven más grandes y más próximos entre sí. También tiende a asociar el rango de cantidades numéricas con un mapa espacial, y de este modo legitima la metáfora de una recta numérica mental orientada en el espacio.

Obviamente, si se los compara con los bebés y los animales, los adultos humanos tienen la ventaja de ser capaces de transmitir números utilizando palabras y dígitos. Veremos en los capítulos que siguen cómo el lenguaje facilita el cómputo y la comunicación de cantidades numéricas precisas. Sin embargo, la disponibilidad de notaciones numéricas precisas no anula las representaciones continuas y aproximadas de las cantidades con las que venimos dotados. Todo lo contrario: los experimentos muestran que el cerebro humano adulto, siempre que se enfrenta con un número, se apura para convertirlo en una magnitud analógica interna que preserva las relaciones de proximidad entre cantidades. Esta conversión es automática e inconsciente. Nos permite acceder inmediatamente al significado de un símbolo como 8: una cantidad entre 7 y 9, más cercana a 10 que a 2, y así sucesivamente.

Esta representación cuantitativa, heredada de nuestro pasado evolutivo, subyace a nuestra comprensión intuitiva de los números. Si no poseyéramos ya alguna representación interna no verbal de la cantidad 8, probablemente seríamos incapaces de atribuirle un significado al dígito 8. Entonces, nos veríamos reducidos a realizar manipulaciones puramente formales de los símbolos digitales, exactamente del mismo modo en que una computadora sigue un algoritmo sin comprender jamás qué significa.

La recta numérica que utilizamos para representar cantidades avala claramente una forma limitada de intuición acerca de los números. Codifica sólo los enteros positivos y sus relaciones de proximidad. Tal vez esta sea la razón no sólo de nuestra captación intuitiva del significado de los enteros, sino también de nuestra falta de intuición en lo que concierne a otros tipos de números. Lo que los matemáticos modernos llaman "números" incluye el 0, los enteros negativos, las fracciones, los números irracionales como π, y los números complejos como $i = \sqrt{-1}$. Sin embargo, todas estas entidades, excepto, tal vez, las fracciones más simples, como $1/2$ o $1/4$, plantearon dificultades conceptuales extraordinarias para los matemáticos en los siglos pasados, y todavía imponen una gran dificultad a los alumnos de hoy en día.

Para Pitágoras y sus seguidores, cinco siglos antes de Cristo, los números estaban limitados a enteros positivos, es decir que no incluían las fracciones o los números negativos. Las cantidades irracionales como $\sqrt{2}$ se consideraban tan ilógicas que una leyenda dice que a Hipaso de Metaponto lo tiraron por la borda por probar su existencia y, por lo tanto, destruir la perspectiva pitagórica de un universo regido por enteros. Ni Diofanto ni los matemáticos indios que vinieron después, a pesar de su dominio de los algoritmos del cálculo, aceptaron los números negativos para la solución de las ecuaciones. Para el propio Pascal, la resta de $0 - 4$, cuyo resultado es negativo, era un puro sinsentido. En lo que refiere a los números complejos –que fueron inventados por Gerolamo Cardano en Italia en 1545 y suponen raíces cuadradas de los números negativos– su estatus desató una tormenta de protestas que duró más de un siglo. A Descartes, que los rechazaba, debemos la denominación peyorativa de "números imaginarios", mientras que De Morgan los caracterizaba como "vacíos de significado, o, mejor, contradictorios y absurdos". Recién cuando se establecieron bases matemáticas sólidas, estos tipos de números lograron tener aceptación en la comunidad matemática.

Me gustaría sugerir que estas entidades matemáticas son tan difíciles de aceptar y desafían tanto la intuición porque no corresponden a ninguna categoría preexistente de nuestro cerebro. Los enteros positivos encuentran naturalmente un eco en la representación mental innata de la numerosidad y, por ende, un niño de 4 años puede comprenderlos. Otros tipos de números, sin embargo, no tienen ningún análogo directo en el cerebro. Para entenderlos realmente, se debe formar un nuevo modelo mental que permita una comprensión intuitiva. Esto es exactamente lo que hacen los maestros cuando presentan números negativos con metáforas como las temperaturas bajo cero, un préstamo pedido a un banco o simplemente una extensión a la izquierda de la recta numérica. Esta también es la razón por la que el matemático inglés John Wallis, en 1685, le hizo un regalo único a la comunidad matemática cuando presentó una representación concreta de los números complejos: fue el primero en ver que podían visualizarse como un plano donde los números "reales" se extendían en un eje horizontal. Para funcionar de un modo intuitivo, nuestro cerebro necesita imágenes, y en lo que concierne a la teoría del número, la evolución sólo nos ha dotado de una imagen intuitiva de los enteros positivos.

PARTE II
Más allá de la aproximación

4. El lenguaje de los números

Observo que cuando mencionamos cualquier número grande, como un millar, por lo general la mente no tiene una idea adecuada de él, sino sólo un poder de producir tal idea por su idea adecuada de los decimales, dentro de los cuales está comprendido el número.

David Hume, *Tratado de la naturaleza humana*

¿Qué sería de nosotros si nuestra representación mental de los números fuera un acumulador aproximativo similar al que poseen las ratas? Tendríamos nociones bastante precisas de los números 1, 2 y 3. Pero, a partir de este punto, la recta numérica se desvanecería en una niebla espesa. No podríamos pensar en el número 9 sin confundirlo con sus vecinos 8 y 10. Incluso si comprendiéramos que la circunferencia de un círculo dividido por su diámetro es una constante, sólo conoceríamos el número π como "aproximadamente 3". Esta confusión impediría cualquier intento de desarrollar un sistema monetario, buena parte del conocimiento científico y, de hecho, la sociedad humana tal como la conocemos.

¿Cómo hizo el *Homo sapiens*, caso único en el mundo animal, para superar el estadío de la aproximación en los números? La habilidad humana única para diseñar sistemas de numeración simbólica fue probablemente el factor determinante. Algunas estructuras específicas del cerebro humano que todavía están lejos de ser comprendidas en su totalidad nos permiten utilizar cualquier símbolo arbitrario, sea la palabra hablada, un gesto, o una forma en un papel, como vehículo de una representación mental. Los símbolos lingüísticos tienen la particularidad de dividir el mundo en categorías discretas. De este modo, nos permiten hacer referencia a números precisos y separarlos categóricamente de sus vecinos más cercanos. Sin los símbolos, no podríamos diferenciar 8 de 9. Pero con la ayuda de nuestras notaciones numéricas elaboradas, podemos expresar pensamientos tan precisos como "La velocidad de la luz es de 299 792,458 kilómetros por segundo". En este capítulo pretendo describir esta transición de una representación aproximada a una representación simbólica de los números siguiendo los hilos tanto de la historia cultural de la humanidad como de la mente de cualquier niño que adquiere la lengua de los números.

Una breve historia de los números

Cuando nuestra especie comenzó a hablar, tal vez sólo haya sido capaz de nombrar los números 1, 2 y 3. Las cantidades correspondientes son cualidades perceptuales que nuestro cerebro computa sin esfuerzo ni necesidad de contar. Entonces, darles un nombre probablemente no haya sido más difícil que nombrar cualquier otro atributo sensorial, como rojo, grande o caliente.

El lingüista James Hurford (1987) ha reunido muchos indicios sobre la antigüedad de las primeras tres palabras para nombrar números. Sus particularidades lingüísticas, además, las distinguen de todas las que nombran los números sucesivos. En muchas lenguas, "uno", "dos" y "tres" son los únicos numerales que pueden flexionarse en género y número. Por ejemplo, en el alemán antiguo, "dos" puede ser *zwei, zwo* o *zween* dependiendo del género gramatical del objeto que se está contando. Los primeros tres ordinales también tienen una forma particular. En inglés, por ejemplo, la mayoría de los ordinales terminan con "-th" (*fourth, fifth,* etc.), pero no ocurre lo mismo con las palabras *first, second* y *third.*

Los números 1, 2 y 3 también son los únicos que se pueden expresar con flexiones gramaticales en lugar de palabras. En muchas lenguas, las palabras no sólo llevan la marca de singular o plural. También se utilizan terminaciones distintas para distinguir dos ítems (dual) frente a más de dos ítems (plural) y algunas lenguas hasta tienen flexiones especiales para expresar tres ítems (trial). En el griego antiguo, por ejemplo, ὁ ἵππος significaba "el caballo"; τὼ ἵππω, "los dos caballos", y οἱ ἵπποι, un número no especificado de caballos (pero igual o superior a 3). Ninguna lengua desarrolló nunca dispositivos gramaticales especiales para los números superiores a 3.

Por último, las particularidades de los tres primeros numerales también dan testimonio de su antigüedad. Las palabras para "2" y "segundo" con frecuencia tienen el significado de "otro", como en el verbo *secundar,* o el adjetivo *secundario.* En algún momento de la historia, "tres" puede haber simbolizado el número más grande conocido, llegando a ser sinónimo de "mucho" y "superior a los demás". Entonces, tal vez los únicos números conocidos para nuestros ancestros remotos fueran "1", "1 y otro" (2) y "mucho" (3 o más, al infinito).

Hoy nos parece difícil imaginar a nuestros ancestros confinados a los números menores que 3. Sin embargo, no es tan extraordinario. Aun en la actualidad, los warlpiris, tribu de Australia, indican las cantidades solamente con las palabras "uno", "dos", "algunos" y "muchos" (Ifrah, 1998).[17] Tengamos presente que en otros campos también se da este tipo de limitaciones en los sistemas de categorización; en los colores, por ejemplo: algunas tribus africanas sólo distinguen entre negro, blanco y rojo. De más está decir que estos límites son sólo léxicos. Cuando los warlpiris se ponen en contacto con los occidentales, aprenden con facilidad los números en inglés. Entonces, su habilidad para conceptualizar los números no está limitada por el léxico restringido de su lengua ni (obviamente) por sus genes. Si bien los experimentos al respecto son escasos, parece probable que posean conceptos cuantitativos de los números que van más allá de tres, aunque no verbales y, en tal sentido, seguramente aproximativos.

¿Cómo fue que las lenguas humanas superaron el límite de 3? La transición hacia sistemas de numeración más avanzados parece haber involucrado el conteo de partes del cuerpo.[18] Todos los niños descubren de forma espontánea que sus dedos se pueden poner en correspondencia uno a uno con cualquier conjunto de ítems. Bastará levantar un dedo para el primer ítem, dos para el segundo, y así sucesivamente. Con este mecanismo, el gesto de levantar tres dedos se vuelve un símbolo para representar la cantidad de tres y tiene el mismo significado que la palabra "tres". Una ventaja obvia es que los símbolos requeridos siempre están "a mano": ¡en este sistema de numeración los dígitos son literalmente sus dedos!

Por eso, a lo largo de la historia los dedos y otras partes del cuerpo han funcionado como base de un lenguaje corporal de los números, que todavía está en uso en algunas comunidades aisladas. Muchos pueblos que no cuentan con palabras habladas para los números por encima de 3, poseen un rico vocabulario de gestos numéricos que desempeñan el mismo papel. Por ejemplo, en el siglo XIX los nativos de las islas del estrecho de Torres, en Oceanía, denotaban los números apuntando a dife-

---

17 Véanse también Gordon (2004), Pica, Lemer, Izard y Dehaene (2004), Butterworth, Reeve, Reynolds y Lloyd (2008).
18 Para otros aspectos de la historia de las notaciones numéricas, véanse Dantzig (1967 [1930]), Hurford (1987), Ifrah (1998).

rentes partes del cuerpo en un orden fijo (figura 4.1): desde el meñique hasta el pulgar de la mano derecha (números 1 a 5), luego avanzan por el brazo derecho hacia el izquierdo (6 a 12), hasta los dedos de la mano izquierda (13 a 17), los dedos del pie izquierdo (18 a 22), las piernas izquierda y derecha (23 a 28), y finalmente los dedos del pie derecho (29 a 33). Hace algunas décadas, en una escuela de Nueva Guinea, los maestros se quedaban perplejos al ver que durante sus clases de matemática los alumnos aborígenes se retorcían como si las cuentas les provocaran picazón. En realidad, al señalarse rápidamente las partes del cuerpo, los niños estaban traduciendo a su lenguaje corporal los números y cálculos que se les enseñaban en inglés.

En los sistemas de numeración verbal más sofisticados, ya no es necesario señalar: nombrar una parte del cuerpo es suficiente para evocar el numeral correspondiente. Entonces, en varias otras sociedades de Nueva Guinea, la palabra "seis" literalmente significa "muñeca", mientras que "nueve" es "pecho izquierdo". Del mismo modo, en innumerables lenguas a lo largo del mundo, desde África Central hasta Paraguay, la etimología de la palabra "cinco" evoca la palabra "mano".

Un tercer paso salva la distancia entre estas lenguas basadas en el cuerpo y nuestras "incorpóreas" palabras numerales. Denotar los números señalando el cuerpo tiene una limitación seria: nuestros dedos forman un conjunto finito y, de hecho, bastante pequeño. Incluso si contamos los dedos del pie y otras partes salientes de nuestro cuerpo, el método es inútil para los números que superan el 30. Es muy poco práctico aprender un nombre arbitrario para cada número. La solución es crear una sintaxis que permita que los numerales más grandes se expresen mediante la combinación de varios más pequeños.

Es probable que la sintaxis de los números haya emergido de forma espontánea como una extensión de la numeración basada en el cuerpo. Por ejemplo, en algunas comunidades originarias del Gran Chaco paraguayo, el número 6, en lugar de recibir un nombre arbitrario como "muñeca", se expresa como "uno de la otra mano". Dado que ya la palabra "mano" significa 5, por la mera naturaleza de su lenguaje corporal estas personas se ven llevadas a expresar 6 como "5 y 1". Del mismo modo, el número 7 es "5 y 2", y así sucesivamente hasta llegar al 10, que simplemente se expresa como "dos manos" (dos veces 5). Detrás de este ejemplo elemental acechan los principios básicos de organización de las notaciones numéricas modernas: la selección de un número de base (aquí, el 5) y la expresión de números más grandes a través de una combinación de sumas y productos. Una vez descubiertos, estos principios pueden extenderse a números arbitrariamente grandes. El número 11, por ejemplo, se puede expresar como "dos manos y un dedo" (dos veces 5, y 1), mientras que 22 será "cuatro manos y dos dedos".

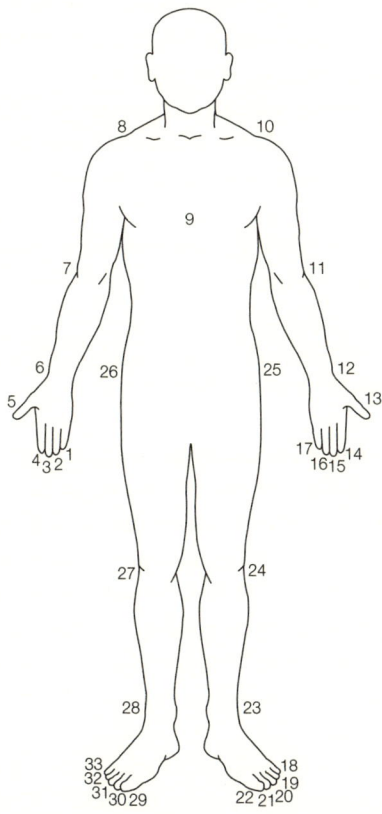

Figura 4.1. Los nativos del estrecho de Torres denotaban los números señalando hacia una parte precisa de su cuerpo (adaptado de Ifrah, 1998)

La mayoría de las lenguas han adoptado un número de base, como el 10 o el 20, cuyo nombre suele ser una contracción de unidades más pequeñas. En la lengua centroafricana ali, por ejemplo, la palabra *mbuna*, que significa 10, es una contracción de *moro buna*, literalmente "dos manos". Una vez que la nueva forma se cristaliza, puede participar en construcciones más complejas. Entonces, la palabra para 21 se podría expresar como "dos veces 10 y 1". Un proceso similar da cuenta de la construcción irregular de algunos numerales como 11, 12, 13 o 50 en el inglés actual. En épocas previas fue claro el carácter compuesto de estas palabras:

"1 (y) 10", "2 (y) 10", "3 (y) 10", "5 veces 10", antes de que evolucionaran en una contracción.

En lo que refiere a las numeraciones con base 20, probablemente reflejen una tradición antigua de contar con los dedos de las manos y de los pies en vez de hacerlo sólo con las manos. Esto explica por qué a menudo la misma palabra denota el número 20 y también "un hombre", como en algunos dialectos mayas o en el esquimal de Groenlandia. Un número como 93 puede expresarse, entonces, con una oración breve como "luego del cuarto hombre, tres del primer pie"; una sintaxis rebuscada, sí, pero no más que la expresión francesa moderna *quatre-vingt-treize* para expresar esa misma cifra (4 × 20 + 13). Utilizando ingeniosas soluciones como estas, los humanos llegaron a aprender a expresar cualquier número con una precisión perfecta.

Un registro permanente de los números

Dar un nombre a los números puede ser útil, pero muchas veces llevar un registro durable de ellos se vuelve de vital importancia. Probablemente, razones científicas y económicas empujaron a los humanos a desarrollar rápidamente sistemas de escritura que les permitieran llevar un registro permanente de eventos importantes, fechas, cantidades o intercambios: en síntesis, cualquier cosa que se pudiera denotar con un número. Es muy posible, por lo tanto, que la invención de las notaciones numéricas escritas se haya desplegado en paralelo con el desarrollo de los sistemas verbales de numeración.

Para comprender bien los orígenes de los sistemas de escritura de números, tenemos que viajar muy lejos en el tiempo. Varios huesos que proceden del período aurignaciano del paleolítico superior (entre 35 000 y 20 000 a.C.) reflejan el método más antiguo de escritura de números: la representación de un conjunto con idéntica cantidad de marcas (Marshack, 1991). Estos huesos tienen grabadas una serie de muescas paralelas, y a veces están agrupados en pequeños bloques. Esta puede haber sido la forma en que los primeros humanos llevaban un registro de lo que cazaban tallando una marca por cada animal que capturaban. La decodificación paciente de la estructura periódica de esos trazos en una placa de hueso algo más reciente (10 000 a.C.) sugiere que hasta puede haberse usado como una forma elemental de calendario, que llevaba registro de la cantidad de días entre una fase lunar y la siguiente (figura 4.2).

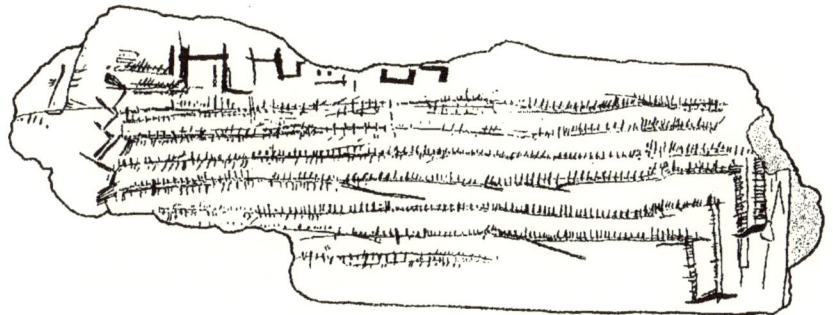

Figura 4.2. Esta pequeña placa de hueso fue descubierta en 1969 en la Gruta de Taï, en el sur de Francia. Data del paleolítico superior (ca. 10 000 a.C.) y presenta incisiones alineadas regularmente. Como algunas de las marcas están agrupadas en subconjuntos de más o menos veintinueve, se piensa que la placa registraba el número de días que pasaban entre dos lunaciones (reproducido de Marshack, 1991; © Cambridge University Press).

El principio de correspondencia uno a uno se ha reinventado una y otra vez, en todo el mundo, como uno de los registros numerales más simples y básicos. Los sumerios llenaban esferas de arcilla con la misma cantidad de piedras que los objetos que contaban; los incas registraban los números haciendo nudos en cordones de algodón o lana, los quipus, que les servían como archivos; y los romanos utilizaban barras verticales para formar sus primeros tres dígitos. Hasta hace poco, algunos panaderos todavía hacían marcas para llevar un registro de las deudas de sus clientes. La palabra "cálculo" en sí misma proviene del término latino *calculus*, esto es, "guijarro", y nos remonta a la época en que los números se manipulaban al mover las piedras de un ábaco antes que recurrir a símbolos arbitrarios.

A pesar de su engañosa simplicidad, el principio de correspondencia uno a uno es un invento notable. Aporta una representación duradera, precisa y abstracta de los números. Una serie de muescas puede funcionar como un símbolo numérico abstracto y hacer referencia a cualquier conjunto de ítems, ya sea ganado, personas, deudas o lunas llenas. También permite a las personas superar sus limitaciones de percepción. Los humanos, como las palomas, no pueden distinguir cuarenta y nueve objetos de cincuenta. Sin embargo, un palito marcado con cuarenta y nueve incisiones deja un registro permanente de este número exacto. Para verificar si una cuenta es correcta, uno simplemente tiene que repasar uno a uno los objetos y avanzar una marca por cada objeto. La correspondencia uno a uno, entonces, abre el acceso a una representación precisa de los números que son demasiado grandes para ser recordados con precisión en la recta numérica mental.

Obviamente, la correspondencia uno a uno también tiene sus limitaciones. La representación de los números mediante tallas es bastante fastidiosa de escribir o leer. Como vimos antes, el sistema visual humano no puede aprehender de un golpe de vista un conjunto de más de tres ítems. Así, ¡una serie indiferenciada de treinta y siete marcas es tan difícil de percibir como el conjunto de treinta y siete ovejas al que representa! Muy pronto, entonces, los humanos se vieron obligados a romper la monotonía de las series numéricas agrupando las marcas e introduciendo nuevos símbolos, es decir, separando un número grande en algo más fácil de leer de una sola mirada. Hacemos exactamente lo mismo cuando en una partida de naipes tachamos cada grupo para marcar cinco trazos, convirtiéndolos en un grupo visualmente diferenciado. Gracias a esta técnica, el número 21 se ve como ||||| ||||| ||||| ||||| |, innegablemente una notación más legible que |||||||||||||||||||||.

Sin embargo, este sistema sólo es útil sobre el papel. Cuando el soporte es una varilla, hacer muescas a lo ancho de la madera resulta tedioso. Hendir la madera en un ángulo es mucho más fácil, y ese es exactamente el método que los pastores adoptaron hace miles de años: adoptaron símbolos hechos de barras oblicuas, como V o X, para denotar los números 5 y 10. Como podrán adivinar, este es el origen de los números romanos correspondientes. Sus formas geométricas fueron determinadas por la facilidad con que se las podía tallar en cualquier soporte. Otros medios de escritura han impuesto formas distintas. Por ejemplo, los sumerios, que escribían sobre láminas de arcilla blanda, adoptaban para sus numerales las formas más simples que se podían trazar con una varilla: marcas circulares o cilíndricas, así como los famosos caracteres con forma de clavo o "cuneiformes".

Al reunir varios de estos símbolos, se pueden formar otros números. En la notación romana, 7 se escribe como 5 + 1 + 1 (VII). Este principio aditivo, de acuerdo con el cual el valor de un número es igual a la suma de los dígitos que lo componen, está en la base de muchas notaciones numéricas, incluidas las de los egipcios, los sumerios y los aztecas. La notación aditiva ahorra espacio y tiempo, porque un número como 38, que requiere treinta y ocho símbolos idénticos en cualquier notación basada en la correspondencia uno a uno, ahora pasa a movilizar siete dígitos romanos (38 = 10 + 10 + 10 + 5 + 1 + 1 + 1 o XXXVIII). De todos modos, la lectura y la escritura siguen siendo una ocupación tediosa. La concisión puede mejorarse un poco si se presentan símbolos especiales, como los números L (50) y D (500). Las repeticiones pueden evitarse totalmente si se quiere utilizar un símbolo distinto para cada uno de los números del 1 al 9, del 10 al 90, y del 100 al 900. Esta fue la solución que adoptaron los griegos y los hebreos, que utilizaban letras del alfabeto en lugar de números. Con este truco, un número tan complejo como 345 se puede escribir con sólo tres letras (TME en griego, o 300 + 40 + 5). Sin embargo, el usuario paga un costo grande: memorizar el valor numérico de los veintisiete símbolos requeridos para expresar todos los números entre el 1 y el 999 demanda un esfuerzo considerable.

Al repasar, parece obvio que la suma por sí sola no puede ser suficiente para expresar números muy grandes. La multiplicación se vuelve indispensable. Una de las primeras notaciones híbridas, que combina la suma con la multiplicación, apareció en la Mesopotamia hace más de cuatro milenios. En lugar de expresar un número como 300 trazando tres veces el símbolo correspondiente a 100, como en los números romanos (CCC), los habitantes de la ciudad de Mari simplemente escribían el símbolo de 3 y a continuación el símbolo de 100. Lamentablemente, seguían escribiendo las unidades y las decenas mediante el principio de adición, por lo que su notación aún estaba lejos de ser concisa. El número 2342, por ejemplo, se escribía literalmente como "1 + 1 millares, 1 + 1 + 1 centenas, 10 + 10 + 10 + 10, 1 + 1".

La fuerza del principio de multiplicación se refinó en sistemas de numeración posteriores. En particular, hace cinco siglos, los chinos inventaron una notación perfectamente regular que se ha preservado hasta el día de hoy. Consiste en sólo trece símbolos arbitrarios para los dígitos que van del 1 al 9 y los números 10, 100, 1000 y 10 000. El 2342 se escribe simplemente como "2 1000 3 100 4 10 2", una transcripción palabra por palabra de la expresión oral "dos mil trescientos cuarenta y dos" (cuarenta es "cuatro diez" en chino). En este aspecto, la escritura deviene un reflejo directo del sistema de numeración oral.

El principio del valor posicional

La eficacia de las notaciones numéricas se expandió enormemente gracias a un último invento: el principio del valor posicional. Una notación numérica obedece a ese principio cuando la cantidad representada por un dígito varía según el lugar que ocupa en el número. Entonces, los tres dígitos que forman el número 222, aunque son idénticos, hacen referencia a diferentes órdenes de magnitud: dos centenas, dos decenas y dos unidades. En una notación basada en el valor posicional, hay un número privilegiado al que se llama "base". Actualmente utilizamos la base 10, pero no es la única posibilidad. Las posiciones sucesivas en el número representan potencias sucesivas de la base, desde unidades ($10^0 = 1$), a decenas ($10^1 = 10$), centenas ($10^2 = 100$), y así sucesivamente. La cantidad expresada por determinado número se obtiene multiplicando cada dígito por la potencia correspondiente de la base, y luego sumando los productos. Entonces, el número 328 representa la cantidad $3 \times 100 + 2 \times 10 + 8 \times 1$.

Una codificación que se basa sobre el principio de valor posicional es clave si se desea hacer cálculos utilizando algoritmos simples. Si ustedes no lo creen, ¡intenten calcular XIV × VII, utilizando números romanos! Los cálculos tampoco son prácticos en la notación alfabética griega, porque nada hace evidente que el número N (50) sea diez veces más grande que el número E (5). Esta es la principal razón por la que los griegos y los romanos nunca realizaban cálculos sin ayuda de un ábaco. En cambio, nuestros números arábigos, basados sobre el principio del valor posicional, permiten transparentar por completo las relaciones de magnitud entre, por ejemplo, 5, 50, 500 y 5000. Las notaciones posicionales son las únicas que reducen la complejidad de la multiplicación a la memorización de una tabla de productos desde 2×2 hasta 9×9. No es exagerado afirmar que su invención revolucionó el arte del cálculo numérico.

Fueron solamente cuatro las civilizaciones que, en toda la historia de la humanidad, parecen haber descubierto la notación posicional, y tres de ellas nunca alcanzaron la simplicidad de nuestros números arábigos actuales. Por esto, la notación sólo se vuelve altamente eficiente en compañía de otros tres inventos: un símbolo para el cero, un número de base único, y la eliminación del principio de adición para los dígitos del 1 al 9. Piensen, por ejemplo, en el sistema posicional más antiguo que se conoce, diseñado por los astrónomos babilonios dieciocho siglos antes de Cristo. Su base era el número 60. Entonces, un número como el 43 345, que es igual a $12 \times 60^2 + 2 \times 60 + 25$, se expresaba concatenando los símbolos de 12, 2 y 25.

En principio, habrían hecho falta sesenta símbolos distintos, uno para cada uno de los "dígitos" del 0 al 59. Sin embargo, obviamente, habría sido poco práctico aprender sesenta símbolos arbitrarios. En cambio, los babilonios escribían estos números utilizando una notación aditiva de base 10. Por ejemplo, el "dígito" 25 se expresaba como $10 + 10 + 1 + 1 + 1 + 1 + 1$. Finalmente, el número 43 345, entonces, se representaba con una oscura secuencia de caracteres cuneiformes que significaba literalmente

10 + 1 + 1 [implícitamente, multiplicado por 60^2], 1 + 1 [implícitamente, multiplicado por 60], 10 + 10 + 1 + 1 + 1 + 1 + 1. Semejante mezcla de codificación aditiva y posicional, con dos bases, 10 y 60, convirtió a la notación babilónica en un sistema complejo, reservado a una restringida élite culta. De todos modos, se trataba de una numeración notablemente avanzada para su época. Los astrónomos babilonios la usaban con mucha destreza para sus cálculos celestes, cuya precisión no se vio superada hasta después de más de mil años. Su éxito se debía en parte a la sencillez con que la base 60 permitía representar las fracciones: como 2, 3, 4, 5 y 6 son divisores de 60, las fracciones $\frac{1}{2}$, $\frac{1}{3}$, $\frac{1}{4}$, $\frac{1}{5}$ y $\frac{1}{6}$ tenían, todas, una expresión simple en el sistema sexagesimal.

Si lo evaluamos con nuestros estándares actuales, el sistema babilonio tenía una desventaja central: durante quince siglos, le faltó un símbolo para el 0. ¿Y para qué sirve el cero? Para empezar, se trata de un símbolo convencional que expresa la ausencia de unidades de cierto tipo, definido por su valor posicional, en un número compuesto por más de una cifra. Por ejemplo, en la notación arábiga, el número 503 significa cinco centenas, ninguna decena, y tres unidades. Como no tenían un símbolo cero, los científicos babilonios simplemente dejaban un espacio en blanco en el lugar en el que debería haber aparecido un número. Este vacío significativo era una fuente recurrente de ambigüedades. Los números 301 $(5 \times 60 + 1)$, 18 001 $(5 \times 60^2 + 1)$ y 1 080 001 $(5 \times 60^3 + 1)$ se expresaban confusamente con cadenas similares: 51, 5 1 (con un espacio en blanco) y 5 1 (con dos espacios en blanco). Entonces, la ausencia de un cero era la causa de muchos errores en los cálculos. Para peor, un dígito aislado como "1" tenía múltiples significados. Podía significar la cantidad 1, por supuesto, pero también "1 seguido de un blanco" o 1 × 60, o incluso "uno seguido de dos blancos" o $1 \times 60^2 = 3600$, y así sucesivamente. Sólo el contexto podía determinar qué interpretación era correcta. Hubo que esperar hasta el siglo III a.C. para llenar este vacío con la invención de un símbolo auténtico que permitiera denotar en forma explícita las unidades ausentes. Incluso así, este símbolo sólo funcionaba como un marcador de posición, y nunca adquirió el significado de una "cantidad nula" o de "el entero inmediatamente inferior a 1" que hoy en día le atribuimos.

Pese a que aparentemente la notación posicional de los astrónomos babilonios se perdió con el derrumbe de su civilización, otras tres culturas reinventaron más tarde sistemas muy similares. En el siglo II a.C., los científicos chinos diseñaron un código posicional que no disponía de un dígito 0 y utilizaba las bases 5 y 10. En la segunda mitad del primer milenio, los astrónomos mayas hacían cálculos con números escritos en base 5 y 20 y tenían además un dígito 0 hecho y derecho. Y, por último, los matemáticos indios, por intermedio de los sabios del mundo árabe, legaron a la humanidad la notación posicional con base 10 que actualmente se utiliza en todo el mundo.

Parece un poco injusto llamar "numerales arábigos" a un invento debido originariamente al ingenio de la civilización india. Nuestra notación numérica se llama "arábiga" sólo porque el mundo occidental la descubrió gracias a los tratados de los grandes matemáticos persas, de cuyo trabajo derivan muchas de las técnicas modernas del cálculo numérico. La palabra "algoritmo", por ejemplo, se llama así por el trabajo de uno de ellos, Mohammad ibn Musa al-Juarizmi. Su obra más famosa fue un tratado sobre la resolución de las ecuaciones lineales, *Al-jabr w'almuqābala* (*Acerca de la reducción y la comparación*), un libro de un éxito excepcional, cuyo título pasó luego al lenguaje común ("álgebra"). Sin embargo, pese a toda su creatividad, los descubrimientos de los persas no podrían haber visto la luz sin ayuda de la notación numérica india.

Rindamos un homenaje especial a una innovación única de la notación india, que faltaba en los demás sistemas posicionales: la selección de diez dígitos arbitrarios cuyas formas no están vinculadas con las cantidades numéricas que representan. A primera vista, podría pensarse que utilizar formas arbitrarias es una desventaja. Una sucesión de trazos parece proveer una forma más transparente de denotar los números, más fácil de aprender. Y tal vez esta fuera la lógica implícita de los científicos sumerios, chinos y mayas. Sin embargo, en el capítulo anterior hemos visto que esto es incorrecto. Para el cerebro humano requiere más tiempo contar cinco objetos que reconocer una forma arbitraria y asociarla con un significado. La peculiar disposición de nuestro aparato perceptual a recuperar rápidamente el significado de una forma arbitraria, que he llamado "reflejo de comprensión", se aprovecha de forma admirable en la notación posicional indoarábiga. Esta herramienta de numeración, con sus diez dígitos fácilmente discernibles, encaja perfectamente con los puntos fuertes del sistema cognitivo y visual de los humanos.

Una gran diversidad de lenguajes numéricos

Hoy en día, cuando las personas de casi cualquier país escriben un número, adoptan la misma convención y utilizan la notación de base 10. Sólo la forma de los dígitos puede variar un poco. Por ejemplo, en los venerables tratados persas se comenta el uso de "dígitos indios", en lugar de nuestros números arábigos, en algunos países de Medio Oriente (en la actualidad, algo similar sucede con los hablantes de urdu). Sin embargo, incluso en esos casos la notación arábiga estándar ganaba o sigue ganando terreno. Su predominio tiene poco que ver con el imperialismo o la imposición de normas comerciales. Si la evolución de la numeración escrita converge se debe principalmente a que la codificación posicional es la mejor notación de que disponemos. Sus características meritorias son muchas: su naturaleza compacta, su reducido número de elementos, la ausencia de obstáculos para su aprendizaje, su lectura y su escritura, la simplicidad de los algoritmos de cálculos para los que funciona como base. Todos estos rasgos justifican su adopción universal. De hecho, es difícil conjeturar qué nueva invención podría destronarla.

La numeración oral no muestra este nivel de convergencia. Si bien la amplia mayoría de las lenguas humanas poseen una sintaxis de número basada en una combinación de sumas y productos, vista en detalle, la diversidad de los sistemas de numeración es llamativa. En primer lugar, se utiliza una variedad de bases. En el distrito de Queensland, en Australia, algunos aborígenes todavía utilizan la base 2. El número 1 es "ganar", 2 es "burla", 3 es "burla-ganar" y 4 es "burla-burla". En la antigua Sumeria, por contraste, se utilizaban simultáneamente las bases 10, 20 y 60. Entonces, el número 5566 se expresaba como *sàr* (3600) *ges-u-es* (60 × 10 × 3) *ges-min* (60 × 2) *nus-min* (20 × 2) *às* (6)" o 3600 + 60 × 10 × 3 + 60 × 2 + 20 × 2 + 6 = 5566. La base 20 también tenía sus adeptos: regía las lenguas azteca, maya y gaélica, y se utiliza todavía en el esquimal y el yoruba. Incluso se pueden encontrar resabios de ella en el francés, en el que 80 es *quatre-vingt* (cuatro veintes), y en el inglés isabelino, que con frecuencia contaba en *scores* (veintenas).

Si bien en nuestros días la base 10 rige la mayoría de las lenguas, la sintaxis de los números es altamente variable. El premio a la simplicidad se lo llevan las lenguas asiáticas como el chino, cuya gramática es el reflejo perfecto de una estructura decimal. En lenguas como esas sólo hay nueve nombres para los números del 1 al 9 (*yī, èr, sān, sì, wǔ, liù, qī, bā* y *jiǔ*), a los que uno debería agregarles cuatro multiplicadores 10 (*shí*), 100 (*bǎi*), 1000 (*qiān*) y 10 000 (*wàn*). Para nombrar un número, sólo se debe leer su descomposición en base 10. Entonces, 13 es *shísān* ("diez, tres"), 27 *èrshíqī* (dos diez, siete) y 92 547 *jiǔ wàn èr qiā nwǔ bǎi sì shí qī* ("nueve diez mil, dos mil, cinco cien, cuatro diez, siete").

Este formalismo elegante contrasta bruscamente con las veintinueve palabras que son necesarias para expresar los mismos números en inglés o en francés. En estas lenguas –y algo similar ocurre en el español–, los números del 11 al 19 y las decenas del 20 al 90 se denotan con palabras especiales (once, doce, veinte, treinta, etc.), cuya estructura no es predecible a partir de la de otros numerales. Ni que hablar de las peculiaridades aún más curiosas del francés, con sus incómodas palabras *soixante-dix* (sesenta-diez: 70) y *quatre-vingt-dix* (cuatro-veinte-diez: 90). El francés también tiene reglas confusas de elisión y conjunción que conciernen al número 1: se dice *vingt-et-un* (veintiuno) en lugar de *vingt-un*; sin embargo, 22 es *vingt-deux* en vez de *vingt-et-deux*, y 81 es *quatre-vingt-un*, no *quatre-vingt-et-un*. Del mismo modo, 100 es *cent* en lugar de *un cent*. Otra excentricidad es la inversión sistemática de las decenas y las unidades en las lenguas germánicas, en las que 432 se convierte en *vierhundert zwei und dreissig* (cuatrocientos dos y treinta).

¿Cuáles son las consecuencias prácticas de esta generosa diversidad de lenguas numéricas? ¿Todas las lenguas son equivalentes? ¿O algunas notaciones numéricas están mejor adaptadas a las características de nuestros cerebros? ¿Determinados países, por su sistema de numeración, comienzan con una ventaja en matemática? Este no es un tema trivial en el período actual de una competitividad internacional feroz, en la que la habilidad para los números es un factor clave para el éxito. Como adultos, somos prácticamente inconscientes de la complejidad de nuestro sistema de numeración. Años de entrenamiento nos han domesticado para que aceptemos que 76 debería pronunciarse "setenta y seis" en lugar de, por ejemplo, "siete diez seis" o "sesenta-dieciséis". Entonces, ya no podemos comparar de forma objetiva nuestra lengua con otras. Son necesarios rigurosos experimentos psicológicos para medir la eficacia relativa de distintos sistemas de numeración. Para nuestra sorpresa, estos experimentos demuestran reiteradamente la inferioridad del inglés, el español o el francés respecto de las lenguas asiáticas.

Los costos de no hablar chino

Lean la siguiente lista en voz alta: 4, 8, 5, 3, 9, 7, 6. Ahora, cierren los ojos e intenten recordar los números durante veinte segundos antes de recitarlos otra vez. Si su lengua materna es el inglés, tienen un 50% de posibilidades de fracasar. Si son chinos, en cambio, el éxito está prácticamente garantizado. De hecho, el *span*, es decir la capacidad de memoria, en China se eleva hasta aproximadamente nueve dígitos, mientras que es de sólo siete, en promedio, en inglés.[19] ¿Por qué se da esta diferencia? ¿Los hablantes de chino son más inteligentes? Probablemente no lo sean, pero ocurre que sus nombres de números son más breves. Cuando intentamos recordar una lista de dígitos, generalmente la almacenamos utilizando un circuito de memoria verbal de tipo auditivo (por eso resulta difícil memorizar números cuyos nombres suenan parecido, como *five* y *nine* o *seven* y *eleven* en inglés). Esta memoria puede almacenar la información sólo dos segundos, aproximadamente, y nos fuerza a repetir mentalmente las palabras para refrescarlas. El alcance de nuestra memoria, entonces, está determinado por la cantidad de números que podemos repetir en menos de dos segundos. Los que recitan más rápido tienen mejor memoria.

Los numerales chinos son notablemente breves. La mayor parte se puede emitir en menos de un cuarto de segundo (por ejemplo, 4 es *sì* y 7 es *qī*). Sus equivalentes en inglés –*four, seven*– o español –"cuatro", "siete"– son más largos: pronunciarlos lleva cerca de un tercio de segundo. La diferencia de memoria entre el inglés y el chino aparentemente se debe a esta diferencia en extensión. En lenguas tan diversas como el galés, el árabe, el chino, el inglés y el hebreo, hay una correlación sostenida entre el tiempo requerido para pronunciar números en la lengua correspondiente y la amplitud de memoria de sus hablantes. En esta área, el premio a la eficacia es para el dialecto cantonés del chino, cuya brevedad permite a los residentes de Hong Kong disparar el alcance de memoria hasta los diez dígitos, aproximadamente.

En resumen, el "mágico número 7", que se anuncia con tanta frecuencia como un parámetro fijo de la memoria humana, no es una constante universal. Es meramente el valor estándar para la amplitud de dígitos en un grupo especial de *Homo sapiens* en el que casualmente está centrado más del 90% de los estudios psicológicos; ¡los estudiantes universitarios norteamericanos! La amplitud de memoria de dígitos es un valor que depende de la cultura y del entrenamiento, y no se puede pensar que constituye un indicador fijo de tamaño de memoria. Sus variaciones de una cultura a otra sugieren que las notaciones numéricas asiáticas, como el chino, se recuerdan con más facilidad que nuestros sistemas occidentales de numerales.

---

19 Véase una revisión de los efectos lingüísticos sobre la cognición numérica en Ellis (1992).

Si ustedes, como yo, forman parte de aquellos pobrecitos que no hablan una palabra de chino, no pierdan la esperanza. Hay varios trucos a fin de aumentar su memoria para los dígitos, incluso para quienes hablan inglés, francés o español. En primer lugar, siempre memoricen los números utilizando la secuencia de palabras más corta posible. Un número largo como 83 412 suele recordarse mejor si se lo recita dígito a dígito, como ocurre con los números de teléfono. En segundo lugar, intenten agrupar los dígitos en pequeños bloques de dos o tres. Su memoria de trabajo va a saltar hasta los doce dígitos, aproximadamente, si los agrupan en cuatro bloques de tres.

Un tercer truco es llevar el número que debe recordarse a un terreno que nos resulte familiar. Busquen series crecientes o decrecientes, fechas familiares, códigos postales, o cualquier otra información que ya conozcan. Si pueden recodificar el número utilizando sólo unos pocos ítems bien conocidos, deberían recordarlos sin dificultad. Luego de doscientas cincuenta horas de entrenamiento bajo la orientación de los psicólogos William Chase y K. Anders Ericsson (1981), ¡un estudiante estadounidense fue capaz de extender su amplitud de memoria hasta la extraordinaria cifra de ochenta dígitos gracias a este método de registro! Era un excelente corredor de larga distancia y había compilado una gran base de datos mental de tiempos récord de carreras. Entonces, almacenaba los ochenta dígitos que debía recordar separándolos en grupos de tres o cuatro, como una serie de tiempos récord en la memoria de largo plazo.

Siguiendo estas observaciones, ustedes no deberían tener dificultades para recordar los números de teléfono. Pero, a menos que sean chinos, las malas noticias recién comienzan. Los numerales también desempeñan un papel crucial para contar y calcular, y aquí otra vez se puede reprobar a las lenguas con los nombres de números más largos. Por ejemplo, en promedio, a un alumno galés le lleva un segundo y medio más que a un alumno inglés sumar 134 + 88. Para una edad y una educación equivalentes, esta diferencia parece deberse únicamente al tiempo que toma pronunciar el problema y los resultados intermedios: los números galeses son considerablemente más largos que los del inglés. El inglés, sin embargo, claramente no es la lengua óptima en este sentido: varios experimentos han demostrado que los niños japoneses y chinos calculan mucho más rápido que sus pares americanos.

Por supuesto, puede ser difícil separar los efectos de la lengua de los de la educación, el número de horas en la escuela, la presión parental, y así sucesivamente (de hecho, existe evidencia de que la organización de las clases de matemática japonesas es superior en muchos sentidos a la del sistema escolar estadounidense estándar). Es posible, sin embargo, neutralizar el efecto de muchas variables de este tipo si se estudia la adquisición del lenguaje en niños que todavía no han ido a la escuela. A todos los niños se los confronta con la desafiante tarea de descubrir, por sí mismos, el léxico y la gramática de su lengua materna. ¿Cómo adquieren las reglas del francés y del alemán por una mera exposición a frases como *soixante-quinze* o *fünf und siebzig*? ¿Y cómo puede un niño francés descubrir los significados de *deux cents* (doscientos) o *cent deux* (ciento dos)? Incluso si nace ya siendo un lingüista y si, como postulan Noam Chomsky y Steven Pinker, el cerebro viene equipado con un órgano del lenguaje que hace que aprender las reglas lingüísticas más abstrusas sea una cuestión de instinto, la inducción de las reglas de formación de números se encuentra muy lejos de ser instantánea, y varía de una lengua a otra.

En chino, por ejemplo, una vez que se han aprendido las palabras para números hasta el 10, las otras se generan fácilmente con una regla simple (11 = decena y uno, 12 = decena y dos…, 20 = dos decenas, 21 = dos decenas y uno, etc.). En cambio, los niños que hablan inglés o español tienen que aprender de memoria no sólo los números del 1 al 10, sino también del 11 al 19, y también los de las decenas del 20 al 90. Por si fuera poco, deben descubrir ellos solos las múltiples reglas de la sintaxis de los números que especifican, por ejemplo, que "veinte y cuarenta" o "treinta y once" son secuencias inválidas de palabras para números.

En un experimento fascinante, Kevin Miller y sus colegas pidieron a grupos parejos de niños norteamericanos y chinos que recitaran la secuencia de los números (Miller, Smith, Zhu y Zhang, 1995). Sorprendentemente, la diferencia lingüística hacía que los niños occidentales estuvieran hasta un año retrasados respecto de sus pares orientales. A los 4 años, los niños chinos ya contaban hasta 40 en promedio. A la misma edad, sus colegas de América contaban, con dificultad, hasta 15. Les llevó un año alcanzar a los chinos y llegar a 40 o 50. No sólo eran más lentos en general que los chinos; hasta el número 12, ambos grupos estaban parejos. Pero cuando llegaban a los números especiales *thirteen* (trece) y *fourteen* (catorce), los niños norteamericanos repentinamente tropezaban, mientras que los chinos, ayudados por la constante regularidad de la lengua, seguían adelante con muchas menos dificultades (figura 4.3).

El experimento de Miller muestra, sin lugar a dudas, que la opacidad de un sistema de numeración impone una carga importante para la adquisición. Otra prueba surge del análisis de los errores al contar. ¿No hemos oído a los niños recitar "veintiocho, veintinueve, veintidiez, veintionce", y así sucesivamente? Este tipo de errores gramaticales, que revelan una pobre inducción de las reglas de la sintaxis de los números, son completamente desconocidos en los países asiáticos (Fuson, 1988).

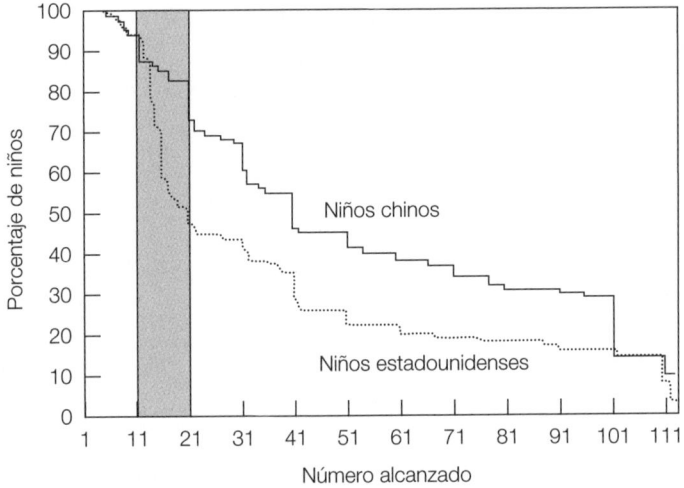

Figura 4.3. Kevin Miller y sus colegas solicitaron a grupos de niños estadounidenses y chinos que recitaran los números hasta donde pudieran. A una edad equiparada, los niños chinos llegaban mucho más lejos que sus pares norteamericanos (adaptado de Miller y otros, 1995; © Cambridge University Press).

El impacto negativo de los sistemas occidentales de numeración verbal se prolonga en los siguientes años de la escolaridad. La organización de los numerales chinos hablados es paralela a la estructura de los números arábigos escritos. Por ende, los niños chinos tienen muchas menos dificultades que sus homólogos occidentales para aprender los principios del valor posicional de base 10 (Miller y Stigler, 1987). Cuando se les pide que formen el número 25 utilizando algunos cubos para las unidades y algunas barras compuestas de diez cubos para las decenas, los alumnos chinos seleccionan sin problemas dos barras de diez y cinco unidades, lo que sugiere que comprenden la base 10. A la misma edad, los niños norteamericanos se comportan de forma diferente. La mayoría de ellos cuenta con mucho trabajo veinticinco unidades, y por lo tanto no aprovecha el atajo que les proveen los grupos de diez. Peor todavía: si uno les da una barra que tiene veinte unidades, la usan con más frecuencia que dos barras de diez. Esto significa que parecen prestar atención a la forma superficial de la palabra "veinticinco", mientras que los chinos ya dominan su estructura más profunda de base 10. Esta base es un concepto transparente en las lenguas asiáticas, pero causa grandes dolores de cabeza a los niños occidentales.

Estos descubrimientos experimentales imponen una conclusión fuerte: los sistemas de numeración verbal occidentales son menos eficientes que los de las lenguas asiáticas en varios aspectos: son más difíciles de retener en la memoria de corto plazo, tornan los cálculos más lentos, y dificultan la adquisición de las habilidades para contar y de la base 10. La selección cultural debería haber eliminado hace mucho tiempo construcciones tan absurdas como la del francés *quatre-vingt-dix-sept*. Por desgracia, los esfuerzos de normalización de nuestras escuelas y academias le han puesto una traba a la evolución natural de las lenguas. Si los niños pudieran votar, probablemente estarían a favor de una reforma extendida de las notaciones numéricas y aceptarían la adopción del modelo chino. ¿Una revisión de este tipo sería menos utópica que las lamentables reformas de la ortografía? Por lo menos, tenemos un ejemplo histórico de una gran reforma lingüística exitosa. A principios del siglo XX, los galeses, por propia voluntad, dejaron de lado su viejo sistema de numeración, que era incluso más complejo que el francés actual, y lo reemplazaron con una notación simplificada bastante similar a la del chino. Desafortunadamente, el cambio de los galeses los llevó a otro error: en su idioma las nuevas palabras que designan números –aunque regulares desde el punto de vista gramatical y, por eso, fáciles de aprender– ¡son tan largas que resultan un suplicio para la memoria! Los experimentos psicológicos probablemente dictarían la adopción de un sistema de numeración bien probado como el del chino mandarín, pero los intereses nacionales hacen que esta sea una perspectiva distante e improbable.

Aprender a etiquetar cantidades

Adquirir un léxico y una sintaxis para los números no lo es todo. No resulta particularmente útil saber que "doscientos treinta" es una frase válida mientras que "dos treinta y cien" no lo es. Por sobre todas las cosas, los niños deben aprender lo que significan estos números, la cantidad que representan. El poder de los sistemas de numeración se origina en su capacidad para establecer vínculos precisos entre los símbolos lingüísticos y las cantidades que expresan. Durante la infancia alguien puede recitar muy bien los números hasta el 100, pero esto es sólo repetir como un loro, a menos que él o ella sepan a qué magnitudes hacen referencia.

Entonces, ¿cómo aprenden los niños los significados de las palabras que suenan "uno", "seis" u "ocho"?

Un primer problema básico al que se enfrenta un niño es reconocer que estas palabras designan números antes que colores, tamaños, formas o cualquier otra propiedad del ambiente. Pensemos en las frases "las tres ovejas" y "las grandes ovejas". Un niño que las oye por primera vez, y que no conoce el significado de las palabras "tres" y "grande", no tiene forma de darse cuenta de que "grande" se refiere al tamaño físico de cada oveja, mientras que "tres" hace referencia al cardinal del conjunto de ovejas.

A la edad de 2 años y medio, los niños norteamericanos ya pueden diferenciar entre las palabras para números y otros adjetivos. Hay experimentos que así lo demuestran (Wynn, 1990, 1992b). Cuando se les da la opción entre la imagen de una única oveja roja y otra que muestra tres ovejas azules, los niños señalan de inmediato a la primera cuando se les dice "muéstrame la oveja roja" y a la segunda cuando se les dice "muéstrame las tres ovejas".[20] Cuando llegan a esa edad, ya saben que "tres" se aplica a un conjunto de ítems más que a un solo ítem. A esa misma edad, los niños también ubican en el orden correcto las palabras para números y los otros adjetivos: dicen "tres pequeñas ovejas", pero nunca "pequeñas tres ovejas".[21] Desde temprano, entonces, saben que las palabras que representan números pertenecen a una categoría especial, distinta de la de otras palabras.

¿Cómo descubrieron esto? Probablemente, aprovecharon todas las claves disponibles, sean gramaticales o semánticas. De por sí, la gramática puede suponer una ayuda invaluable. Supongamos que una madre le dice a su bebé "mira, Charlie, tres perritos". El pequeño Charlie podrá inferir que la palabra "tres" es un tipo especial de adjetivo, porque otros adjetivos como "lindo" siempre se expresan con un artículo: "Los lindos perritos". El hecho de que la palabra "tres" no requiera un artículo pue-

---

20 Para que este experimento resulte claro, debe tenerse en cuenta que, en inglés, la palabra *sheep* (oveja) es invariable, de modo que *the sheep* designa tanto a una como a varias ovejas; además, en esa lengua el orden de palabras no puede funcionar como orientación para el niño (*show me the red sheep* y *show me the three sheep*). [N. de T.].

21 Nuevamente, este ejemplo resulta más claro en inglés, que es más rígido en relación con el orden de palabras. En este caso, los ejemplos del texto son *three little sheep* para lo que los niños producen, y *little three sheep* para el orden incorrecto que nunca producen. [N. de T.].

de sugerir que "tres" se aplica a todo el conjunto de perritos; así, puede ser un número, o un cuantificador como "algunos" o "varios".

Por supuesto, un razonamiento de este tipo no es de mucha ayuda para determinar la cantidad exacta a la que hace referencia la palabra "tres". De hecho, parece que durante un año completo, los niños se dan cuenta de que la palabra "tres" es un número sin saber a qué valor exacto hace referencia. Cuando se les dice "dame tres juguetes", la mayoría simplemente toma una pila sin importar el número preciso. Si uno les permite elegir entre un grupo de dos y un grupo de tres juguetes, también responden al azar, aunque nunca seleccionan una tarjeta que muestre un único objeto. Saben recitar las palabras para números, y sienten que estas palabras están relacionadas con la cantidad, pero ignoran su significado justo (Wynn, 1990, 1992b, Sarnecka y Carey, 2008).

Las claves semánticas probablemente sean de una importancia crítica para superar esta etapa y para determinar la cantidad exacta que se quiere significar con la palabra "tres". Con un poco de suerte, el pequeño Charlie verá los tres pequeños perros que su mamá le señalaba. Su sistema perceptual, cuya sofisticación hemos expuesto en el capítulo 2, puede, así, analizar la escena e identificar la presencia de varios animales, de un tamaño pequeño, ruidosos, movedizos, y de un número cercano a tres. (Desde luego, con esto no quiero decir que Charlie ya sepa que la palabra "tres" se aplica a esta numerosidad; sólo menciono que el acumulador no verbal interno de Charlie se ha llenado hasta el punto que es típico de los conjuntos de tres ítems).

Básicamente, todo lo que tiene que hacer Charlie, entonces, es correlacionar estas representaciones preverbales con las palabras que oye. Después de pocas semanas o pocos meses, debería darse cuenta de que la palabra "tres" no siempre se emite en presencia de cosas pequeñas, de animales, de movimiento, o de ruido; en cambio, se menciona a menudo cuando su acumulador mental aproximativo está en un estado particular que acompaña la presencia de tres ítems. De este modo, las correlaciones entre las palabras para números y sus representaciones numéricas no verbales anteriores pueden ayudarlo a determinar que "tres" significa 3.

Este proceso de correlación puede acelerarse con el "principio de contraste" que estipula que las palabras que suenan parecido tienen diferentes significados. Si Charlie ya conoce el significado de las palabras "perro" y "pequeño", el principio de contraste le garantiza que la palabra desconocida "tres" no puede hacer referencia al tamaño o la identidad de los animales. Reducir el conjunto de hipótesis le permite descubrir más rápido aún que esta palabra se refiere a la cantidad 3.

Números redondos, números exactos

Una vez que los niños han adquirido el significado exacto de las palabras para los números, aún tienen que comprender algunas de las convenciones que rigen su uso en la lengua. Una de ellas es la distinción entre los números redondos y los números exactos. Permítanme comenzar con un chiste.

En el museo de historia natural, un visitante pregunta al custodio: "¿Cuántos años tiene ese dinosaurio que está allí?". "Setenta millones treinta y siete años" es la respuesta. Como el visitante se maravilla con la precisión de la fecha, el custodio explica: "Trabajo aquí desde hace treinta y siete años, y cuando llegué me dijeron que tenía setenta millones de años".

Lewis Carroll, conocido por sus ingeniosos juegos de palabras basados en la lógica y la matemática, a menudo condimentaba sus relatos con el "sinsentido numérico". Aquí tienen un ejemplo de su poco conocido libro *La conclusión de Silvia y Bruno*:

> –No me interrumpan –dijo Bruno cuando llegamos–. ¡Estoy contando los cerdos del campo!
> –¿Cuántos hay? –pregunté.
> –Cerca de mil y cuatro –señaló Bruno.
> –Querrás decir "cerca de mil" –lo corrigió Silvia–. No sirve de nada decir "y cuatro": ¡no puedes estar seguro de esos cuatro!
> –¡Estás tan equivocada como siempre! –exclamó Bruno, triunfal–. Justo de esos cuatro puedo estar seguro ¡porque están aquí, comiendo bajo la ventana! ¡De los mil no estoy perr-fecc-ta-menn-te seguro!

¿Por qué estos cambios suenan excéntricos? Porque violan un principio implícito y universal que rige el uso de los numerales. El principio estipula que algunos números, llamados "números redondos", pueden hacer referencia a una cantidad aproximada, mientras que el resto necesariamente tiene un significado exacto y preciso. Cuando uno dice que un dinosaurio tiene setenta millones de años de edad, implícitamente da a entender que el margen de variación de esa cifra es de una decena de millones de años. La regla es que la precisión de un número se da por su último dígito distinto de cero desde la derecha. Si sostengo que la población de la ciudad de México es de treinta y nueve millones de habitantes, quiero decir que el número es correcto dentro de un rango de un millón más o menos, mientras que si doy una cifra de 39 452 000, admito de forma implícita que es correcto agregar o restar alrededor de mil.

Esta convención a veces lleva a situaciones paradójicas. Si, por casualidad, una cantidad precisa cae exactamente en un número redondo, no basta con afirmarlo. Uno debe agregar un adverbio o una locución suplementarios que expliciten esa cualidad: por ejemplo, "al día de hoy, la capital de México tiene *exactamente* treinta y nueve millones de habitantes". Por el mismo motivo, la oración "diecinueve es más o menos veinte" es aceptable, mientras que no lo es "veinte es más o menos diecinueve". La frase "más o menos diecinueve" es una contradicción en los términos, pues ¿por qué utilizar un número exacto como 19 si uno quiere hacer una estimación?

Todas las lenguas del mundo parecen haber seleccionado un conjunto de números redondos. ¿Por qué esta universalidad? Probablemente, porque todos los humanos comparten el mismo mecanismo mental, y eso los enfrenta a la dificultad de conceptualizar grandes cantidades. Cuanto más grande es un número, menos precisa es nuestra representación mental de él. La lengua, si quiere ser un vehículo fiel del pensamiento, debe incorporar dispositivos que expresen esta creciente incertidumbre. Los números redondos son este dispositivo. Convencionalmente, hacen referencia a cantidades aproximadas. La oración "Hay veinte estudiantes en este cuarto" es verdadera incluso si hay dieciocho o veintidós estudiantes, porque la palabra "veinte" puede hacer referencia a una región extendida de la recta numérica. Por ese mismo motivo, los hablantes de español consideran muy natural que "quince días" signifique "dos semanas", aunque el número exacto debería ser 14.

La aproximación es tan importante para nuestra vida mental que disponemos de muchos otros mecanismos lingüísticos para expresarla. Todas las lenguas poseen un léxico rico en expresiones para designar varios grados de incertidumbre numérica: "más o menos", "cerca de", "circa", "casi", "aproximadamente", "apenas", "unos", etc. La mayoría de las lenguas también ha adoptado una interesante construcción en la que dos números yuxtapuestos, a menudo enlazados por la conjunción "o", expresan un intervalo de confianza: dos o tres libros, cinco o diez personas, un niño de 12 o 15 años, trescientos o trescientos cincuenta dólares. Esta construcción nos permite comunicar no sólo una cantidad aproximada, sino también el grado de precisión que se le debería adjudicar. Entonces, la misma tendencia central se puede expresar con una incertidumbre cada vez mayor diciendo "diez u once", "diez o doce", "diez o quince", "diez o veinte".

Un análisis lingüístico de Thijs Pollmann y Carel Jansen (1996) muestra que las construcciones de dos números siguen determinadas reglas implícitas. No todos los intervalos son igualmente aceptables. Por lo menos uno de los números debe ser redondo: uno puede decir "veinte o veinticinco dólares", pero no "veintiún o veintiséis dólares". El otro número debe ser de un orden de magnitud similar: "diez o mil dólares" suena, en efecto, muy extraño. Otra cita de Lewis Carroll resulta ilustrativa:

> –¿Hasta dónde han llegado, querida? –persistió la joven dama.
> Silvia parecía desconcertada.
> –Una milla o dos, creo –dijo dubitativa.
> –Una milla o tres –dijo Bruno.
> –No deberías decir "una milla o tres" –lo corrigió Silvia.
> La joven dama asintió en señal de aprobación.
> –Silvia tiene no poca razón. No es usual decir "una milla o tres".
> –Lo sería, si lo dijéramos bastante a menudo –dijo Bruno.

Bruno está equivocado: "una milla o tres" nunca sonaría bien, porque viola las reglas básicas de la construcción de dos números. Estas reglas son comprensibles si uno tiene en cuenta qué representaciones intentamos comunicar: intervalos confusos en una recta numérica mental. Cuando decimos "veinte, veinticinco dólares" en realidad queremos decir "determinado estado confuso de mi acumulador mental, que ronda el 20 y presenta una varianza de aproximadamente 5". Ni el intervalo de 21 a 26 ni el que va de 10 a 1000 o de 1 a 3 son estados posibles del acumulador, porque el primero es demasiado preciso, mientras que los últimos dos son demasiado imprecisos.

¿Por qué algunos numerales son más frecuentes que otros?

¿Les gustaría hacer una apuesta? Abran el libro al azar y anoten la primera cifra que encuentren. Si es 4, 5, 6, 7, 8 o 9, ustedes ganan diez dólares. Si es 1, 2 o 3, yo gano esa cantidad. La mayoría de las personas aceptarían esta apuesta, porque creen que las probabilidades de ganar son de 6:3 a su favor. Y, sin embargo, están predestinados a perder. Lo crean o no, ¡los números 1, 2 y 3 tienen cerca de dos veces más probabilidades de aparecer en letra impresa que todos los otros combinados! (Benford, 1938, Dehaene y Mehler, 1992).

Este es un descubrimiento en abierta contradicción con el sentido común, porque los nueve dígitos parecen equivalentes e intercambiables. Pero nos olvidamos de que los números que aparecen impresos no se extraen de un generador de números al azar. Cada uno de ellos representa un intento de transmitir algo de información numérica de un cerebro humano a otro. Entonces, la frecuencia con que se utiliza cada número está determinada en parte por la facilidad con la que nuestro cerebro puede representar la cantidad correspondiente. La precisión decreciente con la que los números se representan mentalmente no sólo tiene influencia sobre la percepción, sino también sobre la producción de numerales.

Junto con Jacques Mehler, hemos buscado sistemáticamente palabras para números en las tablas de frecuencia de palabras, que releva las apariciones de una palabra dada (por ejemplo, "cinco") en textos escritos o hablados. Esas tablas están disponibles en una gran variedad de lenguas, desde el francés hasta el japonés, el inglés, el holandés, el catalán, el español, e incluso el canarés, una lengua drávida hablada en Sri Lanka y el sur de India. En todas estas lenguas, a pesar de la enorme diversidad cultural, lingüística y geográfica, hemos observado los mismos resultados: la frecuencia de los numerales disminuye sistemáticamente con el tamaño del número (Dehaene y Mehler, 1992).

En francés, por ejemplo, la palabra *un* aparece una vez cada setenta palabras, aproximadamente; la palabra *deux,* una vez cada seiscientas; la palabra *trois,* una vez cada mil setecientas palabras, y así sucesivamente. La frecuencia disminuye del 1 al 9, pero también del 11 al 19, y para las decenas, del 10 al 90. Una disminución similar se observa entre los numerales escritos o hablados, entre los números arábigos, e incluso entre los ordinales de "primero" a "noveno". Esto va acompañado por algunas desviaciones que también son universales: la muy baja frecuencia de la palabra "cero" y las cotas elevadas para 10, 12, 15, 20, 50 y 100 (figura 4.4). Es notable cómo regularidades translingüísticas de este tipo persisten frente a pronunciadas diferencias en la forma en que se expresan los números, como la ausencia de palabras especiales para los números entre el 11 y el 19 en japonés, la inversión de las decenas y las unidades en el holandés, o la oscura base 20 de las palabras francesas correspondientes a los números 70, 80 y 90.

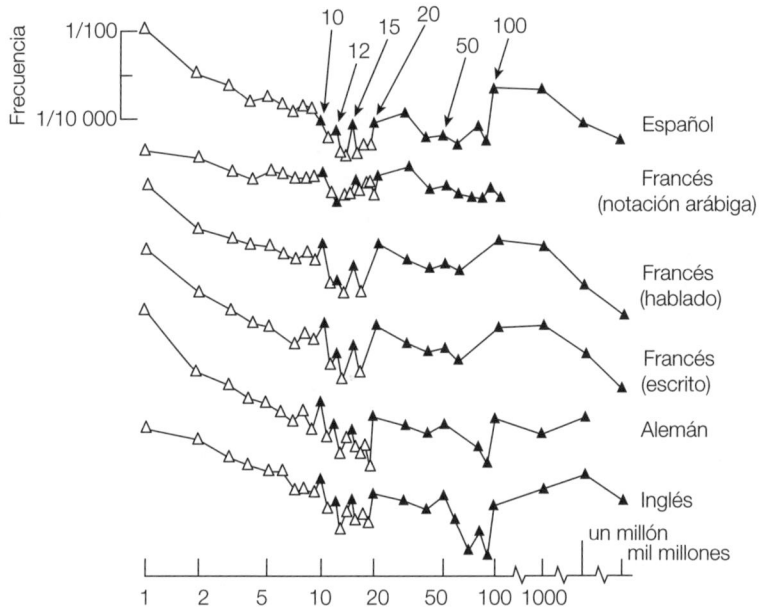

Figura 4.4. En todas las lenguas, la frecuencia con la que aparecen escritas o pronunciadas las palabras para números decrece con la magnitud, más allá de algunos aumentos focalizados para los números redondos 10, 12, 15, 20, 50 y 100. Por ejemplo, leemos u oímos la palabra "dos" con una frecuencia prácticamente diez veces mayor que la de la palabra "nueve" (tomado de Dehaene y Mehler, 1992).

Sostengo que, otra vez, estas regularidades lingüísticas reflejan la forma en que nuestro cerebro representa las cantidades numéricas. Sin embargo, antes de dar por cierta esta conclusión, deben examinarse varias explicaciones alternativas. La ambigüedad puede ser un origen posible para este descubrimiento. En muchas lenguas, la palabra para "uno" es indiferenciable del artículo indefinido "un". Esto contribuye probablemente a la elevada frecuencia de la palabra *un* en francés o en castellano, pero obviamente no en inglés, donde la palabra *one* sólo puede referirse a un número. La ambigüedad tampoco es un problema más allá de "dos", y, sin embargo, la frecuencia disminuye notoriamente a partir de este punto.

Otro factor que contribuye es nuestra propensión a contar, que implica que muchos objetos que nos rodean se enumeren desde el 1. En cualquier ciudad, hay más casas que tienen el número 1 que las que tienen el 100, básicamente porque todas las calles empiezan en el número 1, pero algunas no llegan al 100. Otra vez, este efecto con seguridad contribuye a la frecuencia elevada de los numerales pequeños, pero un cálculo rápido muestra que, por sí solo, no puede dar cuenta de la caída exponencial de la frecuencia de los números, ni siquiera en el intervalo que va de 1 a 9.

También deberíamos tener en cuenta las explicaciones puramente matemáticas del efecto. Pocas personas conocen la siguiente ley matemática *muy* poco intuitiva: si se toman varios números al azar de prácticamente cualquier distribución regular, estos comenzarán más frecuentemente con el 1 que con el 9. Este fenómeno singular se llama "ley de Benford", debido a Frank Benford (1938), un físico estadounidense que realizó una observación curiosa: en la biblioteca de su universidad, las primeras páginas de las tablas de logaritmos estaban más ajadas que las últimas. Ahora bien, con seguridad las personas no leían las tablas de logaritmos como una mala novela, y por eso las abandonaban en la mitad. ¿Por qué sus colegas tenían que consultar el comienzo de la tabla más a menudo que el final? ¿Podía ser que los números pequeños se utilizaran con mayor frecuencia que los grandes? Para su propio desconcierto, Benford descubrió que los números de todos los orígenes –las superficies de los lagos norteamericanos, los domicilios de sus colegas, las raíces cuadradas de los enteros, y demás– tenían prácticamente seis veces más probabilidades de comenzar con el dígito 1 que con el 9. Cerca del 31% de los números comenzaba con el 1; el 19%, con el 2; el 12%, con el 3, y esos índices disminuían con cada número sucesivo. La probabilidad de que un número comenzara con el dígito n se predecía con mucha exactitud gracias a la fórmula $P(n) = \log_{10}(n + 1) - \log_{10} n$.

El origen preciso de esta ley todavía no se comprende en su totalidad, pero algo es cierto: esta es una ley puramente formal, debida sólo a la estructura gramatical de nuestras notaciones numéricas. No tiene relación alguna con la psicología: una computadora la repite cuando produce (o incluso escribe) números al azar en notación arábiga. La única restricción parece ser que los números se tomen de una distribución suficientemente pareja, extendida por varios órdenes de magnitud: por ejemplo, de 1 a 10 000.

La ley de Benford con seguridad contribuye a amplificar la frecuencia de los números pequeños en la lengua natural. Sin embargo, su poder explicativo es limitado. La ley se aplica sólo a la frecuencia del dígito que se encuentra más a la izquierda en un numeral de varios dígitos, y de este modo no influye en la frecuencia con que nos referimos a las cantidades 1 a 9. Pero las mediciones que realizamos con Jacques Mehler demuestran, con bastante claridad, que al cerebro humano le parece más importante hablar de la cantidad 1 que de la cantidad 9. Al contrario de la ley de Benford, este hecho no tiene relación alguna con la producción de grandes números de varias cifras.

Si lo que nos lleva a producir números pequeños no es la gramática de las notaciones numéricas, ¿podría ser la misma Madre Naturaleza? ¿Los conjuntos pequeños de objetos no son extremadamente frecuentes en nuestro ambiente? Para tomar sólo un ejemplo, ¡hablar acerca de la cantidad de hijos que uno tiene hoy en día sólo requiere números por debajo de 3 o 4! Sin embargo, como explicación general de la frecuencia decreciente de los numerales, esta respuesta está errada. Los filósofos Gottlob Frege y W. V. O. Quine demostraron hace mucho que, desde un punto de vista objetivo, las numerosidades pequeñas no son más frecuentes que las grandes en el ambiente que nos rodea (Frege, 1950, Quine, 1960). En cualquier situación, se puede enumerar una infinidad potencial de cosas. ¿Por qué preferimos hablar de *un* mazo de cartas en lugar de cincuenta y dos cartas? La noción de que el mundo está construido en su mayoría por conjuntos pequeños es una ilusión que nos impusieron nuestros sistemas perceptual y cognitivo. Sin importar lo que piense nuestro cerebro, la naturaleza no está hecha de ese modo.

Para probar esta idea sin recurrir a argumentos filosóficos, consideremos la distribución de las palabras que contienen un prefijo numérico, como "bicicleta" o "triángulo". Del mismo modo en que la palabra "dos" es más frecuente que "tres", hay más palabras que comienzan con el prefijo *bi-* (o *di-*, o *duo-*) que con *tri-*. Es importante destacar que esto continúa siendo verdadero incluso en áreas en las que se puede decir que hay muy poco o ningún sesgo ambiental para los números pequeños. Pensemos en el tiempo. Mi diccionario de inglés cuenta con catorce palabras temporales con el prefijo *bi-* o *di-* (desde *biannual*, "bianual", hasta *diestrual*, para los ciclos reproductivos del ganado), cinco palabras con el prefijo *tri-* (desde *triennial*, "trianual", hasta *triweekly*, "trisemanal"), cinco con un prefijo que expresa "cuatro", y sólo dos que expresan "cinco" (las infrecuentes *quinquennial*, "quinquenal" y *quinquennium*, "quinquenio"). Entonces, disminuye la cantidad de palabras a medida que expresan números más grandes. ¿Podría deberse esto a un sesgo ambiental? En el mundo natural, los eventos no se repiten con particular frecuencia en períodos de dos meses. No, el culpable es nuestro cerebro, que les presta más atención a los eventos cuando se refieren a números pequeños o redondos.

Si puede aparecer una tendencia léxica para los números pequeños en ausencia de cualquier sesgo ambiental, a la inversa, hay situaciones en las que un sesgo objetivo no logra incorporarse al léxico. Existen muchos más vehículos que tienen cuatro ruedas que vehículos con dos; sin embargo tenemos una palabra muy frecuente para el último ("bicicleta"), pero no para el anterior (¿"cuatriciclo"?). Las regularidades numéricas del mundo parecen estar lexicalizadas sólo si atañen a una numerosidad lo suficientemente pequeña. Por ejemplo, tenemos palabras prefijadas con número para plantas con tres hojas ("trifoliadas", "trifolio", "trébol"; *trèfle* en francés), pero no para las muchas otras plantas o flores con un número fijo, pero grande, de hojas o pétalos. Son escasas las palabras como la inglesa *octopus* que hacen referencia explícita a una gran numerosidad precisa. Como último ejemplo, la *Scolopendra morsitans*, artrópodo con veintiún segmentos corporales y cuarenta y dos patas, ¡se llama vulgarmente "ciempiés" (cien pies) en español, *centipede* en inglés y *mille-pattes* (mil patas) en francés! Claramente, prestamos atención a las regularidades numéricas de la naturaleza sólo en la medida en que encajen con nuestro bagaje cognitivo, sesgado hacia las numerosidades pequeñas o redondas.

El lenguaje humano está profundamente influido por una representación no verbal de los números, que compartimos con los animales y los bebés. Creo que esto, por sí solo, explica la universal reducción de la frecuencia de vocablos según el tamaño del número. Expresamos los números pequeños con mucha más asiduidad que los grandes porque nuestra recta numérica mental representa los números con una precisión decreciente. Cuanto más grande es una cantidad, más confusa es nuestra representación mental de ella, y menos frecuente la necesidad de referirnos a esa cantidad exacta.

Los números redondos son excepciones, porque pueden designar un rango de magnitudes. Por eso la frecuencia de las palabras "diez", "doce", "quince", "veinte" y "cien" es elevada en comparación con la de sus vecinos. En definitiva, tanto la disminución global como los máximos locales en la frecuencia de los números pueden explicarse si se etiqueta la recta numérica interna (figura 4.5). A medida que los niños adquieren el lenguaje, aprenden a ponerle un nombre a cada rango de magnitudes. Descubren que la palabra "dos" se aplica a una percepción que conocen desde que nacieron; que "nueve" pertenece sólo a la cantidad precisa 9, difícil de representar con exactitud, y además que las personas suelen utilizar la palabra "diez" para hacer referencia a cualquier cantidad situada en algún punto entre 5 y 15. A su vez, utilizan, entonces, las palabras "dos" y "diez" más asiduamente que "nueve", lo que perpetúa la distribución de las frecuencias numéricas.

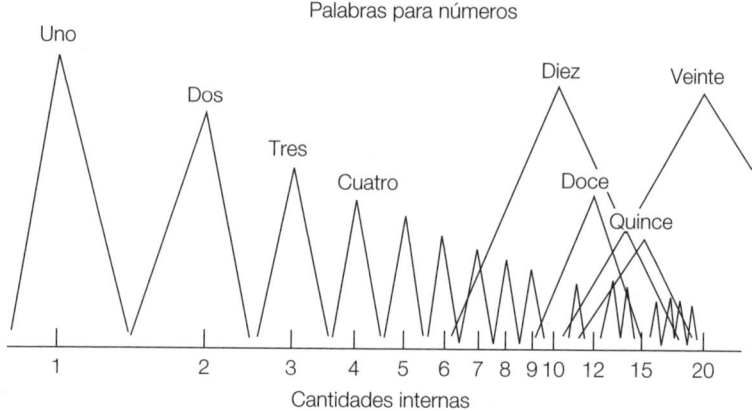

Figura 4.5. La frecuencia decreciente de los numerales se debe a la organización de nuestra representación mental de las cantidades. Cuanto más grande es un número, menos precisa es nuestra representación mental de él; entonces, con menos frecuencia necesitamos utilizar la palabra correspondiente. En lo que concierne a los números redondos como el 10, el 12, el 15 o el 20, se mencionan con mayor frecuencia que los otros porque pueden hacer referencia a un rango más amplio de cantidades (tomado de Dehaene y Mehler, 1992).

Un último detalle: nuestro estudio demostró que, en todas las lenguas occidentales, la frecuencia del número 13 era más baja que la del 12 o el 14. Esto parece ser resultado de la superstición de "la docena del fraile", que le otorga un poder maléfico al número 13 y es tan habitual que muchos rascacielos no tienen un piso 13. En India, donde se desconoce esta superstición, la frecuencia del número 13 no muestra ninguna caída notable. Así, la frecuencia de los números parece reflejar de manera fidedigna su importancia en nuestras vidas mentales, incluso en sus detalles más triviales.

El cerebro: *motor* y medida de la evolución cultural

La organización de las notaciones numéricas ¿puede revelar algo acerca de la relación entre la matemática y el cerebro? Muestra que los sistemas de numeración han tenido una evolución condicionada tanto *por* el cerebro como *para* el cerebro. Por el cerebro, ya que la historia de las notaciones numéricas está limitada claramente por la capacidad del cerebro humano para inventar nuevos principios de numeración. Para el cerebro, porque se han transmitido de generación en generación únicamente aquellos inventos numéricos que se adaptaban bien a las características de la percepción y la memoria humanas, y que por este motivo aumentaban el potencial de cálculo de la humanidad.

La historia de los números, obviamente, no está dirigida tan sólo por factores aleatorios. Muestra regularidades discernibles que trascienden los aspectos fortuitos de la historia. A través de fronteras y océanos, hombres y mujeres de todos los colores, culturas y religiones han reinventado por lo general los mismos recursos de notación. También el principio del valor posicional se redescubrió, con un intervalo de cerca de tres mil años, en Medio Oriente, en el continente americano, en China y en India. En todas las lenguas, la frecuencia disminuye con el tamaño de los números. En todas las lenguas, además, se contrastan los números redondos con los números exactos. La explicación de estos sorprendentes paralelos transculturales no reside en dudosos intercambios entre civilizaciones remotas. Más bien, muy distintos pueblos descubrieron soluciones similares porque se veían enfrentados a los mismos problemas y estaban dotados del mismo cerebro para resolverlos.

Permítanme realizar un resumen del lento camino de la raza humana hacia la mayor eficacia numérica; un resumen que debe ser muy esquemático, dado que la historia en pocas ocasiones es lineal y algunas culturas pueden haber salteado varios pasos.

1. Evolución de la numeración oral

Punto de partida. Representación mental de las cantidades numéricas, que compartimos con los animales.

Problema. ¿Cómo comunicar estas cantidades mediante la lengua hablada?

Solución. Permitir que las palabras "uno", "dos" y "tres" hagan referencia directa a las numerosidades subitizadas 1, 2 y 3.

Problema. ¿Cómo hacer referencia a los números más grandes que 3?

Solución. Imponer una correspondencia uno a uno con las partes del cuerpo (12 = señalar el pecho izquierdo).

Problema. ¿Cómo contar cuando las manos están ocupadas?

Solución. Transformar los nombres de las partes del cuerpo en nombres de los números (12 = "pecho izquierdo").

Problema. El conjunto de partes del cuerpo es limitado, en contraste con una infinidad de números.

Solución. Inventar la sintaxis de los números (12 = "dos manos y dos dedos").

Problema. ¿Cómo referirse a cantidades aproximadas?

Solución. Seleccionar un conjunto de "números redondos" e inventar la construcción de dos palabras (por ejemplo, "diez o doce personas").

2. Evolución de la numeración escrita

Problema. ¿Cómo conservar una traza permanente de las cantidades?

Solución. Correspondencia uno a uno. Tallar marcas en un hueso, madera, o algo por el estilo (7 = IIIIIII).

Problema. Esta representación es difícil de leer.

Solución. Reagrupar las marcas (7 = I̅H̅I̅ II). Reemplazar algunos de estos grupos con un solo símbolo (7 = VII).

Problema. Los números grandes todavía exigen la utilización de muchos símbolos (por ejemplo, 37 = XXXVII).

Punto muerto 1. Agregar aún más símbolos (por ejemplo, L en lugar de XXXXX).

Punto muerto 2. Utilizar símbolos distintos para denotar unidades, decenas y centenas (345 = TME).

Solución. Denotar los números utilizando una combinación de multiplicación y adición (345 = 3 centenas, 4 decenas, 5 unidades).

Problema. Esta notación todavía tiene el problema de la repetición de las palabras "centenas" y "decenas".

Solución. Dejar de lado estas palabras, llegando, como resultado, a una notación más breve, ancestro de la notación posicional moderna (437 = 4 3 7).

Problema. Esta notación es ambigua cuando faltan las unidades de determinado rango (407 denotado como 4 7 se confunde con facilidad con 47).

Solución. Inventar un marcador de posición: el símbolo cero.

La evolución cultural de los sistemas de numeración es un testimonio de la creatividad de la humanidad. A lo largo de los siglos, se inventaron ingeniosos dispositivos de notación, que se refinaron constantemente para encontrar la solución mejor adaptada a la organización de la mente humana y a su uso de los números. Me parece difícil conciliar esta perspectiva de la historia de las notaciones numéricas con la concepción platónica de los números como entidades ideales que trascienden a la humanidad y nos dan acceso a verdades matemáticas independientes de la mente humana. Al contrario de lo que ha escrito el matemático Alain Connes (Changeux y Connes, 1995), de convicciones platónicas, los objetos matemáticos no están "exentos de asociaciones culturales" —o, en última instancia, esto no es verdad cuando se habla de los números, que están entre los más centrales de los objetos matemáticos–. El *motor* de la evolución de los sistemas de numeración no es obviamente una idea abstracta del número, ni una concepción etérea de la matemática. Si este fuera el caso, como han observado generaciones de matemáticos, la notación binaria habría sido una opción mucho más racional que nuestra querida base 10. Por lo menos debería haberse seleccionado como la base de la numeración un número primo –por ejemplo, el 7 o el 11–, o tal vez un número con muchos divisores, como el 12. Pero las elecciones de nuestros ancestros fueron guiadas por criterios más prosaicos. La preponderancia de la base 10 se debe al hecho contingente de que tenemos diez dedos; la estructura de los números romanos se justifica por las restricciones de nuestra percepción; y los límites precisos de nuestra memoria de corto plazo explican que nos veamos impulsados constantemente hacia una notación compacta de los números grandes. Dejémosle la última palabra al filósofo Karl Popper: "Los números naturales son obra de los hombres, producto de la lengua y del pensamiento humanos".

5. Pequeñas cabezas para grandes cálculos

Dos más dos, cuatro
cuatro más cuatro, ocho
ocho más ocho, dieciséis
¡Repitan!, dice el maestro
Jacques Prévert, "Página de escritura"

Ambición, distracción, feificación e irrisión. Estos son los maliciosos nombres que el reverendo Charles Lutwidge Dodgson, un profesor de matemática mejor conocido como Lewis Carroll, dio a las cuatro operaciones matemáticas. Por supuesto, Carroll no tenía muchas esperanzas acerca de las habilidades de cálculo de sus alumnos. Y tal vez tenía razón. A pesar de que los niños adquieren con facilidad la sintaxis de los números, aprender a calcular puede ser una odisea. Los niños, e incluso los adultos, con frecuencia se equivocan en los cálculos más elementales. ¿Quién puede decir que nunca se confunde al calcular 7×9 u 8×7? ¿Cuántos de nosotros podemos calcular mentalmente $113 - 37$ o $100 - 24$ en menos de dos segundos? Los errores de cálculo están tan difundidos que, lejos de estigmatizar la ignorancia, atraen compasión cuando se los admite públicamente ("¡Siempre he sido un completo *inútil* para la matemática!"). Muchos de nosotros casi podemos identificarnos con el aprieto en que se encuentra Alicia cuando intenta calcular mientras viaja por el País de las Maravillas: "A ver: cuatro por cinco, doce; cuatro por seis, trece; cuatro por siete... ¡Ay, Dios mío, así nunca llegaré a veinte!".

¿Por qué es tan difícil hacer cálculos mentales? En este capítulo analizamos los algoritmos de cálculo del cerebro humano. Si bien nuestro conocimiento de este tema todavía está lejos de ser completo, una cosa es segura: la aritmética mental plantea problemas serios para el cerebro humano. Nada lo preparó nunca para la tarea de memorizar docenas de multiplicaciones entremezcladas, o de cumplir sin fallas los diez o quince pasos de una resta de dos dígitos. En nuestros genes bien puede estar inserto un sentido innato de las cantidades numéricas aproximadas;

pero cuando nos vemos enfrentados al cálculo simbólico exacto, es claro que no contamos con los recursos apropiados. Para suplir la falta de un órgano cerebral diseñado específicamente para el cálculo, nuestro cerebro tiene que recurrir a circuitos alternativos. Este remiendo tiene un costo importante. La pérdida de velocidad, la necesidad de una mayor concentración y los frecuentes errores son indicios de la precariedad de los mecanismos con que nuestro cerebro "incorpora" la aritmética.

Contar: el ABC del cálculo

En los primeros seis o siete años de vida, ven la luz una profusión de algoritmos de cálculo (Gelman y Gallistel, 1978, Fuson, 1982, 1988). Los niños pequeños reinventan la aritmética. De manera espontánea, o imitando a sus pares, imaginan nuevas estrategias para el cálculo. También aprenden a seleccionar el mejor camino para resolver cada problema. La mayor parte de sus estrategias está basada en contar, con o sin palabras, con o sin dedos. Los niños con frecuencia las descubren por sí mismos, incluso antes de que se les enseñe a calcular.

¿Esto implica que contar es una competencia genéticamente programada del cerebro humano? Rochel Gelman y Randi Gallistel, del Departamento de Psicología de la UCLA, han sostenido este punto de vista (Gelman y Gallistel, 1978). Según ellos, los niños están dotados de principios innatos para contar. No es necesario enseñarles que cada objeto se tiene que contar sólo una vez, que las palabras para números se recitan en un orden fijo, o que el último número representa el cardinal de todo el conjunto. Este tipo de conocimiento es, para ellos, parte de nuestra dotación genética y precede y sirve como guía a la adquisición del léxico numérico.

Pocas teorías han sido tan debatidas como la de Gelman y Gallistel. Para muchos psicólogos y educadores, contar es un ejemplo típico de aprendizaje por imitación. Al principio, sólo es un comportamiento memorístico vacío de significado. De acuerdo con Karen Fuson (1982, 1988), por ejemplo, los niños recitan inicialmente "undostrescuatrocinco" como una cadena ininterrumpida. Recién más tarde aprenden a segmentar esta secuencia en palabras, a extenderla a números más grandes, y a aplicarla a situaciones concretas. Infieren progresivamente de qué se trata contar observando a otras personas que lo hacen. Al principio, de acuerdo con Fuson, contar es sólo repetir como un loro.

Después de unos veinte años de controversia y decenas de experimentos, la verdad parece encontrarse en algún punto entre los extremos de "todo innato" y "todo adquirido". Ciertos aspectos del conocimiento del cálculo se dominan de forma bastante precoz, mientras que otros parecen adquirirse por aprendizaje e imitación.

Como ejemplo de una competencia sorprendentemente precoz para contar, observen el siguiente experimento de Karen Wynn (1990). A los 2 años y medio, los niños probablemente no han tenido muchas oportunidades de ver a alguien contar sonidos o acciones. Sin embargo, si uno les pide que miren un video de *Plaza Sésamo* y cuenten cuántas veces salta Abelardo, realizan esta tarea con facilidad. Del mismo modo, pueden contar sonidos tan diversos como un bramido, una campana, la caída de una piedra en el agua o un *bip* computarizado, registrados en una cinta (su origen no es visible). Entonces, los niños parecen comprender, desde muy temprano y sin enseñanza explícita, que contar es un procedimiento abstracto que se aplica a todo tipo de objetos visuales y auditivos.

Existe otra habilidad precoz: ya desde los 3 años y medio de edad, los niños saben que el orden en que uno recita los números es crucial, mientras que el orden en que se señalan los objetos es irrelevante, siempre y cuando cada objeto se cuente una vez y sólo una. En una serie de innovadores experimentos, Gelman y sus colegas les presentaron a los niños situaciones que violaban las convenciones usuales para contar (Gelman y Gallistel, 1978, Gelman y Meck, 1983, 1986). Los resultados indicaron que los niños de 3 años y medio pueden identificar y corregir errores bastante sutiles. Jamás se les pasa cuando alguien recita los números en desorden, se olvida de contar un ítem, o cuenta el mismo ítem dos veces. Lo que es más importante, mantienen una distinción clara entre este tipo de errores evidentes y otras formas correctas, aunque inusuales, de contar. Por ejemplo, les parece perfectamente aceptable comenzar a contar en la mitad de una fila de objetos, o contar primero un objeto sí y uno no, siempre y cuando en definitiva uno cuente todos los ítems una y sólo una vez. Todavía mejor, no les molesta comenzar a contar en cualquier punto de una fila, y no sólo desde el punto situado más a la izquierda, e incluso pueden diseñar estrategias para alcanzar sistemáticamente un objeto predeterminado en la tercera posición.

Lo que muestran estos experimentos es que, para su cuarto año, los niños han dominado las bases del arte de contar. No están contentos con imitar servilmente el comportamiento de otros: generalizan las habilidades para hacerlo en nuevas situaciones. El origen de esta habilidad precoz todavía no se comprende totalmente. ¿De dónde extrae el niño la idea de recitar palabras en perfecta correspondencia uno a uno con los objetos que deben contarse? Estoy convencido, como Gelman y Gallistel, de que esta aptitud pertenece a la dotación genética de la especie humana. Recitar palabras en un orden fijo probablemente sea un resultado natural de la facultad humana del lenguaje. En cuanto a la correspondencia uno a uno, en realidad esta se halla difundida en el reino animal. Cuando una rata explora un laberinto en busca de comida, intenta transitar cada sección una y sólo una vez, un comportamiento racional que minimiza el tiempo de exploración. Cuando buscamos un objeto dado en una escena visual, nuestra atención se orienta sucesivamente hacia cada objeto. El algoritmo para contar se encuentra en la intersección entre estas dos capacidades elementales del cerebro humano: la verbalización serial y la búsqueda exhaustiva. Esa es la razón por la que nuestros pequeños la dominan con facilidad.

Pero si bien los niños comprenden muy temprano *cómo* contar, inicialmente parecen ignorar el *porqué* (Fuson, 1988, Greeno, Riley y Gelman, 1984, Le Corre, Van de Walle, Brannon y Carey, 2006, Le Corre y Carey, 2007, Sarnecka y Carey, 2008). De adultos, sabemos bien para qué sirve contar. Para nosotros, contar es una herramienta que tiene un objetivo específico: enumerar un conjunto de ítems. Sabemos también que lo que importa en realidad es el último número, al que se llega al final de la cuenta y representa el cardinal de todo el conjunto. ¿Los niños pequeños tienen este conocimiento? ¿O simplemente ven la actividad de contar como un juego entretenido en el que se recitan palabras divertidas mientras se señala a varios objetos sucesivamente?

De acuerdo con Karen Wynn, los niños no aprecian el significado de contar hasta el final de su cuarto año (Wynn, 1990, 1992a, 1992b). Pídanle a una niña de 3 años que cuente sus juguetes y luego pregúntenle: "¿Cuántos juguetes hay?". Probablemente dirá un número al azar, no necesariamente aquel al que llegó al final de su enumeración. Como todos los niños de esta edad, no parecerá relacionar la pregunta de "cuántos" con el conteo previo. Incluso puede contar todo otra vez, como si el acto de contar, en sí mismo, fuera una respuesta adecuada a una pregunta de "cuántos". Del mismo modo, pídanle a un niño de 2 años y medio que les dé tres juguetes. Muy probablemente seleccionará un puñado al azar, incluso si ya puede contar hasta cinco o diez. A esa edad, aunque los mecanismos para contar ya estén en gran parte en su lugar, los niños no parecen comprender para qué sirve contar, y no piensan en contar cuando la situación lo requiere.

Alrededor de los 4 años, el significado de contar finalmente se asienta. ¿Pero cómo? Es probable que la representación preverbal de las cantidades numéricas tenga un papel crucial en este proceso. Recuerden que, ya desde el nacimiento, mucho antes de comenzar a contar, los niños tienen un acumulador interno que les informa el número aproximado de cosas que los rodean. Este acumulador puede ayudar a dar significado a la actividad de contar. Supongamos que un niño está jugando con dos muñecas. Su acumulador activa automáticamente una representación cerebral de la cantidad 2. Gracias al proceso descrito en un capítulo anterior, el niño ha aprendido que la palabra "dos" aplica a esta cantidad, de manera tal que puede decir "dos muñecas" sin tener que contar. Ahora, supongamos que, sin un motivo en especial, decide "jugar al juego de contar" con las muñecas, y recita las palabras "uno, dos". Entonces, se sorprenderá al descubrir que el último número del conteo, "dos", es la misma palabra que puede aplicar al conjunto completo. Luego de diez o veinte ocasiones como esa, puede inferir con seguridad que, sea lo que sea que uno cuente, la última palabra a la que se llega tiene un estatus especial: representa una cantidad numérica que coincide con la que proveyó el acumulador interno. Contar, que sólo era un entretenido juego de palabras, de repente adquiere un significado especial: ¡contar es la mejor forma de *decir cuántos*!

Inventar algoritmos también es cuestión de chicos

Comprender para qué sirve contar es el punto de partida para una explosión de inventos numéricos. Contar es la "navaja suiza" de la aritmética, la herramienta que los niños usan de forma espontánea en todo tipo de situaciones. Gracias a su habilidad para contar, la mayoría de los niños encuentra formas de sumar y restar números sin que haga falta ningún tipo de instrucción ni enseñanza explícita.

El primer algoritmo de cálculo que todos los niños descubren por sí mismos es sumar dos conjuntos contándolos con los dedos. Si se le pide a un niño muy pequeño que sume 2 + 4, la respuesta típica será que comenzará a contar el primer número, 2, levantando sucesivamente dos dedos. Luego contará el segundo número, 4, levantando otros cuatro dedos. Y, por último, los recontará todos y llegará a un total de 6. Este primer algoritmo "digital" es conceptualmente simple pero muy lento. Ejecutarlo puede resultar muy incómodo: a la edad de 4 años, para calcular 3 + 4, mi hijo levantaba tres dedos de la mano izquierda y cuatro de la mano derecha. Luego procedía a contarlos usando el único dispositivo para señalar que le quedaba libre: ¡la punta de la nariz!

Al principio, a los niños pequeños les resulta muy difícil calcular sin usar los dedos. Las palabras se esfuman en cuanto se las ha pronunciado, pero los dedos pueden mantenerse constantemente a la vista, lo que permite que uno no pierda la cuenta en caso de que se distraiga por un momento. Sin embargo, luego de unos pocos meses, los niños descubren un algoritmo de suma más eficiente que contar con los dedos. Cuando suman 2 + 4, se los puede oír murmurar "uno *dos…* tres… cuatro… cinco… *seis*". Primero cuentan hasta el primer operando, luego avanzan tantos pasos como indica el segundo operando, 4. Esta es una estrategia que exige atención, porque implica algún tipo de recursividad: ¡en la segunda fase, uno tiene que contar cuántas veces uno cuenta! A menudo, los niños hacen explícita esta recursión: "uno *dos…* tres es uno… cuatro es dos… cinco es tres… seis es cuatro… *seis*". La dificultad de este paso se ve reflejada en un enlentecimiento drástico y una concentración extrema.

En poco tiempo se encuentran refinamientos. La mayoría de los niños se da cuenta de que no necesita volver a contar ambos números y puede sumar 2 + 4 comenzando desde la palabra "dos". Simplemente dicen "dos… tres… cuatro… cinco… *seis*". Para reducir aún más el cálculo, aprenden a comenzar sistemáticamente con el más grande de los dos números. Cuando se les pide que calculen 2 + 4, espontáneamente transforman este problema en el equivalente 4 + 2. Como resultado, todo lo que tienen que hacer ahora es contar un número de veces equivalente al más pequeño de los dos sumandos. Esto se llama "estrategia del mínimo". Es un algoritmo estándar que subyace a la mayoría de los cálculos infantiles antes del comienzo de la educación formal.

Es bastante notable que los niños piensen espontáneamente en contar desde el más grande de los dos números que van a sumar (Gallistel y Gelman, 1992). Esto indica que alcanzaron una comprensión muy precoz de la conmutatividad de la suma (la regla de que $a + b$ siempre es igual a $b + a$). Los experimentos muestran que este principio ya se encuentra en funcionamiento a los 5 años. No importa cuántas legiones de educadores y teóricos hayan sostenido que los niños de ningún modo podían comprender la aritmética a no ser que recibieran primero años de educación sólida en lógica. La verdad es exactamente lo opuesto: como los niños, años antes de ir a la escuela, ya cuentan con los dedos, desarrollan una comprensión intuitiva de la conmutatividad, cuya base lógica sólo llegarán a comprender mucho tiempo después (si es que alguna vez lo hacen).

Los niños seleccionan sus algoritmos de cálculo con un talento extraordinario. Rápidamente dominan muchas estrategias de suma y resta. Sin embargo, lejos de verse perdidos en esta abundancia de posibilidades, aprenden a seleccionar con cuidado la estrategia que parece más adecuada para cada problema particular. Para 4 + 2, pueden decidir contar desde el primer operando. Para 2 + 4, no se olvidarán de invertir el orden de los dos operandos. Si se los enfrenta a la operación más difícil de sumar 8 + 4, pueden recordar que 8 + 2 es 10. Si consiguen descomponer 4 en 2 + 2, entonces lograrán simplemente contar "diez, once, *doce*".

Las habilidades de cálculo no emergen en un orden inmutable. Cada niño se comporta como un aprendiz de cocina, que prueba una receta al azar, evalúa la calidad del resultado, y decide si procede o no en esta dirección. La evaluación interna que los niños hacen de sus algoritmos tiene en cuenta tanto el tiempo que les lleva completar el cálculo como la probabilidad de que hayan alcanzado el resultado correcto. De acuerdo con el psicólogo infantil Robert Siegler (1987, 1989, y también Siegler y Jenkins, 1989), los niños compilan estadísticas detalladas de su éxito con cada algoritmo. Poco a poco, adquieren una base de datos refinada de las estrategias más apropiadas para cada problema numérico. No hay duda de que la educación matemática tiene un papel extremadamente importante en este proceso, tanto porque inculca nuevos algoritmos a los niños como porque les aporta reglas explícitas para seleccionar la mejor estrategia. Sin embargo, la mejor parte de este proceso de invención seguida de selección está establecida en la mayoría de los niños antes de que lleguen siquiera a sus años de jardín de infantes.

¿Les gustaría conocer un último ejemplo de la astucia de los niños para diseñar sus propios algoritmos de cálculo? Pensemos en el caso de la resta. Pídanle a un niño pequeño que calcule 8 − 2, y podrán oírlo murmurar "ocho... siete es uno... seis es dos... *seis*": una cuenta hacia atrás a partir del número más grande, 8. Ahora pídanle que resuelva 8 − 6. ¿El niño tiene que contar hacia atrás "ocho siete seis cinco cuatro tres dos"? No. Probablemente encontrará una solución más rápida: "Seis... siete es uno... ocho es dos... *dos*". Cuenta el número de pasos que lleva ir del número más pequeño al más grande. Planeando astutamente su curso de acción, el niño alcanza una economía notable. Le lleva el mismo número de pasos –sólo dos– calcular 8 − 2 y 8 − 6. ¿Pero cómo selecciona la estrategia apropiada? La mejor opción está dada por el tamaño del número por restar. Si es más grande que la mitad del número del principio, como en 8 − 5, 8 − 6 u 8 − 7, elige la segunda; en caso contrario, como en 8 − 1, 8 − 2 u 8 − 3, contar hacia atrás es más rápido. No sólo es un matemático lo suficientemente astuto como para descubrir de manera espontánea esta regla, sino que logra utilizar su sentido natural de las cantidades numéricas para aplicarlo. La selección de una estrategia exacta de cálculo está guiada por una rápida suposición inicial. Entre las edades de 4 y 7 años, los niños muestran una comprensión intuitiva de lo que significan los cálculos y cómo deberían seleccionarse.

La memoria entra en escena

Tomen un cronómetro y registren cuánto tiempo le toma a un niño de 7 años sumar dos números. Descubrirán que el tiempo de cálculo aumenta en proporción directa con el sumando más pequeño, un signo claro de que está utilizando el algoritmo de mínima (Ashcraft, 1982, 1992, Ashcraft y Fierman, 1982, Levine, Jordan y Huttenlocher, 1992). Incluso si el niño no lo hace de manera evidente, sea en voz alta o con los dedos, los tiempos de respuesta dejan en evidencia que está recitando los números en su cabeza. Para sumar 5 + 1, 5 + 2, 5 + 3 o 5 + 4 necesita cuatro décimas de segundo adicionales por cada unidad. Esto hace pensar que, a esa edad, agregar una unidad en los sumandos toma cerca de cuatrocientos milisegundos.

¿Qué ocurre con los sujetos mayores? Cuando realizaron este experimento por primera vez en 1972, Guy Groen, psicólogo de la Universidad Carnegie-Mellon, y su estudiante John Parkman descubrieron con asombro que el tiempo que toma hacer una suma puede predecirse a partir del tamaño del sumando más pequeño también para los estudiantes de la universidad (Groen y Parkman, 1972). Eso sí, el tamaño del incremento en el tiempo es mucho menor: veinte milisegundos por unidad. ¿Cómo debería interpretarse este descubrimiento? Con seguridad, ni los estudiantes más talentosos pueden contar a la increíble velocidad de veinte milisegundos por dígito o, lo que es lo mismo, cincuenta dígitos por segundo. Para explicarlo, Groen y Parkman propusieron un modelo híbrido. En el 95% de los ensayos, los estudiantes recuperarían el resultado directamente de la memoria a una velocidad constante. En el 5% restante, su memoria se vería superada, y estarían obligados a contar, cosa que harían a una velocidad de cuatrocientos milisegundos por dígito. En promedio, entonces, los tiempos de suma aumentarían sólo en veinte milisegundos por unidad.

A pesar de ser muy ingeniosa, esta propuesta fue rápidamente desafiada por nuevos resultados. Pronto se descubrió que los tiempos de respuesta de los estudiantes no aumentaban de forma lineal con el tamaño de los sumandos (figura 5.1; Ashcraft y Battaglia, 1978, Ashcraft, 1992, 1995). Grandes problemas de suma como 8 + 9 llevaban un tiempo desproporcionadamente largo. En realidad, el tiempo que tomaba sumar dos dígitos se predecía mejor a partir de su producto o del cuadrado de su suma, dos variables difíciles de conciliar con la hipótesis de que los sujetos estaban contando. El último golpe contra la teoría del conteo llegó cuando se descubrió que el tiempo que llevaba *multiplicar* dos dígitos era en esencia idéntico al tiempo que llevaba sumarlos. De hecho, los tiempos de suma y de multiplicación se predecían utilizando las mismas variables, exactamente. Si los sujetos contaran, incluso en sólo el 5% de los ensayos, la multiplicación debería haber sido mucho más lenta que la suma.

Sólo había una forma de resolver este misterio. En 1978, Mark Ashcraft y sus colegas de la Universidad de Cleveland sugirieron que los adultos jóvenes casi nunca resuelven los problemas de suma y multiplicación contando (Ashcraft y Battaglia, 1978), sino que recurren a una tabla memorizada. Sin embargo, a medida que los operandos se vuelven más grandes, acceder a esta tabla lleva un tiempo cada vez más largo. Por ejemplo, toma menos de un segundo encontrar el resultado de 2 + 3 o 2 × 3, pero cerca de 1,3 segundos resolver 8 + 7 u 8 × 7.

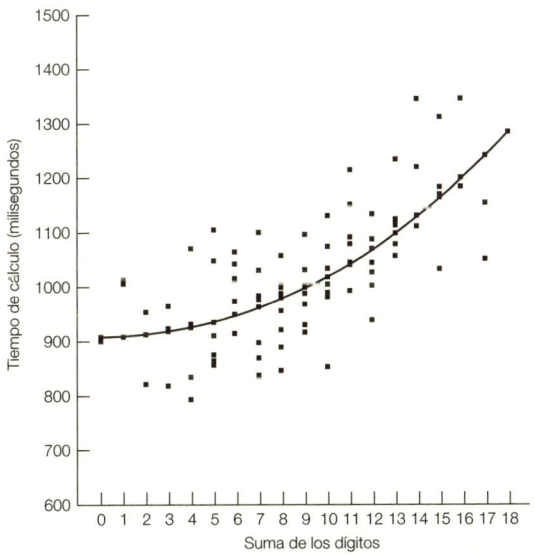

Figura 5.1. El efecto del tamaño del problema: el tiempo que le lleva a un adulto resolver un problema de suma aumenta pronunciadamente con el tamaño de los sumandos (tomado de Ashcraft, 1995; © Erlbaum, RU, y Taylor & Francis, Hobe, RU).

Es probable que este efecto de tamaño del número sobre la recuperación de la memoria tenga múltiples orígenes. Como se explicó en los capítulos precedentes, la precisión de nuestra representación mental cae drásticamente con el tamaño del número. El orden de adquisición también puede ser un factor, porque las cuentas aritméticas simples, que involucran operandos pequeños, con frecuencia se aprenden antes que las más difíciles, con operandos grandes. Un tercer factor es la cantidad de entrenamiento. Como la frecuencia de los numerales decrece con el tamaño, recibimos menos entrenamiento con problemas de multiplicación más grandes. Mark Ashcraft y sus colegas han calculado con cuánta frecuencia aparece cada problema de suma o multiplicación en los libros de texto de los niños. El resultado es sorprendentemente fútil: los niños han entrenado mucho más con multiplicaciones por 2 y por 3 que con multiplicaciones por 7, 8 o 9, ¡aunque sean estas últimas las que les cuestan más!

La hipótesis de que la memoria cumple un papel central en la aritmética mental adulta ya está hoy aceptada universalmente. Esto no implica que los adultos no tengan también otras estrategias de cálculo a su disposición. Es más, la mayoría confiesa que utiliza métodos indirectos, por ejemplo, calcular 9×7 como $(10 \times 7) - 7$, un factor que también contribuye a hacer más lenta la resolución de sumas y multiplicaciones grandes. Sin embargo, sí quiere decir que durante los años preescolares ocurre una gran revolución en el sistema mental de la aritmética. Los niños de repente pasan de una comprensión intuitiva de las cantidades numéricas, sustentada por estrategias simples para contar, a un aprendizaje memorístico de la aritmética. No resulta sorprendente, entonces, que este vuelco tan importante coincida con las primeras dificultades serias con las que se tropiezan los niños en matemática. De pronto, progresar en matemática implica almacenar una gran cantidad de conocimiento numérico en la memoria. La mayor parte de ellos supera esto lo mejor que puede. Pero, como veremos, en este proceso suelen perder sus intuiciones acerca de las operaciones aritméticas.

Las tablas de multiplicar: ¿una práctica que no está en nuestra naturaleza?

Pocos temas se trabajan tanto como las tablas de sumar y de multiplicar. Pasamos buena parte de nuestra infancia aprendiéndolas y después, en la vida adulta, apelamos a ellas constantemente. Cualquier estudiante ejecuta decenas de cálculos elementales día a día, lo que significa que, a lo largo de la vida, debemos resolver muchas decenas de miles de problemas de multiplicación.

Y, sin embargo, a pesar de esta repetición a ultranza, nuestra memoria aritmética es, a lo sumo, mediocre. A un joven bien entrenado le lleva un tiempo considerable, a menudo más de un segundo, resolver una multiplicación como 3 × 7. Las tasas de error se encuentran en un promedio de entre el 10 y el 15%. En los problemas más difíciles, como 8 × 7 o 7 × 9, el fracaso se da en uno de cada cuatro intentos por lo menos, y con frecuencia después de más de dos segundos de reflexión intensa.

¿Por qué ocurre esto? Las multiplicaciones por 0 o por 1, obviamente, no tienen que aprenderse de memoria. Es más, una vez que se almacenan 6 × 9 o 3 + 5, las respuestas a 9 × 6 y 5 + 3 se deducen con facilidad por conmutabilidad. Esto nos deja con sólo cuarenta y cinco sumas y treinta y seis multiplicaciones para recordar. ¿Por qué a nuestro cerebro le cuesta tanto guardarlas en la memoria? Después de todo, allí se amontonan cientos de otros datos arbitrarios: los nombres de nuestros amigos, sus edades, sus direcciones, y los muchos eventos de nuestras vidas ocupan secciones completas de nuestra memoria de largo plazo. A la misma edad en que los niños trabajan duro para aprender aritmética, adquieren sin esfuerzo una docena de palabras nuevas por día. Antes de la adultez, van a haber aprendido por lo menos veinte mil palabras y su pronunciación, su forma ortográfica y su significado. ¿Qué tienen de distinto las tablas de multiplicar que las vuelve tanto más difíciles de recordar, incluso luego de diez años de entrenamiento?

La respuesta se encuentra en la particular estructura de las tablas de sumar y de multiplicar. La información aritmética no es arbitraria y sus datos no son independientes entre sí. Al contrario, están vinculados muy cercanamente y están llenos de falsas regularidades, rimas desconcertantes y juegos de palabras engañosos (Stazyk, Ashcraft y Hamann, 1982, Campbell y Oliphant, 1992).[22] ¿Qué ocurriría si tuvieran que recordar una libreta de direcciones que tuviera esta estructura·

- Juan Carlos vive en la calle José
- Juan José vive en la calle Alberto Mauro
- José Miguel vive en la calle Alberto Bruno?

22 Véanse los capítulos de Campbell (2004).

¿Y una segunda para las direcciones profesionales como esta:

* Juan Carlos trabaja en la calle Alberto Bruno
* Juan José trabaja en la calle Bruno Alberto
* José Miguel trabaja en la calle Juan Miguel?

Aprender estas listas enrevesadas sería una auténtica pesadilla. Sin embargo, no son más que tablas de sumar y de multiplicar disfrazadas. Se las compuso reemplazando cada uno de los dígitos 0, 1, 2, 3, 4 con un nombre propio (Mauro, Alberto, Bruno, Juan, Carlos...). La dirección de la casa sustituyó la suma, y las direcciones profesionales reemplazaron la multiplicación. Las seis direcciones que aparecen arriba son, entonces, equivalentes a las sumas $3 + 4 = 7$, $3 + 7 = 10$ y $7 + 5 = 12$, y a las multiplicaciones $3 \times 4 = 12$, $3 \times 7 = 21$ y $7 \times 5 = 35$. Desde este ángulo inusual, las tablas aritméticas vuelven a presentar para nuestros ojos adultos las dificultades intrínsecas que suponen para los niños que las descubren por primera vez. Claro que tenemos dificultad para recordarlas: ¡lo más extraordinario es que finalmente *sí* logramos memorizar la mayoría de ellas!

No hemos respondido nuestra pregunta, sin embargo: ¿por qué este tipo de listas es tan difícil de aprender? Cualquier agenda electrónica con una memoria minúscula de menos de un kilobyte podría almacenar todas ellas sin la menor dificultad. De hecho, esta metáfora de la computadora prácticamente hace evidente la respuesta. Si nuestro cerebro no logra retener datos aritméticos, es porque la organización de la memoria humana, a diferencia de la de una computadora, es a*sociativa*: teje múltiples lazos entre datos dispersos. Los vínculos asociativos permiten la reconstrucción de recuerdos sobre la base de información fragmentada. Invocamos este proceso de reconstrucción, de forma consciente o no, siempre que intentamos recuperar un dato pasado. Paso a paso, el sabor de la magdalena de Proust evoca un universo de recuerdos rico en sonidos, visiones, palabras y sentimientos pasados.

La memoria asociativa es al mismo tiempo la fortaleza y la debilidad de nuestro cerebro. Es una fortaleza cuando nos permite, a partir de una vaga reminiscencia, desenmarañar una madeja de recuerdos que alguna vez parecieron perdidos. Hasta el presente, ningún programa informático reproduce nada parecido a este "acceso por contenido". Es una fortaleza, otra vez, cuando nos permite sacar ventaja de las analogías y aplicar el conocimiento adquirido bajo otras circunstancias que una situación novedosa. La memoria asociativa es una debilidad, sin embargo, en dominios como las tablas de multiplicar, en los cuales es importante mantener los conocimientos separados uno del otro, de modo tal de evitar que interfieran entre sí. Cuando nos enfrentamos a un tigre, resulta muy útil activar con rapidez nuestros recuerdos relacionados con el comportamiento de los leones. Pero cuando intentamos recuperar el resultado de 7 × 6, invitamos al desastre activando nuestro conocimiento de 7 + 6 o de 7 × 5. Por desgracia para los matemáticos, nuestro cerebro evolucionó durante millones de años en un ambiente donde las ventajas de la memoria asociativa compensaban enormemente sus desventajas en dominios como la aritmética. Ahora estamos condenados a vivir con asociaciones aritméticas inapropiadas, que nuestra memoria recupera de forma automática, sin que le importen mucho nuestros esfuerzos para suprimirlas.

Es fácil encontrar pruebas de la influencia perniciosa de la interferencia en la memoria asociativa. En todo el mundo, montones de estudiantes han contribuido con cientos de miles de tiempos de respuesta y decenas de miles de errores al estudio científico de los procesos de cálculo. Gracias a ellos, hoy sabemos con precisión qué errores de cálculo son más frecuentes (Ashcraft, 1992, Campbell, 2004). Ahora mismo les pido que multipliquen 7 × 8. Es probable que, en lugar de 56, su respuesta sea 63, 48 o 54. Sin excepción, nadie responde 55, aunque este número sólo está a una unidad del resultado correcto. Prácticamente todos los errores pertenecen a la tabla de multiplicar, con mayor frecuencia a la misma línea o columna que el problema de multiplicación original. ¿Por qué? Porque la mera presentación de 7 × 8 es suficiente para que no sólo recordemos el resultado correcto, 56, sino también para que recordemos sus vecinos 7 × 9, 6 × 8 o 6 × 9. Todos estos hechos compiten para obtener acceso a los procesos de producción del habla. Muy a menudo, intentamos encontrar el resultado de 7 × 8 y aparece el resultado de 6 × 8.

La automatización de la memoria aritmética comienza a una edad temprana. Ya a los 7 años, siempre que vemos dos dígitos, nuestro cerebro automáticamente resuelve su suma. Para probar esto, la psicóloga Jo-Anne LeFevre y sus colegas de la Universidad de Alberta, en Canadá, elaboraron un ingenioso experimento (LeFevre, Bisanz y Mrkonjic, 1988). Explicaron a un grupo de participantes que verían un par de dígitos como 2 y 4 y que tenían que memorizarlos por un segundo. Luego verían un tercer dígito y debían decidir si era idéntico a uno de los dos números. Los resultados revelaron un proceso de suma inconsciente. Cuando el dígito-blanco era igual a la suma del par (6), aunque los sujetos en general respondían de forma correcta que no era igual a ninguno de los dígitos iniciales, había un enlentecimiento notable de las respuestas, que no se veía para blancos neutrales como 5 o 7. En un estudio más reciente de Patrick Lemaire y sus colaboradores, este efecto se replicó con niños desde los 7 años (Lemaire, Barrett, Fayol y Abdi, 1994). ¿Cuál es la explicación? Aparentemente, sólo mostrar los dígitos 2 y 4, incluso sin un signo de suma, es suficiente para que nuestra memoria recupere automáticamente su suma. Luego, como este número está activado en nuestra memoria, no estamos del todo seguros de si lo hemos visto o no.

Aquí hay otra demostración sorprendente de la automaticidad de la memoria aritmética que pueden probar ustedes mismos. Respondan a las siguientes preguntas *lo más rápido que puedan*:

¿2 + 2?
¿4 + 4?
¿8 + 8?
¿16 + 16?

Ahora, ¡rápido! Elijan un número entre 12 y 5. ¿Lo tienen?

El número que eligieron es el 7, ¿no es cierto?

¿Cómo leí su mente? La mera presentación de los números 12 y 5 parece suficiente para desencadenar una resta inconsciente: $12 - 5 = 7$. Este efecto se ve amplificado, probablemente, por la cadena de sumas anterior, el orden invertido de los números 12 y 5 y la frase ambigua "entre 12 y 5", que puede incitarlos a calcular la distancia entre los dos números. Todos estos factores conspiran para aumentar la activación automática de $12 - 5$ hasta el punto en que su resultado ingresa a la conciencia. ¡Y ustedes creían que estaban ejerciendo su "libre albedrío" cuando seleccionaban un dígito!

A nuestra memoria también le cuesta mucho mantener la información acerca de las sumas y multiplicaciones en compartimentos distintos. No es infrecuente que respondamos de forma automática a un problema de suma con la correspondiente multiplicación ($2 + 3 = 6$); con menos frecuencia, ocurre lo contrario ($3 \times 3 = 6$). También nos lleva más tiempo darnos cuenta de que $2 \times 3 = 5$ es falso, que rechazar $2 \times 3 = 7$ porque el primer resultado sería correcto en el caso de que se tratara de una suma.

Kevin Miller, de la Universidad de Texas, ha estudiado cómo evoluciona esta interferencia durante la adquisición de nuevos datos aritméticos (Miller y Paredes, 1990). En tercer grado, la mayor parte de los alumnos ya sabe de memoria muchas sumas. A medida que comienzan a aprender la multiplicación, el tiempo que les lleva resolver una suma *aumenta* durante algún tiempo, mientras que comienzan a aparecer los primeros lapsus de la memoria del tipo de $2 + 3 = 6$. Entonces, la integración de múltiples datos aritméticos en la memoria de largo plazo parece ser un gran obstáculo para la mayor parte de los niños.

¡La memoria verbal al rescate!

Si almacenar tablas aritméticas en la memoria es tan difícil, ¿cómo hace nuestro cerebro finalmente para lograrlo? Una estrategia clásica consiste en registrar los datos aritméticos en la memoria verbal: "Tres por siete, veintiuno" se puede almacenar, palabra por palabra, al lado de "qué linda manito que tengo yo" o "Padre nuestro que estás en los Cielos". Esta solución no es poco razonable, porque la memoria verbal es vasta y duradera. Es más, ¿quién no tiene aún la cabeza llena de los eslóganes y las canciones que oyó hace años? Los educadores se han dado cuenta hace mucho tiempo del gran potencial que tiene la memoria verbal. En muchos países, la recitación todavía es el método principal para enseñar la aritmética. Todavía recuerdo nuestro lamentable coro en la escuela primaria cuando junto a mis compañeros, treinta matemáticos incipientes, recitábamos a viva voz las tablas de multiplicar.

Los japoneses parecen haber llevado este método aún más allá. Su tabla de multiplicar está hecha de pequeños versos llamados *ku-ku*. Esta palabra, que significa literalmente "nueve-nueve", corresponde al último "verso" de la tabla, $9 \times 9 = 81$. En la tabla japonesa, los signos de por y de igual son mudos, lo que deja sólo los dos operandos en el resultado. Entonces, $2 \times 3 = 6$ se aprende como *ni san na-roku*: literalmente, "dos tres cero seis". Varias convenciones han sido consagradas por la historia. En el *ku-ku*, los números se pronuncian en su forma china, y su pronunciación varía con el contexto. Por ejemplo, ocho normalmente es *hashi*, pero se puede abreviar como *hap* o incluso como *pa*, como en *hap-pa roku-ju shi*, $8 \times 8 = 64$. El sistema resultante es complejo y, muchas veces, arbitrario, pero sus singularidades probablemente aminoran la carga para la memoria.

El hecho de que las tablas aritméticas se aprendan de memoria parece tener una curiosa consecuencia: el cálculo se convierte en algo ligado a la lengua en que se lo aprende en la escuela (Dehaene, Spelke, Pinel, Stanescu y Tsivkin, 1999). Un colega italiano, luego de pasar más de veinte años en los Estados Unidos, es hoy en día un bilingüe consumado. Habla y escribe en inglés fluido, con una sintaxis rigurosa y un vocabulario extenso. Sin embargo, cuando tiene que calcular mentalmente, todavía se lo puede oír murmurando números en su italiano natal. ¿Esto significa que luego de determinada edad el cerebro pierde su plasticidad para aprender aritmética? Esta es una posibilidad, pero la explicación real puede ser más trivial. Aprender las tablas es tan trabajoso que, para un bilingüe, puede ser más económico volver a su lengua materna para el cálculo, en lugar de aprender aritmética desde cero en una nueva lengua.

Las personas que no son bilingües pueden experimentar el mismo fenómeno. A todos nos cuesta contenernos de nombrar los números en voz alta cuando tenemos que realizar cálculos complejos. El papel crucial del código verbal en la aritmética se evidencia por completo cuando se nos pide que calculemos mientras repasamos al mismo tiempo el alfabeto en voz alta. Inténtenlo, y sin demora se convencerán de que es bastante difícil, porque el habla satura los sistemas cerebrales de producción de lenguaje que son necesarios para el cálculo mental.

Otra prueba de la codificación memorística de la tabla de multiplicar viene del estudio de los errores de cálculo. Cuando se nos enfrenta con el cálculo 5×6, a menudo respondemos equivocadamente "36" o incluso "56", como si el 5 y el 6 del problema contaminaran nuestra respuesta. Nuestros circuitos cerebrales tienden a leer automáticamente el problema como un número de dos dígitos: 5×6 evoca irresistiblemente las palabras "cincuenta y seis". Más extraño resulta que esta tendencia de lectura interactúe de una forma compleja con la plausibilidad del resultado. Nunca se observan errores garrafales como $6 \times 2 = 62$ o $3 \times 7 = 37$. En general, leemos equivocadamente los operandos sólo cuando el número resultante de dos dígitos es un resultado plausible dentro de la tabla de multiplicar (por ejemplo, $3 \times 6 = 36$ o $2 \times 8 = 28$). Esto sugiere que los errores de lectura no ocurren *después* de la recuperación de la multiplicación, sino *durante* su transcurso, en un momento en que la lectura automática todavía puede influir el acceso a la memoria aritmética sin anularlo completamente. Entonces, la lectura y la memoria aritmética son procedimientos altamente interconectados, que utilizan la misma codificación verbal de los números. Para el cerebro humano, multiplicar significa meramente leer 3×6 como "dieciocho".

A pesar de su importancia, la memoria verbal no es la única fuente de conocimiento que debemos aprovechar durante el cálculo mental. Cuando se lo enfrenta a la difícil tarea de memorizar las tablas aritméticas, nuestro cerebro utiliza todos los artificios disponibles. Cuando la memoria falla, vuelve a estrategias como el conteo, la suma serial o la resta a partir de algún referente (por ejemplo, $8 \times 9 = (8 \times 10) - 8 = 72$). Pero por sobre todas las cosas, nunca pierde una oportunidad de tomar un atajo (Ashcraft y Stazyk, 1981, Dehaene y otros, 1999). Por favor, verifiquen si los siguientes cálculos son verdaderos o falsos: $5 \times 3 = 15$, $6 \times 5 = 25$, $7 \times 9 = 20$. ¿Tienen que realizar el cálculo para rechazar la última multiplicación? Probablemente no, y al menos por dos buenos motivos. En primer lugar, el resultado propuesto, 20, es groseramente falso. Los experimentos han mostrado que los tiempos de reacción bajan a medida que aumenta el grado de falsedad. Los resultados cuya magnitud se aleja considerablemente de la verdad se rechazan en menos tiempo de lo que llevaría completar efectivamente la operación, lo que sugiere que, a la vez que calcula el resultado exacto, nuestro cerebro también computa una estimación a grandes rasgos de su tamaño. En segundo lugar, en $7 \times 9 = 20$, el carácter par o impar se ve violado. Dado que los dos operandos son impares, el resultado debería ser impar. Un análisis de los tiempos de respuesta muestra que nuestro cerebro chequea implícitamente las reglas de paridad que gobiernan la suma y la multiplicación, y reacciona con velocidad siempre que se encuentra una violación (Krueger y Hallford, 1984, Krueger, 1986).[23]

Cuando los algoritmos de cálculo están fallados

Consideremos un momento la problemática de los cálculos de varias cifras. Supongamos que ustedes tienen que calcular $24 + 59$. Ninguna computadora necesitaría más que unos pocos microsegundos para hacer la suma; a ustedes, en cambio, les llevará por lo menos cien mil veces más que a la computadora, algo más de dos segundos. Este problema pondrá en juego todo su poder de concentración (como veremos más adelante, los sectores prefrontales del cerebro, que están involucrados en el control de las actividades neuroautomatizadas, están muy activos durante los cálculos complejos). Tendrán que pasar cuidadosamente por una serie de pasos: aislar los dígitos que se encuentran más a la izquierda (4 y 9) y sumarlos ($4 + 9 = 13$), escribir el 3, "llevarse" el 1, aislar los dígitos que se encuentran más a la izquierda (2 y 5), sumarlos ($2 + 5 = 7$), sumar lo que "se habían llevado" ($7 + 1 = 8$), y finalmente escribir el 8. Estos pasos son tan reproducibles que, dada la magnitud de los dígitos, uno puede estimar la duración de cada operación y predecir, con unas pocas décimas de segundo de margen, en qué momento finalmente levantarán la

---

23 Sin embargo, véase Lochy, Seron, Delazer y Butterworth (2000).

lapicera del papel (Ashcraft y Stazyk, 1981, Widaman, Geary, Cormier y Little, 1989, Timmers y Claeys, 1990).

En ningún momento durante un cálculo de este tipo parece tenerse en cuenta el significado de las operaciones que se están desarrollando. ¿Por qué llevaron el 1 hasta la columna que estaba más a la izquierda? Tal vez ahora se den cuenta de que este 1 hace referencia a 10 unidades y que entonces debe agregarse a la columna de las decenas. Sin embargo, este pensamiento nunca se les vino a la cabeza mientras realizaban el cálculo. Para calcular rápido, el cerebro se ve forzado a ignorar el significado de las operaciones que realiza.

Para tomar otro ejemplo del divorcio entre los aspectos mecánicos del cálculo y su significado, consideremos los siguientes problemas de sustracción, bastante típicos para un niño pequeño:

54	54	612	317
− 23	− 28	− 39	− 81
31	34	627	376
(correcto)	(falso)	(falso)	(falso)

¿Pueden ver cuál es el problema? Este niño no está respondiendo al azar. Cada respuesta obedece a una lógica estricta. El algoritmo clásico de sustracción se aplica de forma rigurosa, dígito tras dígito, de derecha a izquierda. Sin embargo, el niño se traba siempre que el dígito de arriba (el minuendo) es más pequeño que el de abajo (sustraendo). Frente a esta situación, por alguna razón prefiere invertir la operación y restar el dígito de más arriba del de abajo. Poco importa que esta operación no tenga sentido alguno. Es más, el resultado muchas veces resulta más grande que el número con el que se empezó, sin que esto moleste en lo más mínimo al alumno. El cálculo le parece una pura manipulación de símbolos, un juego surrealista, tan carente de significado como algunos ejercicios de escritura automática o una cantata barroca en latín.

John Brown, Richard Burton y Kurt van Lehn, de la Universidad Carnegie-Mellon, estudiaron meticulosamente el procedimiento de resta mental. Para eso, recopilaron las respuestas de más de mil niños a decenas de problemas (Van Lehn, 1986, 1990). Al analizar esas respuestas, descubrieron que la mayoría de los errores eran sistemáticos y podían ser clasificados en diferentes tipos, similares al que acabamos de examinar. Por ejemplo, algunos niños tienen dificultades sólo con los ceros, mientras que otros sólo fallan con el dígito 1. Un error clásico consiste en saltear el 0 y pasar al número inmediatamente a su izquierda cuando en una resta se debe "pedir prestado" y este número resulta ser un 0. En 307 – 9, algunos niños calculan correctamente 17 – 9 = 8, pero luego no logran restar lo que "pidieron prestado" al 0. En su lugar, simplifican de forma errónea la tarea "pidiéndole" el 1 a la columna de las centenas; "por eso", llegan a la conclusión de que 307 – 9 = 208. Los errores de este tipo se repiten de forma tan sistemática que Brown y sus colegas los han descripto en términos de ciencias de la computación: los algoritmos de resta de los niños están plagados de "fallas", sucesiones de instrucciones inexactas, que los programadores llaman "bugs".

¿De dónde vienen estos errores? Por extraño que pueda parecer, ningún libro de texto describe en su totalidad la receta correcta para la resta. Si un ingeniero especializado quisiera crear un *software* que permita realizar cualquier resta posible, podría pasar horas escudriñando el manual de aritmética de su hijo y no lograría encontrar instrucciones lo suficientemente precisas como para hacer que su programa funcione. Los manuales escolares se contentan con ofrecer instrucciones elementales y una serie de ejemplos. Se supone que los alumnos tienen que observar con atención los ejemplos, analizar el comportamiento de su maestro y derivar sus propias conclusiones. Así, no resulta sorprendente que el algoritmo al que llegan sea incorrecto. Los ejemplos de los libros de texto no suelen abarcar todos los casos posibles de resta. Entonces, dejan la puerta abierta a todo tipo de ambigüedades. En su debido momento, cualquier niño se ve enfrentado a una situación novedosa en la que él o ella tendrá que improvisar, y se harán evidentes sus lagunas de comprensión de la resta.

Observemos este ejemplo estudiado por Kurt van Lehn: un niño resta correctamente, excepto que cada vez que tiene que restar dos dígitos idénticos, se equivoca y pide prestado un 1 a la columna siguiente (por ejemplo, 54 – 4 = 40; 428 – 26 = 302). Este niño se ha dado cuenta, correctamente, de que uno debe "pedir prestado" siempre que el dígito de arriba sea más pequeño que el de abajo. Sin embargo, generaliza esta regla de forma equivocada al caso en que los dos dígitos son iguales. Es muy probable que esta situación particular nunca haya sido explicada en su libro de texto.

Otro ejemplo iluminador: muchos libros de aritmética explican el procedimiento de resta utilizando únicamente números de dos dígitos para el minuendo (17 – 8, 54 – 6, 64 – 38, etc.). De este modo, al principio los alumnos sólo aprenden el algoritmo de sustracción "pidiendo prestado" a la primera columna de la izquierda; en este caso, las de las decenas. Entonces, la primera vez que se ven enfrentados a una resta de tres dígitos, muchos niños deciden equivocadamente "pedir prestado" a la columna de más a la izquierda, como han hecho antes (por ejemplo, $621 - 2 = 529$). ¿Cómo podrían adivinar, sin más instrucciones, que uno siempre debería pedir prestado a la columna que se encuentra *inmediatamente a la izquierda de la columna en cuestión*, en lugar de hacerlo a la del extremo izquierdo? Sólo una comprensión refinada del diseño del algoritmo y de su propósito puede ayudar. Sin embargo, el mero hecho de que se produzcan errores tan absurdos sugiere que el cerebro del niño registra y ejecuta la mayor parte de los algoritmos de cálculo sin que le importe mucho su significado.

Pros y contras de la calculadora electrónica

¿Qué imagen coherente emerge de este panorama de las habilidades aritméticas humanas? Claramente, el cerebro humano se comporta distinto de como lo hace cualquier computadora que conozcamos. No ha evolucionado para llevar a cabo el propósito del cálculo formal. Esta es la razón por la que los sofisticados algoritmos de cálculo son tan difíciles de adquirir y utilizar fielmente. Contar es fácil, porque explota nuestras habilidades biológicas fundamentales para la producción de habla y la correspondencia uno a uno. Pero memorizar la tabla de multiplicar, ejecutar el algoritmo de resta, y lidiar con lo que "se lleva" son operaciones puramente formales, sin ninguna contraparte en la vida de un primate. La evolución difícilmente podría habernos preparado para ellos. El cerebro del *Homo sapiens* es al cálculo formal lo que el ala del ave prehistórica *Archaeopteryx* era al vuelo: un órgano burdo, funcional pero lejos de ser óptimo. Para cumplir con los requisitos de la aritmética mental, nuestro cerebro tiene que utilizar cualquier circuito con el que cuente, incluso si eso implica memorizar una secuencia de operaciones que no comprendemos.

No podemos pretender alterar la arquitectura de nuestro cerebro, pero tal vez podamos adaptar nuestros métodos de enseñanza a las restricciones de nuestra biología. Dado que las tablas de aritmética y los algoritmos de cálculo son, de algún modo, antinaturales, creo que deberíamos replantearnos seriamente si es necesario inculcárselos a nuestros niños. Por suerte, hoy en día tenemos una alternativa: la calculadora electrónica, que es barata, omnipresente e infalible. Las computadoras están transformando nuestro universo hasta un punto tal que no podemos limitarnos irreflexivamente a las recetas educativas de antaño. Tenemos que hacer frente a esta pregunta: ¿nuestros alumnos todavía deberían pasar cientos de horas recitando las tablas de multiplicar, como lo hicieron sus abuelos, con la esperanza de que los datos aritméticos eventualmente se graben en su memoria? ¿No sería más sensato darles entrenamiento temprano para utilizar calculadoras y computadoras?

Reducir el papel de la aritmética memorística en la escuela puede parecer una herejía. Justamente, sin embargo, se trata de entender que no hay nada sagrado en el modo en que se enseña la matemática. Hasta hace pocos años, en muchos países las cuentas con ábacos y con los dedos eran los vectores privilegiados de la aritmética. Incluso hoy, millones de asiáticos extraen su *soro-ban*, el ábaco japonés, siempre que tienen que realizar un cálculo. Los más experimentados entre ellos practican el "ábaco mental": al visualizar los movimientos del ábaco en sus cabezas, ¡pueden sumar mentalmente dos números en menos tiempo que el que nos lleva escribirlos en una calculadora! (Hatano y Osawa, 1983, Stigler, 1984, Hatano, Amaiwa y Shimizu, 1987). Estos ejemplos muestran que hay vías alternativas al aprendizaje memorístico de la aritmética.

Uno podría objetar que las calculadoras electrónicas atrofian las intuiciones matemáticas de los niños. Así lo sostuvo, por ejemplo, el famoso matemático francés René Thom, el renombrado creador de la teoría matemática de las catástrofes y ganador de la Medalla Fields:

> En la escuela primaria aprendíamos las tablas de sumar y de multiplicar. ¡Era algo bueno! Estoy convencido de que cuando a niños tan pequeños como de 6 o 7 años se les permite utilizar una calculadora, alcanzan un conocimiento menos íntimo del número que el que alcanzamos gracias a la práctica del cálculo mental.

Sin embargo, lo que puede haber sido verdadero para el pequeño Thom no es necesariamente cierto para el niño promedio de hoy en día. Cualquiera puede evaluar por sí solo la supuesta capacidad de nuestras escuelas para enseñar un "conocimiento íntimo del número". Cuando un alumno llega, sin pestañear, a la conclusión de que $317 - 81$ es 376, tal vez haya algo que huele a podrido en ese añejo reino.

Estoy convencido de que, si se libera a los niños de las limitaciones tediosas y mecánicas del cálculo, la calculadora puede ayudarlos a concentrarse en el significado. Les permite ajustar su sentido natural de la aproximación ofreciéndoles miles de ejemplos aritméticos. Al estudiar los resultados de una calculadora, los niños pueden descubrir que la resta siempre arroja un resultado más pequeño que el número inicial, que multiplicar por un número de tres dígitos siempre aumenta en dos o tres dígitos el tamaño del número del que se partió, y miles de hechos similares. La observación atenta del comportamiento de una calculadora es una forma excelente de desarrollar el sentido numérico.

La calculadora es como un mapa de ruta para la recta numérica. Si se le da una calculadora a un niño de 5 años, se le enseñará cómo hacerse amigo de los números en lugar de odiarlos. De hecho, podrá descubrir muchas regularidades fascinantes acerca de la aritmética. Hasta las más elementales parecen magia pura para ellos. Multiplicar por 10 agrega un 0 a la derecha. Multiplicar por 11 duplica la presencia de un dígito ($2 \times 11 = 22$, $3 \times 11 = 33$, etc.). Multiplicar por 3, y luego por 37, hace tres copias de él ($9 \times 3 \times 37 = 999$). ¿Pueden descubrir por qué?

Como estos ejemplos infantiles pueden dejar insatisfechos a los lectores avanzados en matemática, veamos aquí algunas regularidades más sofisticadas:

- $11 \times 11 = 121$; $111 \times 111 = 12321$; $1111 \times 1111 = 1234321$ (y así sucesivamente). ¿Pueden ver por qué?
- $12345679 \times 9 = 111111111$. ¿Por qué? ¿Se dieron cuenta de que faltaba el 8?
- $11 - 3 \times 3 = 2$; $1111 - 33 \times 33 = 22$; $111111 - 333 \times 333 = 222$ (y así sucesivamente). ¡Pruébenlo!
- $1 + 2 = 3$; $4 + 5 + 6 = 7 + 8$; $9 + 10 + 11 + 12 = 13 + 14 + 15$ (y así sucesivamente). ¿Pueden encontrar una demostración sencilla?

¿Estos juegos aritméticos les parecen aburridos e improductivos? No se olviden de que antes de los 6 o 7 años los niños todavía no odian la matemática. Todo lo que se presenta como misterioso y estimula su imaginación les parece un juego. Están abiertos y listos para desarrollar una pasión por los números si tan sólo estamos dispuestos a mostrarles lo mágica que puede ser la aritmética. Las calculadoras electrónicas, así como los programas específicos para los niños, conllevan la promesa de iniciarlos en la belleza de la matemática; un rol que muchas veces las maestras, muy ocupadas en enseñar la mecánica del cálculo, no alcanzan a cumplir.

Dicho esto, ¿puede y debe la calculadora funcionar como un sustituto de la aritmética mental memorística? Sería tonto suponer que tengo la respuesta definitiva. Usar una calculadora de bolsillo para multiplicar 2×3 obviamente es absurdo, pero nadie quiere llegar a esos extremos. Sin embargo, se debería reconocer que hoy en día la gran mayoría de los adultos nunca realiza un cálculo de varias cifras sin utilizar la electrónica.

Nos guste o no, los algoritmos de división y de resta son especies en peligro de extinción y están desapareciendo rápidamente de nuestras vidas diarias, excepto en las escuelas, donde todavía toleramos su silenciosa opresión.

Como mínimo, el uso de las calculadoras en la escuela debería perder su estatus de tabú. La currícula escolar de matemática no es inmutable, y mucho menos perfecta. Su único objetivo debería ser mejorar la fluidez de los niños en la aritmética, no perpetuar un ritual. Las calculadoras y las computadoras son sólo unos pocos de los promisorios caminos que los educadores han comenzado a explorar. Tal vez deberíamos estudiar los métodos de enseñanza que se usan en China y en Japón de un modo menos condescendiente, como hicieron los psicólogos Harold Stevenson, de la Universidad de Michigan, y Jim Stigler, de la UCLA, quienes concluyeron que estos métodos suelen ser superiores a los que se utilizan en la mayor parte de los países occidentales (Stevenson y Stigler, 1992). Sólo tomen en consideración este ejemplo simple: en Occidente, en general aprendemos las tablas de multiplicar línea por línea, comenzando con los "× 2" y terminando con los "× 9", para un total de setenta y dos datos que deben ser recordados. En China, a los niños se les enseña explícitamente a reordenar las multiplicaciones ubicando el dígito más pequeño en primer lugar. Este truco elemental, que evita reaprender 9×6 cuando uno ya sabe el resultado de 6×9, reduce a casi la mitad la cantidad de información que almacenar. Tiene un impacto notable en la velocidad de cálculo y en la tasa de error de los alumnos chinos. Obviamente, no tenemos el monopolio del currículum bien concebido. Entonces, mantengamos los ojos abiertos a todas las posibles fuentes de progreso en los métodos de enseñanza, ya sea que provengan de la informática, del procesamiento de datos o de la psicología.

El "hombre anumérico": dime en qué país estudias y te diré cómo calculas

En el sistema educativo occidental, los niños pasan mucho tiempo aprendiendo la mecánica de la aritmética. Sin embargo, hay una sospecha creciente de que muchos de ellos llegan a la adultez sin haber comprendido realmente cuándo aplicar este conocimiento de forma apropiada. Como no tienen ningún tipo de comprensión profunda de los principios aritméticos, corren el riesgo de convertirse en pequeñas máquinas que calculan pero no piensan. John Paulos (1988) ha dado nombre a ese drama: son *anuméricos,* el análogo al analfabetismo en el dominio de la aritmética. Los anuméricos son proclives a extraer conclusiones azarosas sobre la base de un razonamiento que sólo es matemático en apariencia. Aquí hay algunos ejemplos:

- $\dfrac{1}{5} + \dfrac{2}{5} = \dfrac{3}{10}$ porque $1 + 2 = 3$ y $5 + 5 = 10$.

- $0,2 + 4 = 0,6$ porque $4 + 2 = 6$.
- $0,25$ es más grande que $0,5$ porque 25 es más grande que 5.
- Una pileta de agua a $35\,°C$, sumada a otra con agua a $35\,°C$, hacen una gran bañadera de agua muy caliente a $70\,°C$ (afirmación de mi hijo de 6 años).
- La temperatura ronda los $80\,°F$ hoy (unos $27\,°C$); hace dos veces más calor que anoche, cuando la temperatura fue de $40\,°F$ (alrededor de $4,4\,°C$).
- Hay un 50% de probabilidades de que llueva el sábado, y también un 50% de probabilidades de que llueva el domingo, así que hay un 100% de certeza de que lloverá durante el fin de semana (escuchado en el noticiero local por John Paulos).
- Un metro equivale a 100 centímetros. Dado que la raíz cuadrada de 1 es 1, y que la raíz cuadrada de 100 es 10, ¿no deberíamos llegar a la conclusión de que 1 metro equivale a 10 centímetros?
- La señora X está asustada: la nueva prueba de cáncer que se hizo dio positiva. Su doctor certifica que esta prueba es altamente confiable y da positivo en el 98% de los casos de cáncer. Entonces, la señora X tiene un 98% de seguridad de tener cáncer. ¿No es cierto? (No, es falso. La información disponible no avala absolutamente *ninguna* conclusión. Supongamos que sólo una persona en diez mil desarrolla este tipo de cáncer, y que la prueba tiene una tasa de 5% de falsos positivos. De las diez mil personas que se hagan la prueba, cerca de quinientas tendrán un resultado positivo, aunque sólo una de ellas realmente sufrirá de cáncer. En ese caso, a pesar de sus resultados, la señora X sigue teniendo una posibilidad en quinientas de desarrollar cáncer).

En los Estados Unidos, la lucha contra el "anumerismo" se ha convertido prácticamente en una campaña nacional. Informes alarmantes sugieren que, ya en el jardín de infantes, los niños estadounidenses van muy a la zaga de sus pares chinos y japoneses. Algunos educadores ven esta "brecha de aprendizaje" como una amenaza potencial a la supremacía del país en ciencia y tecnología. El chivo emisario es el sistema educativo, su organización mediocre, y el entrenamiento pobre de sus maestros. Del lado francés del Atlántico, prácticamente año por medio una controversia similar anuncia una nueva caída en los logros matemáticos de los niños.

Una educadora de matemática, Stella Baruk (1973), ha analizado con perspicacia cuánta responsabilidad tiene el sistema educativo en las dificultades matemáticas de los niños. Su ejemplo favorito es un problema digno de los sketchs cómicos de los Monty Pithon: "Hay doce ovejas y trece cabras en un bote. ¿Cuántos años tiene el capitán?". Créase o no, este problema se presentó oficialmente a niños franceses de primero y segundo grado en una encuesta oficial, y gran parte de ellos respondió sinceramente "25 años, porque $12 + 13 = 25$": ¡sorprendentemente anuméricos!

Si bien hay razones serias para preocuparse por la difundida incompetencia en matemática, yo creo que nuestro sistema escolar no es el único culpable. El hecho de que parte de la población sea anumérica tiene raíces mucho más profundas: en última instancia, refleja la lucha del cerebro humano para almacenar conocimiento aritmético. Obviamente, se puede ser anumérico en muy diversas medidas, desde el niño pequeño que piensa que las temperaturas pueden sumarse al estudiante de medicina que no logra calcular una probabilidad condicional. Sin embargo, todos estos errores comparten un rasgo: sus víctimas llegan a conclusiones directamente sin considerar la relevancia de los cálculos que realizan. Esta es una contraparte lamentable de la automatización del cálculo mental. Nos volvemos tan hábiles en la mecánica del cálculo que las operaciones aritméticas a veces comienzan automáticamente en nuestras cabezas. Observen si no sus reflejos con los siguientes problemas:

- Un granjero tiene ocho vacas. Mueren todas, excepto cinco. ¿Cuántas quedan?
- Judy tiene cinco muñecas, que son dos menos de las que tiene Cathy. ¿Cuántas muñecas tiene Cathy?

¿Se sintieron impulsados a responder "tres" a ambos problemas? La mera presentación de las palabras "menos que" o "todas excepto" son suficientes para desencadenar un plan automático de sustracción en nuestras mentes. Tenemos que luchar contra esta conducta automatizada. Se necesita un esfuerzo consciente para analizar el significado de cada problema y formar un modelo mental de la situación. Sólo entonces nos damos cuenta de que deberíamos *repetir* el número 5 en el primer problema, y *sumar* 5 y 2 en el segundo. Al inhibir el plan de sustracción ponemos en funcionamiento la porción anterior del cerebro, una región llamada corteza prefrontal, que está involucrada en la implementación y el control de estrategias no rutinarias. Como la corteza prefrontal madura muy lentamente –por lo menos hasta la pubertad y, probablemente, incluso después de ella–, los niños y los adolescentes son muy vulnerables a la impulsividad matemática. Sus áreas corticales prefrontales todavía no han tenido demasiadas oportunidades de adquirir un gran repertorio de estrategias de control refinadas, necesarias para evitar caer en trampas aritméticas.

Mi hipótesis, entonces, es que la "condición anumérica" es resultado de la dificultad para controlar la activación de planes aritméticos distribuidos en varias áreas cerebrales. Como veremos en los capítulos 7 y 8, el conocimiento del número no depende de una sola área cerebral especializada, sino de amplias redes distribuidas de neuronas, cada una encargada de desempeñar su propio cálculo simple, automatizado e independiente. Nacemos con un "circuito acumulador" que nos dota de intuiciones aproximativas acerca de las cantidades numéricas. Con la adquisición del lenguaje, entran en juego varios otros circuitos que se especializan en la manipulación de símbolos numéricos y en el conteo verbal. El aprendizaje de las tablas de multiplicar utiliza otro circuito especializado más de memoria verbal; y la lista podría continuar quizá largo rato. Existen personas anuméricas porque estos múltiples circuitos a menudo responden de forma autónoma y de un modo desarticulado. Su arbitraje, bajo el mando de la corteza prefrontal, suele surgir lentamente. Los niños quedan a merced de sus reflejos aritméticos. No importa si están aprendiendo a contar o a restar: hacen foco sobre rutinas de cálculo y no logran trazar los vínculos apropiados con su sentido numérico cuantitativo. Y así, esos niños, nosotros, nos volvemos anuméricos.

Enseñar el sentido numérico: lo que la escuela puede hacer

Si mi hipótesis es correcta, somos anuméricos durante largo tiempo, porque esto refleja una de las propiedades fundamentales de nuestro cerebro: su modularidad, la compartimentación del conocimiento matemático en múltiples circuitos parcialmente autónomos. Para volvernos competentes en matemática, debemos ir más allá de estos módulos compartimentados y entablar una serie de vínculos flexibles entre ellos. El analfabeto numérico realiza cálculos de forma refleja y azarosa, sin ningún tipo de comprensión profunda. El calculador experto, en cambio, hace malabares mentales con notaciones numéricas, en una alternancia fluida, pasando de dígitos a palabras y a cantidades, y selecciona reflexivamente el algoritmo más apropiado para el problema que encara.

Desde esta perspectiva, la escuela tiene un papel fundamental, no tanto porque les enseñe a los niños nuevas técnicas aritméticas, sino porque los ayuda a trazar conexiones entre la mecánica del cálculo y su significado. Un buen maestro es un alquimista que le da a un cerebro que es sobre todo modular la apariencia de una red interactiva. Por desgracia, a menudo nuestras escuelas no pueden abordar este desafío. En demasiadas ocasiones, lejos de allanar las dificultades planteadas por el cálculo mental, nuestro sistema educativo las aumenta. La llama de la intuición matemática sólo está chispeando en la mente del niño, y puede languidecer. Necesita ser avivada y sostenida antes de que pueda iluminar todas las actividades aritméticas. Pero nuestras escuelas se contentan, en general, con inculcar recetas aritméticas no significativas y mecánicas a los niños.

Y un estado de cosas como ese se demuestra tanto más lamentable porque, como hemos visto, la mayoría de los niños entra al preescolar con una comprensión bien desarrollada de la aproximación y de cómo contar. En la mayoría de los cursos de matemática, este bagaje informal se trata como una debilidad más que como un recurso. Contar con los dedos se considera una actividad aniñada, que una buena educación eliminará. ¿Cuántos niños intentan esconderse cuando cuentan con los dedos porque "la maestra dijo que no"? Sin embargo, la historia misma de los sistemas de numeración prueba repetidas veces que contar con los dedos es un precursor importante para aprender la base 10. Del mismo modo, no lograr encontrar el resultado a la suma 6 + 7 = 13 en la memoria se considera un error, incluso si el niño prueba luego que tiene un excelente dominio de la aritmética encontrando el resultado de forma indirecta; por ejemplo, recordando que 6 + 6 es 12, y que 7 está una unidad después de 6. Estigmatizar a un niño por utilizar estrategias indirectas ignora descaradamente que los adultos utilizan estrategias similares cuando su memoria falla.

Despreciar las habilidades tempranas de los niños puede tener un efecto desastroso en su opinión posterior de la matemática. Afianza la idea de que la matemática es un dominio árido, desconectado de la intuición y regido por la arbitrariedad (Baruk, 1973, Fuson, 1988). Los alumnos sienten que se supone que deben hacer lo que hace el maestro, incluso si no le encuentren sentido. Un ejemplo al azar: el psicólogo del desarrollo Jeffrey Bisanz (1999) pidió a alumnos de 6 y 9 años que calcularan 5 + 3 - 3. Los niños de 6 años a menudo respondían "5" sin hacer el cálculo, percibiendo correctamente que + 3 y - 3 se cancelan mutuamente. Sin embargo, los niños de 9 años, aunque tenían más experiencia, realizaban tercamente el cálculo completo (5 + 3 = 8, y luego 8 - 3 = 5). "Usar un atajo sería hacer trampa", explicó uno de ellos.

La insistencia en el cálculo mecánico a expensas del significado recuerda el acalorado debate que divide a las escuelas formalista e intuicionista de la investigación matemática. La línea formalista, fundada por Hilbert y seguida por los matemáticos franceses más importantes, se agrupaba bajo el seudónimo de Bourbaki, y tenía como objetivo anclar la matemática en una base axiomática firme. Su objetivo era reducir la demostración a una manipulación puramente formal de símbolos abstractos. De esta perspectiva árida nació la tan famosa reforma de la "matemática moderna", que arruinó el sentido matemático de una generación entera de alumnos franceses presentando, según una fórmula de este período, "una educación extremadamente formal, separada de cualquier base intuitiva, presentada a partir de situaciones artificiales, y altamente selectiva". Por ejemplo, los reformistas pensaban que los niños deberían estar familiarizados con los grandes principios teóricos de la numeración antes de que se les enseñaran las especificidades de nuestro sistema decimal. Entonces, créanlo o no, algunos textos de aritmética comenzaban explicando que 3 + 4 es 12... ¡en base 5! Es difícil pensar un modo mejor de confundir el pensamiento de los niños.

Esta concepción errónea del cerebro y de la matemática, en que se desalienta la intuición, lleva al fracaso. Estudios realizados en los Estados Unidos por David Geary y sus colegas de la Universidad de Misuri-Columbia sugirieron que cerca del 6% de los alumnos son "discapacitados matemáticos" (Geary, 1990, Shalev, Auerbach, Manor y Gross-Tsur, 2000). Por mi parte, no puedo creer que un déficit neurológico genuino aqueje a tantos niños. Si bien existen lesiones cerebrales que pueden afectar selectivamente el cálculo mental, como veremos en el capítulo 7, son relativamente infrecuentes. Parece más probable que muchos de estos niños "discapacitados matemáticos" sean alumnos con capacidades normales que comenzaron con el pie izquierdo en matemática. Su experiencia inicial termina por convencerlos de que la aritmética es un asunto puramente escolar, sin ninguna meta práctica y ningún significado obvio. Deciden rápidamente que jamás serán capaces de comprender ni una palabra de todo eso. Por ende, las considerables dificultades que de por sí plantea la aritmética a cualquier cerebro constituido normalmente se ven agravadas por un componente emocional, una ansiedad creciente o fobia a la matemática.

Podemos enfrentarnos a estas dificultades si basamos el conocimiento matemático sobre situaciones concretas más que en conceptos abstractos. Necesitamos ayudar a los niños a darse cuenta de que las operaciones matemáticas tienen un significado intuitivo, que ellos pueden representar utilizando su sentido innato de las cantidades numéricas. En resumen, debemos ayudarlos a construir un repertorio rico en "modelos mentales" de la aritmética. Analicemos el ejemplo de una resta elemental, $9 - 3 = 6$. Como adultos, conocemos muchas situaciones concretas en que se aplica esta operación: un planteo de conjunto (una canasta con nueve manzanas, de la que uno saca tres, ahora tiene sólo seis), un planteo de distancia (en cualquier juego de mesa, para movernos de la casilla 3 a la casilla 9 hacen falta seis movimientos), un planteo de temperatura (si la temperatura es de nueve grados y baja tres, entonces hará seis grados), y muchos otros. Estos modelos mentales parecen equivalentes para el ojo adulto, pero no lo son para el niño que debe descubrir que la resta es la operación que encaja con todos ellos. El día en que el maestro presenta los números negativos y pide a sus alumnos que calculen $3 - 9$, un niño que sólo domina el planteo de conjunto piensa que esta operación es imposible. ¿Sacar nueve manzanas a tres manzanas? ¡Eso es absurdo! Otro niño que sólo utiliza el planteo de distancia llega a la conclusión de que $3 - 9 = 6$, porque, en efecto, la distancia de 3 a 9 es 6. Si el maestro sostiene meramente que "tres menos nueve es igual a menos seis", los dos niños corren el riesgo de no lograr comprender la afirmación. Sin embargo, el planteo de la temperatura puede darles una imagen intuitiva de los números negativos. "Menos seis grados" es un concepto que hasta los niños de primer grado pueden comprender.

Pensemos en un segundo ejemplo: la suma de dos fracciones, $\frac{1}{2}$ y $\frac{1}{3}$. Una criatura que tiene en mente una imagen intuitiva de las fracciones como porciones de una tarta –media tarta y luego otro tercio de tarta– no tendrá dificultades para llegar a la conclusión de que su suma está apenas por debajo de 1. Él o ella hasta puede comprender que las porciones deben cortarse en trozos más pequeños e idénticos (es decir, reducirse al mismo denominador) antes de poderse reagrupar para que el total exacto sea calculable: $\frac{1}{2} + \frac{1}{3} = \frac{5}{6}$. En cambio, un niño para quien las fracciones no tienen significado intuitivo, y para quien son sólo dos dígitos separados por una barra, probablemente caerá en la trampa clá-

sica de sumar el numerador y el denominador: ¡$^1/_2 + {}^1/_3 = {}^{(1+1)}/_{(2\text{-}3)} = {}^2/_5$!
Este error puede incluso encontrar justificación en un modelo concreto.

Supongamos que en la primera mitad del juego, Michael Jordan acierta uno de cada dos tiros, para un promedio de $^1/_2$, y que en la segunda mitad acierta una vez cada tres tiros. ¡Aquí hay una situación en la que $^1/_2$ "más" $^1/_3$ es igual a $^2/_5$! Cuando se enseñan fracciones, es de vital importancia que el chico sepa que se tiene en mente una "porción de una tarta" más que un "promedio de puntos". El cerebro no se contenta con los símbolos abstractos: las intuiciones concretas y los modelos mentales desempeñan un papel clave en la matemática. Esta es probablemente la razón por la que el ábaco funciona tan bien para los niños asiáticos: les da una representación muy concreta e intuitiva de los números.

Pero terminemos este capítulo con una nota de optimismo. La locura por la "matemática moderna" basada sobre una visión formalista de la matemática está perdiendo fuerza en muchos países. En los Estados Unidos, el Consejo Nacional de Maestros de Matemáticas no hace hincapié en el aprendizaje memorístico de hechos y procedimientos, y en cambio se concentra en enseñar una familiaridad intuitiva con los números. En Francia –el país que obviamente recibió el golpe más directo del "bourbakismo"– muchos maestros ya no esperan que los psicólogos les aconsejen regresar a un enfoque más concreto de la matemática. Las escuelas lentamente han vuelto a incorporar material educativo concreto, como las barras bicolores de María Montessori, las tablas de Séguin, las barras de decenas, las placas de centenas, los dados y los juegos de mesa. El Ministerio de Educación francés, luego de varias reformas, parece haber dejado de lado la idea de volver a cada niño una máquina masticadora de signos. El sentido numérico –y, de hecho, el sentido común– está regresando.

Al mismo tiempo que este bienvenido cambio, los psicólogos educacionales de los Estados Unidos han demostrado de forma empírica los méritos de una currícula de aritmética que ponga el acento sobre modelos aritméticos concretos, prácticos e intuitivos. Sharon Griffith, Robbie Case y Robert Siegler, tres psicólogos del desarrollo estadounidenses, han unido esfuerzos para estudiar el impacto de diferentes estrategias educacionales en la comprensión que los niños tienen de la aritmética (Griffin, Case y Siegler, 1986, Griffin y Case, 1996).[24] Su análisis teórico,

---

24 Véanse también Case (1985, 1992). Para ampliaciones recientes, véanse Wilson, Dehaene y otros (2006), Wilson, Revkin, Cohen, Cohen y Dehaene (2006),

al igual que el mío, hace énfasis en el papel central de una representación intuitiva de las cantidades sobre la recta numérica mental. Sobre esta base, Griffin y Case diseñaron el programa Rightstart, que propone a los niños juegos numéricos entretenidos orientados hacia mejores logros en aritmética, en un currículum de comienzos de jardín de infantes; este programa incluye distintos materiales pedagógicos concretos (termómetros, juegos de mesa, rectas numéricas, hileras de objetos, etc.). Su meta era enseñarles a los niños de barrios urbanos de bajos recursos los rudimentos de la aritmética:

> El objetivo central del programa es permitirles a los niños relacionar el mundo de los números con el mundo de la cantidad y, por consiguiente, comprender que los números tienen significado y se pueden usar para predecir, para explicar, y para comprender el mundo real.

La mayoría de los niños comprende de forma espontánea la correspondencia entre los números y las cantidades. Los niños con bajos recursos, sin embargo, tal vez no lo hayan comprendido antes de entrar al preescolar. Si no cuentan con los prerrequisitos conceptuales para aprender aritmética, están en riesgo de quedar rezagados en los cursos de matemática. El programa Rightstart intenta devolverlos a la senda correcta a través de juegos aritméticos interactivos simples. Por ejemplo, en una sección del programa, se invita a los niños a jugar a un juego de mesa simple que les enseña a contar sus movimientos, a restar para descubrir cuán lejos están de la meta, y a comparar los números para deducir quién está más cerca de ganar el juego.

Los resultados son notables. Griffin, Case y Siegler han probado su programa en varias escuelas urbanas en Canadá y los Estados Unidos, en su mayoría con niños inmigrantes de familias de bajos ingresos. Quienes estaban atrasados respecto de sus pares participaron en cuarenta sesiones de veinte minutos del programa Rightstart y alcanzaron los primeros puestos de la clase en el semestre siguiente. Hasta superaban a los alumnos con un mejor dominio inicial de la aritmética, pero que habían seguido una curricula más tradicional. Su avance se consolidó en el siguiente año escolar. Esta extraordinaria historia exitosa debería traer algo de consuelo a los maestros y los padres que sienten que sus hijos son

———
Ramani y Siegler (2008), Siegler y Ramani (2008), Siegler y Ramani (2009), Wilson, Dehaene, Dubois y Fayol (2009).

alérgicos a la matemática. De hecho, la mayoría de los niños están encantados de aprender matemática si uno se ocupa de mostrarles los aspectos divertidos antes que el simbolismo abstracto. Jugar al juego de la oca o a Serpientes y Escaleras puede ser todo lo que necesiten los niños para tener una ventaja inicial en matemática.

6. Genios y prodigios

Un experto es un hombre que ha dejado de pensar: ¡sabe!
Frank Lloyd Wright

Uno de los episodios más novelescos de la historia de la matemática ocurrió una mañana de enero de 1913, cuando el profesor G. H. Hardy recibió una carta de aspecto extraño que venía de India (Kanigel, 1991). A los 36 años, Hardy era un renombrado matemático, probablemente el más brillante de Inglaterra: profesor del Trinity College de Cambridge, poco tiempo antes había sido elegido miembro de la Royal Society. Allí, solía conversar de igual a igual con mentes tan notables como la de Whitehead o Russell. En un contexto tan estimulante para el intelecto, uno puede imaginarse su malestar al comenzar a leer esta carta enviada desde Madrás, actual Chennai. Con una sintaxis rudimentaria, un desconocido de nombre Srinivasa Aiyangar Ramanujan le pedía su opinión sobre una serie de teoremas. Se trataba sin duda de un diletante presumido.

A pesar de su implacable desdén por los matemáticos aficionados, tan pronto como comenzó a descifrar con creciente atención las misteriosas fórmulas matemáticas de su corresponsal (figura 6.1), Hardy no pudo sustraerse a la fascinación. Algunas de ellas consistían en teoremas bien consolidados hacía mucho tiempo… Pero ¿por qué este hombre los presentaba como si fueran suyos? Algunas fórmulas se derivaban, a veces por una vía indirecta, de resultados matemáticos complicados que Hardy conocía muy bien porque personalmente había contribuido para llegar a ellos. Las últimas fórmulas, sin embargo, eran desconocidas: largas cadenas de raíces cuadradas, exponenciales y fracciones mezcladas en un cóctel único, cuyos orígenes todavía eran incomprensibles.

$$\frac{2}{\pi} = 1 - \left[\frac{1}{2}\right]^3 + 9\left[\frac{1}{2} \times \frac{3}{4}\right]^3 - 13\left[\frac{1}{2} \times \frac{3}{4} \times \frac{5}{6}\right]^3 + 17\left[\frac{1}{2} \times \frac{3}{4} \times \frac{5}{6} \times \frac{7}{8}\right]^3 \cdots$$

$$\cfrac{1}{1 + \cfrac{e^{-2\pi\sqrt{5}}}{1 + \cfrac{e^{-4\pi\sqrt{5}}}{1 + \cfrac{e^{-6\pi\sqrt{5}}}{1 + \cdots}}}} = \left[\frac{\sqrt{5}}{1 + 5\sqrt{5^{3/4}\left(\frac{\sqrt{5}-1}{2}\right)^{5/2} - 1}} - \frac{\sqrt{5}+1}{2}\right] e^{2\pi/\sqrt{5}}$$

$$\pi \cong \frac{-2}{\sqrt{210}} \log \left[\frac{(\sqrt{2}-1)^2\,(2-\sqrt{3})\,(\sqrt{7}-\sqrt{6})^2\,(8-3\sqrt{7})\,(\sqrt{10}-3)^2\,(\sqrt{15}-\sqrt{14})\,(4-\sqrt{15})^2\,(6-\sqrt{35})}{4}\right]$$

Figura 6.1. Una pequeña muestra de las misteriosas fórmulas de Ramanujan. La expresión para π que vemos en posición final es correcta hasta el vigésimo decimal.

Hardy nunca había visto nada parecido. No podía ser una broma: tenía la seguridad de estar ante un genio, un fuera de serie. Como explicó más tarde en su autobiografía (Hardy, 1940), "las fórmulas debían ser ciertas porque, si no, nadie habría tenido suficiente imaginación para inventarlas". Al día siguiente, decidió ayudar a Ramanujan para que pudiera viajar a Cambridge. Este fue el comienzo de una colaboración sumamente fértil, que llegó a un punto culminante con la elección de Ramanujan para la Royal Society unos pocos años más tarde y terminó trágicamente con su muerte el 26 de abril de 1920, a la edad de 32 años.

Uno podría argumentar, con apenas algo de exageración chistosa, que la genialidad de Ramanujan superaba la de Isaac Newton, porque había ido más allá que cualquier otro matemático sin subirse a los hombros de nadie. Nacido en una pobre familia brahmana, Ramanujan sólo había seguido cursos formales durante nueve años en escuelas locales del sur de India, y nunca había recibido un título universitario. Sin embargo, en su niñez temprana su genialidad ya era evidente. Había redescubierto por sí solo las famosas fórmulas de Euler, que vinculan las funciones exponenciales y las trigonométricas, y a los 12 años dominaba la *Plane Trigonometry* de Sidney Luxton Loney.

A los 16 años, Ramanujan se encontró con un segundo libro que fue decisivo para su inclinación por la matemática, la *Sinopsis de los resultados elementales en matemática pura y aplicada* de George Soobridge Carr, compilación de 6165 teoremas con demostraciones sólo esbozadas. A fuerza de estudiar este volumen, y de reinventar la matemática de los siglos anteriores, Ramanujan adquirió una capacidad singular, que ningún otro matemático antes o después parece haber poseído en el mismo grado: un sorprendente sentido de la fórmula apropiada, una intuición refinada de las relaciones numéricas. Era inigualable en su habilidad para concebir relaciones aritméticas novedosas, ni siquiera soñadas antes por nadie, y que por lo general adoptaba basado tan sólo sobre su intuición, para gran desesperación de sus colegas matemáticos que, hasta muy poco tiempo atrás, habían hecho enormes esfuerzos para aportar pruebas rigurosas o refutaciones a los cientos de fórmulas que cubrían sus cuadernos.

Ramanujan sostenía que quien escribía sus teoremas era la diosa Namagiri, en "su propia lengua" y durante la noche. Al despertar, muchas veces escribía febrilmente resultados inesperados que luego dejarían pasmados a sus colegas. Personalmente, soy bastante escéptico acerca de la relevancia que pueda tener la actuación de las divinidades indias en la vanguardia de la investigación matemática. Sin embargo, en este juego la pelota está en el campo del neuropsicólogo: ¿la psicología o la neurología pueden proponer una explicación, al menos embrionaria, para la extraordinaria fertilidad de esta mente única?

Casi cincuenta años después de la muerte de Ramanujan, Inglaterra vio nacer a otro genio cuyo talento era, en varios sentidos, el equivalente exacto del de Ramanujan, y al mismo tiempo su opuesto. Michael es un joven autista con un retraso mental profundo, estudiado durante años por dos psicólogos ingleses, Beate Hermelin y Neil O'Connor (1990).[25] Durante su infancia sufrió macrocefalia y tuvo numerosos episodios de convulsiones, que probablemente le causaron un daño cerebral temprano. Era un niño molesto y destructivo, inconsciente del peligro, que parecia vivir en un mundo cerrado y centrado en sí mismo. Nunca saludó o señaló objetos, gestos que los pequeños suelen desarrollar de forma espontánea. Nunca mostró interés por la compañía de los adultos.

A los 20 años, Michael no había logrado hablar. Nunca aprendió la lengua de señas y hasta el momento no parece comprender palabras en absoluto. Su CI verbal no se puede medir con ningún test que implique el uso de palabras. Tampoco en otras habilidades no verbales su capacidad parece alcanzar una medida normal; de hecho, su CI no verbal sólo

---

25 Véanse también O'Connor y Hermelin (1984), Hermelin y O'Connor (1986b, 1986a), Howe y Smith (1988).

llega a 67. Esto significa que falla en casi todas las pruebas que examinan su conocimiento rutinario de los objetos.

¿Por qué comparar con aquel genio matemático indio a este hombre autista con una discapacidad severa? Porque, pese a su dramático retraso mental, Michael es extraordinariamente versado en aritmética. Hacia sus 6 años, aprendió a copiar algunas letras y los diez dígitos arábigos. Desde ese momento, sumar, restar, multiplicar, dividir y factorear números han sido sus pasatiempos favoritos. El dinero, los relojes, los calendarios y los mapas también lo fascinan. Cuando se lo mide con tests lógicos, su CI llega a 128, muy por encima del promedio de las personas sin alteraciones. ¡Se trata de un hombre que no puede nombrar un auto o un conejo, pero que percibe inmediatamente que 627 se puede descomponer en $3 \times 11 \times 19$! Michael necesita poco más de un segundo para determinar si un número de tres dígitos es primo (es decir, no expresable como producto de dos números más pequeños). Para realizar esta misma tarea, un psicólogo formado en matemática necesita diez veces más tiempo.

¿Cómo es posible que un hombre mudo, con discapacidad mental, sea a la vez un calculista relámpago? ¿Cómo es posible que alguien crezca en una familia india pobre y se convierta en un matemático de primer nivel sólo con la ayuda de dos libros que, en líneas generales, no incluyen demostraciones? Hoy en día, en todo el mundo, los psicólogos han identificado a cientos de personas con "síndrome del savant" similares a Michael. Algunos pueden decir qué día de la semana corresponde a cualquier fecha pasada o futura del calendario. Otros son capaces de sumar mentalmente dos números de seis dígitos en menos tiempo del que nos llevaría pulsarlos en un teléfono. Sin embargo, a menudo estas personas carecen del todo de inteligencia social e incluso a veces no desarrollan su facultad del lenguaje. La mera existencia de este tipo de prodigios ¿pone en duda la teoría que esbocé en los capítulos previos? ¿Cómo escapan ellos a las dificultades de cálculo que enfrentamos todos? ¿En qué consiste ese "sexto sentido" que les confiere una intuición tan fuerte para los números? ¿Deberíamos reconocer en ellos una forma especial de organización cerebral, un don innato para la aritmética?

Un bestiario numérico

El papel de la memoria en la matemática se subestima con facilidad. Cada uno de nosotros reúne inconscientemente cientos de datos numéricos: pensemos, por ejemplo, en el poder evocativo de los números

1492, 1945, 911 o 2000. Aquí reside uno de los primeros secretos de los prodigios del cálculo: su familiaridad con los números es tan refinada que para ellos prácticamente no existe ningún número aleatorio. Lo que para nosotros es una serie común y corriente de dígitos, sin interés particular, desde su perspectiva asume un significado singular. Según explica el calculista relámpago George Parker Bidder,[26] "el número 763 se representa simbólicamente con tres cifras (7, 6 y 3), pero 763 es sólo una cantidad, un número, una idea, y aparece en mi mente de la misma manera en que la palabra 'hipopótamo' aparece para expresar la idea de un animal en particular".

Cada genio del cálculo cuenta con un zoológico mental poblado por un bestiario de números familiares. Esa familiaridad suya con los números, que conocen de principio a fin, es la marca distintiva de estos aritméticos expertos. "Los números son casi como amigos para mí", dice Wim Klein. "No lo es para ti 3844, ¿no es cierto? Para ti es sólo un 3 y un 8, y un 4 y un 4. Pero yo le digo: '¡Hola, 62 al cuadrado!'".

Muchas anécdotas biográficas confirman la extrema familiaridad con que los grandes matemáticos manipulan las herramientas de su oficio, ya sean los números o las formas geométricas. Pensemos en el diálogo entre Hardy y Ramanujan mientras el matemático indio, que había contraído tuberculosis, agonizaba en un sanatorio (Kanigel, 1991). "El taxi que me trajo aquí tenía el número 1729", dijo Hardy, "y me pareció un número bastante aburrido". "Pero no, Hardy", le respondió Ramanujan. "Es un número cautivante. Es el número más pequeño expresable de dos formas distintas como suma de dos cubos": $¡1729 = 1^3 + 12^3 = 10^3 + 9^3!$

Se cuenta que Gauss, otro matemático excepcional, y también un prodigio del cálculo, había logrado una hazaña de este tipo incluso a una edad tanto más temprana. Su maestro pidió a toda la clase que sumara los números del 1 al 100, probablemente para que los alumnos se quedaran en silencio durante media hora. Pero el pequeño Gauss inmediatamente levantó la pizarra con el resultado. Había percibido enseguida la simetría del problema. Al "doblar mentalmente" la recta numérica, podía agrupar 100 con 1, 99 con 2, 98 con 3, y así sucesivamente. Así, la suma se redujo a cincuenta pares y cada uno daba como resultado 101, lo que le permitió contar rápidamente un total de 5050.

El matemático francés François Le Lionnais, que además formaba parte del movimiento de experimentación literaria Oulipo, enfatizó que "las

---

26 Esta cita y las que siguen figuran en Smith (1983).

aptitudes para el cálculo mental y para la matemática [...] tienen en común una sensibilidad a lo que me permitiría llamar la personalidad de cada número". En 1983, Le Lionnais publicó un pequeño libro llamado *Les nombres remarcables*, en el cual hizo la lista de varios cientos de números con propiedades matemáticas especiales (Le Lionnais, 1983). Su fascinación por los números había comenzado a los 5 años. Luego de estudiar las tablas de multiplicación impresas en la contratapa de sus cuadernillos escolares, se sorprendió al descubrir que los múltiplos de 9 terminaban con los dígitos 9, 8, 7, 6, y así sucesivamente (es decir, 9, 18, 27, 36, etc.; ¿pueden ver por qué?). En sus años de colegial, estudiante y, más tarde, matemático profesional, no dejó de buscar los números más "llamativos" y los resultados matemáticos subyacentes que los primeros pueden "delatar". Su archivo de temas numéricos se perdió cuando lo deportaron a Alemania durante la Segunda Guerra Mundial (pasó varios meses en un campo de concentración), pero lo reconstruyó de memoria e incluso sumó nuevas gemas a su colección, año tras año.

En última instancia, su lista de números notables revela una porción significativa de lo que un matemático de primer nivel debe saber de la aritmética. La mayor parte de su bestiario jamás será accesible para los profanos. Por ejemplo, 244 823 040, uno de los pocos números a los que les da tres estrellas, se describe, para él, en lenguaje matemático estándar, como "el orden de grupo M_{24}, el noveno grupo esporádico: uno de cuyos ejemplos es el grupo de automorfismos de Steiner de índices (5, 8, 24)". ¡Una definición que nos deja helados a la mayoría de nosotros! Aquí vemos algunos de los puntos más destacados en el recorrido de esta Guía Michelin de la recta numérica:

- $\varphi = 1{,}618033988 = \dfrac{1+\sqrt{5}}{2} = \sqrt{1+\sqrt{1+\sqrt{1+\sqrt{1+\ldots}}}} = 1 + \cfrac{1}{1+\cfrac{1}{1+\cfrac{1}{1+\ldots}}}$

- La famosa "sección áurea" que supuestamente explica la armonía de muchas obras de arte, como el Partenón. Ingrésenlo en su calculadora de bolsillo y pulsen las teclas "$1/_x$" o "x^2". El resultado los sorprenderá.

- 4: el número mínimo de colores necesarios para pintar cualquier mapa político de modo que no existan pares de países vecinos con el mismo tono. De modo bastante similar a la derrota de Kasparov ante un *software* de ajedrez de la IBM, el "teorema de los cuatro colores" es famoso en matemática porque marcó los límites del razonamiento humano: su comprobación requiere el examen sucesivo de tantos casos que sólo puede completarse utilizando herramientas informáticas.

- 81: el cuadrado más pequeño que se descompone en una suma de tres cuadrados ($9^2 = 1^2 + 4^2 + 8^2$).
- $e^{\pi\sqrt{163}}$ un número real que se acerca notablemente a un entero: sus primeros doce decimales son todos 9 (otro aporte de Ramanujan).
- El número formado al escribir trescientas diecisiete veces el dígito 1: es un número primo.
- 1 234 567 891 también es un número primo.
- 39 es el entero más pequeño que carece de propiedades matemáticas interesantes, por lo tanto, como destaca el propio Le Lionnais, plantea una paradoja: ¿esto no lo vuelve notable, después de todo?

El paisaje de los números

A medida que uno recorre el inventario surrealista de Le Lionnais, no puede evitar el pensamiento de que algunos matemáticos deben estar más familiarizados con la recta numérica que con el jardín de su casa. Es más, la metáfora de una "visión panorámica de la matemática" parece bastante apta para capturar su vívida introspección. La mayoría de ellos siente que los objetos matemáticos tienen una existencia propia, tan real y tangible como la de cualquier otro objeto. Dejemos hablar a Ferrol, un famoso prodigio del cálculo: "Muchas veces, especialmente cuando estoy solo, me parece que estoy en otro mundo. Las ideas de números parecen tener vida propia. De pronto, ante mis ojos aparecen preguntas de todo tipo con sus respuestas".

Vemos la misma concepción en los escritos del matemático francés Alain Connes:

> Al explorar la geografía de la matemática, poco a poco el matemático percibe los contornos y la estructura de un mundo de increíble riqueza. Paulatinamente desarrolla una sensibilidad a la noción de simplicidad que da acceso a regiones nuevas y completamente insospechadas del paisaje matemático (Changeux y Connes, 1995).

Connes piensa que los matemáticos expertos están dotados de una clarividencia, un talento, un instinto especial comparable al afinado oído de un músico, o al paladar experimentado de un *sommelier*, que les permite cierta percepción directa de los objetos matemáticos: "La evolución de nuestra forma de percibir la realidad matemática hace que se desarrolle un nuevo sentido, que nos da acceso a una realidad que no es ni visual ni auditiva, sino algo completamente distinto".

En *El hombre que confundió a su mujer con un sombrero,* Oliver Sacks describe a dos mellizos autistas a quienes en cierta oportunidad sorprendió mientras intercambiaban números primos muy grandes. Su interpretación también apela a determinada "sensibilidad" acerca del mundo matemático:[27]

> No son calculistas, y su enfoque de los números es "icónico", evocan extrañas escenas de números, habitan entre ellas; vagan libremente por grandes paisajes de números; crean, dramatúrgicamente, todo un mundo constituido por números. Tienen, en mi opinión, una imaginación de lo más singular [...] y una de sus singularidades, y no la menor, es que esa imaginación puede imaginar sólo números. No parecen "operar" con números, de manera no icónica, como hace un calculista; ellos los "ven", de manera directa, como un enorme escenario natural (Sacks, 1985).

Para el ya mencionado René Thom, una percepción intuitiva del espacio matemático es esencial, y en tal grado que cualquier matemático que llega a los límites de su intuición siente una ansiedad inexplicable:

> No me siento cómodo con los espacios de dimensiones infinitas. Sé que son objetos matemáticos perfectamente documentados, en múltiples estados perfectamente conocidos; sin embargo, no me gusta estar en un espacio de dimensiones infinitas. [¿Esto es inquietante?] Desde luego, [...] es un espacio, precisamente, que elude a la intuición (Thom, 1991).

Uno casi puede oír a Pascal –otro joven prodigio matemático–, quien, en sus *Pensamientos,* confesaba: "Me aterra el silencio eterno de estos espacios infinitos".

El vínculo cercano entre las aptitudes matemáticas y las espaciales ha sido demostrado muchas veces. Existe una sólida correlación entre el talento matemático de una persona y su puntaje en pruebas de percepción espacial, como si fuera exactamente la misma habilidad. Beate Hermelin

---

27 Nótese que la realidad de la hazaña de los mellizos ha sido criticada con severidad por Yamaguchi (2009).

y Neil O'Connor (1986b) reunieron a un grupo de niños de entre 12 y 14 años que, de acuerdo con sus maestras, eran particularmente buenos en matemática. Les presentaron problemas que desafiaban su sentido de las relaciones espaciales. La siguiente es una pequeña selección.

- ¿Cuántas diagonales pueden dibujarse sobre la superficie de un cubo?
- Un cubo de madera, de nueve centímetros de lado y pintado de amarillo, se corta en veintisiete pequeños cubos de tres centímetros de lado. ¿Cuántos de ellos tendrán sólo dos caras amarillas?

Los niños con talento para la matemática fueron brillantes en esta prueba. Sus compañeros de clase con un nivel estándar de desempeño en matemática, aunque poseían un CI general equivalente, obtuvieron calificaciones rotundamente más bajas, incluso los de gran talento artístico. Pero tal vez no resulte sorprendente que las competencias espaciales se correlacionen tanto con el éxito en matemática. Desde la época de Euclides y Pitágoras, la geometría y la aritmética han estado estrechamente ligadas. Configurar un mapa espacial de números es una operación fundamental en el cerebro humano. Como veremos más adelante, las áreas cerebrales que contribuyen al sentido numérico y a las representaciones espaciales ocupan circunvoluciones vecinas.

Muchos genios matemáticos han declarado poseer una percepción directa de las relaciones matemáticas. Dicen que en sus momentos más creativos, que algunos describen como "iluminaciones", no razonan de forma voluntaria, ni piensan en palabras, ni realizan largos cálculos formales. La verdad matemática se impone en ellos, a veces durante el sueño, como en el caso de Ramanujan. En muchas ocasiones Poincaré declaró que sus intuiciones lo convencieron de la veracidad de un resultado matemático, aunque luego su comprobación formal le llevó horas de cálculo. Pero es probable que sea el propio Einstein quien, en una carta publicada por Hadamard (1945) en su célebre *Psicología de la invención en el campo matemático*, haya elaborado con mayor claridad el papel de la lengua y la intuición en la matemática:

> Las palabras y la lengua, sean escritas o habladas, no parecen tener ningún papel en mi proceso de pensamiento. Las entidades psicológicas que funcionan como ladrillos para mi pensamiento son determinados signos o imágenes, más o menos claros, que puedo reproducir y recombinar a mi gusto.

Esta es una conclusión que con seguridad suscribiría Michael, el genio autista del cálculo relámpago sin lenguaje. Las intuiciones de los grandes matemáticos acerca de los números y otros objetos matemáticos no parecen depender tanto de ingeniosas manipulaciones de números como de la percepción directa de relaciones significativas. A ese respecto, los prodigios del cálculo y los matemáticos talentosos tal vez se diferencien del ser humano promedio sólo en la medida del repertorio de datos numéricos que pueden movilizar en una fracción de segundo, ese almacén de memoria del que hablábamos al comenzar. En el capítulo 3 vimos que todos los seres humanos estamos dotados de una representación intuitiva de las cantidades numéricas, que se activa de forma automática siempre que vemos un número, y que especifica que 82 es más pequeño que 100 sin requerir esfuerzo consciente. Este "sentido numérico" está encarnado en una recta numérica mental orientada de izquierda a derecha. Sólo entre el 5 y el 10% de las personas la perciben de forma consciente como una extensión espacial con colores varios y una forma retorcida. Quizá los grandes calculistas humanos estén un paso más allá en este *continuum*. Parecen también entender muchas veces los números como un dominio extendido espacialmente, que perciben con una resolución incluso mayor y una cantidad sorprendente de detalles. En la mente del prodigio del cálculo, cada número no sólo se enciende como un punto en una línea, sino como una red aritmética con conexiones en todas las direcciones. Ante el número 82, el cerebro de Ramanujan evoca, instantáneamente, 2×41, $100 - 18$, $9^2 + 1^2$, y un gran surtido de relaciones que son tan obvias a sus ojos como "más pequeño que 100" es a los nuestros.

Sin embargo, todavía tenemos que explicar de dónde proviene esta prodigiosa memoria intuitiva de los números. ¿Es un don innato, producto de una forma inusual de organización cerebral? ¿O es tan sólo resultado de años de entrenamiento en aritmética?

La frenología y la búsqueda de las bases biológicas de la genialidad

Desde hace mucho tiempo los prodigios del cálculo dejan intrigados a los científicos. En la prensa popular, ganaron espacio varias teorías –muchas de ellas excéntricas– que pretenden explicar su genialidad. Entre las favoritas, la de los dones de Dios, el conocimiento innato, la transmisión de pensamiento, o incluso la reencarnación. Hasta Alfred Binet, el famoso psicólogo que inventó los primeros tests de inteligencia, rindió tributo a esta denodada búsqueda de una explicación. En 1894, en su influyente libro *Psychologie des grands calculateurs et jouers d'échecs*, que todavía suele citarse, debate los orígenes del talento de quien tal vez fuera el calculista más famoso de esa época, Jacques Inaudi (Binet, 1981 [1894]). En aquel momento, Binet citó "con todas las reservas que uno podría esperar", la siguiente anécdota:

> Al parecer, la madre de Inaudi pasó por duras pruebas morales durante su embarazo. Era testigo del despilfarro que hacía su marido y notaba que pronto faltaría dinero para pagar numerosas obligaciones. Movida por el temor a que sus posesiones fuesen embargadas, calculaba mentalmente cuánto debía ahorrar para poder cumplir sus compromisos. Pasaba los días entre cifras, y se había vuelto una maniática del cálculo.

Binet, científico meticuloso, se preguntaba con la mayor seriedad del mundo: "¿Esta información es exacta? Y si lo es, ¿el estado mental de la madre podría haber tenido alguna influencia en su hijo?". El hecho de que Binet se tomara tan en serio este tema muestra con claridad lo vigente que se encontraba en 1894 la hipótesis lamarckiana de la transmisión de caracteres adquiridos, a pesar de la publicación de *El origen de las especies* de Darwin en 1859.

De hecho, el primer intento de explicación científica del talento intelectual había sido propuesto unos años antes en el mismo siglo XIX, y se había convertido en tema recurrente de discusiones intensas: la teoría frenológica de los órganos mentales. En 1825, el anatomista y fisiólogo alemán Franz-Joseph Gall publicó su teoría de la "organología", luego bautizada "frenología" por Johann Gaspar Spurzheim. Su propuesta afirmaba una visión puramente materialista de la mente y el cerebro que, aunque muchas veces ridiculizada, tuvo una influencia profunda en muchos neuropsicólogos eminentes, entre ellos, Paul Broca y John Hughlings Jackson. La organología de Gall postulaba una división del cerebro en muchas regiones especializadas, que constituían otros tantos "órganos mentales" innatos. Cada órgano, supuestamente, era la base de una facultad mental específica: el instinto de reproducción, el amor a la descendencia, el recuerdo de cosas y hechos, el órgano del lenguaje, el recuerdo de personas, y así sucesivamente. Veintisiete facultades, que rápidamente se extendieron a treinta y cinco en versiones posteriores de la teoría, se asignaron a territorios cerebrales específicos, a menudo sobre una base fantasiosa. En esta lista, el "sentido de las relaciones numéricas" ocupaba un puesto importante entre los órganos dedicados a las funciones intelectuales, que se atribuían a áreas cerebrales frontales (figura 6.2).

Dado que las facultades mentales eran innatas, ¿cómo podía explicarse su despliegue variable según los individuos? Gall postuló que el tamaño relativo de los órganos cerebrales definía las predisposiciones mentales de cada persona: en los grandes matemáticos, la cantidad de tejido destinado al órgano de las relaciones numéricas superaba, y mucho, la del promedio. Por supuesto, el tamaño de las circunvoluciones cerebrales no era accesible a las mediciones de manera directa. Sin embargo, Gall propuso una hipótesis simplificadora: el hueso craneal, modelado por la corteza durante su crecimiento, reflejaba con sus protuberancias y sus hendiduras el tamaño de los órganos subyacentes. El talento matemático, entonces, podía detectarse durante la niñez gracias a la "craneometría", la medición de las deformaciones del cráneo. En francés contemporáneo, para una persona que tiene mucho talento en ciertas áreas, como la matemática, se usa aún el dicho popular de que tiene *la bosse des maths*, la "giba de la matemática", una expresión heredada sin mediaciones de la frenología.

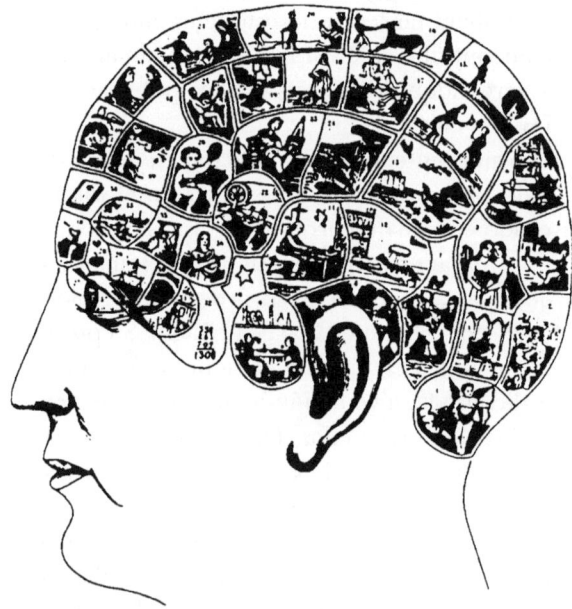

Figura 6.2. Una imagen notablemente figurativa de los varios órganos cerebrales postulados por los frenólogos. El "sentido de las relaciones numéricas", más conocido como la "giba de la matemática", estaba ubicado arbitrariamente detrás del ojo.

Bajo la influencia de la teoría de Gall, los académicos del siglo XIX destinaron un esfuerzo considerable a comparar el tamaño y la forma de los cráneos de las personas de diferentes razas, ocupaciones y niveles intelectuales, una épica científica que Stephen Jay Gould ha narrado de forma brillante en *La falsa medida del hombre* (Gould, 1981). Muchos científicos de renombre cedieron al encanto de esta novedad y donaron sus cabezas a la ciencia de modo que, en una necrofílica competencia póstuma, el volumen de su materia gris pudiera ser comparado con el de colegas y con el de hombres promedio. En París, la Société Anthropologique dedicó numerosas sesiones a Georges Cuvier, el famoso zoólogo y paleontólogo francés. Las dimensiones de su cráneo, y hasta de su sombrero, dieron pie a un acalorado debate entre Broca, ferviente defensor de la craneometría, y Gratiolet, quien la rechazaba. El cerebro de Gauss, de un peso promedio pero del que se pensaba que tenía más circunvoluciones que el de un trabajador alemán promedio, parecía apoyar a Broca (figura 6.3). Este último también notó, de acuerdo con Binet, que "la cabeza del joven Inaudi era muy irregular y tenía muchas protuberancias", mientras que el propio Charcot encontró "una leve protuberancia en la giba frontal derecha y, en la parte posterior, una protuberancia parietal izquierda", así como una "saliente longitudinal de dos centímetros formada por un hueso parietal derecho elevado". La suposición de que el tamaño del encéfalo era menor en las mujeres, en los "negros" y en los gorilas se interpretó como una prueba adicional de la estrecha correlación entre las dimensiones del cerebro y la inteligencia. Por si hace falta aclararlo, todos estos análisis estaban plagados de errores obvios, que Gould, entre otros, ha denunciado en repetidas ocasiones.

Un siglo y medio más tarde, ¿qué queda de la frenología y la craneometría? Si bien algunos racistas intentan revivirla periódicamente en el ámbito político, la hipótesis de que existe un vínculo directo entre el tamaño del cerebro y la inteligencia fue refutada una y otra vez. (¡El cerebro del propio Gall pesaba sólo 1282 gramos, o sea 520 gramos menos que el de Cuvier!). El legado de la organología de Gall, sin embargo, no es tan claro. De hecho, la hipótesis de la especialización funcional de las áreas cerebrales está fuera de discusión. En nuestros días, es un hecho cierto y constatado que cada milímetro cuadrado de la corteza contiene neuronas altamente especializadas para procesar información específica. Más adelante veremos incluso que los estudios de lesiones cerebrales y los nuevos métodos de neuroimágenes funcionales permiten a los neurocientíficos contemporáneos trazar un mapa esquemático de las redes cerebrales involucradas en el cálculo mental.

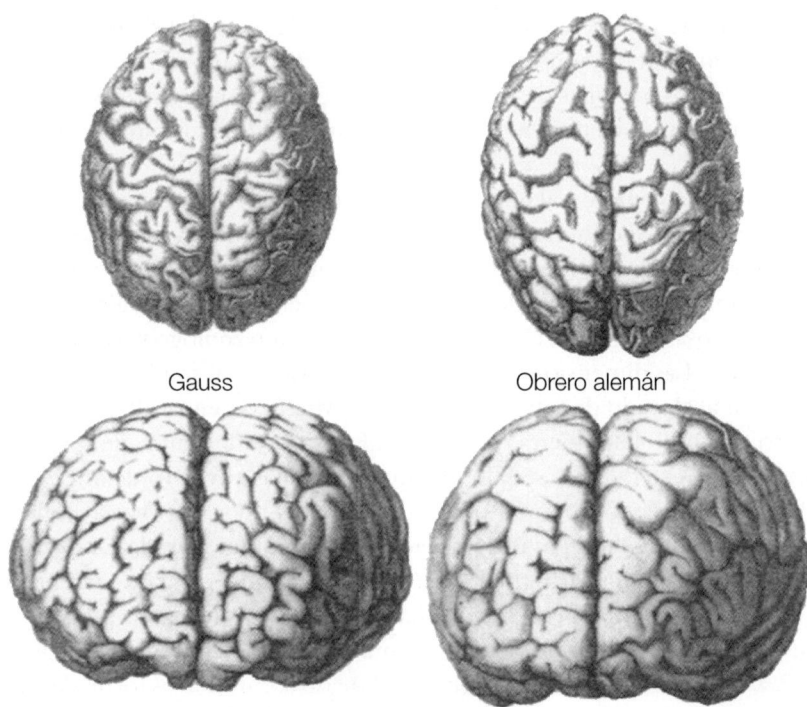

Gauss   Obrero alemán

Figura 6.3. Un dibujo que data del final del siglo XIX muestra muchas más circunvoluciones en el cerebro del genial matemático Carl Friedrich Gauss que en el de un obrero alemán "promedio", diferencia improbable que sin duda debe más a la imaginación del dibujante y a sesgos de selección que a una anatomía cerebral real.

A pesar de que indudablemente estos resultados recientes superan los sueños más descabellados de Gall y Spurzheim, no confirman su teoría de la localización de las facultades mentales. A diferencia de la teoría frenológica, las imágenes modernas del cerebro nunca limitan una facultad compleja, como el lenguaje o el cálculo, a un área cerebral exclusiva y monolítica. En los mapas contemporáneos del cerebro, sólo funciones muy elementales –el reconocimiento de un fragmento de un rostro, la invariabilidad del color, o la producción de un gesto motor– pueden asignarse a una región cerebral acotada. El acto mental aparentemente más simple, como leer una palabra, requiere una sincronización de múltiples asambleas de neuronas distribuidas en diferentes regiones cerebrales. Nunca será posible aislar *el* área del lenguaje, y mucho menos la circunvolución que controla el pensamiento abstracto, o la región especializada en la devoción religiosa, ¡con todo el respeto para los investigadores que aún continúan en la búsqueda de un área que esté a cargo de la conciencia o el altruismo!

Hay otra convicción persistente, aunque dudosa, que forma parte del legado de la teoría de Gall: la hipótesis de que el talento intelectual deriva de un don innato, una predisposición biológica a la genialidad. En 1894, Binet pensaba que los logros de los prodigios del cálculo podían explicarse por una "aptitud innata"; afirmaba: "En la eclosión de su facultad hay algo similar a una suerte de generación espontánea" (Binet, 1981 [1894]). Sin embargo, ya el estudio de niños dotados y de niños con retraso mental lo hizo cambiar de opinión. Una década después, negó que la inteligencia fuera innata y se convirtió en un ardiente defensor de la educación especial como modo de compensar el retraso mental. Pero para muchos otros científicos, el concepto de un don innato fue difícil de eliminar. Hasta hoy, Neil O'Connor, uno de los principales expertos en personas con "síndrome del savant", perpetúa esta tradición, y llega al punto de declarar que "las habilidades involucradas [en los prodigios autistas] son como programas innatos de habilidades que aparecen de forma independiente de cualquier esfuerzo de aprendizaje".

La creencia de que las habilidades intelectuales están determinadas biológicamente está muy profundamente fijada en el pensamiento occidental, especialmente en los Estados Unidos. Para tomar sólo un ejemplo, los psicólogos Harold Stevenson y Jim Stigler (1992) han estudiado cómo evalúan los padres estadounidenses y japoneses la influencia del esfuerzo de sus hijos en contraposición con las habilidades innatas en el desempeño en la escuela. En Japón, la cantidad de esfuerzo y la calidad de la enseñanza se revelan como los parámetros más críticos. En los Estados Unidos, en cambio, la mayoría de los padres, y de los niños mismos, consideran que el éxito o el fracaso en matemática dependen sobre todo de los talentos y las limitaciones innatos de cada uno. Esta noción está en tal grado instalada que llega a permear también nuestro vocabulario cuando hablamos del talento como un "don" (¿de quién?) o una "disposición" (¿dispuesta por quién?). De hecho, a menudo la palabra "talentoso" es entendida en contraposición con "trabajador".

Hasta hace poco tiempo, incluso los partidarios de las teorías innatistas de la inteligencia se burlaban de la hipótesis simplista de Gall respecto de que el talento era directamente proporcional al tamaño de determinadas circunvoluciones cerebrales. En los últimos años, sin embargo, esta concepción organológica ha reaparecido en la vanguardia de la investigación neurocientífica. Dos artículos de las mejores revistas científicas internacionales han informado que los altos niveles de habilidad musical se ven acompañados de una extensión inusual de determinadas áreas corticales. En los músicos con oído absoluto –la habilidad para identificar con precisión el tono absoluto de una única nota–, una región de la corteza auditiva del hemisferio izquierdo llamada *planum* temporal parece ser más grande que la de los sujetos control que no cuentan con este talento, toquen o no un instrumento (Schlaug, Jancke, Huang y Steinmetz, 1995). Entre los violinistas, por ejemplo, como en otros intérpretes de instrumentos de cuerdas, la región de la corteza sensorial dedicada a la representación táctil de los dedos de la mano izquierda muestra una expansión excepcional (Elbert, Pantev, Wienbruch, Rockstroh y Taub, 1995). Pero ¿alguien se propuso trazar el mapa del talento musical?

De hecho, estos datos no avalan necesariamente teorías innatistas como la de Gall. Los estudios de plasticidad neural han revelado que la experiencia puede modificar en profundidad la organización interna de las áreas cerebrales. La arquitectura del cerebro adulto es el resultado de un lento proceso de epigénesis que se extiende más allá de la pubertad, y durante el cual se modelan y se seleccionan las representaciones corticales en función de su uso para el organismo. Por lo tanto, practicar violín durante varias horas por día desde la niñez temprana puede alterar de forma sustancial las redes neuronales de un músico joven, su extensión, y tal vez hasta su morfología macroscópica. Se considera que esta es la explicación más acertada de la expansión de la corteza somatosensorial de los intérpretes de instrumentos de cuerda, porque cuanto más joven hayan comenzado a tocar, mayor es el efecto. En muchas ocasiones se han observado en la corteza sensorial de los monos modificaciones radicales similares en la topografía cortical dependientes de la experiencia (Jenkins, Merzenich y Recanzone, 1990). Así, la neurociencia moderna desmiente por completo la hipótesis de Gall. Los frenólogos consideraban que la superficie cortical destinada a una función específica era un parámetro innato que, en última instancia, determinaba nuestro nivel de competencia. En una visión contrapuesta, hoy en día los neurocientíficos piensan que el tiempo y el esfuerzo que se dedican a un campo modulan la extensión de su representación en la corteza.

Hace algunos años, el cerebro de Einstein, conservado en formol desde 1955, fue objeto de gran atención de los medios masivos. Una serie de estudios reveló las medidas anatómicas de ese órgano mítico, aunque la mayoría resultó decepcionante: el inspirado fundador de la física moderna parecía estar equipado con un encéfalo muy poco excepcional. Su peso, por ejemplo, era de sólo mil doscientos gramos aproximadamente, que no es mucho, ni siquiera para un hombre mayor. Sin embargo, en

1985, dos investigadores reportaron una densidad de células gliales por encima del promedio en una región del cerebro llamada "giro angular" o "área 39 de Brodmann", que pertenece al lóbulo parietal inferior (Diamond, Scheibel, Murphy y Harvey, 1985).[28] Esta área, como veremos más adelante, tiene un papel crucial en la manipulación mental de las cantidades numéricas. Entonces, tal vez no sea poco razonable considerar que lo que distinguía a Einstein de los hombres promedio era su organización celular. ¿Finalmente había sido descubierta la causa biológica de la excelencia de Einstein?

En realidad, esta investigación está plagada de las mismas ambigüedades que los estudios de la topografía cortical de los músicos. Incluso en caso de suponer que la densidad cerebral de Einstein excedía el umbral de variación aleatoria entre individuos –algo que todavía no se ha probado–, ¿cómo se pueden separar las causas de las consecuencias? Einstein puede haber estado dotado desde el nacimiento con un número de células parietales inferiores fuera de lo común, que pueden haberlo predispuesto a aprender matemática. Pero en el estado actual de nuestro conocimiento, lo opuesto parece ser igualmente plausible: el uso constante de esta región cerebral puede haber modificado en profundidad su organización neuronal. Como una ironía, los determinantes biológicos de la teoría de la relatividad, si los hay, se encuentran perdidos para siempre en su enigma del huevo y la gallina. ¿Quién dijo que todo era relativo?

¿El talento matemático es un don biológico?

Un argumento que se ha explotado con frecuencia para convalidar la investigación de las bases genéticas del talento matemático proviene de la correlación entre los logros de los hermanos, especialmente entre gemelos homocigóticos, que tienen el mismo genotipo y a menudo parecen mostrar niveles similares de desempeño en matemática. Los desempeños de los gemelos heterocigóticos o mellizos, que comparten sólo la mitad de sus genes, parecen ser más variables; ocasionalmente, uno se destaca en matemática mientras que el otro alcanza un nivel mediocre. Al comparar los logros obtenidos por varios pares de gemelos homocigóticos

---

28 Las tribulaciones del cerebro de Einstein continúan hasta el día de hoy. Véanse Anderson y Harvey (1996) y Witelson, Kigar y Harvey (1999).

y heterocigóticos, se puede computar una medida de "heredabilidad". De acuerdo con estudios llevados a cabo durante la década de 1960 por Steven Vandenberg, la heredabilidad en aritmética llegaría hasta cerca del 50%; esto implica que alrededor de la mitad de la variabilidad en el desempeño aritmético se debe a diferencias genéticas entre individuos (Vandenberg, 1962, 1966).

Sin embargo, esta interpretación todavía es muy discutida. En efecto, el método de los gemelos depende de muchas influencias triviales. Por ejemplo, algunos estudios han mostrado que los homocigóticos tienden a recibir educación idéntica, en la misma aula, con el mismo maestro, en mayor medida que los heterocigóticos.[29] El hecho de que tengan un talento similar puede deberse, entonces, a los rasgos compartidos de su educación más que a sus genes. Otra potencial fuente de confusión: en el útero de su madre, cerca del 70% de los gemelos homocigóticos comparte una única placenta o un único saco vitelino. Por supuesto, este no es el caso de los heterocigóticos, que nacen de dos óvulos separados. Entonces, la composición bioquímica del ambiente uterino comparable tal vez pueda imponer regularidades comunes a los cerebros en desarrollo de los gemelos. Por último, incluso si se probara la heredabilidad genética del talento matemático, el método de los mellizos no provee indicio alguno acerca de los genes involucrados, que bien podrían no tener relación directa con la matemática. Imaginemos un ejemplo extremo, el de un gen que tiene influencia sobre el tamaño corporal. Podría tener una influencia negativa en las habilidades matemáticas simplemente porque quienes cargan con él juegan al básquet con mucha frecuencia ¡de manera que su educación matemática se resiente!

En la búsqueda de las bases biológicas del talento matemático, otra clave intrigante aunque ambigua surge de las diferencias entre hombres y mujeres. La matemática de alto nivel constituye casi exclusivamente un campo masculino. De los cuarenta y un prodigios del cálculo que describió Steven Smith en su bien documentado libro acerca de los grandes calculistas mentales, sólo tres son mujeres. En los Estados Unidos, Camilla Benbow y sus colegas administraron una prueba diseñada inicialmente para adolescentes, la Scholastic Aptitude Test for Mathematics (SAT-M),

---

29 Véanse un análisis exhaustivo de los efectos de la diferencia de género en la matemática y mayores referencias en Benbow (1988), Hyde, Fennema y Lamon (1990); véase también Benbow, Lubinski, Shea y Eftekhari-Sanjani (2000).

a un gran grupo de niños de 12 años (Benbow, 1988). La nota promedio
suele rondar los quinientos puntos. Por cada niña que supera esta nota
a los 12 años, hay dos niños en la misma situación. Esta relación llega a
ser de cuatro a uno cuando la nota se eleva a seiscientos, y se vuelve de
trece a uno a partir de setecientos (figura 6.4). Entonces, la proporción
de hombres aumenta en forma drástica a medida que se seleccionan los
alumnos más calificados en matemática. Esta ventaja para los hombres
se observa en todos los países, desde China hasta Bélgica. La supremacía
masculina en matemática es un fenómeno mundial.

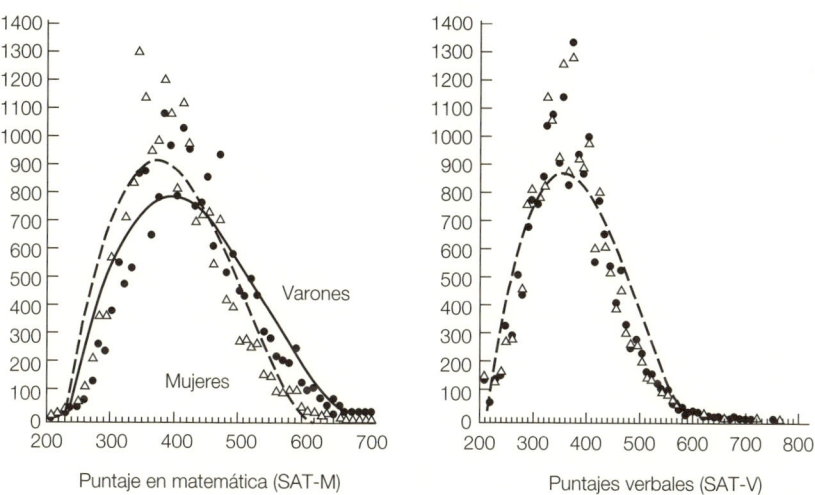

Figura 6.4. En las muestras tomadas por Camilla Benbow entre estudiantes
talentosos de séptimo grado, las evaluaciones estándar de aptitud revelan
una ventaja pequeña pero consistente para los hombres por sobre las
mujeres en matemática. Los puntajes verbales, en contraste, se encuentran
distribuidos de forma idéntica para hombres y para mujeres (tomado de
Benbow, 1988; © Cambridge University Press).

Sin embargo, debe matizarse la importancia de este fenómeno para la población general. Sólo la élite matemática está compuesta casi exclusivamente por hombres. En el total de la población, la supremacía de los hombres es más endeble. El impacto del género sobre una prueba psicológica
se mide estadísticamente dividiendo la diferencia media entre los hombres y las mujeres por la dispersión de los puntajes dentro de cada género.
En los adolescentes, este valor típicamente no excede un medio, lo que
significa que las distribuciones de los puntajes de los hombres y las mujeres

se superponen considerablemente: un tercio de los hombres se encuentra por debajo del puntaje femenino promedio o, a la inversa, un tercio de las mujeres se encuentra por encima del puntaje masculino promedio. La ventaja masculina también varía con el contenido de las evaluaciones. En la resolución de problemas matemáticos, los hombres claramente llevan la delantera; pero en el cálculo mental, las mujeres se encuentran primeras, por un estrecho margen. Por último, mientras que surge una discrepancia entre niños y niñas desde el preescolar en adelante, no parece haber una ventaja sistemática detectable antes de que comience la escolarización. En especial, las habilidades precoces de los bebés para la aritmética no prevalecen en los varones respecto de las niñas.

A pesar de estas reservas, la hegemonía masculina en la matemática de alto nivel plantea temas importantes. La matemática funciona como filtro en varias etapas críticas de nuestros sistemas educativos y, siempre, más chicos que chicas logran superarlo. En definitiva, nuestra sociedad deja pocas oportunidades para que las mujeres adquieran entrenamiento de nivel más alto en matemática, física o ingeniería. Sociólogos, neurobiólogos y políticos por igual querrían saber si esta distribución de recursos educativos refleja adecuadamente los talentos naturales de cada género, o si lisa y llanamente sirve para perpetuar la injusticia de una sociedad cuyas instancias de decisión casi siempre quedan reservadas a los hombres.

Sin duda, muchos factores psicológicos y sociológicos desalientan la participación de las mujeres en el campo de la matemática. Algunas encuestas han revelado que, en promedio, las mujeres sienten mayor ansiedad que los varones en los cursos de matemática y están menos seguras de sus capacidades; piensan que la matemática es una actividad típicamente masculina que será de poca utilidad en sus carreras profesionales. Sus progenitores, especialmente sus papás, comparten este sentimiento. Por supuesto, estos estereotipos se acumulan para conformar una profecía autocumplida. La falta de entusiasmo de las jóvenes por la matemática y su convicción de que nunca brillarán en este dominio contribuyen a su descuido de los cursos de matemática y, por lo tanto, a que su nivel de desempeño sea más bajo.

Existen estereotipos muy similares que pueden explicar las discrepancias en los logros matemáticos de acuerdo con la clase social. Estoy convencido de que los prejuicios que transmiten nuestras sociedades acerca de la matemática son, en gran medida, responsables de la grieta que separa los puntajes de hombres y mujeres, así como los de ricos y pobres. Se trata de una brecha que podría acortarse parcialmente con cambios políticos y sociales en las actitudes hacia la matemática. En China, por ejemplo, las adolescentes más talentosas obtienen puntajes en matemática que exceden no sólo los de sus congéneres estadounidenses, sino también los de los adolescentes varones de esa nacionalidad: esta es una clara demostración de que la diferencia entre los hombres y las mujeres es pequeña en comparación con el posible impacto de las estrategias educativas. Un metaanálisis reciente de docenas de publicaciones indica que la distancia promedio entre los hombres y las mujeres estadounidenses se ha reducido en un 50% durante un período de treinta años, una evolución que iguala la mejora paralela del estatus de las mujeres en el mismo lapso.

Dicho esto, ¿se puede considerar que las diferencias biológicas de género tienen alguna incidencia en la brecha restante? Si bien todavía no se han encontrado determinantes neurobiológicos o genéticos de la ventaja masculina en matemática, un conjunto de pistas convergentes alimenta una sospecha cada vez mayor sobre la existencia de variables biológicas que, en efecto, contribuyen al talento matemático, aunque sea de forma remota. En una población de niños excepcionalmente hábiles para la matemática se encuentran trece veces más niños que niñas, pero también dos veces más alérgicos, cuatro veces más miopes, y dos veces más zurdos que en la población normal. Más del 50% de estos matemáticos incipientes son o zurdos o ambidiestros, o bien diestros con hermanos zurdos. Por último, un 60% de ellos son primogénitos. Evidentemente, ¡el arquetipo del académico como un hijo único, zurdo, enfermizo y con anteojos no es totalmente infundado!

Quizá pueda explicarse la asociación de la miopía con el talento matemático apelando a una causa actitudinal: es probable que los niños cortos de vista se sumerjan en los libros de matemática con más gusto porque son menos hábiles, por ejemplo, en los deportes que requieren puntería. También se puede proponer un argumento similar respecto del orden de nacimiento: es posible que los primogénitos reciban una educación sutilmente diferente que, de algún modo, alienta el pensamiento matemático. Sin embargo, las alergias y la lateralidad no se prestan con facilidad a una explicación tan superficial como esta. Es más, hay casos concluyentes, aunque ciertamente más extremos, en que las capacidades matemáticas se ven claramente afectadas por anomalías neurogenéticas relacionadas con el sexo. Por ejemplo, la mayoría de los prodigios del cálculo del tipo de los que presentan síndrome del savant sufren de autismo, una enfermedad neurológica que se presenta en los niños con una frecuencia cuatro veces mayor que en las niñas. Más aún, sus síntomas se asocian con anomalías genéticas del cromosoma X, como el síndrome del "X frágil". A la inversa, el síndrome de Turner es una enfermedad genética que sólo afecta a las mujeres, y está vinculado a la ausencia de un cromosoma X. Resulta que, además de algunas malformaciones físicas, las mujeres con síndrome de Turner sufren un déficit cognitivo profundo y específico en matemática y en la representación mental del espacio, aunque su CI pueda estar en un nivel normal (Mazzocco, 1998).[30] Ese déficit está causado, en parte, por una escasez anormal de secreción de las hormonas sexuales debido a una atrofia de los ovarios. Es más, se sabe que el tratamiento hormonal temprano mejora su desempeño matemático y espacial.

Todavía no tenemos una explicación satisfactoria de estos vínculos misteriosos entre el género, el cromosoma X, las hormonas, la lateralidad, las alergias, el orden de nacimiento y la matemática. En nuestra situación actual, todo lo que podemos hacer es pintar un cuadro impresionista de las cadenas causales más plausibles. De acuerdo con el neuropsicólogo Norman Geschwind y sus colegas (Geschwind y Galaburda, 1985), la exposición a un nivel elevado de testosterona durante la gestación puede afectar de manera simultánea el sistema inmunológico y la diversificación de los hemisferios cerebrales. La testosterona puede hacer más lento el desarrollo del hemisferio izquierdo. Uno puede imaginarse que la probabilidad de ser zurdo, entonces, debería aumentar, y también debería hacerlo la habilidad para manejar representaciones mentales del espacio, una función típicamente más dependiente del procesamiento del hemisferio derecho. Este refinado sentido del espacio, a su vez, facilitaría la manipulación de los conceptos matemáticos. Como la testosterona es una hormona masculina, esta presunta cascada de efectos podría tener consecuencias más fuertes para los hombres que para las mujeres. No parece absurdo, tampoco, pensar que esté bajo el control genético parcial del cromosoma X, y esto justificaría el carácter hereditario de las disposiciones matemáticas y espaciales.

Entre todos los indicios que gravitan alrededor de este escenario todavía confuso, tengamos presente lo siguiente: se sabe que los andrógenos tienen una influencia directa en la organización del cerebro en desarrollo; también, se ha demostrado que existen modificaciones en

---

30 Véanse los resultados de una investigación reciente, que utilizó tanto análisis conductuales como de neuroimágenes, en Molko y otros (2003), Bruandet, Molko, Cohen y Dehaene (2004), y Molko y otros (2004).

el tratamiento del espacio y de los conceptos matemáticos en sujetos expuestos a un nivel anormal de hormonas sexuales durante el desarrollo, así como, en las mujeres, en varios puntos del ciclo menstrual; en las ratas, las habilidades espaciales de las hembras tratadas hormonalmente exceden las de las hembras no tratadas, y alcanzan las de los machos sin tratamiento; por último, la concentración de hormonas sexuales en el vientre es más alta durante el primer embarazo (recordemos que la mayoría de los prodigios matemáticos son primogénitos). Moldeado por este baño hormonal variable, es probable que el cerebro masculino esté organizado de una forma levemente distinta del femenino. Los circuitos neuronales pueden verse sutilmente modificados de un modo que en gran medida sigue siendo desconocido, pero que permite explicar que los hombres se muevan con mayor velocidad en los espacios matemáticos abstractos.

Es frustrante no ser capaz de ir más allá de la confusión teórica y exhibir una explicación del talento matemático simple y determinista. Pero, con seguridad, sería ingenuo esperar que existieran vínculos directos que llevaran de los genes a los genios. Esta brecha es tan amplia que sólo puede colmarse con una multiplicidad de cadenas causales intermedias. La genialidad emerge de una confluencia improbable de varias fuentes: factores genéticos, hormonales, familiares y educativos. La biología y el ambiente se entrelazan en una cadena indisoluble de causas y efectos, que aniquilan cualquier esperanza de predecir el talento a partir de la biología o de obtener pequeños Einstein casando a dos premios Nobel.

Cuando la pasión engendra talento

Los límites de la explicación biológica del talento en ningún lugar son más evidentes que en el caso de esos notables niños llamados peyorativamente "idiotas sabios", "savants" o portadores del "síndrome del savant", que muestran una minúscula isla de genialidad en un océano de incompetencia. Piensen en el caso de Dave, un niño de 14 años que fue estudiado por Michael Howe y Julia Smith (1988). En un instante, Dave puede decir el día de la semana que corresponde a cualquier fecha pasada o futura. Pero su CI no llega a 50, lee con el nivel de un niño de 6 años, y casi no habla. Es más, a diferencia de Michael, a quien describí antes en este capítulo, Dave no sabe casi nada de matemática. Hasta es totalmente incapaz de multiplicar. ¿Qué parámetro biológico podría haberle conferido a Dave tanto el genio para la "calendariología" como una aversión hacia la lectura y el cálculo? ¿Cómo podría estar predispuesto el cerebro para adquirir el calendario gregoriano, que ha existido en su forma actual apenas desde 1582? El don de Dave, si es que puede hablarse de un "don", debe residir en algún parámetro genérico, como la memoria o el poder de concentración. Para explicar la estrechez de su talento, uno debe apelar, obviamente, al aprendizaje. Ni los genes ni las hormonas pueden infundir conocimiento acerca del mes de diciembre.

Ocurre que Dave pasa horas observando el calendario de la cocina y recordándolo de memoria, en parte debido a que jugar con otros niños está fuera del alcance de su competencia social. Dave sufre un autismo severo. Como un Robinson perdido en un desierto afectivo, sus únicos compañeros de soledad se llaman Viernes o Enero. Supongamos que les dedica tres horas por día a los calendarios (y seguramente estoy subestimando la cantidad). En diez años, su entrenamiento alcanzará diez mil horas de concentración extrema, una duración enorme que puede explicar tanto su comprensión profunda del calendario como los vacíos considerables en su conocimiento del resto de los campos.

Desde el calendario hasta el cálculo mental, todos los prodigios del cálculo, del pasado o de la actualidad, se caracterizan por una concentración obsesiva similar. ¿Por qué alguien debería dedicar toda su energía a un campo tan acotado? Entre los grandes calculistas mentales, tal vez deberíamos distinguir tres categorías principales: los profesionales, los holgazanes y los deficientes mentales. Los primeros son matemáticos en pleno uso de sus facultades mentales, cuya profesión requiere un conocimiento profundo de la aritmética. Para ellos, el cálculo puede volverse una segunda naturaleza. De acuerdo con sus propios relatos, muchas veces Gauss se encontraba contando sus pasos sin intención consciente. Por su parte, Alexander Aitken, otro brillante matemático, declaraba que los cálculos se desencadenaban en forma automática en su mente: "Si salgo a caminar y pasa un automóvil con la patente 731, no puedo evitar observar que es 17 veces 43" (cit. en Smith, 1983). En muchas ocasiones, como en el caso de Gauss, este tipo de matemáticos pierde parte de sus habilidades de cálculo a medida que avanza hacia esferas más abstractas del universo matemático.

En la segunda categoría, la de los holgazanes, ubicaría a los calculistas que se aburren tanto en su profesión que se zambullen en el cálculo a modo de pasatiempo. Un ejemplo típico: Jacques Inaudi y Henry Mondeux (Binet, 1981 [1894]), ambos pastores, que reinventaron buena parte de la aritmética en sus solitarios pastoreos. Ninguno de los dos dejaba nunca de contar no sólo sus ovejas, sino también piedras, sus pasos, el tiempo que pasaban balanceándose en una silla.

Por último, la tercera categoría, la de los deficientes mentales, consiste en personas con retraso como Dave o Michael, que viven en un mundo autista, y cuya pasión por los números o los calendarios es patológica y sintomática de su falta de interés por las relaciones humanas. Es probable que Jedediah Buxton, un inglés prodigio del cálculo del siglo XVIII, fuera autista. Alfred Binet describe así la primera noche de Buxton en el teatro, durante una función de *Ricardo III*:

> Luego se le preguntó si le había gustado la obra: sólo la había visto como oportunidad para hacer cálculos; durante los bailes, había fijado la atención en la cantidad de pasos, que alcanzaban los 5202; también había contado el número de palabras que los actores habían pronunciado: este era 12 445... y se descubrió que todo era exacto (Binet, 1981 [1894]).

Sin importar su motivación profunda, ¿es suficiente este tipo de inmersión en los números, año tras año, para explicar la aparición de un talento tan extraordinario para el cálculo? ¿Podría una persona cualquiera, con el entrenamiento suficiente, volverse un prodigio, o hace falta un "don" biológico especial? Para deslindar los roles de naturaleza y educación, algunos investigadores han intentado convertir a estudiantes promedio en prodigios del cálculo o de la memoria a través de entrenamiento intensivo. Sus resultados prueban que la pasión puede engendrar el talento. K. Anders Ericsson, por ejemplo, ha demostrado que cien horas de entrenamiento son suficientes para expandir la amplitud de memoria (o *span*) de dígitos hasta al menos veinte dígitos: ochenta dígitos, en un sujeto de notoria perseverancia (Chase y Ericsson, 1981). Otro psicólogo, James J. Staszewski (1988), ha enseñado a un puñado de estudiantes varias estrategias para el cálculo veloz.[31] Luego de trescientas horas de entrenamiento distribuidas en dos o tres años, su velocidad de cálculo se cuadruplicó: sólo les llevó cerca de treinta segundos calcular mentalmente $59\,451 \times 86$.

Estos experimentos de aprendizaje se alinean con las intuiciones de los propios grandes calculistas, quienes declaran que deben practicar todos los días; si no, verán decaer su talento. De acuerdo con Binet (1981

31 Véase también Obler y Fein (1988).

[1894]), por ejemplo, "luego de dedicar un mes a estudiar los libros, [Inaudi] vio que estaba perdiendo muchos de sus poderes mentales. Sus habilidades para el cálculo mental sólo permanecen estables gracias a un entrenamiento incesante".

Binet también muestra una comparación de la velocidad de Jacques Inaudi para el cálculo con la de los cajeros profesionales de las originarias grandes tiendas Au Bon Marché, de París. Antes de que existieran las cajas registradoras automáticas, la suya era una profesión respetada: verdaderas calculadoras humanas, pasaban de ocho a diez horas por día, seis días a la semana, sumando compras y multiplicando trozos de lino por el precio del metro. Si bien solía contratárselos entre los 15 y los 18 años, sin aptitudes particulares, se convertían en calculistas relámpago. Binet descubrió que no eran más lentos que Inaudi. Es más, a uno de ellos le llevó sólo cuatro segundos calcular 638 × 823, marca que inequívocamente superaba los seis segundos de Inaudi. La mera extensión de su memoria, sin embargo, le permitía a Inaudi ganar la carrera en cálculos más complejos.

El caso de los cajeros demuestra la ausencia de un límite claro entre los profesionales cuyo talento deriva del entrenamiento intensivo y los genios que supuestamente deben sus hazañas a una cualidad innata. Es más, hasta hace poco tiempo, el Centro de Investigación Nuclear (CERN) de Ginebra empleó a Wim Klein por sus poderes aritméticos; y Zacharias Dase, en el siglo XIX, contribuyó enormemente a la matemática al establecer una tabla de logaritmos naturales para los números desde 1 hasta 1 005 000, y al factorear todos los números desde 7 hasta 8 000 000.

Hoy en día, la sociedad ya no valora el cálculo mental. Es difícil encontrar calculistas humanos famosos. Por ese motivo, los profesionales de los siglos pasados parecen mucho más prodigiosos aún. Hoy en día, al menos en Occidente, cualquiera que forzara a un niño a calcular varias horas por día se expondría a una denuncia, aunque nuestra sociedad permite dedicar la misma cantidad de tiempo al piano o a jugar ajedrez. Las sociedades orientales no comparten nuestra escala de valores. En Japón, es una práctica bien aceptada enviar a los niños a cursos de aritmética vespertinos en los que aprenden los secretos del "ábaco mental". A los 10 años, los más entusiastas aparentemente son capaces de superar el desempeño de nuestros prodigios del cálculo occidentales.

Parámetros ordinarios para calculistas extraordinarios

El talento para el cálculo, entonces, parece deberse más a un entrenamiento precoz, muchas veces acompañado por una capacidad excepcional y hasta patológica para concentrarse en el acotado terreno de los números, que a un don innato. Esta conclusión encaja con el pensamiento de dos de los mayores genios de los últimos siglos: Thomas Edison, para quien "la genialidad es 1% inspiración y 99% transpiración", y el naturalista francés Buffon, quien confesó –¿con falsa modestia?– que "la genialidad no es más que una mayor aptitud para la paciencia".

Avalando esta tesis, los estudios psicométricos no han detectado ninguna modificación importante en los parámetros fundamentales del funcionamiento cerebral de los calculistas relámpago. Por fuera de su especialidad, la velocidad de procesamiento de estos prodigios es la del promedio de las personas, o menor. Pensemos en Shakuntala Devi, una calculista india con una velocidad asombrosa: el *Libro Guiness de los Récords* le reconoce la habilidad de multiplicar dos números de trece dígitos en treinta segundos, aunque esto podría ser exagerado. El psicometrista Arthur Jensen –quien anteriormente había abogado muchas veces por el determinismo biológico de la inteligencia– la invitó a su laboratorio para medir su desempeño en algunas pruebas clásicas. El artículo de Jensen (1990) no logra ocultar su decepción: no había nada excepcional en el tiempo que le llevó a esta genio de la aritmética detectar una luz, o seleccionar una acción motora entre ocho. El desempeño de Devi en uno de los denominados tests de "inteligencia", el de matrices progresivas de Raven, no se alejó mucho del promedio. Y cuando tenía que localizar un blanco visual, o buscar un número en la memoria, era anormalmente *lenta*. Tomando prestada una metáfora de las ciencias computacionales, las hazañas de cálculo de Devi obviamente no se debían a una aceleración global de su reloj interno; sólo su procesador aritmético tenía velocidad relámpago.

En el capítulo anterior vimos que uno puede predecir con notable precisión el tiempo que necesitará un sujeto normal para realizar una multiplicación. Cuanto más elementales sean las operaciones necesarias, y cuanto más grandes sean los dígitos implicados, más lento será el cálculo. En este sentido, los prodigios del cálculo tampoco son diferentes de una persona promedio. Hace un siglo, Binet cronometró a Inaudi mientras resolvía problemas de multiplicación (Binet, 1981 [1894]). Aquí vemos algunos de sus resultados.

	Tiempo de cálculo en segundos	Cantidad de operaciones
3 × 7	0,6	1
63 × 58	2,0	4
638 × 823	6,4	9
7286 × 5397	21	16
58 927 × 61 408	40	25
729 856 × 297 143	240	36

La columna de la derecha muestra cuántas operaciones elementales se necesitan en el algoritmo de cálculo tradicional. Esta cantidad predice bastante bien el tiempo de cálculo de Inaudi, con la excepción de los problemas de multiplicación más complejos, que son desproporcionadamente lentos por la mayor carga de memoria. Sería notable que Inaudi hubiera sido capaz de multiplicar dos números de tres dígitos en sólo un poco más de tiempo del que lleva multiplicar solamente dos dígitos. Esto indicaría que estaba utilizando un algoritmo radicalmente diferente, lo cual quizá le habría permitido realizar múltiples operaciones a la vez. Pero este no fue el caso de Inaudi, ni de ningún otro genio de la aritmética del que tenga conocimiento. Los grandes calculistas lidian con los cálculos grandes exactamente como el resto de nosotros.

Una última característica puede indicar un talento innato: la extraordinaria memoria que demuestra la mayoría de los calculistas relámpago. Para Binet, este punto estaba fuera de debate: "En mi opinión, la memoria es la característica esencial del calculista prodigio. Es inimitable, e infinitamente superior al resto de los hombres, debido a su memoria".

Binet distinguía dos tipos de prodigio: los calculistas visuales, que memorizan una imagen mental de los números escritos y de los cálculos, y los auditivos, como Inaudi, que declaran recordar los números porque los oyen en su cabeza. Tal vez también debería contemplarse una tercera categoría, los calculistas "táctiles", dado que al menos un calculista relámpago ciego, Louis Fleury, sostenía que en su imaginación manipulaba los números, literalmente, como si estuviera sosteniendo algunos cubaritmos, los símbolos numéricos táctiles que utilizan los ciegos. Independientemente de su modalidad, muchas veces la amplitud de memoria de los grandes calculistas es asombrosa. Inaudi, por ejemplo, podía repetir treinta y seis dígitos al azar sin cometer errores luego de haberlos oído y repetido sólo una vez. Al final de sus exhibiciones diarias, nunca se equivocaba al repetir los más de trescientos dígitos que el público le había dictado durante el espectáculo.

Es innegable que la amplitud de memoria de Inaudi alcanzaba alturas asombrosas, pero ¿esto implica que era innato? Más allá de las incontables anécdotas cuya fiabilidad muchas veces resulta cuestionable, poco sabemos acerca de la infancia de estos prodigios. Hasta ahora, nada prueba que a edad temprana poseyeran habilidades memorísticas sorprendentes. Me parece igualmente posible que su fantástica memoria sea resultado de años de entrenamiento, así como de su gran familiaridad con los números. Por su parte, Steven Smith, quien estudió cuidadosamente las vidas de docenas de prodigios del cálculo, llega a la misma conclusión:

> Los calculistas mentales, al igual que cualquier otro mortal, están sujetos a limitaciones de la memoria de corto plazo. Sin embargo, difieren en su habilidad para tratar conjuntos de dígitos como ítems individuales en la memoria (Smith, 1983).

En efecto, la amplitud de memoria no es un parámetro biológico invariable, como el grupo sanguíneo, medible independientemente de todos los factores culturales. Varía en gran medida según el significado de los ítems que deben almacenarse. Soy capaz de recordar con facilidad una cantidad de quince palabras en francés, mi primera lengua, porque su significado me ayuda. En cambio, en chino, una lengua que no comprendo, mi amplitud de memoria cae hasta cerca de siete sílabas. Del mismo modo, tal vez la razón por la que los calculistas excepcionales logran almacenar grandes cantidades de dígitos es que los números son prácticamente su lengua materna. Casi no existe combinación de dígitos carente de sentido para ellos. Probablemente, en la memoria de Hardy la licencia de taxímetro 1729 se registraba como cuatro dígitos independientes, porque se parecía a cualquier otro número al azar. Para Ramanujan, sin embargo, 1729 era un amigo de la infancia, un personaje familiar que ocupaba sólo una celdilla en su memoria. En general, creo, la familiaridad extrema de los prodigios del cálculo con los dígitos es suficiente para explicar su gran amplitud de memoria, sin tener que postular un hipotético determinismo biológico.

Recetas para el cálculo relámpago

Para liquidar definitivamente el mito del "calculista nato", debo explicar qué algoritmos utilizan los grandes calculistas. De no hacerlo, la multiplicación de 5498 por 912, o el reconocimiento inmediato de que 781 es 11 × 71 siempre quedarán envueltos en un aura de misterio. La mayoría de nosotros, en efecto, no tiene la menor idea de cómo resolver este tipo de problemas mentalmente. En realidad, existen varios recursos que simplifican por completo los enigmas aritméticos, incluso los que parecen más infranqueables.

Entonces, ¿cómo se puede calcular mentalmente el producto de dos números de varios dígitos? Scott Flansburg, que llegó a ser célebre como "la calculadora humana", no lo oculta: sus recursos están completamente basados en recetas simples que cualquiera puede aprender, y que develó en su *best seller* de 1993 (Flansburg, 1993). Tal como los demás calculistas, utiliza algoritmos parecidos a los que se enseñan en la escuela. Pero pone mucho celo en optimizar el orden en que realiza cada operación. Para hacer sumas, recomienda calcular de izquierda a derecha; para la multiplicación, siempre calcula en primer lugar los dígitos más significativos del resultado. Cada subproducto se suma inmediatamente al total acumulado, y de esta manera evita la memorización de varios resultados intermedios largos. Estas diferentes estrategias tienen un único objetivo –minimizar la carga de memoria– y llevan al éxito porque sólo se debe almacenar y refinar, paso a paso, una sola estimación provisional del resultado.

Con menor frecuencia algunos calculistas memorizan completa o parcialmente la tabla de multiplicar para todos los pares posibles de números de dos dígitos. Esto les permite multiplicar por grupos de dos dígitos como si fueran uno. Por último, todos los calculistas poseen un amplio repertorio de atajos basados en trucos algebraicos simples. Si nos limitamos a un ejemplo, el producto de 37 × 39 se identifica inmediatamente como $38^2 - 1$ utilizando la fórmula $(n + 1)(n - 1) = n^2 - 1$; 38^2 es igual a $36 × 40 + 4$, ya que $n^2 = (n - 2)(n + 2) + 2^2$. ¡Uno sólo necesita recuperar de la memoria el producto de $36 × 4$, que cualquier calculista experimentado reconoce como $12^2 = 144$, al que se adjunta el dígito 3 $(4 - 1)$, para llegar a la conclusión de que 37 por 39 es 1443!

En síntesis, es obvio que los grandes calculistas no utilizan ningún método aritmético "mágico". Como nosotros, dependen de un repertorio de tablas de multiplicación almacenadas, cuyos únicos rasgos originales son su extensión y, ocasionalmente, su formato no verbal (dado que algunos calculistas, como Michael, parecen no haber adquirido ninguna lengua). Al igual que nosotros, ejecutan sus cálculos de forma serial, dígito tras dígito, lo que explica las mediciones de los tiempos de respuesta de Binet. Y como nosotros, por último, seleccionan rápidamente el mejor medio para llegar al resultado en un tiempo mínimo, a partir de las múltiples estrategias que se encuentran a su alcance. En este sentido, sólo el número de estrategias que dominan los diferencia del niño de 6 años que ya simplifica espontáneamente $8 + 5$ en $(8 + 2) + 3$.

Pero, ¿qué ocurre con las habilidades aritméticas más complejas? A Shakuntala Devi le resulta suficiente una mirada para darse cuenta de que la raíz séptima de 170 859 375 es 15 (lo que significa que este número es 15 a la séptima potencia, o $15 \times 15 \times 15 \times 15 \times 15 \times 15 \times 15$). La extracción de raíces de los enteros pertenece al repertorio clásico de los calculistas profesionales. Los ingenuos espectadores siempre se asombran con lo que consideran una hazaña particularmente difícil, en especial para los radicales más altos. Sin embargo, en realidad, los cálculos pueden reducirse de manera drástica con atajos fáciles. Por ejemplo, el dígito que está más a la derecha nos informa directamente cuál es el dígito correspondiente del resultado. Cuando un número termina con 5, también lo hace su raíz. En el caso de las raíces quintas, el número inicial y su raíz siempre finalizan con el mismo dígito. En el resto de los casos, existe una correspondencia que se aprende con facilidad, y que se vuelve todavía más sencilla si se consideran los últimos dos dígitos en lugar de uno. Por otro lado, los primeros dígitos del resultado a menudo pueden encontrarse por prueba y error utilizando aproximaciones simples. Por ejemplo, la raíz séptima de 170 859 375 sólo puede ser 15 porque 25, el siguiente candidato terminado en 5, obviamente daría lugar a un número demasiado grande al elevarlo a la séptima potencia. En resumen, extraer las raíces de enteros, que a primera vista parece una hazaña sobrehumana, puede reducirse a la aplicación cuidadosa de recetas simples.

La habilidad para factorear números con rapidez, y así identificar los números primos, es una proeza más impresionante. ¿Recuerdan a Michael, el hombre autista que, de inmediato, reconocía que 389 es un número primo, y que 387 se puede descomponer en 9×43? Los mellizos descritos por Oliver Sacks eran más raros aún. Se decía que su pasatiempo consistía en intercambiar, por turnos, números primos cada vez más grandes ¡de seis, ocho, diez o hasta veinte dígitos de extensión!

A pesar de que esta habilidad parece en verdad asombrosa, y todavía está lejos de ser comprendida en su totalidad, es posible proponer varias explicaciones tentativas.[32] En primer lugar, a diferencia de lo que plantea una noción muy difundida, el concepto de número primo no es el pináculo de la abstracción matemática. La primalidad es una noción muy concreta que indica, ni más ni menos, si un conjunto de objetos se puede dividir en varios grupos iguales. El número 12 no es primo porque es divisible en tres grupos de cuatro o dos grupos de seis elementos. El 13 es primo porque no es posible una agrupación de ese tipo. Los números primos son tan usuales que los niños los manipulan sin saberlo cuando intentan organizar bloques cuadrados para formar un rectángulo: enseguida se dan cuenta de que se puede hacer con doce bloques, pero no con trece. Por eso, no resulta sorprendente que un joven con un retraso como Michael, con una asombrosa pasión por la aritmética, pueda descubrir espontáneamente algunas de sus propiedades.

Descubrir si un número es primo todavía es un problema matemático difícil. Sin embargo, el papel de la memoria no debería subestimarse. Sólo hay ciento sesenta y ocho números primos menores que 1000, y 9592 números primos menores que 100 000. Una vez que se los memoriza, pueden servir para calcular los primos restantes hasta 10 000 000 000 000, usando un algoritmo evidente llamado "criba de Eratóstenes". Por último, las recetas simples conocidas para cualquier niño en edad escolar, como eliminar los números 9, hacen más fácil determinar si un número es divisible por 2, 3, 4, 5, 6, 8, 9 u 11.

Este tipo de trucos elementales son aparentemente todo lo que utilizaba Michael, ya que muchas veces se equivocaba con números que parecían primos pero que, en realidad, eran el producto de factores que excedían su sagacidad (por ejemplo, $391 = 17 \times 23$). ¿Qué hay de los gemelos? Lamentablemente, no se dispone de detalles acerca de los números exactos que estaban intercambiando, o acerca de sus potenciales errores. Entonces, nunca sabremos si el método que utilizaron era más preciso que el de Michael.

Los investigadores también suelen declarar que algunos prodigios del cálculo pueden determinar el número exacto de objetos en una mirada. Binet, por ejemplo, afirmaba que uno podía arrojar un puñado de bolillas frente a Zacharias Dase, y que inmediatamente él informaba con precisión su número. Lamentablemente, no conozco ningún estudio psicológico serio acerca de este supuesto fenómeno. No ha habido, que yo conozca, mediciones de tiempos de respuesta, la única forma de sa-

---

32 Véase también Yamaguchi (2009).

ber si una persona está contando o en realidad está percibiendo los números grandes "instantáneamente". Tiendo a creer que los poderes de enumeración de los grandes calculistas no son diferentes de los nuestros. Cuando se enfrentan a un conjunto de bolillas, su sistema visual, como el nuestro, lo analiza rápidamente en pequeños grupos de una, dos, tres o cuatro unidades. Su aparente velocidad puede ser resultado de su habilidad para sumar todos esos números en un parpadeo, mientras que, a lo sumo, nosotros nos limitamos a contar de dos en dos.

Por último, muchos prodigios desarrollan una habilidad especial para el cálculo de calendario. ¿Esto también puede atribuirse a estrategias simples? Varios algoritmos conocidos permiten deducir el día de la semana para cualquier fecha pasada o futura. Los más simples requieren sólo unas pocas sumas y divisiones, y los calculistas profesionales sin duda utilizan fórmulas de este tipo. Sin embargo, esta explicación no encaja con los niños autistas que se convirtieron en prodigios "calendáricos". La mayoría de ellos nunca tuvo acceso a un calendario perpetuo. ¡El talento de un niño ciego se desarrolló a pesar de que nunca había tenido acceso a un calendario Braille! Es más, algunos prodigios, como Dave, no logran realizar siquiera los cálculos más simples. Entonces, ¿con qué trucos calculan los días de la semana?

Cronometrando las respuestas de varios prodigios autistas, Beate Hermelin y Neil O'Connor (1986a) descubrieron que por lo general su tiempo de reacción resulta proporcional a la distancia que separa la fecha requerida del día presente. Esto sugiere que la mayoría de estos "calculadores de calendario humanos" utilizan un método muy simple: a partir de una fecha reciente, avanzan gradualmente y van realizando extrapolaciones hacia las semanas, meses o años cercanos. Muchas regularidades facilitan este proceso: el calendario se repite cada veintiocho años; las semanas cambian un día por cada año regular, y dos días por los años bisiestos. Marzo y noviembre siempre comienzan el mismo día de la semana, y así sucesivamente. La mayoría de las personas con síndrome del savant utilizan este tipo de artificios para saltar directamente, por ejemplo, desde marzo de 1996 a noviembre de 1968. Entonces, pueden recuperar de manera instantánea de la memoria la página requerida del calendario, de la cual simplemente deben leer la fecha apropiada.

¿Cómo es posible que un savant cuyo CI no pasa de 50 invente un algoritmo de este tipo y lo utilice sin fallas, por sencillo que sea? Dennis Norris, investigador de Cambridge, ha desarrollado una interesante simulación informática de la adquisición del conocimiento calendárico en una red neuronal. Su red simulada incluye varias asambleas jerárquicas de neuronas organizadas jerárquicamente que reciben sucesivamente señales que representan el día, el mes y el año de una fecha cualquiera entre 1950 y 1999 (Norris, 1990). En la salida de esta red, siete neuronas codifican los siete días de la semana. Al principio, la red no sabe qué día debería asociar con una fecha dada. Mientras recibe ejemplos –cada vez más: lunes 22 de abril de 1996, o domingo 3 de febrero de 1969, y así sucesivamente– realiza ajustes graduales en el peso de sus conexiones –es decir, en sus sinapsis simuladas–, a fin de adaptarse para la difícil tarea de predecir en qué día caerá cada fecha. Luego de varios miles de ensayos, no sólo conserva estos ejemplos, sino que también responde correctamente a más del 90% de las fechas nuevas que nunca ha aprendido. Al final, la red manifiesta un buen conocimiento de la función matemática que relaciona las fechas y los días de la semana, un conocimiento que es sólo implícito, en tanto sus sinapsis ignoran todo lo referente a la resta y la suma, o incluso el número de días que hay en un año o la existencia de años bisiestos.

De acuerdo con Norris, el sistema nervioso está equipado con algoritmos de aprendizaje muy superiores a los utilizados en su simulación, por lo que resulta completamente plausible que un niño autista, incluso con un retraso severo, que pasa años estudiando el calendario, extraiga un conocimiento mecánico, automatizado e inconsciente de este tipo, usando meramente la inducción, o sea a partir de muchos ejemplos.

El talento y la invención matemática

Entonces, ¿cuál es en definitiva el origen del talento matemático? A lo largo de este capítulo, cada senda explorada nos ha llevado a una fuente posible. Probablemente los genes tengan cierta relevancia. Pero por sí solos no podrían aportar las bases para una "giba de la matemática", al estilo de lo que postulaban los frenólogos. A lo sumo, junto con varios otros factores biológicos –tal vez incluso la exposición temprana a las hormonas sexuales–, los genes pueden moldear mínimamente la organización cerebral para colaborar con la adquisición de las representaciones numéricas y espaciales. Los factores biológicos, sin embargo, tienen un papel más bien modesto cuando se los compara con el poder de aprendizaje, motivado por una pasión por los números. Los grandes calculistas están tan fascinados por la aritmética que varios de ellos prefieren la compañía de los números a la de sus pares humanos. Cualquier persona que dedique esa cantidad de tiempo y concentración a los números debe lograr tanto el aumento de la memoria como el descubrimiento de algoritmos de cálculo eficientes.

Si tuviéramos que derivar una única lección de este análisis del talento, sería que la matemática de alto nivel se sitúa en las antípodas de su retrato popular, que la describe como una disciplina fría y racional, dominada por el puro poder deductivo, en la que las emociones no tienen un lugar. Por el contrario, las más potentes de las emociones humanas –el amor, la esperanza, el dolor o la desesperación– dominan la relación del matemático con sus amigos, los números. Cuando hay pasión por la matemática, el talento no está demasiado lejos. Si, a la inversa, una experiencia desafortunada hace surgir una fobia para los números durante la infancia, la angustia hará que hasta los conceptos matemáticos más simples sean difíciles de comprender.

Se me puede reprochar que en este rápido croquis del talento matemático he puesto en pie de igualdad al genio y al "sabio idiota", a Ramanujan y a Michael, a Gauss y a Dave. Sin embargo, ¿podemos equiparar a los gigantes que extendieron las fronteras de la matemática y a los prodigios autistas que brillan sólo por el sorprendente contraste entre sus habilidades matemáticas y su retraso mental profundo? Mi decisión se justifica por la cantidad de características que comparten los genios y los prodigios del cálculo: desde su pasión por la matemática hasta su visión de un paisaje poblado de números. En mi opinión, sería injusto negar a Inaudi o a Mondeux el rótulo de "genios" con el pretexto de que sólo descubrieron resultados matemáticos ya muy conocidos. Cuando un pastor, en la soledad de la pradera, redescubre el teorema de Pitágoras, se puede sostener que su talento no es menor que el de su renombrado predecesor, cuyo trabajo nunca conoció.

En este capítulo, he evitado deliberadamente bucear en las precondiciones psicológicas y neurobiológicas que subyacen a la creatividad matemática. Los destellos de la inspiración son tan breves que casi no se los puede estudiar científicamente. A lo sumo, se puede especular, como hicieron Pierre Changeux o Alain Connes, que el descubrimiento científico involucra la asociación más o menos azarosa de ideas viejas, seguidas por una selección basada en la armonía y la adecuación de una combinación recientemente formada. Paul Valéry decía que "hacen falta dos para inventar: uno forma las combinaciones, el otro elige y reconoce lo que desea, y lo que le importa, en el conjunto de lo producido por el primero". Del mismo modo, Agustín notó que *cogito* significa "agitar en conjunto", mientras que *intelligo* significa "seleccionar de entre".

Jacques Hadamar, en su gran investigación sobre la invención en matemática, distingue las etapas de preparación, incubación, iluminación y verificación (Hadamard, 1945). La incubación consiste en una búsqueda inconsciente por entre fragmentos de demostraciones, o combinaciones originales de ideas. Para avalar esta idea central, Hadamar cita a Henri Poincaré: "En un primer momento los desconcertará esta apariencia de repentina iluminación, señal manifiesta de un largo trabajo inconsciente. El papel de este trabajo inconsciente en la invención matemática me parece irrefutable".

Tal vez algún día comprendamos las bases cerebrales de este "inconsciente cognitivo". La actividad espontánea de circuitos neuronales por debajo del umbral de la conciencia, el desencadenamiento de mecanismos automáticos de cálculo durante el sueño: todo esto debe tener huellas psicológicas medibles, que esperamos poder evaluar gracias a las neuroimágenes modernas. De momento, sin embargo, sólo podemos prestar atención a la pregunta que ya Hadamard proponía hace más de medio siglo: "¿Llegarán alguna vez los matemáticos a saber lo suficiente acerca de la fisiología del cerebro y los neurofisiólogos a estar al tanto de los descubrimientos matemáticos para que sea posible la cooperación eficaz?".

Ciertamente, ahora nos adentraremos en la fisiología cerebral, no con la esperanza de descubrir las bases biológicas de la creatividad –lo que sería un propósito utópico, dado el estado actual de nuestro conocimiento–, sino por lo menos para intentar explicar de qué manera la artillería rudimentaria de neuronas, sinapsis y moléculas receptoras incorporan en los circuitos cerebrales la rutina del cálculo y de los significados de los números.

PARTE III
De neuronas y números

7. Perder el sentido numérico

La verdadera noción acerca de la mente humana es considerarla un sistema de diferentes percepciones o diferentes existencias, que están enlazadas por la relación de causa y efecto, y que se producen, destruyen, influyen y modifican unas a otras [...] A este respecto, no puedo comparar al alma con nada más apropiado que una República o un Estado en que los diferentes miembros estén unidos por lazos recíprocos de gobierno y de subordinación.

David Hume, *Tratado de la naturaleza humana*

¿Es posible que una persona sea capaz de leer y escribir números de cuatro dígitos, pero se haya olvidado lo que significa 3 – 1? ¿Pueden imaginar que alguien pueda multiplicar sin problemas los dígitos que aparecen a la derecha en su campo visual, pero sea incapaz de hacerlo con los que aparecen a su izquierda? Por último, ¿es posible que alguien con visión normal se equivoque en sumas escritas tan simples como 2 + 2, y al mismo tiempo resuelva con facilidad los mismos cálculos cuando se leen en voz alta?

Aunque les parezca extraño, este tipo de fenómenos son de rutina en el campo de la neurología.[33] Distintas lesiones cerebrales con diversos orígenes pueden tener un impacto devastador y a veces sorprendentemente específico en las habilidades aritméticas. Todos sabemos que una lesión en las áreas motoras del cerebro puede causar una parálisis en un lado del cuerpo solamente. Con el mismo mecanismo, el daño cerebral limitado a las áreas cerebrales involucradas en el procesamiento lingüístico o numérico puede alterar sólo un conjunto muy reducido de habili-

---

[33] Véase una revisión de los primeros estudios en Dehaene y Cohen (1995); véanse, también, Lemer, Dehaene, Spelke y Cohen (2003), Dehaene, Molko, Cohen y Wilson (2004).

dades. De hecho, puede parecer que la lesión tiene pocas consecuencias hasta que se le pide al paciente que, por ejemplo, reste o lea una palabra inusual; en ese momento, se revela un déficit profundo.

Ya en 1769, el filósofo francés Denis Diderot había anticipado la especificidad del daño neurológico. En "El sueño de D'Alembert", realizó esta afirmación premonitoria:

> De acuerdo con sus principios, me parece que mediante una serie de operaciones puramente mecánicas podría reducir al primero entre los genios del mundo a una masa de carne desorganizada, a la cual sólo se dejaría la percepción del momento. [...] [La operación] consistiría en privar al huso originario de algunos de sus filamentos y desordenar el resto [...] Por ejemplo: le quito a Newton los dos hilos auditivos, y ya no tiene sensación de los sonidos; los olfativos, y no tiene ninguna sensación de los aromas; los ópticos, y no tiene noción de los colores; los hilos del paladar, y no puede distinguir los sabores; suprimo o desordeno el resto, y adiós organización del cerebro, memoria, juicio, deseos, aversiones, pasiones, voluntad y conciencia de sí mismo.

De hecho, las lesiones cerebrales son episodios devastadores que pueden destruir aun la mente más brillante. Sin embargo, para los neurocientíficos, estos "experimentos de la naturaleza" también ofrecen una oportunidad singularmente valiosa para comprender el funcionamiento del cerebro humano normal. La neuropsicología cognitiva es la disciplina científica que aprovecha la información de los pacientes con lesiones cerebrales para recabar conocimiento acerca de las redes cerebrales subyacentes a las funciones cognitivas. El punto de partida del neuropsicólogo es la *disociación*, es decir, el hecho de que, luego de un daño cerebral, un conjunto de habilidades se vuelva inaccesible mientras otro permanece en gran medida intacto. Cuando dos habilidades mentales se disocian de esta forma, en general uno puede inferir con alto grado de certeza que estas involucran redes neuronales parcialmente distintas. Lo que se infiere es que la primera habilidad se deteriora porque requiere la participación de un área cerebral que ha sido dañada y se torna incapaz de funcionar. Al mismo tiempo, la segunda permanece intacta porque utiliza redes neuronales que no han sido alcanzadas por la lesión. Por supuesto, los neuropsicólogos deben tener en cuenta que existen explicaciones más triviales para una disociación. Por ejemplo, una tarea puede simplemente ser más fácil que otra, o bien, luego de ocurrida la lesión, el paciente puede haber vuelto a aprender una habilidad pero no la otra. Cuando se toma el recaudo de descartar este tipo de explicaciones alternativas, la neuropsicología permite realizar notables inferencias acerca de la organización cerebral.

Pensemos en un ejemplo concreto. Michael McCloskey, Alfonso Caramazza y sus colegas han descripto a dos pacientes con dificultades severas para leer números arábigos (McCloskey, Sokol y Goodman, 1986, McCloskey y Caramazza, 1987). El primer paciente, a quien conocemos sólo por sus iniciales, H. Y., en ocasiones lee equivocadamente el número 1 como "dos" o el 12 como "diecisiete". Un estudio cuidadoso de sus errores demuestra que, mientras H. Y. suele reemplazar un numeral con otro, nunca se equivoca en la descomposición de un número en centenas, decenas y unidades. Por ejemplo, lee 681 como "seiscientos *cincuenta* y uno": la estructura de la cadena es correcta, con la salvedad de que "ochenta" aparece en lugar de "cincuenta". A la inversa, el segundo paciente, J. E., nunca llama al 1 "dos" o al 12 "diecisiete", pero lee equivocadamente 7900 como "setecientos noventa" o 270 como "veinte mil setenta". A diferencia de H. Y., J. E. no sustituye el nombre de un número con otro. En cambio, la estructura gramatical completa del número está mal. Reconoce dígitos individuales, pero estos se mueven de la columna de las centenas a la de las decenas o a la de los millares.

Los pacientes H. Y. y J. E., en conjunto, concretan una *doble disociación*. Básicamente, la estructura gramatical de los números está intacta en H. Y. y deteriorada en J. E., mientras que la selección de palabras individuales correspondientes a los nombres de los números está intacta en J. E. y deteriorada en H. Y. La sola existencia de dos pacientes de este tipo sugiere que algunas de las regiones cerebrales involucradas en la lectura en voz alta de los números arábigos contribuyen en mayor medida a la gramática numérica, mientras que otras están más implicadas en el acceso a un léxico mental para las palabras específicas referidas a los números. Si la lesión fuera lo suficientemente pequeña –por desgracia, algo infrecuente en las lesiones vasculares– su localización hasta podría dar indicaciones valiosas sobre la localización precisa de estas áreas en el cerebro.

¿Pero entonces volvemos a la frenología? No, desde luego: es por eso que hay que ser muy cuidadosos al interpretar este tipo de observaciones. Si el paciente J. E. perdió la gramática de los números, esto no significa que su lesión haya arrasado con "el área de la gramática". Las grandes facultades cognitivas, como la "gramática", son funciones complejas e integradas que posiblemente impliquen la combinación de varias áreas distribuidas del cerebro. Es muy probable que la lesión de J. E. haya afectado un proceso neuronal elemental altamente especializado, esencial para la producción de una secuencia gramatical de palabras que refieren a los números, pero no para la selección de las palabras que la componen.

Así, la principal lección que podemos derivar de los estudios de la patología cerebral es la confirmación de que existe una extraordinaria modularidad en el cerebro humano. Cada pequeña región de la corteza parece estar dedicada a una función específica y, por eso, es posible considerarla un "módulo" mental especializado en el procesamiento de información que llega de distintas fuentes. Las lesiones cerebrales y los extraños patrones de disociación a que dan lugar nos proveen una fuente invaluable de información acerca de la organización de estos módulos. Gracias a decenas de pacientes como H. Y. y J. E., quienes generosamente accedieron a participar en experimentos científicos, nuestro conocimiento de las áreas cerebrales involucradas en el procesamiento numérico ha logrado un salto cualitativo espectacular en las décadas de los ochenta y noventa. Por supuesto, todavía estamos lejos de conocer con exactitud los circuitos que se utilizan en las operaciones aritméticas más complejas. Sin embargo, poco a poco toma forma un mapa cada vez más refinado de las rutas cerebrales para la información numérica.

El señor N., el hombre aproximativo

Cuando el señor N. entra al consultorio una mañana de septiembre de 1989, los efectos devastadores de su lesión cerebral son obvios (Dehaene y Cohen, 1991). Su brazo derecho en cabestrillo y su mano derecha paralizada delatan un déficit motor severo. El señor N. habla lento, con esfuerzo. A veces, busca una palabra muy común con creciente irritación. Ya no puede leer ni una palabra, y no logra comprender una instrucción más o menos sencilla como "Ponga la lapicera sobre el papel, y luego vuelva a colocarla en su ubicación original".

Alguna vez el señor N. estuvo casado y es padre de dos mujeres. Tenía un puesto de responsabilidad como representante comercial en una empresa importante, y sin duda era hábil en aritmética. Poco sabemos acerca de las circunstancias en las que su mundo se derrumbó. Aparentemente, sufrió una mala caída en casa, tal vez debido a una hemorragia cerebral repentina. Cuando llegó al hospital presentaba un hematoma enorme y fue operado de urgencia. Aunque logró salvar su vida, quedó con una vasta lesión de la mitad posterior del hemisferio izquierdo. Tres años más tarde, sus déficits de control motor y del lenguaje todavía son tan demoledores que no puede llevar una vida independiente y vive con sus padres ancianos.

Mi colega, el doctor Laurent Cohen, me invitó a conocer al señor N. porque sufre de una muy severa *acalculia*, término técnico del neurólogo para un déficit en el procesamiento numérico. Le pedimos que calcule dos más dos. Luego de reflexionar unos pocos segundos, responde "tres". Recita con facilidad las series numéricas : 1, 2, 3, 4… y 2, 4, 6, 8…, pero tan pronto como se lo saca de las fórmulas automatizadas y se le pide, por ejemplo, que cuente 9, 8, 7, 6… o 1, 3, 5, 7…, fracasa completamente. Tampoco logra leer el dígito 5 cuando lo pongo ante sus ojos.

Dado su penoso cuadro clínico, uno podría sentirse tentado a concluir que las habilidades aritméticas del señor N. han desaparecido, al igual que gran parte de su habilidad lingüística. Sin embargo, varias observaciones contradicen esta hipótesis simplista; en primer lugar, su extraño comportamiento cuando lee. Si lo hago mirar el dígito 5 durante un lapso extenso, logra decirme que es un dígito y no una letra. Luego comienza a contar con los dedos: "Uno, dos, tres, cuatro, cinco… ¡es un cinco!". Obviamente, todavía debe de reconocer la forma del dígito 5 si es capaz de contar hasta el número apropiado. Pero ¿por qué, entonces, no puede pronunciarlo de inmediato? Cuando le pregunto cuántos años tiene su hija, se comporta del mismo modo. No logra acceder a la palabra "siete", por lo que, instantáneamente, cuenta con disimulo hasta este número. Aparentemente sabe, desde el comienzo, qué cantidades quiere expresar, pero recitar las series de números es su único medio de recuperar la palabra adecuada.

Al pasar, noto un fenómeno similar cuando el señor N. intenta leer palabras en voz alta. A menudo parece hacer tanteos alrededor de un significado apropiado, sin encontrar el término correcto. Pese a ser incapaz de leer la palabra manuscrita "jamón", logra decirme "es una carne". La palabra "fumar" es igualmente ilegible, pero evoca en él la sensación de "hacer fuego, quemar algo". Lee con seguridad la palabra "escuela" como "clase". La ruta directa que permite a cualquiera de nosotros ir, sin desvíos, de la visión del dígito 5 a su pronunciación "cinco", o de la secuencia de letras escritas "J-A-M-Ó-N" al sonido "jamón", parece haberse desvanecido de la mente del señor N. A pesar de esto, de un modo u otro, el significado de estos caracteres impresos no está totalmente perdido para él, e intenta expresarlo usando circunloquios.

Siguiendo esta pista, a continuación le muestro al señor N. un par de dígitos, 8 y 7. Le llevaría varios segundos "leerlos" contando con los dedos. Sin embargo, en un parpadeo, con facilidad señala que 8 es el dígito más grande. Algo muy similar ocurre con los números de dos cifras, que no tiene dificultad para clasificar como más grandes o más pequeños que 55. Es obvio que el señor N. recuerda la cantidad que representa cada número arábigo. Sus únicos errores se producen cuando las cantidades son similares, como 53 y 55. Es como si sólo supiera su magnitud cercana. También logra ubicar dos números de dos dígitos en su localización aproximada en una línea vertical etiquetada con "1" en la parte inferior y con "100" en la parte superior, que se le presenta como un termómetro. Sus respuestas, sin embargo, están lejos de una precisión digital. Ubica el 10 en el cuarto inferior, mientras que el 75 queda demasiado cerca del 100. Realizar clasificaciones más finas es imposible para él. Sobre todo, decidir si un cierto número es impar o par excede ampliamente sus capacidades.

A lo largo de los experimentos, se impone una sorprendente regularidad: a pesar de que el señor N. ha perdido sus habilidades para el cálculo exacto, todavía puede responder por aproximación. Cualquier tarea que sólo requiera una percepción aproximada de las cantidades numéricas no le plantea dificultad alguna. Por otro lado, juzga con facilidad si, grosso modo, determinada cantidad se condice con una situación concreta: por ejemplo, hay nueve niños en la escuela: ¿esto es muy poco, está perfecto, o son demasiados? Por otro lado, obviamente ha perdido cualquier recuerdo preciso de los números. Considera que un año tiene "cerca de trescientos cincuenta días" y una hora "unos cincuenta minutos". De acuerdo con él, un año tiene cinco estaciones, un cuarto de hora equivale a "diez minutos", enero tiene "quince o veinte días", y una docena de huevos está formada por "seis o diez huevos", respuestas que al mismo tiempo son claramente falsas y no están, sin embargo, tan lejos de la verdad. Ni siquiera su memoria reciente se ha salvado. Cuando le muestro los números 6, 7 y 8, un segundo más tarde no puede recordar si ha visto un 5 o un 9. Sin embargo, está bastante seguro de que ni el 3 ni el 1 estaban en el conjunto inicial, porque enseguida se da cuenta de que estos números representan una cantidad demasiado pequeña.

La disociación entre el conocimiento exacto y el aproximado en ningún lugar es más evidente que en la adición. El señor N. no sabe cuánto es 2 + 2. A veces responde "tres", a veces "cinco"; sin embargo, nunca propone un resultado tan absurdo como "nueve". Del mismo modo, cuando se le presenta una suma levemente incorrecta, como 5 + 7 = 11, decide que es correcta más de la mitad de las veces, y de ese modo confirma que no puede calcular su resultado exacto. Sin embargo, puede rechazar rápidamente con total seguridad y éxito una respuesta groseramente falsa como $5 + 7 = 19$. Aparentemente, todavía conoce sus resultados aproximados, y detecta con rapidez que la cantidad propuesta, 19, se aleja de ellos por mucho. Es interesante que, cuanto más grande es una cantidad, más confusa parece ser en la mente del señor N. Entonces, rechaza que $4 + 5 = 3$, pero acepta $14 + 15 = 23$. Los problemas de multiplicación, sin embargo, parecen exceder el alcance de sus habilidades de aproximación. Da respuestas que parecen ser completamente al azar, de modo que acepta como correcta una operación tan absurda como $3 \times 3 = 96$.

En resumen, el señor N. tiene una afección particular: es incapaz de superar la aproximación. Su vida aritmética está confinada a un universo extraño y difuso en el que los números no logran hacer referencia a cantidades específicas y sólo tienen significados aproximados. Sus tormentos rechazan la tan trillada precisión infalible de la matemática, expresada de forma tan elegante por el escritor francés Stendhal: "Me gustaba, y me gusta todavía, la matemática por sí sola como algo que no admite la *hipocresía* y la *vaguedad*, mis dos tremendas aversiones".

Sin ánimo de contrariar a Stendhal, la vaguedad es parte integrante de la matemática, tan central, de hecho, que uno, como es el caso del señor N., puede perder toda noción exacta de los números y sin embargo conservar una "intuición" pura de las cantidades numéricas. Wittgenstein estuvo más cerca de la verdad cuando observó con malicia que $2 + 2 = 5$ es un error razonable. Pero si un individuo afirma que $2 + 2$ suman 97, esto no puede ser apenas un error: esta persona debe estar operando con una lógica diametralmente diferente de la nuestra.

En los capítulos anteriores, tracé una distinción entre dos categorías de habilidades aritméticas: las habilidades cuantitativas elementales, que compartimos con organismos desprovistos de lenguaje, como las ratas, los simios y los bebés humanos, y las habilidades aritméticas avanzadas, que dependen de las notaciones simbólicas de los números y de la ardua adquisición de algoritmos de cálculo exactos. El caso del señor N. sugiere que esas dos categorías dependen de sistemas cerebrales parcialmente distintos y por lo tanto separables; uno puede ser destruido mientras el otro permanece intacto.

Obviamente, sería absurdo y reduccionista equiparar el desempeño del paciente N. con el de Sheba, la habilidosa chimpancé de Sarah Boysen que describí en el capítulo 1. A pesar de todos sus déficits, el señor N. es un *Homo sapiens* hecho y derecho. En aritmética, sin embargo, su lesión cerebral lo hizo regresar a un nivel rudimentario de habilidad. Como Sheba, el señor N. puede ir de un símbolo numérico a la cantidad correspondiente, aunque evidentemente su repertorio de símbolos es tanto mayor que el de la chimpancé. Como ella, es capaz de seleccionar la cantidad más grande entre dos y también de calcular una suma aproximada. Estas operaciones todavía son accesibles para un paciente que presenta afasia y acalculia, con un hemisferio izquierdo drásticamente dañado, lo cual confirma que no dependen mucho de las habilidades lingüísticas. En cambio, el cálculo exacto parece requerir que se encuentren indemnes ciertos circuitos neuronales propios de la especie humana que, al menos en parte, están localizados en el hemisferio izquierdo. Así, el señor N., con su enorme lesión del hemisferio izquierdo, no puede leer números en voz alta, multiplicarlos ni decidir si son pares o impares.

Un déficit bien delimitado

El caso del señor N. no permite derivar conclusiones muy nítidas acerca de la localización cerebral de la aproximación numérica. Dada la extensión de su lesión en el hemisferio izquierdo, sus habilidades residuales bien pueden depender de áreas intactas del hemisferio derecho. Sin embargo, existe la posibilidad de que parte de su hemisferio izquierdo haya permanecido lo suficientemente funcional como para permitir, aunque no el cálculo exacto, la comparación y la aproximación de números.

Otras patologías cerebrales son más adecuadas para señalar las habilidades aritméticas de cada hemisferio. El cuerpo calloso es un gran haz de fibras nerviosas que conecta los dos hemisferios, y que funciona como la mayor vía para comunicar información entre ellos. En ocasiones, este haz puede desconectarse. A veces se interrumpe parcialmente a causa de una lesión cerebral focal. Con más frecuencia, son los neurocirujanos quienes lo seccionan intencionalmente para controlar la epilepsia severa en pacientes que no responden a las demás formas de tratamiento. En cualquiera de los casos, el resultado es un ser humano con la corteza separada en dos, o un paciente con el cerebro dividido: los dos hemisferios cerebrales funcionan a la perfección, pero ya no son capaces de intercambiarse información, excepto por vías indirectas.[34]

---

34 Una primera descripción de los pacientes con el cerebro dividido puede encontrarse en Gazzaniga y Hillyard (1971). Véase un análisis en profundidad

En la vida diaria, estos pacientes engañan... En realidad, aparentan un estado saludable de cuerpo y mente. Su comportamiento es completamente normal, a no ser por episodios muy infrecuentes en los que la mano izquierda intenta hacer lo contrario de lo que está haciendo la derecha. Sin embargo, una evaluación neurológica simple es suficiente para revelar anomalías claras. Si los pacientes cierran los ojos y se ubica un objeto familiar en su mano izquierda, son incapaces de nombrarlo, aunque pueden hacer la mímica de su uso. Del mismo modo, si se presenta una imagen a su campo visual izquierdo, juran que no han visto nada, pese a que su mano izquierda logra seleccionar la imagen apropiada entre muchas otras.

Esto puede parecer muy extraño, pero es fácil de explicar. Las vías de proyección más importantes que conectan los órganos sensoriales externos con las cortezas sensoriales primarias están cruzadas, de modo que un estímulo táctil o visual del lado izquierdo es procesado inicialmente por las áreas sensoriales del hemisferio izquierdo. Entonces, cuando se ubica un objeto en la mano izquierda, el hemisferio derecho está completamente informado de la identidad del estímulo y es capaz de recuperar su forma y su función. Sin embargo, en ausencia del cuerpo calloso, esta información no puede transmitirse al hemisferio izquierdo. En particular, las áreas cerebrales que controlan la producción del lenguaje, cuya lateralización en el hemisferio izquierdo ha sido conocida desde el trabajo de Broca en el siglo XIX, no reciben ninguna indicación de lo que el hemisferio izquierdo ve o siente. La red del lenguaje del hemisferio izquierdo, entonces, niega haber visto cosa alguna. Si se la obliga a dar una respuesta, selecciona una al azar o la toma prestada de intentos anteriores. Este fue el caso en mi evaluación de una paciente que, con los ojos vendados, acababa de nombrar un martillo ubicado en su mano derecha. Cuando le puse un sacacorchos en la mano izquierda, de inmediato dijo "Otro martillo", y, mientras lo decía, con la mano izquierda hacía la mímica de estar descorchando una botella.

Para los neuropsicólogos, los pacientes con un cuerpo calloso seccionado son como oro en polvo, porque permiten la evaluación sistemática de las habilidades cognitivas correspondientes a cada hemisferio. Supongamos que uno le pide a un paciente con el cerebro dividido que mul-

---

de sus habilidades numéricas en Gazzaniga y Smylie (1984), Seymour, Reuter-Lorenz y Gazzaniga (1994), Cohen y Dehaene (1996), Colvin, Funnell y Gazzaniga (2005).

tiplique un dígito cualquiera por 2, y que señale el resultado correcto entre varios otros números. Al presentar el dígito de forma visual, ya sea a la derecha o a la izquierda de la mirada del paciente, y al mostrarlo durante un lapso tan breve que desaparece antes de que los ojos hayan tenido tiempo de moverse, puede tenerse la certeza de que el estímulo permanece confinado a un solo hemisferio. Con este truco, se puede evaluar si cada hemisferio es capaz de identificar números, multiplicarlos por 2, y si el paciente consigue señalar el resultado con su índice.

Comencemos con la operación más simple: identificar números. Se presentan dos dígitos en una pantalla y se pregunta a un paciente con el cerebro dividido si son idénticos o diferentes. Cuando un número aparece a la derecha y el otro a la izquierda, hasta esta sencilla decisión entre igual o distinto es impracticable. El paciente responde al azar, y a veces decide que 2 y 2 son diferentes, y a veces que 2 y 7 son idénticos. La alteración de las conexiones interhemisféricas torna imposible la comparación entre los dígitos de la izquierda y los de la derecha. Esto sucede incluso si cada hemisferio puede identificarlos por sí solo. En efecto, cuando las dos cifras aparecen en el mismo campo visual, ya sea las dos a la izquierda o las dos a la derecha, el paciente responde con una precisión casi perfecta.

Los dos hemisferios no se contentan con reconocer las formas de los dígitos. También pueden interpretar que se refieren a determinadas cantidades. Para probar esto, uno puede presentar una cifra junto con un conjunto de puntos, en vez de un par de cifras. Cuando tanto la cifra como el patrón de puntos aparecen en el mismo campo visual, el paciente determina con facilidad si coinciden. Entonces, cada hemisferio sabe que 3 y ∴ representan exactamente el mismo número.

Uno y otro hemisferio también perciben la relación ordinal entre los números. Si una cifra se presenta o a la derecha o a la izquierda, los pacientes con el cerebro dividido pueden decidir con rapidez si es más pequeña o más grande que un número de referencia. Y cuando se presenta un par de dígitos, pueden señalar el más grande (o el más pequeño). La comparación parece ser sólo un poco más lenta y menos precisa en el hemisferio derecho que en el izquierdo, pero la diferencia es escasa. Entonces, cada hemisferio parece poseer una representación de las cantidades numéricas y un procedimiento para compararlas.

Pero esta similitud entre los dos hemisferios se desvanece cuando se aborda la cuestión del lenguaje y el cálculo mental. Estas funciones son facultad indiscutible del hemisferio izquierdo. Utilizando los mismos procedimientos experimentales que se acaban de describir, el hemisferio derecho parece ser incapaz de identificar los números escritos. Sus habilidades visuales incluyen el reconocimiento de formas simples como el dígito 6, pero no de los estímulos alfabéticos como "seis". En la mayoría de las personas, el hemisferio derecho también es mudo: no puede pronunciar la mayor parte de las palabras en voz alta. Entonces, si uno muestra el dígito 6 del lado izquierdo de la pantalla de la computadora, la mayoría de los pacientes con el cerebro dividido se comporta exactamente como lo haría el señor N.: no pueden nombrar el dígito, aunque pueden indicar con la mano izquierda que este número es más grande que 5.

Algunos pacientes particularmente ingeniosos logran eludir el mutismo de su hemisferio derecho. Por ejemplo, Michael Gazzaniga y Steven Hillyard estudiaron a un paciente llamado L. B., quien, luego de varios segundos, lograba nombrar los dígitos presentados a su hemisferio derecho (Gazzaniga y Hillyard, 1971). A diferencia de lo que le ocurriría a una persona normal, el tiempo que empleaba en denominar un número aumentaba en relación directa con el tamaño de los dígitos: necesitó dos segundos para mencionar el dígito 2, pero casi cinco segundos para el dígito 8. Como el señor N., L. B. parecía recitar la secuencia numérica de forma lenta y disimulada hasta que llegaba a un número que parecía "diferente de los otros" –esas fueron sus palabras– y entonces lo pronunciaba en voz alta. Nadie sabe exactamente cómo el hemisferio derecho lograba indicar que había alcanzado el número visto. Puede haber sido algún tipo de movimiento de la mano, una contracción del rostro o algún otro artificio que funcionaba como una clave, que los pacientes con el cerebro dividido suelen elaborar por sí solos. De todos modos, que el paciente recurriera a contar para nombrar los dígitos presentados en el campo visual izquierdo ya era señal de que su hemisferio derecho estaba privado de habilidades de producción de habla normales.

El hemisferio derecho también lo ignora todo en materia aritmética mental. Cuando se presenta un dígito arábigo en el campo visual derecho, y, por lo tanto, contacta el hemisferio izquierdo, el paciente no tiene dificultad alguna para sumarle 4, restarle 2, multiplicarlo por 3 o dividirlo por 2. Este tipo de cálculos, por sencillos que sean, resultan estrictamente imposibles cuando el dígito aparece del lado izquierdo y, por lo tanto, es procesado por el hemisferio derecho. Tal deficiencia profunda para el cálculo persiste incluso cuando se le pide al paciente que señale el resultado, en lugar de decirlo en voz alta.

Si bien el hemisferio derecho es incapaz de hacer cálculos exactos, ¿puede hacer aproximaciones? Para evaluar esta posibilidad, con mi colega Laurent Cohen le pedimos a una paciente con hemisferios parcialmente desconectados que verificara problemas de suma presentados en forma visual (Cohen y Dehaene, 1996). Incluso si la operación a todas luces era errada, como 2 + 2 = 9, cuando la percibía el hemisferio derecho el paciente parecía responder al azar y decidía que era correcta en aproximadamente la mitad de los ensayos. Durante una serie de ensayos, sin embargo, repentinamente tuvo una secuencia de quince respuestas correctas entre dieciséis sumas cuyos resultados eran correctos, o bien muy falsos. La probabilidad de que ocurra un evento de ese tipo al azar es de menos de uno en cuatro mil. Por eso, creo que su hemisferio derecho podía estimar sumas sencillas, pero logró expresar esta habilidad sólo durante este bloque de dieciséis ensayos. De hecho, no es suficiente que el hemisferio derecho posea determinada habilidad; también debe comprender las instrucciones del investigador y debe contar con una oportunidad para responder antes de que el hemisferio izquierdo anticipe sus respuestas.

Jordan Grafman y sus colegas han estudiado a otro paciente que aporta más indicios a favor de la hipótesis de que el hemisferio derecho sólo es bueno para cálculos muy elementales (Grafman, Kampen, Rosenberg, Salazar y Boller, 1989). A los 22 años, durante un combate en Vietnam, un joven soldado estadounidense, J. S., perdió la mayor parte del lado izquierdo de su cráneo y de la corteza correspondiente (figura 7.1). De algún modo, J. S. sobrevivió a las múltiples operaciones, a repetidas infecciones y a las severas crisis de epilepsia que siguieron. Actualmente vive una vida semiindependiente apenas con el hemisferio derecho (en el hemisferio izquierdo, sólo se preserva el lóbulo occipital). Como puede esperarse, J. S. tiene un déficit profundo para la comprensión y producción del lenguaje hablado. No puede leer ni escribir palabras, ni nombrar objetos; estos rasgos coinciden exactamente con las limitaciones conocidas del hemisferio derecho aislado en los pacientes que presentan un cuerpo calloso seccionado. Sus resultados en evaluaciones de procesamiento numérico también concuerdan con los de otros estudios de pacientes con el cerebro dividido. J. S. reconoce los números arábigos y sabe cómo compararlos y estimar la numerosidad de un conjunto de objetos. En ocasiones logra leer en voz alta unos pocos dígitos y algunos números de dos dígitos, pero no más que esto. Puede resolver alrededor de la mitad de los problemas de suma y resta de un único dígito que se le presentan. La multiplicación, la división y las operaciones multidígito constituyen obstáculos insalvables para él.

Un campeón del absurdo numérico

Los pacientes con el cerebro dividido de los que hemos hablado hasta ahora, junto con el paciente J. S., indican que, aunque sólo el hemisferio izquierdo puede realizar cálculos exactos, tanto este como el derecho incorporan representaciones de las cantidades numéricas. ¿Es posible localizar las áreas cerebrales más circunscriptas implicadas en esta representación cuantitativa? ¿La recta numérica mental está asociada a un circuito cerebral específico con una localización cortical precisa? Y ¿cómo sería nuestra vida mental si una lesión cerebral nos hiciera perder nuestro sentido numérico? Para responder a estas preguntas, resulta útil considerar a pacientes con lesiones más pequeñas, que afectan una zona más pequeña, y por ende más específica, del circuito cerebral.

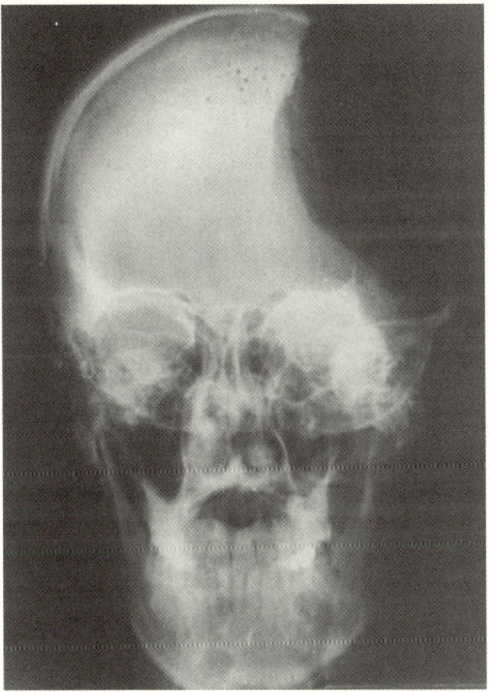

Figura 7.1. A pesar de la pérdida de su hemisferio izquierdo durante un combate en Vietnam, el paciente J. S. todavía puede identificar y comparar números arábigos. El cálculo exacto, sin embargo, le plantea dificultades extremas (tomado de Grafman y otros, 1989).

Cuando el famoso dramaturgo Eugène Ionesco estaba escribiendo su obra maestra *La lección,* probablemente no tenía más pretensiones que su preferencia por lo extravagante y el sinsentido. Sin embargo, en esta obra trazó un retrato notablemente realista de un paciente con acalculia, carente de cualquier intuición cuantitativa:

> El Profesor: Bueno. Aritmeticemos un poco... ¿Cuántos son uno y uno?
>
> La Alumna: Uno y uno son dos.
>
> El Profesor (*admirado por la sabiduría de la alumna*): ¡Oh, muy bien! Me parece muy adelantada en sus estudios. Completará fácilmente su doctorado, señorita. Sigamos adelante: ¿cuántos son dos y uno?
>
> La Alumna: Tres.
>
> El Profesor: ¿Tres y uno?
>
> La Alumna: Cuatro.
>
> El Profesor: ¿Cuatro y uno?
>
> La Alumna: Cinco...
>
> El Profesor: ¡Magnífica! ¡Es usted magnífica! ¡Es usted exquisita! La felicito calurosamente, señorita. No vale la pena continuar. En lo que respecta a la suma, es usted magistral. Veamos la resta. Dígame solamente, si no está agotada, cuántos son cuatro menos tres.
>
> La Alumna: ¿Cuatro menos tres?... ¿Cuatro menos tres?
>
> El Profesor: Sí. Quiero decir: quite tres de cuatro.
>
> La Alumna: Eso da..., ¿siete?
>
> El Profesor: Perdóneme si me veo obligado a contradecirla. Cuatro menos tres no dan siete. Usted se confunde: cuatro más tres son siete, pero cuatro menos tres no son siete... Ahora no se trata de sumar, sino de restar.
>
> La Alumna (*se esfuerza por comprender*): Sí... sí...
>
> El Profesor: Cuatro menos tres son: ¿cuánto?..., ¿cuánto?
>
> La Alumna: ¿Cuatro?
>
> El Profesor: No, señorita, no es eso.
>
> La Alumna: Entonces, tres.
>
> El Profesor: Tampoco, señorita... Perdóneme, pero debo decírselo: no es esa la respuesta... Discúlpeme.
>
> La Alumna: Cuatro menos tres... Cuatro menos tres... ¿Cuatro menos tres? ¿No son diez?...
>
> El Profesor: Cuente, pues, por favor, se lo ruego.
>
> La Alumna: Uno... dos... y después de dos, vienen tres... cuatro...
>
> El Profesor: Deténgase, señorita. ¿Qué número es mayor: el tres o el cuatro?

La Alumna: ¿Es?... ¿El tres o el cuatro? ¿Cuál es mayor? ¿El mayor de tres o cuatro? ¿En qué sentido el mayor?

El Profesor: Hay números más pequeños y números más grandes. En los números más grandes hay más unidades que en los pequeños...

La Alumna: Discúlpeme, señor. ¿Qué entiende usted por el número mayor? ¿El menos pequeño que el otro?

El Profesor: Eso es, señorita. ¡Perfecto! Me ha comprendido muy bien.

La Alumna: Entonces, es el cuatro.

El Profesor: ¿Qué es el cuatro? ¿Mayor o menor que el tres?

La Alumna: Menor... no, mayor.

El Profesor: Excelente respuesta. ¿Cuántas unidades hay entre tres y cuatro? ¿O entre cuatro y tres, si usted prefiere?

La Alumna: No hay unidades, señor, entre tres y cuatro. El cuatro viene inmediatamente después del tres, ¡pero no hay nada absolutamente entre el tres y el cuatro!...

El Profesor: Escuche. He aquí tres fósforos. Y aquí otro más, en total, cuatro. Ahora observe bien; usted tiene cuatro, yo retiro uno, ¿cuántos le quedan?

La Alumna: Cinco. Si tres y uno hacen cuatro, cuatro y uno hacen cinco.

¿Ionesco habrá visitado alguna vez una clínica neurológica? La alumna de *La lección* no es un personaje imaginario, sino que existe: es alguien a quien he conocido en persona. Durante varias horas, intenté enseñarle aritmética al señor M., un paciente acalcúlico de 68 años de edad con una lesión en la corteza parietal inferior (figura 7.2; Dehaene y Cohen, 1997). Como la alumna de Ionesco, esta persona podía resolver sumas sencillas, pero era totalmente incapaz de restar y tenía dificultades para determinar el más grande entre dos dígitos. El diálogo de Ionesco suena tan verdadero que prácticamente podría ser una transcripción literal de mis conversaciones surrealistas con el señor M. En las réplicas del profesor reconozco mis propios intentos torpes de volver a enseñar aritmética elemental al señor M.: mi entusiasmo desproporcionado cuando lo lograba, y mi inocultable desaliento frente a sus fallas recurrentes. En las palabras de la alumna, casi puedo oír la confusión de mi paciente a medida que intentaba, con una voluntad inagotable, responder a preguntas cuyo sentido ya no comprendía. Hasta el subtítulo de la obra −"drama cómico"− encaja perfectamente con las desafortunadas tribulaciones del señor M., un caso genuino de absurdo numérico.

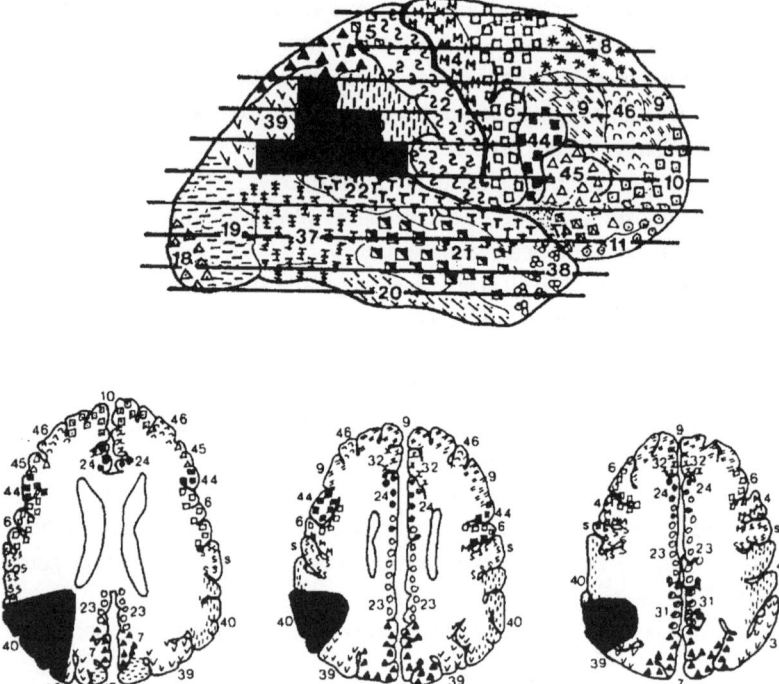

Figura 7.2. Esta lesión de la corteza parietal inferior derecha hizo que el señor M. perdiera su sentido de las cantidades numéricas. (Nótese que una convención confusa de los neurólogos hace que las lesiones del hemisferio derecho aparezcan a la izquierda de las secciones horizontales) (tomado de Dehaene y Cohen, 1997).

La alteración del señor M. es, de hecho, típica de los pacientes que padecen un déficit selectivo de la representación cuantitativa de los números, la recta numérica mental que da significado a los números arábigos y a las palabras que designan números. El señor M. ha perdido cualquier intuición acerca de la aritmética. Esta es la razón por la que resulta incapaz de calcular 4 − 3 , o hasta de comprender el significado de esta resta. A pesar de esto, como el resto de sus circuitos cerebrales permanece intacto, consigue recuperar de memoria, sin comprenderlas, las operaciones simbólicas habituales.

Examinemos punto por punto las disociaciones del señor M. Noté que hablaba con bastante fluidez y podía leer palabras y números a la perfección. Al principio sufría alguna dificultad con la escritura, pero esta discapacidad ha cedido hace mucho tiempo. Por lo tanto, sus módulos para identificar palabras, tanto de forma visual como auditiva, y para decirlas o escribirlas debían de estar indemnes, del mismo modo que los conjuntos de conexiones que los vinculan. Por otra parte, el caso del señor M. nos fuerza a pensar que hay vías directas en el cerebro humano que transforman los números de una notación a la otra: redes capaces de convertir 2 en "dos" sin necesidad de comprender el significado de los símbolos.

De hecho, el señor M. no entiende los números que lee tan bien. En una tarea de comparación en que se le solicita que englobe en un círculo el mayor de dos números arábigos, falla una vez cada seis intentos. Sus errores, aunque relativamente infrecuentes, son groseros. Por ejemplo, en cierta ocasión sostuvo, sin pestañear, que 5 era más grande que 6. En un juicio de proximidad numérica, que consiste en decidir cuál de dos números está más cerca de un tercero, también falla en uno de cada cinco ensayos.

Su déficit es más evidente en las pruebas de resta y de bisección numérica. El test de bisección consiste en decidir qué número cae exactamente en el medio de determinado intervalo. Las respuestas del señor M. lindan con el absurdo completo. Entre 3 y 5, ubica el 3 y después el 2; entre 10 y 20, sitúa el 30, para corregir luego su respuesta como 25, con este revelador pedido de disculpas: "No visualizo muy bien los números".

En el campo de la sustracción impera para él una confusión similar. No logra resolver alrededor de tres problemas de cuatro. Y sus errores tienen un inquietante parecido con los de la alumna de Ionesco. Afirma que 2 − 1 es 2; 9 − 8 es 7 "porque hay una unidad". También, que 3 − 1 es 4: "¡No! tengo yo una unidad, entonces si hay una unidad, la modificación de una unidad hace tres, ¿no?". Para 6 − 3, escribe "nueve", pero comenta, con lucidez: "Estoy sumando cuando debería estar restando. Una resta consiste en quitar; en cuanto a una suma, consiste en añadir". Este conocimiento, sin embargo, no es más que una pátina teórica. Resulta evidente que señor M. ya no posee trazo alguno de la estructura de los números enteros ni de las operaciones que permiten pasar de una cantidad a otra.

En *La lección,* la alumna que no puede restar 3 a 4 de pronto se vuelve un prodigio del cálculo:

> El Profesor: ¿Cuántos son, por ejemplo, tres mil setecientos cincuenta y cinco millones novecientos noventa y ocho mil doscientos cincuenta y uno multiplicados por cinco mil ciento sesenta y dos millones trescientos tres mil quinientos ocho?

> La Alumna (*muy rápidamente*): Son diecinueve trillones trescientos no-
> venta mil billones dos mil ochocientos cuarenta y cuatro mil doscien-
> tos diecinueve millones ciento sesenta y cuatro mil quinientos ocho.
> El Profesor (*estupefacto*): ¿Pero cómo lo sabe usted si no conoce los
> principios del razonamiento aritmético?
> La Alumna: Es sencillo. Como no puedo confiar en mi razonamiento, me
> he aprendido de memoria todos los resultados posibles de todas las
> multiplicaciones posibles.

En conclusión, y salvando las distancias, el señor M. exhibe una disociación similar, aunque necesariamente menos espectacular. Él, que afirma
con seguridad que $3 - 2 = 2$, sabe de memoria la mayor parte de las
tablas de multiplicar. Su memoria verbal está intacta, y le permite decir
apresuradamente "tres por nueve es veintisiete", como un autómata, sin
comprender lo que está diciendo. También apela a esta memoria intacta
para resolver más de la mitad de los problemas de suma de un dígito que
se le plantean. Sin embargo, falla siempre que el resultado de una suma
supera el número 10. La estrategia utilizada por la mayoría de los adultos, que consiste en descomponer, por ejemplo, $8 + 5$ en $(8 + 2) + 3$, está
fuera de su alcance. El conocimiento aritmético del señor M. comienza
a disminuir justo allí donde su memoria se detiene. Su lesión parietal inferior le impide el acceso al sentido numérico cuando su memoria falla.

La corteza parietal inferior y el sentido numérico

El área parietal inferior, donde está ubicada la lesión del señor M., todavía es una *terra incognita* del cerebro humano. Esta área cortical, y muy especialmente su circunvolución posterior, llamada "giro angular" o "área
39 de Brodmann", es crucial en la representación mental de los números
como cantidades. Bien podría ser depositaria del "sentido numérico"
al que dedicamos este libro, esa intuición para las cantidades que está
presente en nuestra mente desde los albores de la especie humana. Anatómicamente, se encuentra en lo que los neurocientíficos solían llamar
corteza "asociativa" o "plurimodal" de alto nivel. El neurólogo Norman
Geschwind la llamó "área de asociación de las áreas de asociación". Sus
conexiones neuronales, en efecto, la sitúan en la convergencia de corrientes de información provenientes de la visión, la audición y el tacto,
una localización ideal para la aritmética, cuya representación abstracta
se aplica a todas las modalidades sensoriales.

Unos tres cuartos de siglo han pasado desde que el neurólogo austríaco Josef Gerstmann describió por primera vez los cuatro déficits que puede ocasionar una lesión en la región parietal inferior izquierda: como es obvio, acalculia, pero también dificultades en la escritura, agnosia digital (dificultades para representar los dedos de la mano), y desorientación espacial (dificultad para distinguir izquierda de derecha) (Gerstmann, 1940).[35] Inmediatamente después de su accidente vascular, el señor M. mostraba todos estos déficits. Sin embargo, había una complicación adicional: su lesión estaba localizada en el hemisferio *derecho*. Creemos que este paciente, que era fuertemente zurdo, se contaba entre la minoría de personas cuyo cerebro está organizado en espejo respecto de la arquitectura habitual, de modo que su hemisferio derecho está involucrado en el procesamiento del lenguaje, en lugar del izquierdo. Pero también podemos detectar pérdida del sentido numérico cuantitativo en pacientes más clásicos, cuyo síndrome de Gerstmann proviene de una lesión parietal inferior *izquierda*.

¿Cuál es la relación entre los números, la escritura, los dedos y el espacio? Este tema es el centro de un debate inagotable. Los cuatro déficits que hoy llamamos "síndrome de Gerstmann" pueden no significar demasiado. Podrían reflejar tan sólo la agrupación de una variedad extraña de módulos cerebrales independientes pero ubicados en la misma vecindad cortical. Es más, durante décadas los investigadores han señalado que, aunque suelen observarse juntos, los cuatro elementos que componen el síndrome también pueden aparecer disociados. Algunos pacientes relativamente raros muestran acalculia aislada, sin dificultad aparente para distinguir los dedos, o viceversa. Por tanto, es probable que la región parietal inferior esté subdividida en microrregiones altamente especializadas para los números, para la escritura, para el espacio y para los dedos.

A pesar de todo, hay una tendencia a buscar una explicación más profunda para esta agrupación en una misma región cerebral general. Después de todo, como vimos en capítulos previos, la asociación entre los números y el espacio es indiscutiblemente estrecha. En el capítulo 1, advertimos que la numerosidad puede captarse de una representación espacial de conjuntos de ítems, ya que este mapa especifica la presencia de objetos cualquiera sea su tamaño e identidad. En el capítulo 3,

35 Presentaciones de caso y revisiones constan en Benton (1961, 1987, 1992), Mayer y otros (1999), Rusconi y otros (2009).

mostramos el papel central que tiene en la intuición numérica la representación mental de los enteros en una recta orientada de izquierda a derecha. En el capítulo 6, por último, se encontraron relaciones muy cercanas entre el talento matemático y las habilidades espaciales. Entonces, no parece sorprendente encontrar que una lesión puede destruir simultáneamente las representaciones mentales del espacio y de los números.

Mi sensación es que la región parietal inferior alberga circuitos neuronales especializados para representar datos espaciales continuos, e idealmente propicia para la codificación de la recta numérica.[36] Anatómicamente, está en la cúspide de una pirámide de áreas occipitoparietales que construyen mapas cada vez más abstractos de la distribución espacial de los objetos en el ambiente. El número emerge, desde luego, como la representación más abstracta de la permanencia de los objetos en el espacio; de hecho, casi podemos definir el número como el único parámetro que permanece constante cuando se hace abstracción de la identidad y la trayectoria de un objeto.

Los vínculos entre los números y los dedos también son obvios. Todos los niños de todas las culturas aprenden a contar con los dedos. Por eso, parece posible que, en el curso del desarrollo, las representaciones corticales de los dedos y de los números ocupen territorios cerebrales vecinos o fuertemente interrelacionados. Es más, las representaciones cerebrales de los números y la disposición de la mano, incluso si son disociables, obedecen a principios de organización muy similares. Cuando el señor M. mueve el dedo índice a pesar de haberle pedido que moviera el anular, su error parece el análogo exacto de su incapacidad para visualizar las localizaciones respectivas de los números 2 y 3 en la recta numérica. Desde esta perspectiva, que es aún especulativa en gran medida, tanto los mapas corporales como los espaciales y la recta numérica serían resultado de un único principio estructural que rige la conectividad en la corteza parietal inferior.

36 Esta conclusión ha recibido mucho apoyo experimental en los últimos años. Véanse, por ejemplo, Pinel, Piazza, Le Bihan y Dehaene (2004), Hubbard y otros (2005), Tudusciuc y Nieder (2007). Para encontrar una propuesta similar, véase Walsh (2003).

Ataques inducidos por la matemática

Otra patología enigmática demuestra hasta qué punto el área parietal inferior está especializada para la aritmética. La *epilepsia arithmetices* es un síndrome informado por primera vez en 1962 por los neurólogos D. Ingvar y G. Nyman. Cuando realizaban un estudio electroencefalográfico de rutina a una muchacha epiléptica, descubrieron que siempre que la paciente resolvía problemas de aritmética, incluso algunos muy sencillos, sus ondas cerebrales mostraban descargas rítmicas. Asombrosamente, el cálculo desencadenaba ataques epilépticos, mientras que otras actividades intelectuales, como la lectura, no tenían efecto alguno (Ingvar y Nyman, 1962).

Nimal Senanayake, un médico de Sri Lanka, traza un retrato fascinante y aterrador de estos "ataques inducidos por el pensamiento":

> Una niña de 16 años había estado padeciendo movimientos erráticos repentinos del brazo derecho durante el año pasado, acompañados por bloqueos mentales transitorios mientras estudiaba; en particular, cuando estudiaba matemática. Durante las evaluaciones trimestrales, comenzó a desarrollar temblores más o menos treinta minutos después de comenzar con el examen de matemática. Se le cayó la lapicera de la mano y le costó concentrarse. Completó el examen de una hora de duración con dificultad, pero durante la segunda parte del examen los movimientos se volvieron más pronunciados y a los cuarenta y cinco minutos tuvo una convulsión tónico-clónica y perdió la conciencia. [Luego de la administración de medicación antiepiléptica], hubo algunas mejorías, pero continuó teniendo sacudones ocasionales durante las clases de matemática. Aproximadamente nueve meses después del primer ataque importante tuvo que realizar la evaluación de fin de año. Nuevamente, durante el examen de matemática, comenzó a sacudirse a los quince minutos. Se forzó a continuar, pero a la mitad del examen tuvo una convulsión tónico-clónica (Senanayake, 1989).

Hoy se conocen más de una docena de casos similares de "epilepsia aritmética" en el mundo entero. Los encefalogramas de las víctimas suelen presentar anomalías en la región parietal inferior. Es muy probable que esta área albergue una red de neuronas conectada de forma incorrecta e hiperexcitable que, cuando se pone en uso durante la resolución de problemas aritméticos, transmite una descarga eléctrica incontrolable a otras áreas cerebrales. El hecho de que este foco epiléptico sólo se desate durante el cálculo da un indicio de la extrema especialización de esta área cerebral para la aritmética.

Los múltiples significados de los números

El caso del señor M. también aporta pruebas contundentes de la sorprendente especialización del área parietal inferior (Dehaene y Cohen, 1997). Si bien su lesión parietal ha devastado su sentido numérico, el señor M. retiene un conocimiento excelente de los dominios no numéricos. Lo más asombroso es que, aunque no puede responder qué números están entre el 3 y el 5, la misma tarea de bisección aplicada a otras áreas no supone dificultades para él. Sabe muy bien qué letra está entre A y C, cuál es el día entre el martes y el jueves, cuál el mes entre junio y agosto y qué nota musical sigue al do y precede al mi. El conocimiento de estas series está completamente intacto. Sólo la serie de números –la única que se refiere a la cantidad– parece estar afectada.

Incluso en lo atinente a los números, el señor M. no ha perdido su rico almacén de conocimiento "enciclopédico". Este talentoso artista, actualmente retirado, lleno de talento, dotado de una rara cultura, todavía puede disertar largamente acerca de los sucesos de 1789 o 1815. Incluso me ha contado, con lujo de detalles numéricos, la historia del Hospital de la Salpêtrière, donde lo evalúo. El número 5, que tan de inmediato dice que es más grande que el 6, evoca para él una profusión de referencias místicas a los "cinco pilares del islam". Me recuerda que según los pitagóricos los números impares tenían el favor de los dioses. Y me refiere, con humor, una cita enigmática del humorista francés Alphonse Allais: "El número 2 se regocija por ser tan impar". Sin duda, la erudición del señor M. ha sobrevivido al daño cerebral, incluso en lo que concierne a fechas y a la historia de los números y de la matemática.

Otra dimensión del déficit del señor M. es que varía de acuerdo con el carácter abstracto o concreto de los problemas que se le pide que resuelva. Los números que se manejan en la aritmética son conceptos sumamente abstractos. Cuando se resuelve 8 + 4, no tiene sentido preguntarse si se está hablando acerca de ocho manzanas o de ocho niños. El déficit del señor M. parece limitarse a esta comprensión de los números como magnitudes abstractas. Su desempeño numérico mejora considerablemente siempre que encuentra un referente o un modelo mental concreto al cual aferrarse, en lugar de trabajar con los números en abstracto. Por ejemplo, puede estimar magnitudes no familiares pero concretas como la duración del viaje de Colón al Nuevo Mundo, la distancia de Marsella a París, o el número de espectadores de un partido de fútbol importante. Durante una evaluación, no consiguió dividir 4 por 2 (respondía mecánicamente "cuatro por tres es doce"). Con el objetivo de comprender el origen de esta falla, coloqué cuatro bolillas en su mano y le pedí que las compartiera entre dos niños. Inmediatamente dividió este conjunto concreto tomando dos canicas en cada mano, sin siquiera un dejo de indecisión.

Más adelante le pregunté acerca de su cronograma diario y descubrí que utiliza con buen discernimiento las etiquetas de las horas. El señor M. explicó sin dificultad que se levantaba a las cinco de la mañana y luego trabajaba dos horas antes del desayuno, servido a las siete, y así sucesivamente. El desplazamiento mental por la línea de tiempo concreta fue como una bocanada de aire fresco para él, comparado con la mortificación de la recta numérica abstracta. Es notable cómo con las etiquetas de las horas logró realizar cálculos que era completamente incapaz de hacer en abstracto. Por ejemplo, me podía decir cuánto tiempo había pasado entre las nueve y las once de la mañana, una operación equivalente a la resta, que tanto le costaba resolver. Tampoco tenía inconveniente alguno en convertir "las 20 horas" en "las ocho de la noche" y "las 15 horas" en "las tres de la tarde", aunque una conversión de este tipo es formalmente equivalente a sumar y restar doce. Como era de esperar, sufrió un amargo revés cuando le propuse operaciones equivalentes desde el punto de vista numérico, como 8 + 12, en el contexto abstracto de una prueba aritmética.

Estas disociaciones demuestran que sería inútil buscar *el* área cerebral para el significado numérico. Los números tienen múltiples significados. Algunos números "al azar" como 3871 hacen referencia a un solo concepto: la cantidad pura que transmiten. Otros, sin embargo, especialmente cuando son pequeños, evocan muchas otras ideas: fechas (1492), horas (9,45 p.m.), constantes temporales (365), marcas comerciales (747), códigos postales (90210), números de teléfono (911), magnitudes físicas (110/220), constantes matemáticas (3,14...), películas (2001), juegos (7 ½) e incluso legislación sobre el consumo de bebidas (¡21 o, con suerte, 18!). La corteza parietal inferior parece codificar sólo el significado cuantitativo de los números, con lo que el señor M. tiene dificultades. Distintas áreas cerebrales deben estar involucradas en la codificación de los otros significados.

En otro caso, el del señor G., un paciente con un daño masivo en el hemisferio izquierdo, el aporte que hacen al significado numérico estas rutas paralelas es particularmente evidente (Cohen, Dehaene y Verstichel, 1994). El señor G. sufre un gran déficit lector. La ruta de lectura directa que convierte las letras o los dígitos escritos en los sonidos correspondientes está totalmente alterada, lo que le impide leer la mayoría de las palabras y los números. Sin embargo, algunas cadenas todavía evocan fragmentos de significado:

- 1789: "Me hace pensar en la toma de la Bastilla... ¿pero qué?".
- Tomate: "Es rojo... se lo come al comienzo de una comida...".

A veces, esta aproximación semántica le permite recuperar la pronunciación de una palabra de un modo muy indirecto:

- 504 [un famoso modelo de la automotriz Peugeot]: "El número de los autos que ganan... fue mi primer auto... Comienza con P... Peugeot, Renault... es Peugeot... 403 [¡otro Peugeot célebre, pero de otra época!]... no, 500... ¡504!".
- Vela: "Se prende para iluminar un cuarto... ¡vela!".

En otras ocasiones, a la inversa, el significado recuperado lo desorienta:

- 1918: "El final de la Primera Guerra Mundial... 1940".
- Jirafa: "Cebra".

Si bien es razonable asociar las cantidades con la corteza parietal inferior, todavía nadie sabe qué áreas cerebrales toman los otros significados no cuantitativos de los números. Entre muchas cuestiones no resueltas, que las ciencias que se ocupan de la cognición y del cerebro deberán abordar en los próximos diez o veinte años, en verdad se destaca la siguiente: ¿de acuerdo con qué reglas nuestro cerebro dota de sentido a un símbolo lingüístico?

Las autopistas de información numérica del cerebro

El significado de los números no es el único conocimiento distribuido entre varias regiones cerebrales. Piensen en todo el conocimiento aritmético que dominan: leer y escribir números, en notación arábiga o escritos en forma de palabra; comprenderlos y pronunciarlos en voz alta; suma, multiplicación, resta, división, y la lista puede seguir. El estudio de las lesiones cerebrales sugiere que cada una de estas habilidades depende de un cúmulo de redes neuronales altamente especializadas, que se comunican por varias vías paralelas. En el cerebro humano, la división del trabajo no es un concepto estéril. Según la tarea que queremos realizar, los números que manejamos siguen diferentes "autopistas de información cerebral". Intentamos esquematizar una pequeña parte de estas redes de manera provisoria en la figura 7.3.

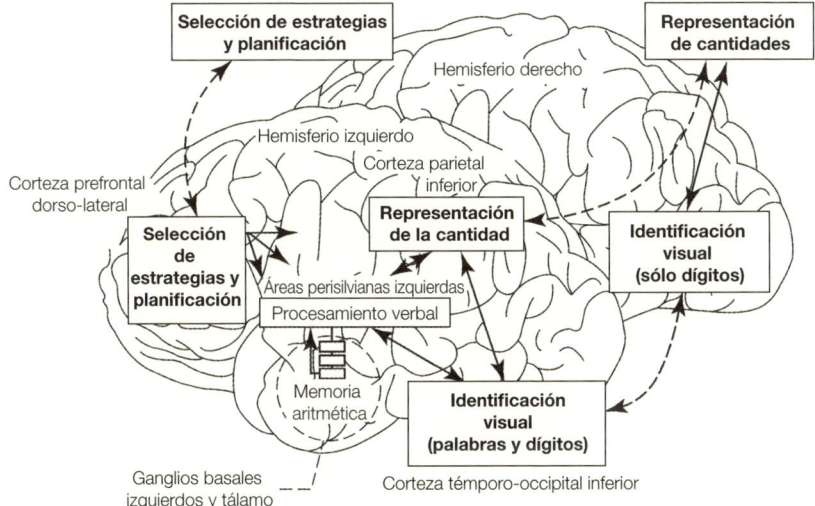

Figura 7.3. Diagrama parcial y todavía hipotético de las principales áreas cerebrales involucradas en el procesamiento numérico. Ambos hemisferios pueden manipular los números arábigos y las cantidades numéricas, pero sólo el hemisferio izquierdo tiene acceso a una representación lingüística de los números y a una memoria verbal de las tablas aritméticas (tomado de Dehaene y Cohen, 1995).

Consideremos la lectura. ¿Utilizamos los mismos circuitos neuronales para identificar el dígito arábigo 5 y la palabra "cinco"? Probablemente, no. Globalmente, la identificación visual como un todo depende de áreas cerebrales situadas en la base de la parte posterior de ambos hemisferios, en una región llamada "corteza temporo-occipital inferior". Sin embargo, esta región está altamente fragmentada en subsistemas especializados. El estudio de pacientes con el cerebro dividido indica que el sistema visual del hemisferio izquierdo reconoce tanto los números arábigos como las palabras escritas, mientras que el del hemisferio derecho sólo reconoce números arábigos simples. Incluso dentro del hemisferio posterior izquierdo, diferentes categorías de objetos visuales –palabras, dígitos arábigos, pero también rostros y objetos– parecen ser procesadas por vías neuronales específicas. Por ende, algunas lesiones de la región temporo-occipital izquierda dañan sólo el reconocimiento visual de las palabras. Estos pacientes sufren un síndrome llamado "alexia pura" o "alexia sin agrafia".[37]

"Alexia" significa que no pueden leer una palabra (aunque entienden la lengua hablada perfectamente bien); "sin agrafia" significa que todavía pueden escribir palabras y oraciones, aunque son por completo incapaces de leer lo que ellos mismos escribieron segundos después de haberlo hecho. La siguiente es una transcripción típica de los dichos de un paciente aléxico puro mientras intenta leer la palabra francesa *fille* [niña].

> Paciente: Es "on"… son las letras "O, N"… "on"… ¿Es eso? Ah, bueno, hay tres letras, como una "E", "B"… No sé qué palabra es… No puedo verlo con claridad… Me rindo, no puedo.
>
> Examinador: Intente leer las letras una por una.
>
> Paciente: ¿Estas? A ver… "B"… "N"… "I"… No sé.

Si bien es incapaz de identificar palabras, este tipo de pacientes muchas veces conservan excelentes habilidades para reconocer rostros y objetos. Por eso, no resulta dañada la visión como un todo; sólo se altera un subsistema especializado para las cadenas de caracteres. Lo que resulta más importante para nuestros propósitos actuales es que muchas veces se preserva incluso el reconocimiento de dígitos arábigos. Uno de los primeros casos diagnosticados como alexia pura, descrito por el neurólogo francés Jules Déjerine en 1892, era el de un hombre que no podía descifrar palabras ni –por extraño que resulte– las notas musicales, pero podía leer números arábigos e incluso realizar largas series de cálculos escritos (Déjerine, 1892). Casi un siglo más tarde, el neurólogo estadounidense Samuel Greenblatt (1973) describió un caso similar en el que, además, el paciente todavía tenía campos visuales totalmente intactos y visión en colores.

---

37 Para una descripción general de la alexia pura, véanse Déjerine (1892), Damasio y Damasio (1983), Cohen y otros (2004). Para una descripción de las habilidades numéricas residuales en la alexia pura, véase Cohen y Dehaene (1995, 2000).

También se ha registrado la disociación inversa. Lisa Cipolotti y sus colegas del Hospital Nacional de Londres hace dos décadas observaron un déficit en la lectura de números arábigos en un paciente que no tenía dificultad alguna para leer palabras (Cipolotti, Butterworth y Denes, 1991). Este tipo de casos implica que el reconocimiento de palabras y el de números dependen de distintos circuitos neuronales del sistema visual humano. Como se sitúan en áreas anatómicas vecinas, a menudo se deterioran en simultáneo. Sin embargo, en algunos casos excepcionales podemos demostrar que en realidad son distintas y disociables.

Se encuentran patrones similares de disociación entre escribir números y pronunciarlos en voz alta. El paciente H. Y., a quien me referí brevemente al comienzo de este capítulo, mezclaba los nombres de los números cuando tenía que decirlos en voz alta (McCloskey, Caramazza y Basili, 1985). Sin embargo, no tenía dificultades para escribirlos en notación arábiga. Podía decir que "dos por cinco es trece", pero siempre escribió correctamente 2 × 5 = 10. Es claro que había preservado un recuerdo de las tablas de multiplicar. Sólo fallaba cuando intentaba recuperar la pronunciación del resultado. Asimismo, Frank Benson y Martha Denckla (1969) describieron a un paciente que, cuando resolvía 4 + 5, decía "ocho" y escribía 5; sin embargo, en todos los casos podía señalar el resultado correcto, 9, entre otros varios dígitos. Las rutinas cerebrales de este paciente para producir números, tanto en forma hablada como escrita, estaban deterioradas, y sin embargo la identificación visual y el cálculo no habían sido afectados.

La extraordinaria selectividad que muestran las lesiones cerebrales parece destinada a sorprendernos. Con Patrick Verstichel y Laurent Cohen estudiamos a un paciente que, cuando intenta hablar, emite una jerga incomprensible ("Yo fartumé un contolpe denmisula carmipa…") (Cohen, Verstichel y Dehaene, 1997). Un análisis cuidadoso de los errores muestra que una etapa específica de la producción del habla, que ensambla los fonemas para lograr la pronunciación de las palabras, está irremediablemente dañada. Sin embargo, de algún modo los nombres de los números escapan a esta jerga. Cuando el paciente intenta decir un número como, por ejemplo, "veintidós", nunca dice un galimatías como "jintli dux". A lo sumo, como H. Y., ocasionalmente sustituye el nombre de un número con otro y, por ejemplo, dice "cincuenta y dos" (este tipo de sustituciones de palabra completa ocurre en pocas ocasiones, si es que ocurre, con palabras que no sean números). Entonces, incluso en las regiones implicadas en la producción del habla, hay circuitos neuronales especializados que se encargan de ensamblar los números.

Se encuentra una disociación muy similar en la escritura. Steven Anderson y Antonio y Hannah Damasio (1990) han descrito a una paciente que se había vuelto repentinamente incapaz de leer o escribir luego de que una minúscula lesión destruyera parte de su corteza premotora izquierda. Cuando se le pidió que escribiera su nombre o la palabra "perro", todo lo que podía producir eran trazos informes e ilegibles. Sin embargo, la lectura y la escritura de números arábigos permanecían intactas. El paciente podía resolver problemas aritméticos complejos con la misma caligrafía esmerada, prolija y limpia que tenía antes de la lesión (figura 7.4).

Una conclusión ineludible de esta serie de casos análogos es que en casi todos los niveles de procesamiento –reconocimiento visual, producción de lenguaje, escritura– las áreas cerebrales que dominan los números son parcialmente distintas de las que se encargan de otras palabras. Muchas de estas áreas no se muestran en la figura 7.3, por el sencillo motivo de que todavía no sabemos mucho acerca de su sustrato anatómico. Pero su disociación luego de una lesión cerebral por lo menos prueba que en efecto existen.

Hablemos ahora del cálculo. Ya hemos descrito en detalle el papel fundamental de la corteza parietal inferior en el procesamiento cuantitativo de los números, especialmente en la resta. Pero ¿qué ocurre con las tablas de adición y de multiplicación? Junto con mi colega Laurent Cohen creemos que puede estar involucrado otro circuito neuronal: una vía córtico-subcortical que involucra los ganglios basales del hemisferio izquierdo (Dehaene y Cohen, 1995, 1997). Los ganglios basales son núcleos neuronales localizados por debajo de la corteza. Recolectan información de varias regiones corticales, la procesan, y la vuelven a enviar por varios circuitos paralelos que pasan a través del tálamo. Si bien la comprensión de la función exacta de estas vías córtico-subcorticales todavía es muy exigua, intervienen en la memorización y la reproducción de secuencias motoras automáticas, incluidas las secuencias verbales. Con Laurent Cohen pensamos que uno de esos circuitos se activa durante la multiplicación y emite automáticamente, por ejemplo, el resultado "diez" como complemento de la secuencia de palabras "dos por cinco". Más precisamente, la actividad de una población distribuida de neuronas que codifican la oración "dos por cinco" activa neuronas dentro de los circuitos de los ganglios basales que, a su vez, excitan una población de neuronas que representan la palabra "diez" dentro de las áreas corticales del lenguaje. Otros automatismos verbales como los refranes, los poemas o las plegarias pueden almacenarse de un modo similar.

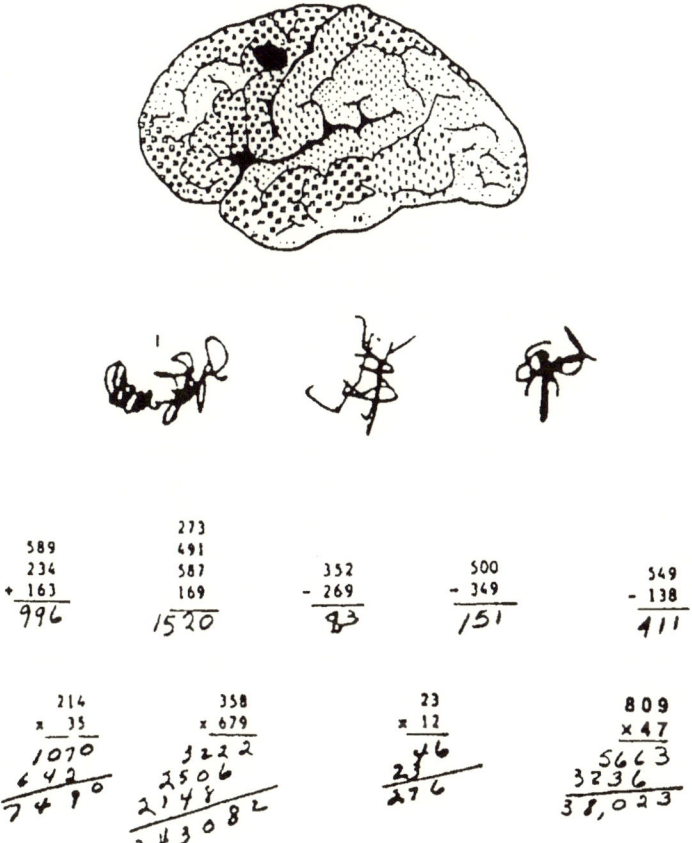

Figura 7.4. Luego de una pequeña lesión en la corteza premotora izquierda, una paciente se volvió incapaz de leer o escribir palabras, aunque todavía podía leer y escribir números arábigos. Los trazos confusos representan los intentos que hizo la paciente por escribir su nombre, las letras A y B y la palabra *dog* [perro]. Las muestras de cálculos impecables dejan en evidencia que la escritura de números arábigos permanecía intacta (reproducido de Anderson y otros, 1990; © Oxford University Press).

Nuestras especulaciones están avaladas por varios casos de acalculia originados a partir de una lesión subcortical izquierda. El daño en las vías neuronales profundas del hemisferio izquierdo, el cual deja la corteza intacta, a veces causa trastornos aritméticos. A finales de la década de 1990, evalué a una paciente, la señora B., cuyos ganglios basales izquierdos estaban dañados (Dehaene y Cohen, 1997).[38] A pesar de esta lesión, la paciente puede leer números y escribirlos al dictado. Sus circuitos para reconocer y producir números están completamente intactos. Sin embargo, la lesión subcortical tuvo un impacto drástico en el cálculo. De hecho, su memoria para las tablas aritméticas está tan severamente desorganizada que ahora comete errores hasta en problemas tan sencillos como 2 × 3 o 4 × 4.

Al contrario que el señor M., paciente que había perdido el sentido numérico, la señora B. conserva una comprensión excelente de las cantidades numéricas (su corteza parietal inferior se ha preservado en su totalidad). Puede comparar dos números, notar qué número está entre ellos, e incluso recalcular 2 × 3 contando mentalmente tres grupos de dos objetos. Tampoco tiene dificultades para resolver restas simples como 3 – 1 u 8 – 3. El área acotada en que la señora B. se vio afectada concierne a la evocación de secuencias de palabras familiares. Ya no puede recuperar cadenas de palabras que una vez fueron altamente familiares, como "tres por nueve es veintisiete" o "dos cuatro seis ocho diez". En una sesión de trabajo memorable, le pedí a la señora B. que recitara la tabla de multiplicar, el alfabeto, algunas oraciones, algunas canciones de cuna, y algunos poemas, y descubrí que todas estas formas de memoria verbal se encuentran dañadas. La señora B. padece dificultades profundas cuando recita "Au clair de la lune", una canción de cuna tan famosa en Francia como el "Arroz con leche" en América Latina. No puede recitar el alfabeto más allá de A, B, C, D. También mezcla las palabras del "Yo confieso", el "Credo de los apóstoles" y el "Padre nuestro" (que una vez terminó así: "y no perdones pero que venga tu reino"). Estos déficits son tanto más llamativos porque la señora B. es una cristiana devota y maestra de primaria retirada hace poco tiempo; por lo tanto, ha pasado toda su vida recitando estas palabras. No está claro que las tablas de multiplicar, las oraciones y las canciones de cuna se almacenen en exactamente los mismos circuitos, pero al menos, parecen recurrir a redes neuronales paralelas y probablemente vecinas de los ganglios basales, destruidas simultáneamente por la lesión subcortical en el caso de la señora B.

Hasta ahora, este libro se ha ocupado sólo de la aritmética elemental. ¿Pero qué ocurre con habilidades matemáticas más avanzadas, como el álgebra? ¿Deberíamos postular la existencia de otras redes neuronales es-

---

38 Véase un caso similar, examinado en mayor detalle, en Lemer y otros (2003).

pecializadas para ellas? Descubrimientos de la neuropsicóloga austríaca Margarete Hittmair-Delazer parecen sugerirlo (Hittmair-Delazer, Sailer y Benke, 1995, Delazer y Benke, 1997). Esta especialista ha descubierto que los pacientes acalcúlicos no necesariamente pierden su conocimiento del álgebra. Uno de sus pacientes, como la señora B., perdió su recuerdo de las tablas de sumar y de multiplicar luego de una lesión subcortical izquierda. Sin embargo, todavía podía recalcular los datos aritméticos utilizando recetas matemáticas sofisticadas que indicaban un dominio conceptual excelente de la aritmética. Por ejemplo, podía resolver 7 × 8 como 7 × 10 − 7 × 2. Otro paciente, que tenía un doctorado en Química, padecía acalculia en un grado tal que no lograba resolver 2 × 3, 7 − 3, 9 ÷ 3 o 5 × 4. A pesar de esto, podía resolver cálculos formales abstractos. Haciendo un uso adecuado de la conmutatividad, la asociatividad y la distributividad de las operaciones aritméticas, lograba simplificar $\dfrac{a \times b}{b \times a}$ como igual a 1, o a × a × a como a³, y reconocía que por lo general la ecuación $\dfrac{d}{c} + a = \dfrac{d + a}{c + a}$ es falsa. Pese a que hasta la fecha pocas investigaciones se ocuparon de este tema, los dos casos contrarían cualquier intuición al sugerir que en gran medida los circuitos neuronales que albergan el conocimiento algebraico deben ser independientes de las redes involucradas en el cálculo mental.

¿Quién organiza los cálculos?

La diseminación de las funciones aritméticas en una multitud de circuitos cerebrales plantea un tema central para la neurociencia: ¿cómo se organizan estas redes neuronales distribuidas? ¿Cómo es que regiones cerebrales dispersas reconocen que todas ellas representan el mismo número en diferentes formatos? ¿Quién o qué decide activar tal o cual circuito, en un orden preciso y en función de la tarea requerida? ¿Cómo es que la unidad de la conciencia, el sentimiento que tenemos de ejecutar paso a paso un cálculo, surge a partir del funcionamiento colectivo de conjuntos de neuronas que actúan de manera paralela, cada uno poseedor de una fracción pequeña de conocimiento aritmético?

Si bien aún no es posible dar una respuesta definitiva, hoy sabemos que el cerebro destina circuitos específicos a la coordinación de sus propias redes. Estos circuitos dependen en gran medida de áreas localizadas en la parte frontal del cerebro, particularmente en la corteza prefrontal y en la corteza cingulada anterior.[39] Y contribuyen a la supervisión de comportamientos nuevos, no automatizados: planificación, orden secuencial, toma de decisiones y corrección de errores. Se ha dicho que constituyen un tipo de "cerebro dentro del cerebro", un "ejecutivo central", que regula y dirige el comportamiento de forma autónoma.

Algunos de estos términos son tan vagos que de momento apenas consiguen sumarse a nuestro vocabulario científico. A veces recuerdan al infame *homúnculo*, ese pequeño buen hombre tan caro a Tex Avery y Walt Disney, que, sentado cómodamente en el centro de mando del cerebro, dirige el resto de los órganos corporales (y a él ¿quién lo dirige? ¿Otro *homúnculo?*). Para la mayoría de los investigadores, estos modelos no son más que metáforas provisionales. No podrán eludir una profunda revisión a medida que las secciones frontales del cerebro se dividan progresivamente en áreas bien delimitadas, cada una con una función acotada. Sin duda, no existe algo así como *el* sistema frontal. Las áreas prefrontales abarcan una multitud de redes especializadas para la memoria de trabajo, la detección de errores, o para trazar un curso de acción. Más bien, su comportamiento colectivo asegura la aparición de una coordinación supervisada de la actividad cerebral.

Las áreas prefrontales tienen un papel clave en matemática, incluida la aritmética. Por regla general, una lesión prefrontal no afecta las operaciones más elementales, pero puede producir una alteración específica para la realización de secuencias ordenadas de cálculos (Luria, 1966). No es infrecuente que los neuropsicólogos encuentren pacientes afectados en la zona frontal que se han vuelto incapaces de utilizar el algoritmo de multiplicación. Suman cuando deberían multiplicar, no procesan dígitos en el orden correcto, se olvidan lo que "se llevaron", o mezclan resultados intermedios: indicios que a menudo revelan una discapacidad básica para supervisar la ejecución de una secuencia de operaciones.

La corteza prefrontal es de especial importancia para la preservación de los resultados intermedios de un cálculo en tiempo real. Provee una memoria de trabajo, un espacio de trabajo representacional interno que permite que la información resultante de un cálculo se vuelva el paso inicial de uno subsiguiente. Por eso, una prueba excelente en relación con las lesiones frontales consiste en pedirle a un paciente que reste 7 sucesivamente a un número inicial, 100. Los pacientes aquejados por lesiones frontales suelen resolver bien la primera resta; en cambio, muchas veces

39 Véanse, por ejemplo, Miller y Cohen (2001) y Fuster (2008).

se confunden con las posteriores o se vuelven presa de algún patrón de respuesta repetitivo, como 100, 93, 83, 73, 63, etc.

Los problemas aritméticos textuales, como los que se utilizan en las escuelas primarias de todo el mundo, también revelan la contribución de las áreas prefrontales. Los pacientes con este tipo de daño no logran diseñar una estrategia de resolución razonada. En cambio, muchas veces de manera impulsiva se apuran a realizar el primer cálculo que les viene en mente. Un caso típico fue descrito por el famoso neuropsicólogo ruso Aleksandr Romanovich Luria:

> A un paciente con una lesión en el lóbulo frontal izquierdo se le entregó [...] [el siguiente] problema: "Había dieciocho libros en dos estantes, y en uno había dos veces más libros que en el otro. ¿Cuántos libros había en cada estante?". Inmediatamente después de oírlo (y repetirlo), el paciente realizó la operación $18 \div 2 = 9$ (que corresponde a la parte del problema que dice "Había dieciocho libros en dos estantes"). A esto siguió la operación $18 \times 2 = 36$ (que corresponde a la parte que dice "en [un estante] había dos veces más libros"). Luego de que se le repitiera el problema y se le siguiera preguntando, el paciente llevó a cabo las siguientes operaciones: $36 \times 2 = 72$; $36 + 18 = 54$, etc. Como suele suceder, el paciente estaba bastante satisfecho con el resultado obtenido.

Tim Shallice y Margaret Evans (1978) han demostrado que muchos pacientes con lesiones frontales también tienen dificultades para la "estimación cognitiva". En muchas ocasiones dan respuestas absurdas a preguntas numéricas simples. Un paciente afirmó que el edificio más alto de Londres tenía entre seis mil y seis mil quinientos metros de alto. Cuando se le llamó la atención sobre el hecho de que esto era casi igual o más alto que los seis mil trescientos metros que antes había atribuido a la montaña más alta del Reino Unido, ¡simplemente redujo su estimación del edificio a cinco mil metros! De acuerdo con Shallice, este tipo de respuestas sencillas pero inusuales reclaman la invención simultánea de nuevas estrategias para la estimación numérica y para evaluar si el resultado obtenido es admisible. Ambos componentes –la planificación y la verificación– parecen ser funciones fundamentales del "ejecutivo central", al que hacen un importante aporte las regiones prefrontales.

Con mis colegas estadounidenses Ann Streissguth y Karen Kopera-Frye, evalué la estimación numérica en adolescentes cuyas madres habían bebido alcohol en exceso durante el embarazo (Kopera-Frye,

Dehaene y Streissguth, 1996). La exposición intrauterina al alcohol puede tener efectos teratogénicos severos. No sólo altera el desarrollo corporal (los niños nacidos de una madre alcohólica tienen rasgos faciales característicos que les dan un "aire de familia" reconocible); también modifica el asentamiento de los circuitos cerebrales, causando microcefalia y patrones de migración neuronal anormal en varias regiones cerebrales, entre ellas, la corteza prefrontal. En efecto, los adolescentes que evaluamos, aunque podían leer y escribir números y realizar cálculos sencillos, daban respuestas numéricas en verdad absurdas durante las tareas cognitivas de estimación. ¿El tamaño de un cuchillo de cocina grande? Dos metros y medio, dijo uno de ellos. ¿La duración de un viaje de San Francisco a Nueva York? Una hora. Es curioso que, aunque muchas veces sus respuestas numéricas eran bastante erradas, los pacientes casi siempre seleccionaban unidades de medida apropiadas. A veces hasta parecían conocer las respuestas; aun así, seleccionaban un número que no era pertinente. Cuando se les pidió que estimaran la altura del árbol más alto del mundo, un paciente reportó correctamente "secuoya", y luego, generosamente, le otorgó con precisión ¡siete metros y sesenta centímetros!

La corteza prefrontal, tan experta en el funcionamiento ejecutivo, es una de las regiones cerebrales más singulares de los humanos. En efecto, la aparición de nuestra especie fue acompañada por un gran aumento en el tamaño de las áreas frontales, que llegó a ocupar cerca de un tercio de nuestro cerebro. Su maduración sináptica es peculiarmente lenta: la evidencia muestra que los circuitos prefrontales permanecen flexibles por lo menos hasta la pubertad, y probablemente incluso después de ella. Es posible que la prolongada maduración de la corteza prefrontal explique algunos de los errores sistemáticos cometidos por los niños de una edad determinada. En particular, pienso en las pruebas piagetianas que evalúan la "no conservación del número". ¿Por qué los niños pequeños, incluso cuando son muy hábiles en el procesamiento numérico, responden de forma impulsiva sobre la base de la longitud de una hilera de objetos? La responsabilidad bien puede ser de la inmadurez de su corteza frontal, que los vuelve incapaces de inhibir una tendencia espontánea aunque incorrecta. Un "ejecutivo central" inmaduro también puede explicar errores en una inclusión de algún tipo, en que los niños evalúan, por ejemplo, que en un ramo de flores compuesto por ocho rosas y dos tulipanes hay más rosas que flores. Este "infantilismo" perfectamente podría ser sintomático de una falta de supervisión del comportamiento por parte de la corteza prefrontal. Y, a la inversa, la región frontal está entre las primeras que sienten los efectos del envejecimiento cerebral. Podemos reconocer varios aspectos del síndrome frontal en el envejecimiento "normal": falta de atención, deficiencias en la planificación y perseveración en el error, conservando en cambio las actividades rutinarias diarias.

En los orígenes de la especialización cerebral

Permítanme ahora esbozar un modelo resumido de la forma en que el cerebro humano representa la aritmética. El conocimiento numérico está alojado en una panoplia de circuitos neuronales especializados, o "módulos". Algunos de esos circuitos reconocen dígitos; otros los traducen a una cantidad interna. Otros recuperan de la memoria los datos aritméticos o preparan el plan de articulación que nos permite decir el resultado de un cálculo en voz alta. La característica fundamental de estas redes neuronales es su modularidad. Funcionan de manera automática, en un dominio restringido y sin meta particular a la vista. Cada una de ellas se limita a recibir información en un determinado formato y a convertirla en otro formato.

El poder computacional del cerebro humano reside sobre todo en su capacidad para conectar estos circuitos elementales en una secuencia útil, bajo la tutela de regiones cerebrales anteriores, como la corteza prefrontal y el cingulado anterior. Estas áreas, vinculadas a las funciones ejecutivas, son responsables, en condiciones que todavía deben ser descubiertas, de convocar a los circuitos elementales en el orden apropiado, organizar el flujo de resultados intermedios en la memoria de trabajo, y controlar el resultado de cálculos corrigiendo errores potenciales. La especialización de las áreas cerebrales permite una división del trabajo eficiente. Su armonización, bajo la égida de la corteza prefrontal, produce una flexibilidad invalorable para el diseño y la ejecución de estrategias aritméticas nuevas.

¿Cuál es el origen de esta asombrosa especialización de varias áreas cerebrales para el procesamiento numérico? Desde tiempos inmemoriales, las cantidades numéricas aproximadas se han representado en los cerebros de los animales y de los humanos. Por lo tanto, corresponde al sello genético de nuestra especie un "módulo cuantitativo", que puede incluir circuitos dentro de la corteza parietal inferior. Pero ¿qué deberíamos pensar de la especialización de la corteza occipitotemporal para el reconocimiento visual de dígitos y letras, o del compromiso de los ganglios basales izquierdos en la multiplicación? La lectura y el cálculo nos acompañan desde hace sólo unos pocos miles de años, lapso demasiado corto para que la evolución haya instalado en nosotros una predisposición genética para estas funciones. Entonces, este tipo de habilidades cognitivas de origen reciente debe invadir circuitos cerebrales asignados inicialmente a un uso diferente. Los dominan tan plenamente que parecen convertirse en la nueva función del circuito. El sustrato biológico de este tipo de cambios en la función de los circuitos cerebrales es la *plasticidad neuronal*: la habilidad de las células nerviosas para reconectarse, tanto durante el desarrollo y aprendizaje normal como luego del daño cerebral. Pero esa plasticidad neuronal no es ilimitada. En última instancia, el patrón de la especialización cerebral en el adulto deberá ser resultado de una combinación de restricciones genéticas y epigenéticas. Algunas regiones de la corteza visual, inicialmente involucradas en el reconocimiento de objetos o rostros, cuando un niño se desarrolla en un universo visual dominado por los caracteres impresos, paulatinamente se especializan para la lectura. Así, comienzan a aparecer regiones de la corteza dedicadas por completo a los dígitos y a las letras, tal vez en virtud de un principio general del aprendizaje según el cual las neuronas que codifican propiedades similares tenderán a superponerse en la superficie cortical. Del mismo modo, el cerebro del primate posee circuitos especificados de manera innata para aprender y ejecutar secuencias motoras. Cuando un niño se ejercita para aprender de memoria las tablas de multiplicar, estos circuitos se ponen a disposición espontáneamente y tienden a especializarse para el cálculo. El aprendizaje no crea circuitos cerebrales radicalmente nuevos; sin embargo, puede seleccionar, refinar y especializar circuitos preexistentes hasta otorgarles un significado y una función muy distintos de los que la naturaleza les tenía destinados.

Se pueden observar límites claros a la plasticidad cerebral en los niños que sufren *discalculia del desarrollo*, un déficit en apariencia insuperable en la adquisición de la aritmética (Butterworth, 1999, Shalev y otros, 2000). Si bien su inteligencia es normal y en la escuela obtienen buenos resultados en la mayoría de las materias, algunos de estos niños sufren una discapacidad sumamente acotada, que recuerda los déficits neuropsicológicos que se ven en los adultos con daño cerebral. Lo más probable es que hayan sufrido una desorganización neuronal temprana en las áreas cerebrales que normalmente deberían haberse especializado para el procesamiento numérico. Aquí hay tres ejemplos notables aportados por la neuropsicóloga inglesa Christine Temple (Temple, 1989, 1991) y el psicólogo Brian Butterworth (1999):

- S. W. y H. M. son adolescentes de inteligencia normal que van a una escuela convencional. Los dos hablan de forma fluida. H. M. es disléxica, pero su déficit lector no se extiende a los números: al igual que S. W., puede leer los números arábigos en voz alta y compararlos. Sin embargo, H. M. y S. W. presentan una doble disociación dentro del cálculo. S. W. sabe las tablas aritméticas prácticamente a la perfección y puede sumar, restar o multiplicar hasta números de dos dígitos. En los números de más cifras, en cambio, falla la mayoría de las veces: se equivoca en el orden y en el carácter de las operaciones, y su desempeño es errático cuando tiene que "llevarse" o "pedir prestado". Desde la niñez ha sufrido un déficit selectivo de los procedimientos de cálculo tan severo que ni siquiera un programa de rehabilitación especializado ha logrado compensarlo. A la inversa, H. M. es experta en algoritmos de cálculo de varios dígitos, pero nunca pudo aprender las tablas de multiplicar. A los 19 años, todavía necesita más de siete segundos para multiplicar dos dígitos entre sí, y llega al resultado correcto menos de la mitad de las veces.

  Es poco probable que los déficits altamente selectivos de S. W. y H. M. se deban a holgazanería de su parte o a fallas importantes en su educación. Es más probable que exista un origen neurológico. Desde la niñez, S. W. ha sufrido esclerosis tuberosa y ataques epilépticos. Su tomografía computada muestra una masa anormal de células nerviosas en el lóbulo frontal derecho, anomalía que bien puede dar cuenta de su discapacidad para realizar cálculos secuenciales. En lo que concierne a H. M., aunque no sufre de ningún desorden neurológico, habría que examinar con instrumentos de neuroimágenes modernas si su lóbulo parietal y sus circuitos subcorticales están intactos.

- Paul es un niño de 11 años de una inteligencia normal. No sufre ninguna enfermedad neurológica conocida, tiene las habilidades lingüísticas corrientes de un niño de su edad, y utiliza un vocabulario amplio. Sin embargo, desde sus primeros años Paul ha sufrido dificultades excepcionalmente severas en aritmética. La multiplicación, la resta y la división son imposibles para él. Como mucho, ocasionalmente logra sumar dos números contando con los dedos. Su déficit se extiende hasta la lectura y la escritura de números. En los dictados, ¡escribe 3 u 8 en lugar de 2! También resulta notorio que falla cuando lee en voz alta números arábigos o palabras escritas que se refieren a números: en vez de "uno" lee "nueve" y en vez de "cuatro", "dos". Sólo los números están sujetos a estas extrañas sustituciones de palabras. Paul puede leer en inglés, su lengua materna, palabras complejas e irregulares, como *colonel,* que se pronuncia más o menos "keurnel", lo cual es difícil de predecir de su escritura, o incluso encuentra una pronunciación acertada para palabras inventadas como *fibe* o *intertergal.* ¿Por qué, entonces, lee la palabra "tres" como si fuese "ocho"? Aparentemente, sufre una desorganización completa del sentido numérico, comparable en severidad con el problema del señor M. Este déficit quedó de manifiesto tan temprano que parece haber hecho que Paul no lograra atribuir ningún significado a las palabras referidas a los números.

- C. W. es un joven de algo más de 30 años. Su inteligencia es normal, aunque nunca se destacó realmente en la escuela. Si bien puede leer y escribir más o menos bien los números que tienen menos de tres dígitos, su significado cuantitativo se le escapa. Sumar o restar dos dígitos entre sí le lleva más de tres segundos. Para multiplicar, recurre a la repetición de la suma. Sólo tiene éxito cuando ambos operandos son más pequeños que 5 y, por lo tanto, son representables con los dedos de una mano. Todavía más sorprendente resulta que no pueda decidir cuál es el más grande entre dos números sin contar. Por ende, muestra un efecto de distancia *inverso*: en contraste con una persona normal, necesita *menos* tiempo para comparar 5 y 6 que 5 y 9, porque cuanto mayor es la distancia numérica, tiene que contar durante más tiempo. Hasta la subitización de conjuntos muy pequeños de objetos está fuera de su comprensión. Cuando en un monitor aparecen tres puntos, no tiene noción inmediata de su numerosidad, a no ser que los cuente uno por uno. C. W. parece haber sido privado desde la niñez de cualquier percepción rápida e intuitiva de las cantidades numéricas.

Estos casos llamativos ponen en tela de juicio el alcance de la plasticidad del cerebro en desarrollo. Si bien los circuitos neuronales son altamente modificables, en especial en los niños pequeños, no son equipotenciales, es decir que no están listos para asumir cualquier función. Ciertos circuitos, cuyos patrones de conexión más importantes están bajo control genético, están sesgados para convertirse en el sustrato neuronal de funciones bien definidas, como la evaluación de las cantidades numéricas o el almacenamiento de datos memorizables de multiplicación. Su destrucción, incluso en los muy pequeños, puede causar un déficit selectivo no siempre susceptible a ser compensado por áreas cerebrales vecinas.

Esta observación nos lleva una vez más a un tema recurrente en este libro: las fuertes restricciones que nuestra arquitectura cerebral impone al manejo de los objetos matemáticos. Los números no tienen libertad total para invadir cualquier red neuronal disponible en el cerebro del niño. Sólo determinados circuitos son capaces de contribuir al cálculo, ya sea porque forman parte de nuestro sentido innato de las cantidades numéricas –como, tal vez, algunas áreas de la corteza parietal inferior– o bien porque, inicialmente destinados a algún otro uso, su organización neural resulta lo suficientemente flexible y cercana a la función deseada como para que puedan ser "reciclados" para el procesamiento numérico.

8. El cerebro calculador

Una imagen lo muestra tenso, la cabeza erizada de hilos eléctricos:
se registran las ondas de su cerebro mientras se le solicita que "piense en la relatividad".
Roland Barthes, "Einstein", en *Mitologías*

En cierta ocasión, Richard Feynman, ganador del Premio Nobel, notó que el físico que analiza las colisiones subatómicas de un acelerador de partículas no es muy diferente de alguien que decide estudiar
la construcción de relojes haciendo chocar dos relojes para después observar los restos. Este comentario irónico es igualmente aplicable a la
neuropsicología, ciencia también indirecta que infiere la organización
normal de los circuitos cerebrales a partir de la forma en que funcionan
luego de haber sido dañados; una aventura incómoda, no muy diferente
de intentar deducir el funcionamiento interno de un reloj a partir del
análisis de cientos de mecanismos rotos.

A pesar de que la mayoría de los científicos cerebrales confía en las inferencias neuropsicológicas, hay un momento en que les gustaría "abrir
la caja negra" y observar "en directo" los circuitos neurales que subyacen
al cálculo mental. Sería un gran paso hacia delante si pudiéramos medir, de alguna manera, los patrones celulares de activación que codifican
los números. Jean-Pierre Changeux sostiene con convicción: "Estos 'objetos matemáticos' corresponden a estados físicos de nuestro cerebro,
de modo que, *en principio*, debería ser posible observarlos desde fuera
mirando hacia dentro, con distintos métodos de imágenes cerebrales"
(Changeux y Connes, 1995).

Hoy en día, el sueño de este neurobiólogo está haciéndose realidad.[40]
En las últimas décadas, nuevas herramientas –la tomografía por emisión

---

40 Una excelente introducción a las neuroimágenes es Posner y Raichle (1994).

de positrones (PET), la resonancia magnética funcional (fMRI), el electroencefalograma (EEG) y la magnetoencefalografía (MEG)– han comenzado a aportar imágenes de la actividad cerebral en humanos vivos y pensantes. A partir de las herramientas modernas de neuroimágenes, en la actualidad un experimento breve es suficiente para observar qué regiones cerebrales están activas mientras un sujeto normal lee, calcula o juega al ajedrez. Los registros de la actividad eléctrica y magnética del cerebro nos permiten develar la dinámica de los circuitos cerebrales y detectar con una precisión de milisegundos el momento exacto en que se activan.

En varios sentidos, las nuevas imágenes del cerebro en acción son complementarias de los resultados obtenidos por la neuropsicología. Durante mucho tiempo, los neuropsicólogos fracasaron en su evaluación de varias áreas cerebrales, ya sea porque sus lesiones eran raras o demasiado severas. Hoy en día, se puede observar toda una red en un único experimento. En el pasado, también era muy difícil estudiar en el cerebro enfermo, que a menudo atraviesa una profunda reestructuración, la organización temporal de la activación de los distintos circuitos neurales. Las neuroimágenes modernas son capaces de revelar la propagación de la actividad neuronal a muchas regiones sucesivas del cerebro humano normal casi en tiempo real.

Ahora tenemos a disposición equipos sorprendentes, dignos de una novela de Isaac Asimov. ¿Cómo no maravillarnos ante la idea de que podemos visualizar los cambios fisiológicos que son la base de nuestros pensamientos? Desde que este nuevo mundo se ha vuelto accesible a los científicos, docenas de experimentos han explorado las bases cerebrales de funciones tan diversas como la lectura, la percepción del movimiento, las asociaciones verbales, el aprendizaje motor, la imaginería visual y hasta nuestro sentido del dolor. Sería imposible hacer una revisión completa de todos los descubrimientos que esta revolución metodológica ha permitido. En este capítulo, me centro exclusivamente en estudios que revelan la actividad cerebral humana durante la aritmética mental.

Para encontrar una actualización detallada sobre las imágenes de resonancia magnética, véase Huettel, Song y McCarthy (2008).

¿El cálculo mental aumenta el metabolismo cerebral?

Para remontarnos hasta el heroico origen de las imágenes cerebrales, muchos años atrás en la historia de la neurociencia, debemos olvidar temporariamente todo lo que sabemos de las tecnologías modernas. En 1931, un informe sobriamente titulado "La circulación cerebral: el efecto del trabajo mental" –redactado por William G. Lennox, del Departamento de Neuropatología de Harvard– fue el primero en aportar pruebas sólidas del impacto de la actividad aritmética en el funcionamiento cerebral. Lennox (1931) planteó el problema decisivo de la influencia del procesamiento cognitivo en el balance energético del cerebro. ¿El cálculo mental conlleva un gasto medible de energía? ¿El cerebro consume más oxígeno cuando los cálculos que realiza aumentan en intensidad?

El método experimental que Lennox diseñó era innovador pero inaceptable. Consistía en extraer muestras de sangre de la vena yugular interna y medir su nivel de oxígeno y de dióxido de carbono. El artículo no informaba si los veinticuatro sujetos, pacientes epilépticos que se estaban tratando en el Hospital de la Ciudad de Boston, habían sido informados del riesgo al cual se exponían y de los objetivos no terapéuticos de la investigación. En la década de 1930, los estándares de ética todavía no eran muy estrictos.

Sin embargo, el diseño experimental era ingenioso: Lennox demostró gran solvencia. En un primer grupo de quince sujetos, tomó tres muestras de sangre consecutivas. La primera se obtuvo después de que los sujetos habían descansado media hora, con los ojos cerrados. Luego se les daba una hoja de papel cubierta con problemas aritméticos y, cinco minutos más tarde, mientras se esforzaban por resolverlos, se extraía una segunda muestra de sangre. Por último, se les permitía a los sujetos descansar diez o quince minutos antes de extraer la muestra final. Los resultados son notables e inequívocos: entre las tres mediciones, la que se había realizado durante el cálculo mental mostraba un muy marcado aumento en el nivel de oxígeno (figura 8.1). Lennox no reportó ninguna prueba estadística realizada sobre este descubrimiento; pero mis propios cálculos a partir de los datos en bruto me permitieron estimar que la probabilidad de que esta gran variación entre muestras se deba al azar es de menos del 2%.

Pese a todo, había que refutar una objeción, que, según el propio autor, consistía en que "es difícil para el sujeto 'poner la mente en blanco' o bien concentrarse mucho en los problemas propuestos mientras se hace ingresar una aguja en la profundidad de su cuello [*sic*]. El grado de aprensión o de incomodidad podría haber variado de una a otra toma de sangre". Para enfrentar esta crítica, Lennox tomó la precaución de repetir la misma serie de tres mediciones en otro grupo de nueve sujetos que descansaban durante la prueba. En estos sujetos, el contenido de oxígeno permanecía casi constante. Por lo tanto, los esfuerzos intensos requeridos por el cálculo mental debían de ser responsables del aumento observado en el grupo experimental. El descubrimiento abrió perspectivas revolucionarias. Por primera vez, podía imaginarse una medición objetiva de la energía consumida por el esfuerzo intelectual.

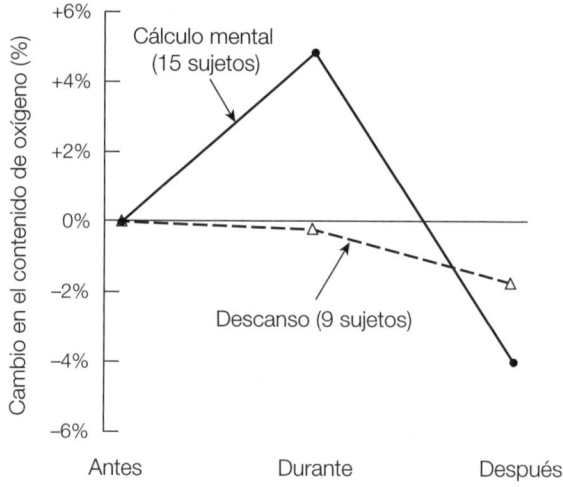

Figura 8.1. Ya en 1931, William Lennox demostró que el cálculo mental intenso provoca variaciones en el nivel de oxígeno de las muestras de sangre extraídas de la vena yugular interna (tomado de Lennox, 1931).

En detalle, sin embargo, los resultados planteaban una aparente paradoja que Lennox no pasó por alto. La sangre se extraía de la vena yugular interna; por lo tanto, *después* de haber irrigado el cerebelo. Pero se confiaba en que la actividad mental aumentara el consumo de oxígeno. Así, para igual flujo de sangre cerebral, durante el trabajo intelectual el índice de oxígeno de la sangre venosa debería haber decrecido, en lugar de aumentar. Para resolver esta contradicción, Lennox exhibió sorprendentes poderes de anticipación afirmando, ya en 1931, un principio todavía vigente: "El resultado puede explicarse por una dilatación de los vasos cerebrales con el efecto de un aumento en la velocidad del flujo sanguíneo por el cerebro, un factor superior al aumento en el consumo de oxígeno".

Los estudios más recientes de neuroimágenes funcionales han confirmado este postulado, que integra el "núcleo duro" del método moderno de resonancia magnética funcional. En efecto, el sistema de regulación que acelera el flujo de sangre cerebral en respuesta a un aumento local en la actividad neuronal trae más oxígeno que el que el cerebro puede consumir. Las razones para este curioso fenómeno todavía hoy apenas se comprenden. El hecho de que Lennox haya logrado preverlo muestra hasta qué punto uno puede confiar en su trabajo, a pesar de que se encuentre basado en una técnica primitiva e invasiva.

Para cerrar esta discusión histórica, deberíamos señalar que un estudio posterior de Louis Sokoloff y sus colegas de la Universidad de Pensilvania, en 1955, no logró reproducir los resultados de Lennox (aunque utilizó un método apenas diferente; Sokoloff, Mangold, Wechsler, Kennedy y Kety, 1955). Cuando se lo recuerda, vienen a la mente varias críticas posibles. En primer lugar, el aumento en el contenido de oxígeno que observó Lennox puede haber tenido poca relación con el cálculo mental. Tal vez simplemente haya sido debido a la intensa actividad perceptual y motora necesaria para escudriñar una hoja de papel llena de signos matemáticos y dar con los resultados numéricos. En otras palabras, nada prueba que Lennox realmente haya medido la base psicológica de una actividad puramente *mental*, como algo distinto de un incremento del trabajo motor o visual.

Sin embargo, para el lector moderno, la deficiencia más obvia del artículo consiste en su total falta de atención al tema de la localización cerebral. Durante el cálculo, ¿el flujo sanguíneo cerebral aumenta en todo el cerebro? ¿O los cambios se circunscriben a regiones cerebrales específicas? Y, en el último caso, ¿el flujo sanguíneo cerebral sirve como herramienta para localizar áreas dedicadas a distintos procesos mentales de la superficie cortical? El artículo de Lennox ni siquiera mencionaba si las muestras de sangre se habían tomado de la vena yugular interna izquierda o derecha, hecho que podría haber avalado conclusiones acerca de la lateralización hemisférica de los procedimientos del cálculo. Las precisiones en la localización espacial y la producción de imágenes genuinas de la actividad cerebral humana debieron aguardar hasta las décadas de 1970 y 1980, que, finalmente, fueron testigos del advenimiento de técnicas de imágenes cerebrales funcionales confiables.

El principio de la tomografía por emisión de positrones (PET)

A partir del trabajo pionero de Lennox, varios estudios han confirmado que el cerebro es sorprendentemente voraz en su demanda de energía. En efecto, sólo él es responsable de casi un cuarto de la energía que consume el cuerpo entero. Pero su consumo local de energía no es constante. Puede aumentar repentinamente, en cuestión de segundos, cuando una región cerebral se pone en funcionamiento. Sokoloff fue el primero en demostrar las relaciones directas entre el flujo sanguíneo cerebral, el metabolismo local y el grado de actividad de las áreas cerebrales.[41] Si, por ejemplo, decido agitar rápidamente el dedo índice derecho, las neuronas de la minúscula porción de la corteza motora izquierda dedicada al envío de comandos motores a los músculos de ese dedo entran en actividad. Segundos más tarde, el consumo de glucosa aumenta en esta área del tejido cerebral. En forma paralela, el flujo sanguíneo cerebral aumenta dentro de los vasos y los capilares que irrigan la región. El incremento en el volumen de sangre que circula iguala o incluso supera el aumento local en el consumo de oxígeno.

En las últimas décadas, se han explotado estos mecanismos de regulación para detectar qué regiones cerebrales están activas durante distintas tareas mentales. En el centro de estas innovadoras técnicas de imágenes cerebrales reside una idea extremadamente sencilla: si el metabolismo de glucosa local o el flujo sanguíneo de un área cerebral determinada son medibles, debería obtenerse de inmediato un indicio de la actividad neural reciente. Sin embargo, poner en práctica esta idea es difícil. ¿Cómo puede evaluarse el flujo sanguíneo o la cantidad de glucosa degradada en cada punto del cerebro?

Sokoloff encontró una solución para el caso de los animales. Su hoy clásica técnica de autorradiografía consiste en inyectar una molécula a la cual se aplicó un marcador radiactivo, como la fluorodeoxiglucosa, y luego hacer que el animal realice la tarea deseada (por ejemplo, mover la pata derecha). El átomo radiactivo, unido a la molécula de glucosa, se deposita preferentemente en las regiones cerebrales que consumen mayor cantidad de energía. Más tarde, el cerebro del animal se recorta

---

41 Véanse, por ejemplo, Reivich y otros (1979), Sokoloff (1979). Otro pionero fue David Ingvar, quien empleó por primera vez las imágenes cerebrales para visualizar los circuitos cognitivos humanos en voluntarios normales y pacientes esquizofrénicos. Véase, por ejemplo, Ingvar y Schwarz (1974).

en láminas delgadas y, a oscuras, se hace que cada lámina contacte con un film fotográfico, que así generará un negativo de las zonas en que se concentró la radiactividad. Así, las series de láminas permitirán una reconstrucción tridimensional (y en toda su extensión) de las áreas que estaban activas en el momento de la inyección.

La resolución espacial de la autorradiografía es excelente, pero obvios motivos éticos impiden su uso en la investigación con humanos: es muy probable que el sujeto no apruebe que le rebanen el cerebro ni que le inyecten altas dosis de radiactividad. Sin embargo, estas dificultades pueden eludirse si se apela a la magia de los métodos de reconstrucción tridimensional derivados de la física y de la ciencia computacional. Los experimentos con humanos sólo usan marcadores radiactivos de corta vida, que duran entre unos pocos minutos y unas pocas horas. En cuanto el experimento se acaba, toda la radiactividad se desvanece rápidamente: las dosis inyectadas no son dañinas, a menos que la exposición se repita a menudo. Entonces, el experimento no es más peligroso para el sujeto que la radiografía típica ni más doloroso que una inyección intravenosa normal. Para que el experimento se apegue a la ética médica, al ofrecerse como voluntarios, los participantes reciben información cabal respecto de los objetivos y los métodos utilizados en la investigación.

Sólo queda un problema: ¿cómo se detecta la concentración de la radiactividad dentro del volumen físicamente inaccesible del cerebro? La tomografía por emisión de positrones, también conocida como PET, aporta una solución de alta tecnología. Pensemos un momento en la física nuclear de un sujeto a quien acaban de inyectar un marcador que emite positrones: por ejemplo, una molécula de agua marcada ($H_2^{15}O$), en la que el átomo normal de oxígeno se ha reemplazado con un átomo inestable de oxígeno 15. Luego de una demora impredecible, que va de un segundo a algunos minutos, este átomo emite un positrón e$^+$, es decir, una partícula antimateria, cuyas propiedades son exactamente simétricas a las del electrón familiar e$^-$ ¡Y así es como la cabeza de este sujeto –de hecho, todo su cuerpo– se convierte en un generador de antimateria! Como podrán adivinar, ese estado no puede durar mucho tiempo. Apenas unos pocos milímetros más allá del lugar donde se originó, el positrón colisiona con su mellizo, el electrón, que abunda en materia normal y se aniquilan el uno al otro. Así, cuando materia y antimateria se anulan, liberan energía en forma de fotones, dos rayos gamma de alta energía y de polaridad opuesta que se emiten desde el cráneo y salen de este sin interactuar mayormente con los átomos circundantes.

El secreto de la PET consiste en detectar los fotones que salen del sujeto. Con este objetivo, cientos de cristales acoplados con fotomultiplicadores y dispuestos en círculo alrededor de la cabeza detectan cualquier desintegración sospechosa. En la técnica más antigua de tomografía de un fotón, había que contentarse con detectar los rayos gamma aislados emitidos por una fuente radiactiva como el isótopo 133 del xenón (^{133}Xe), que se le administraba al paciente antes del estudio. En la PET, lo que se rastrea es la concurrencia de dos rayos gamma. Cuando los detectores colocados en anillo alrededor de la cabeza del sujeto identifican dos fotones diametralmente opuestos puede suponerse con bastante seguridad que se ha desintegrado un positrón. La posición de los detectores, a veces combinada con un examen cuidadoso del minúsculo desfase temporal entre las dos detecciones ("tiempo de vuelo"), ayuda a inferir la ubicación precisa de esta desintegración en las tres dimensiones. Como bien indican las raíces griegas utilizadas para acuñar el término "tomógrafo", este equipo produce una imagen por "cortes" de la distribución de la radiactividad en un volumen determinado del tejido cerebral. La cantidad de radiactividad detectada es un buen indicador del flujo sanguíneo cerebral local, que, a su vez, es un claro indicio de la actividad neuronal promedio en esa área.

En la práctica, un experimento típico en que se utilice la PET se desarrolla de este modo: un voluntario, en el tomógrafo, comienza a realizar la tarea requerida (mover el índice, multiplicar dígitos, etc.). Al mismo tiempo, un ciclotrón produce una pequeña cantidad de un marcador radiactivo. En cuanto está listo, el marcador debe inyectarse inmediatamente; en caso contrario, su radiactividad decrece rápidamente por debajo del nivel detectable. El participante prosigue con la actividad mental durante uno o dos minutos después de la inyección. En ese lapso, el tomógrafo reconstruye la distribución espacial de radiactividad en el cerebro del sujeto que, entretanto, descansa diez o quince minutos hasta que la radiactividad regresa a un nivel indetectable. El procedimiento puede repetirse hasta doce veces en el mismo sujeto, eventualmente variando las tareas después de cada inyección.

¿Se puede localizar el pensamiento matemático?

Si bien las primeras imágenes del cerebro activo datan de la década de 1970, nuestra búsqueda de imágenes del cerebro que calcula nos llevan apenas hasta 1985. Ese año, dos investigadores suecos, Per E. Roland y

Lars Friberg, publicaron un resultado que completa muchos de los vacíos dejados por el trabajo de Lennox. Las primeras frases de su artículo son reveladoras de su tono general:

> Estos experimentos se realizaron para demostrar que la actividad puramente mental, el pensamiento, aumenta el flujo sanguíneo cerebral, y que formas de pensamiento distinto causan un aumento del flujo sanguíneo cerebral local en diferentes áreas corticales. Como primera aproximación, definimos el pensamiento como *trabajo cerebral que realiza un sujeto despierto y requiere manipulación de información interna* (Roland y Friberg, 1985).

Para aislar los "procesos del pensamiento", Roland y Friberg controlaron meticulosamente las tareas que los participantes debían cumplir. En la más relevante para esta discusión, los sujetos debían restar repetidas veces 3 a un número dado (50 – 3 = 47, 47 – 3 = 44, etc.). Los cálculos eran silenciosos. Luego de unos minutos, el investigador los interrumpía y les pedía que dijeran a qué número habían llegado. A lo largo del intervalo de medición, las operaciones mentales se realizaban de un modo por completo interno, sin ninguna actividad sensorial o motora detectable.

Además de esta tarea de cálculo mental, otras dos pruebas estudiaron la imaginería espacial ("Imagine la ruta que seguiría si usted saliera de su casa y doblara alternativamente a la derecha y a la izquierda") o la transposición verbal (recitar mentalmente una lista de palabras en un orden inusual). Las regiones cerebrales que estaban activas durante cada tarea se detectaban por comparación con una medición del flujo sanguíneo cerebral obtenida mientras el sujeto descansaba, sin pensar en nada en particular. El procedimiento de neuroimágenes utilizado por Roland y Friberg, que ya se volvió anticuado, requería la inyección de xenón radiactivo (^{133}Xe) en la arteria carótida interna y la detección de fotones individuales. Sin alcanzar la precisión de la PET, el método permitía visualizar los aumentos locales en el flujo sanguíneo cerca de la superficie cortical.

En cada uno de los once voluntarios, las activaciones cerebrales durante el cálculo mental estaban concentradas en dos grandes áreas: una vasta región prefrontal y una región parietal inferior más acotada, cerca del giro angular (figura 8.2). Ambas regiones se activaban en los hemisferios izquierdo y derecho, aunque la activación era un poco mayor en el izquierdo que en el derecho.

La precisión anatómica de este experimento pionero estaba lejos de ser perfecta. Sin embargo, en 1994, la confianza en sus conclusiones au-

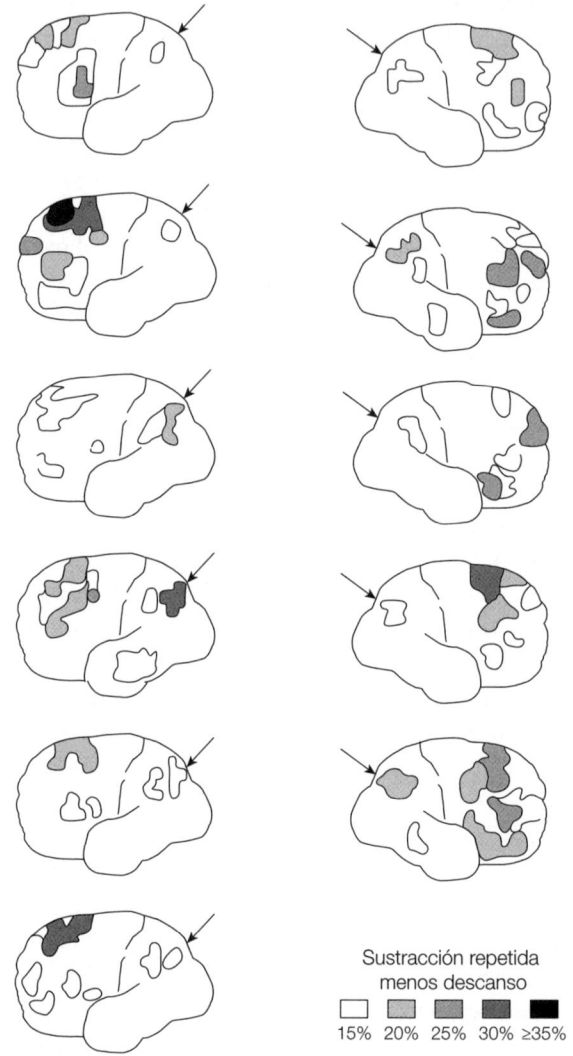

Sustracción repetida
menos descanso

□ ■ ■ ■ ■
15% 20% 25% 30% ≥35%

Figura 8.2. En 1985, Roland y Friberg publicaron las primeras imágenes de actividad cerebral durante el cálculo mental. En esa época, su método sólo podía visualizar un hemisferio por vez. Cada imagen, por lo tanto, representa la información de un voluntario. Cuando se compara con un período de descanso, la resta repetida muestra activaciones bilaterales en la corteza parietal inferior (flecha) así como en múltiples regiones de la corteza prefrontal (adaptado de Roland y Friberg, 1985; © American Physiological Society).

mentó cuando sus resultados fueron reproducidos por Jordan Grafman, Denis Le Bihan y sus colegas del National Institute of Health, con un método mucho más preciso llamado "resonancia magnética funcional" (fMRI, por sus iniciales en inglés; Appolonio y otros, 1994).[42] Las activaciones bilaterales de las cortezas prefrontal y parietal inferior otra vez se notaron en todos los participantes durante la resta repetida, aunque la cantidad de píxeles activados era mayor en el hemisferio izquierdo que en el derecho. Yo mismo participé como voluntario en una versión de este experimento en Orsay, cerca de París. La figura 8.3 muestra una sección de mi cerebro mientras enfrento la tarea de resta repetida. La activación de las áreas parietales y prefrontales bilaterales es claramente visible.

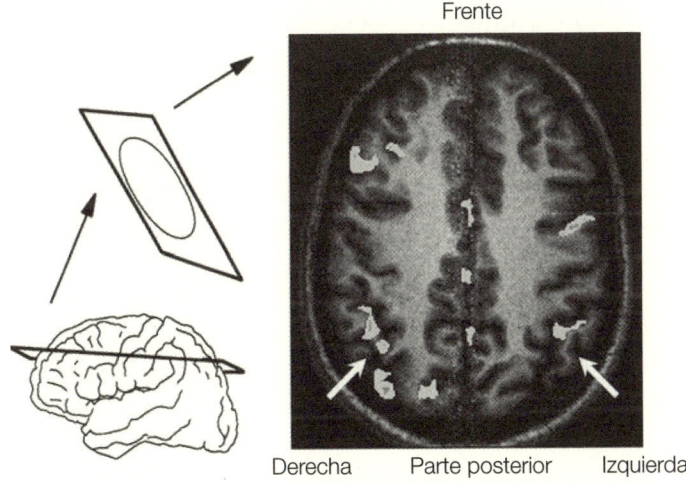

Figura 8.3. Un corte del cerebro del autor durante una reproducción del experimento de Roland y Friberg. Las regiones cerebrales cuya actividad aumentaba con cada resta realizada se determinaron mediante el método de resonancia magnética de alta intensidad (el campo era de 3 teslas) y se superpusieron con una imagen de resonancia magnética anatómica clásica. Se observa activación en la corteza parietal inferior (flechas blancas) y en la corteza prefrontal (Dehaene, Le Bihan y Van de Moortele, datos no publicados, 1996).

42 Véase el capítulo final para una actualización completa acerca de los estudios del cálculo mediante neuroimágenes.

Los resultados de las otras condiciones del experimento de Roland y Friberg sugirieron que las activaciones parietales y prefrontales estaban relacionadas con diferentes aspectos de la tarea. La región prefrontal se activó en todas las tareas de manipulación mental, no sólo en aquellas que involucran la resta. Roland y Friberg le asignaron un rol muy general en la "organización del pensamiento". En contraste, la región parietal inferior parecía específica del cálculo mental, dado que no se activó durante las tareas de imágenes espaciales o de flexibilidad verbal. Ambos investigadores le atribuyeron una especialización para el pensamiento matemático, y en especial para la recuperación de la memoria de resultados de resta.

Personalmente, creo que las etiquetas funcionales de Roland y Friberg no deberían tomarse al pie de la letra. La mera noción de que el "pensamiento" es un objeto válido para el estudio científico, y de que puede localizarse en un pequeño número de áreas cerebrales, me recuerda a una vieja disciplina que se había convertido en una pieza de museo, pero que subrepticiamente vuelve a la carga: la frenología de Gall y Spurzheim, o la hipótesis de que el cerebro contiene una variedad de órganos, cada uno dedicado a una función muy compleja como el "amor a la descendencia". Por supuesto, la frenología cayó en desgracia hace más de un siglo. Seguramente sería injusto acusar a Roland y sus colegas, pioneros en el campo de las neuroimágenes, de intentar revivirla. Sin embargo, no hace falta ser muy sagaz para observar que muchos experimentos recientes de neuroimágenes se conciben dentro de un marco "neofrenológico": su único objetivo parece ser el establecimiento de etiquetas funcionales para áreas cerebrales. Implícitamente, muchos grupos de investigación utilizan el tomógrafo como un instrumento cartográfico que revela directamente las áreas cerebrales subyacentes a una función dada, ya sea la matemática, el "pensamiento", o incluso la conciencia. Este método supone una necesaria relación unívoca entre las áreas cerebrales y las habilidades cognitivas: el cálculo depende de la región parietal inferior; de la organización del pensamiento se ocupa la corteza frontal, y así sucesivamente.

Tenemos todos los motivos para pensar que el cerebro no funciona de este modo. Aun funciones aparentemente simples dependen de la coordinación de un gran número de áreas cerebrales, cada una de las cuales hace sus respectivos aportes modestos y mecánicos al procesamiento cognitivo. Cuando un sujeto lee palabras, reflexiona acerca de su significado, imagina una escena o realiza un cálculo, se activan diez o quizá veinte áreas, cada una responsable de una operación elemental, como reconocer letras impresas, registrar su pronunciación, o determinar la categoría gramatical de una palabra. Ni una neurona aislada, ni una columna cortical, ni siquiera un área cerebral pueden "pensar". Sólo a partir de la combinación de las capacidades de varios millones de neuronas, dispersas en circuitos corticales y subcorticales, el cerebro alcanza cierta complejidad algorítmica. La mera noción de que una única región cerebral podría estar asociada con un proceso tan general como la "organización del pensamiento" ya es cosa del pasado.

Entonces, ¿cómo deberían reinterpretarse los resultados de Roland y Friberg? En el capítulo 7 analizamos el área parietal inferior, la región dañada en el síndrome de Gerstmann. A esta lesión se debía la pérdida del sentido numérico en el paciente M., tan afectado que ya no podía calcular 3 − 1 y creía que el número 7 estaba entre el 2 y el 4. Entonces, esta región probablemente contribuya a un proceso específico: la transformación de los símbolos numéricos en cantidades, y la representación de magnitudes numéricas relativas. El alcance de su acción no es muy grande en cuanto a la aritmética, dado que su daño no afecta necesariamente la recuperación memorística de datos aritméticos simples $(2 + 2 = 4)$ ni las reglas del álgebra −por ejemplo, $(a + b)^2 = a^2 + 2ab + b^2$−, ni el conocimiento enciclopédico de los números (1789 = Revolución Francesa, 1492 = llegada de Colón a América). Sólo está involucrada en la representación de cantidades numéricas y en su posicionamiento a lo largo de una recta numérica mental. Por ende, su activación durante la resta repetida en los sujetos normales brinda una estimulante confirmación de su papel fundamental en el procesamiento de las cantidades.

En lo que concierne a la extensa activación prefrontal reportada por el equipo sueco, es probable que abarque varias áreas, cada una con su propia función: el orden secuencial de operaciones sucesivas, el control sobre su ejecución, la corrección de errores, la inhibición de las respuestas verbales y, por sobre todas las cosas, la memoria de trabajo. Se sabe que en un sector de la corteza prefrontal llamado región dorso lateral o "área 46", las neuronas forman circuitos que, en ausencia de cualquier estímulo externo, permiten "tener presentes" eventos pasados o anticipados (como un número de teléfono). Notables experimentos realizados por Joachim Fuster y Patricia Goldman-Rakic, entre otros, han demostrado que las neuronas corticales prefrontales mantienen un nivel sostenido de activación cuando un mono debe almacenar información en la memoria por varios segundos.[43] Las tres

---

43 Actualmente hay una revisión en Fuster (2008).

tareas empleadas por Roland y Friberg dependían mucho de este tipo de memoria de trabajo. En la tarea de resta repetida, por ejemplo, los sujetos debían tener en mente constantemente el número que habían alcanzado, y actualizarlo luego de cada resta. Es probable que esta importante carga de memoria explique por qué los circuitos prefrontales se encuentran involucrados en esta tarea.

Cuando el cerebro multiplica o compara

El experimento de Roland y Friberg investigó tan sólo una tarea aritmética compleja, con el objetivo de identificar las áreas involucradas en la aritmética. Este fue apenas un primer paso. Las disociaciones neuropsicológicas nos permiten suponer una fragmentación mucho más específica de las funciones en áreas cerebrales. Según la operación aritmética requerida, deberían activarse redes cerebrales muy diferentes. A comienzos de la década de 1990, mis colegas y yo fuimos los primeros en evaluar esta hipótesis al indagar cómo cambia la actividad cerebral durante el transcurso de la comparación y la multiplicación de números (Dehaene y otros, 1996).

El experimento se realizó en Orsay, en el servicio hospitalario Frédéric Joliot, uno de los mejor equipados en Francia para medir el metabolismo cerebral. Ocho estudiantes de medicina se ofrecieron como voluntarios. Cuando llegaron al hospital a la mañana, se tomaron imágenes anatómicas de sus cerebros mediante resonancia magnética nuclear de alta resolución. Por la tarde, utilizamos PET y obtuvimos las primeras imágenes detalladas de las áreas que se activaban mientras los voluntarios procesaban números.

¿Recuerdan al señor N., el paciente que no podía multiplicar pero podía decidir cuál, entre dos números, era el más grande? El objetivo de nuestro estudio era investigar si, en efecto, los circuitos neuronales involucrados en estas dos tareas, la multiplicación y la comparación, dependen parcialmente de áreas cerebrales distintas, como habíamos postulado sobre la base de los resultados del señor N. Para eso, les presentamos a los participantes una serie de pares de dígitos que debían comparar o multiplicar mentalmente. En ambos casos, el resultado de la operación –o el más grande entre dos dígitos, o su producto– tenía que ser mencionado de manera disimulada, sin mover los labios. El flujo sanguíneo cerebral durante esas dos tareas se contrastó con una tercera medición, obtenida mientras los voluntarios descansaban.

Como esperábamos, varias regiones cerebrales estaban igualmente activas durante la multiplicación y durante la comparación, en relación con el período de descanso. Es muy probable que estas regiones sean el soporte de funciones comunes a las dos tareas, como la obtención de información visual (la corteza occipital), el sostenimiento de la mirada y la estimulación interna de la producción del habla (área motora suplementaria y corteza precentral). La corteza parietal inferior, tan crucial para el sentido numérico cuantitativo, también se había encendido (y curiosamente, estaba muy activa en ambos hemisferios durante la multiplicación, mientras que su activación durante la comparación era poca y había alcanzado el mínimo detectable). Habíamos esperado lo contrario: la comparación demanda el procesamiento de cantidades numéricas, mientras que la multiplicación simple sólo requiere acceso a la memoria verbal.

Sin embargo, no todos los problemas de multiplicar que utilizamos eran simples. La lista incluía problemas como 8 × 9 o 7 × 6, frente a los cuales nuestros sujetos a menudo dudaban o, lisa y llanamente, fallaban. Dado que su memoria verbal para los datos aritméticos parecía poco fiable, supusimos que a menudo se veían forzados a recurrir a estrategias de apoyo, muy dependientes de la corteza parietal inferior, para dar una respuesta plausible. A la inversa, la tarea de comparación de números que utilizamos probablemente era demasiado fácil, porque los números iban sólo del 1 al 9. Encontrar el dígito más grande quizá resultaba demasiado sencillo como para estimular la activación intensa del área parietal inferior. Además, tal vez dimos a los sujetos demasiado tiempo para responder, lo que puede haber debilitado la activación hasta el punto de volverla demasiado pequeña y, por eso, indetectable. De todos modos, la corteza parietal inferior parecía activarse en proporción directa con la dificultad de las tareas numéricas que realizaban los sujetos.

Sin embargo, los resultados más interesantes surgieron cuando contrastamos directamente la comparación de números con la multiplicación. Varias regiones temporales, frontales y parietales mostraron un cambio notable en las asimetrías hemisféricas. Durante la multiplicación, la actividad cerebral era más intensa en el hemisferio izquierdo; en cambio, durante la comparación se distribuía igualmente por los dos hemisferios o se desplazaba hacia la derecha. Esta observación se condice con la noción de que la multiplicación depende, en parte, de las habilidades lingüísticas del hemisferio izquierdo, lo cual no es cierto para la comparación. A diferencia de la multiplicación, la comparación de números no tiene que aprenderse de memoria. Sin enseñanza explícita, en

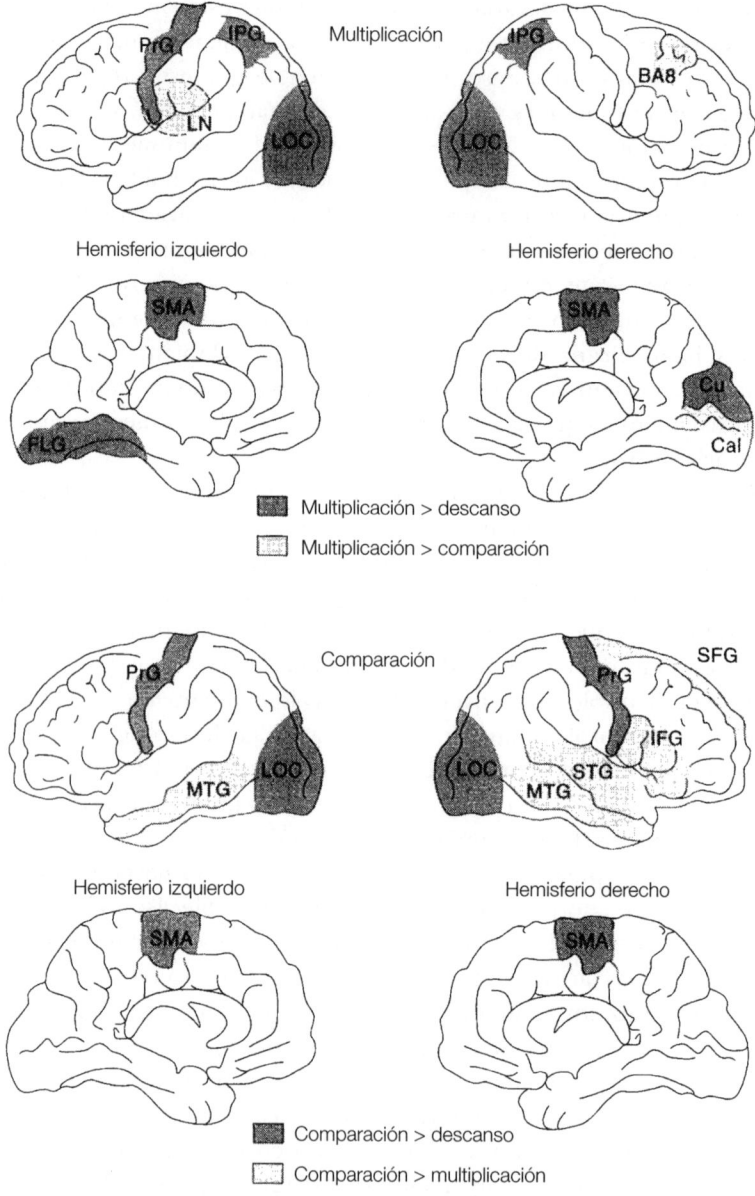

Figura 8.4. La obtención de imágenes mediante PET revela amplios circuitos de áreas cerebrales cuyo flujo sanguíneo cambia cuando los sujetos descansan con los ojos cerrados, multiplican pares de dígitos arábigos o comparan exactamente los mismos dígitos (tomado de Dehaene y otros, 1996).

los niños pequeños y hasta en los animales emerge una representación mental de la magnitud de los números. Entonces, el cerebro no necesita convertir los dígitos a un formato verbal para compararlos. Las imágenes cerebrales funcionales confirman que la comparación de las magnitudes numéricas es una actividad no lingüística que depende al menos en igual medida del hemisferio derecho y del izquierdo. Cada hemisferio puede reconocer dígitos y traducirlos a una representación mental de las cantidades para compararlos.

Un núcleo subcortical, es decir una estructura profunda situada por debajo de la corteza, también estaba más activo durante la multiplicación que durante la comparación. Se trataba del núcleo lenticular izquierdo, cuya lesión, como mostramos en el capítulo 7, puede alterar drásticamente la memoria relacionada con los datos de multiplicación y otros automatismos verbales. ¿Recuerdan el caso de la señora B., que había olvidado el recitado de "tres por nueve es veintisiete", el alfabeto, y el Padre nuestro, antes tan familiares para ella? Su lesión estaba exactamente en el núcleo lenticular. Esta región pertenece a los ganglios basales, de los que en general se piensa que contribuyen a los aspectos rutinarios del comportamiento motor. Las imágenes cerebrales funcionales sugieren que también contribuyen a funciones cognitivas más elaboradas. Tal vez las tablas aritméticas estén almacenadas en forma de secuencias automáticas de palabras, de manera tal que el recordarlas se vuelve mecánico. El recitado de la tabla de multiplicar en la escuela puede imprimir cada una de sus palabras en nuestras estructuras cerebrales profundas. Esto explicaría por qué hasta los bilingües más expertos prefieren siempre calcular en la lengua en la que adquirieron la aritmética.

La diversidad de áreas cerebrales involucradas en la multiplicación y la comparación subraya una vez más que la aritmética no es una "facultad" frenológica holística asociada con un único centro de cálculo. Cada operación depende de un circuito cerebral extenso. A diferencia de una computadora, el cerebro no tiene un procesador aritmético especializado. Una metáfora más apropiada es la de un grupo heterogéneo de agentes torpes o limitados. Cada una de ellas es incapaz de llegar a mucho por sí sola, pero dividiéndose el trabajo logran resolver problemas complejos. Hasta un acto tan simple como multiplicar dos dígitos requiere la colaboración de millones de neuronas distribuidas en muchas áreas cerebrales.

El tomógrafo, los positrones y sus límites

La tomografía por emisión de positrones es una herramienta maravillosa, pero por desgracia tiene algunos límites. Para verificar nuestras hipótesis acerca del procesamiento cortical y subcortical de la información numérica, nos gustaría, idealmente, observar el curso temporal de la activación cerebral durante el cálculo. De ser posible, querríamos obtener una nueva imagen de la actividad cerebral a cada centésima de segundo. De este modo, podríamos seguir la propagación de actividad neuronal desde las áreas visuales posteriores hasta las áreas del lenguaje, los circuitos que controlan la memoria, las regiones motoras y así sucesivamente. Sin embargo, a pesar de que la PET es una herramienta notable para identificar regiones anatómicas activas, su excelente resolución espacial está acompañada de una deplorable resolución temporal. Cada imagen ilustra el flujo sanguíneo promedio a lo largo de un período no menor a cuarenta segundos. Por lo tanto, la PET es casi totalmente ciega a la dimensión temporal de la actividad cerebral.

Hay dos motivos fundamentales para esta limitación técnica. En primer lugar, los fotomultiplicadores –que hacen un recuento de las desintegraciones de positrones– deben detectar un número mínimo de eventos antes de que emerja una imagen significativa. Sin embargo, el número de desintegraciones por segundo está en relación directa con la dosis de radiactividad inyectada que, por razones éticas, no puede elevarse mucho más allá de los límites actuales. En segundo lugar, incluso si pudiera acortarse el lapso de cada medición, la precisión temporal permanecería limitada sobre todo por la respuesta tardía del flujo sanguíneo cerebral a un cambio en la actividad neuronal. En otras palabras, cuando las neuronas de determinada área comienzan a activarse, pasan varios segundos antes de que comience a aumentar el flujo sanguíneo. Incluso la fMRI, técnica, que puede obtener imágenes del flujo sanguíneo en una fracción de segundo, sufre de manera similar la lentitud de las respuestas del flujo sanguíneo.

En resumen, aquí está el quid de la cuestión. El cerebro detecta, computa, reflexiona y reacciona en una fracción de segundo. Las técnicas funcionales basadas en el flujo sanguíneo reducen a una imagen estática esta secuencia compleja de actividad. Es comparable a fotografiar el final de una carrera de caballos con un tiempo de exposición de varios segundos. La imagen confusa puede mostrar qué caballos pasaron la línea final, pero se pierde de vista el orden en que llegaron. Lo que necesitamos es una técnica que pueda tomar una serie de fotografías de la actividad cerebral para luego reproducir la película en cámara lenta.

El cerebro electrificado

La electroencefalografía y la magnetoencefalografía son las únicas técnicas que hoy en día se acercan a alcanzar ese desafío. Ambas sacan provecho del comportamiento del cerebro como un generador de corriente eléctrica. Para comprender mejor cómo funcionan, es útil recordar brevemente la forma en que se comunican las células nerviosas. Cualquier sistema nervioso, pertenezca a un humano o a una sanguijuela, consiste, fundamentalmente, en un conjunto compacto de cables. Cada neurona tiene un axón, un cable largo que transmite información a través de ondas de despolarización, pequeñas variaciones locales de voltaje llamadas "potenciales de acción". Cada neurona también posee una tupida ramificación de dendritas que reciben las señales provenientes de otras células nerviosas. Cuando un potencial de acción alcanza una sinapsis –la zona de contacto entre la terminal del axón de una célula y la dendrita de otra– de la terminal nerviosa se liberan moléculas neurotransmisoras y se unen a otras moléculas especializadas, llamadas "receptores", insertadas en la membrana dendrítica. Esto hace que los receptores alteren su forma: cambian a una configuración "abierta" ya que se abre un canal a través de la membrana de la célula adonde se precipitan los iones que previamente estaban sueltos en el espacio extracelular. De forma muy esquemática, este es el modo en que un impulso nervioso cruza la barrera de la membrana celular y es transmitido de una neurona a otra.

Dado que, por definición, los iones llevan una carga eléctrica, su movimiento a través de la membrana celular y dentro del árbol dendrítico produce una cantidad muy pequeña de corriente. Cada neurona se comporta, así, como un pequeño generador eléctrico. De hecho, el "órgano" eléctrico que poseen ciertos peces como la raya torpedo no es más que una sinapsis gigante en la cual este tipo de unidades electroquímicas se organizan para formar un acumulador, es decir una batería poderosa. Su semejanza con el sistema nervioso humano es muy notoria: en los dos hay una molécula receptora casi idéntica. Por eso, los neurobiólogos moleculares pudieron hacer un gran avance cuando un concentrado de órgano eléctrico de raya torpedo proveyó una cantidad suficiente de receptores como para caracterizar su estructura molecular.

Pero volvamos al cerebro humano. Ya sabemos que en él cada área activa produce una onda electromagnética que se transmite por conducción hasta llegar al cuero cabelludo. Hace más de cincuenta años, Hans Berger aplicó por primera vez este conocimiento al apoyar electrodos sobre el cráneo de varios voluntarios y registrar una señal eléctrica: el primer electroencefalograma. Esta señal, resultado de la activación sincrónica de varios millones de sinapsis, es muy débil: apenas unos pocos microvoltios. También es muy caótica, y muestra oscilaciones aparentemente azarosas. Sin embargo, cuando uno sincroniza el registro con un evento externo, como un dígito presentado a la vista, y cuando se promedia varias de esas presentaciones, del caos emerge una secuencia reproducible de actividad eléctrica, llamada "potencial relacionado con el evento", que alberga una cantidad de información temporal. Las señales se propagan de forma casi instantánea a la superficie del cráneo, donde pueden registrarse en tiempo real, por ejemplo, a cada milisegundo. Así, se dispone de un registro continuo de la actividad cerebral, reflejo fidedigno del orden en que se activó cada región cerebral.

Actualmente los avances técnicos permiten registrar los potenciales relacionados con eventos de hasta sesenta y cuatro, ciento veintiocho o incluso doscientos cincuenta y seis electrodos colocados sobre el cuero cabelludo. Su forma varía de un electrodo a otro y esta distribución espacial provee indicaciones valiosas acerca de la localización de las áreas cerebrales activas. Sin embargo, en este aspecto el método todavía no es satisfactorio. La precisión anatómica de los registros electroencefalográficos es escasa, porque existe una ambigüedad física básica que impide su atribución directa a una estructura anatómica identificable. En el mejor de los casos, puede reconstruirse el estado aproximado de actividad de una región cortical extensa por medio de inferencias más o menos plausibles. La magnetoencefalografía –método algo más preciso pero considerablemente más caro– presenta una dificultad similar, ya que registra los campos magnéticos en lugar de los potenciales eléctricos. Sin embargo, los dos sistemas poseen una capacidad sin igual para determinar el momento exacto en que diferentes áreas cerebrales entran en juego durante los cálculos mentales.

¿Cuánto tiempo hace falta para acceder a la recta numérica?

Cualquier persona necesita unas cuatro décimas de segundo para decidir si determinado dígito es más grande o más pequeño que 5. Sin embargo, este lapso corresponde a la duración total de una serie de operaciones, desde la identificación visual del dígito-blanco hasta la respuesta motora. ¿Es posible descomponerlo en pasos pequeños? La electroencefalografía resulta un método ideal para medir, con precisión de milisegundos, cuánto tiempo le insume a nuestro cerebro decidir si 4 es menor que 5.

En uno de mis experimentos (Dehaene, 1996), se presentaban dígitos arábigos o palabras que hacían referencia a números en un monitor. Se les pedía a los voluntarios que presionaran una tecla para los números más pequeños que 5, y otra para los más grandes que 5. Se registraron los potenciales relacionados con eventos en sesenta y cuatro electrodos distribuidos por el cuero cabelludo. Un programa especial permitió reconstruir, cuadro a cuadro, la evolución de los potenciales superficiales en las distintas condiciones experimentales (figura 8.5).

La película comienza en el momento exacto en que el número aparece en la pantalla. Durante varias décimas de milisegundo, los potenciales eléctricos permanecen cercanos a cero. Transcurridos cerca de cien milisegundos, aparece en la parte posterior del cráneo un potencial positivo, llamado "P1", que refleja la activación de áreas visuales del lóbulo occipital. Hasta ese momento no se percibe ninguna diferencia entre los dígitos arábigos y las palabras referidas a números: sólo están involucrados procedimientos visuales de nivel bajo, es decir vinculados a aspectos superficiales de la percepción, y no a representaciones abstractas. Pero de pronto, entre los cien y los ciento cincuenta milisegundos, las dos condiciones experimentales (palabras correspondientes a números y números arábigos) divergen. Mientras las palabras como "cuatro" generan un potencial negativo casi completamente lateralizado en el hemisferio izquierdo, los dígitos como 4 producen un potencial bilateral. Como habíamos inferido a partir del desempeño de los pacientes con el cerebro dividido, los dos hemisferios se ven implicados simultáneamente en la identificación visual de los dígitos arábigos. En cambio, los nombres de números son reconocidos sólo por el hemisferio izquierdo.

En el lado izquierdo de la parte posterior del cuero cabelludo, los potenciales relacionados con eventos evocados por palabras y dígitos parecen prácticamente idénticos. Sin embargo, los registros más precisos sugieren que pueden originarse en regiones del hemisferio izquierdo, distintas aunque contiguas. En algunos pacientes epilépticos, los neurocirujanos colocan, durante la intervención, numerosos electrodos en la superficie cortical misma, a fin de localizar mejor los registros de las respuestas eléctricas y evitar la distorsión generada por el cráneo. Truett Allison, Gregory McCarthy y sus colegas de la Universidad de Yale aprovecharon esta situación inusual para registrar con precisión las respuestas de las áreas occipitotemporales ventrales a diferentes categorías de estímulos visuales como palabras, dígitos, imágenes de objetos, e imágenes de rostros (Allison, McCarthy, Nobre, Puce y Belger, 1994, Puce, Allison, Asgari, Gore y McCarthy, 1996). Sus resultados demuestran que existe

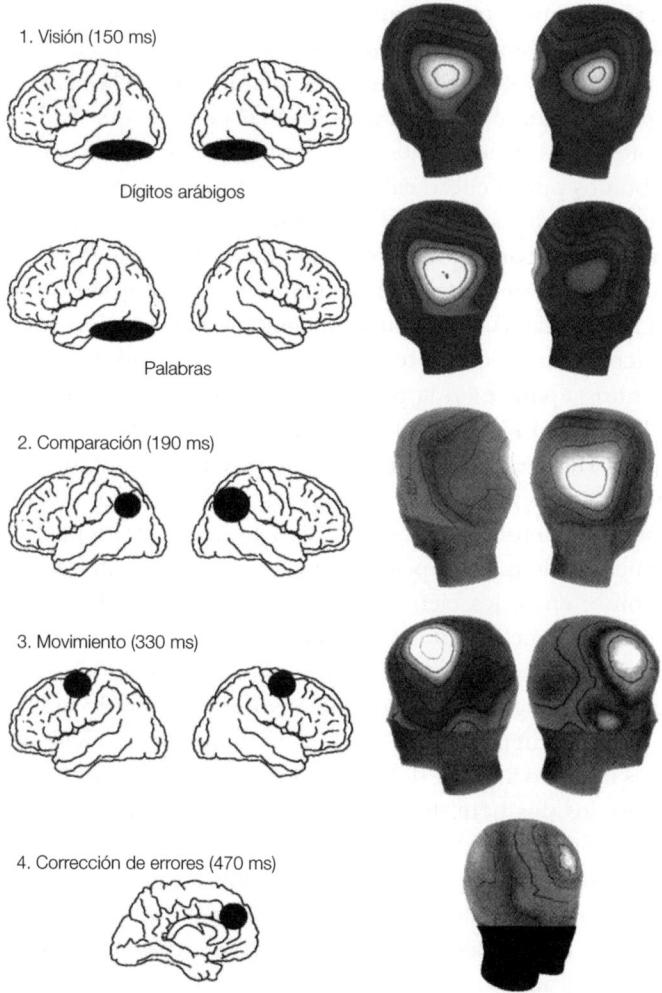

1. Visión (150 ms)

Dígitos arábigos

Palabras

2. Comparación (190 ms)

3. Movimiento (330 ms)

4. Corrección de errores (470 ms)

Figura 8.5. Al registrar los cambios mínimos en el voltaje generados por la actividad cerebral (electroencefalografía), se puede reconstruir la secuencia de activaciones cerebrales durante la comparación de dos números. En este experimento, un grupo de voluntarios presionaba teclas con la mano izquierda o la derecha, lo más rápido que podían, para indicar si los números que veían eran más pequeños o más grandes que 5. Se identificaron al menos cuatro etapas de procesamiento: 1. identificación visual del dígito o la palabra blanco; 2. representación de la cantidad correspondiente y comparación con la referencia memorizada; 3. programación y realización de la respuesta manual, y 4. corrección de eventuales errores (tomado de Dehaene, 1996).

una especialización extrema. Ocasionalmente, un electrodo muestra una desviación eléctrica exclusivamente respecto de las palabras, mientras que un segundo electrodo, a apenas un centímetro de distancia, sólo reacciona a los dígitos arábigos, y un tercero, sólo a rostros (figura 8.6). Estas respuestas muy específicas y veloces –aparecen en menos de doscientos milisegundos– confirman que una cantidad de detectores visuales, agrupados de acuerdo con el tipo de estímulos a los que responden, cubre la superficie inferior de la corteza visual.

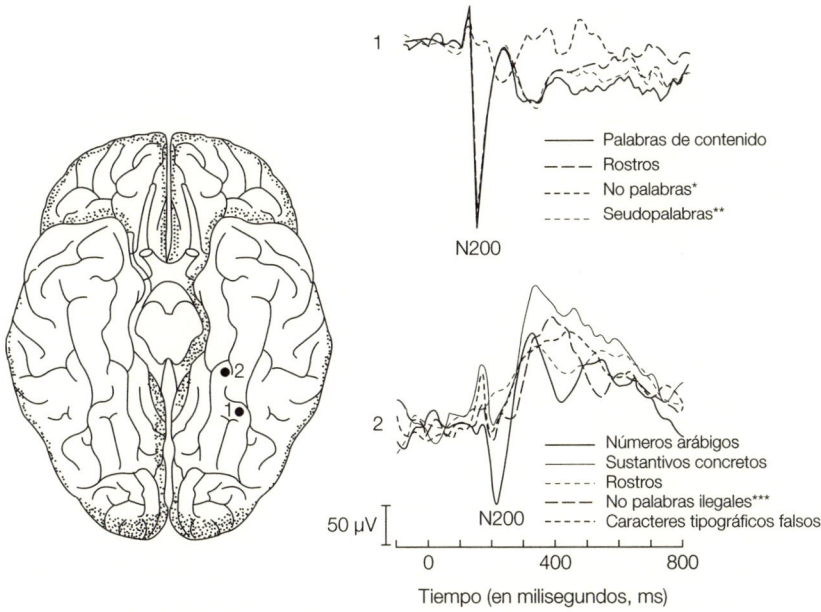

* Secuencias de letras inexistentes como palabras de la lengua.
** Secuencias similares a palabras, pero que no tienen significado.
*** Combinaciones de letras no permitidas en la lengua.

Figura 8.6. Los electrodos intracraneanos revelan una extremada especialización de la región occipitotemporal ventral para el reconocimiento visual de diferentes categorías de estímulos. La corteza que subyace al punto 1 responde a las cadenas de letras (formen palabras o no), pero no a los rostros. Un electrodo vecino en el punto 2 responde a los dígitos arábigos, pero no a rostros o cadenas de letras (realizado a partir de Allison y otros, 1994; © Oxford University Press).

Luego, cerca de los ciento cincuenta milisegundos, un mosaico de áreas visuales especializadas reconoce la forma de los símbolos numéricos. Sin embargo, el cerebro todavía no ha recuperado su significado. Recién cerca de los ciento noventa milisegundos se ve un primer indicio de que se está codificando la cantidad numérica. El efecto de distancia aparece repentinamente en los electrodos que registran la actividad de la corteza parietal inferior. Los dígitos que están cerca del 5 –y que por eso son más difíciles de comparar– generan un potencial eléctrico de amplitud mayor que la correspondiente a los que están lejos del 5. El efecto es visible en los dos hemisferios, aunque con mayor intensidad del lado derecho. Así, en sólo ciento noventa milisegundos el cerebro logra activar las "redes del sentido numérico" ubicadas en los sectores parietales inferiores de ambos hemisferios. Análisis detallados muestran que la actividad eléctrica asociada al efecto de distancia tiene una topografía similar para los dígitos arábigos y para las palabras referidas a números. Esto confirma que la región parietal inferior no tiene en cuenta la notación en la que se presentan los números, sino sólo su magnitud abstracta, su sentido cuantitativo.

Más adelante en nuestra película, llegamos al momento en que comienza a programarse la respuesta motora. Surge una diferencia importante de voltaje en los electrodos situados sobre las áreas premotora y motora de los dos hemisferios. Cuando los sujetos se preparan para responder con la mano derecha, aparece un potencial negativo en los electrodos de su hemisferio izquierdo; y sucede lo contrario cuando se preparan para la respuesta con la mano izquierda: el lado derecho del cuero cabelludo se vuelve negativo (recuerden que la corteza motora izquierda controla los movimientos de la mitad derecha del cuerpo y viceversa). Este potencial de preparación motora lateralizado surge por primera vez doscientos cincuenta milisegundos después de la primera aparición del dígito en la pantalla, y alcanza su máximo cerca de los trescientos treinta milisegundos. Para entonces, la comparación de números debe haberse completado, porque la respuesta "más grande" / "más pequeño" ya está preparada. En consecuencia, hace falta entre un cuarto y un tercio de segundo reconocer la forma visual de un dígito y acceder a su significado cuantitativo.

En promedio, cerca de los cuatrocientos milisegundos se produce la respuesta del participante, luego de un retraso adicional durante el cual se programa y se efectúa la contracción muscular para concretar la respuesta seleccionada. Sin embargo, nada excluye que el análisis continúe más allá de este punto. De hecho, inmediatamente después de la respuesta motora ocurre un evento eléctrico muy interesante. Hasta en una tarea tan elemental como la comparación de dígitos, ocasionalmente cometemos errores. En su mayoría, se deben a una anticipación incorrecta de la respuesta, y se detectan y corrigen enseguida. Los potenciales relacionados con eventos revelan el origen de esta corrección (Gehring, Goss, Coles, Meyer y Donchin, 1993, Dehaene, Posner y Tucker, 1994).[44] No bien se comete un error, una señal eléctrica negativa de gran intensidad aparece repentinamente en los electrodos situados en la región frontal del cráneo. Dado que no se perciben señales de este tipo después de una respuesta correcta, esta actividad debe reflejar la detección o el intento por corregir el error. Su topografía permite atribuir su generación a la corteza de giro cingulado anterior, un área cerebral involucrada en el control atencional de las acciones y en la inhibición del comportamiento no deseado. Su respuesta es tan rápida –menos de setenta milisegundos después de pulsar la tecla equivocada– que no puede deberse a una retroalimentación de los órganos sensoriales. Por lo demás, en mi experimento no había señales que indicasen si una respuesta era correcta o no. Por ende, la corteza cingulada anterior se activa de modo autónomo siempre que el cerebro detecta que la acción que está realizando no se corresponde con la deseada.

Permítanme hacer hincapié en que todos los eventos que acabo de describir –reconocimiento de números, acceso a la información sobre magnitudes, comparación, selección de respuestas, realización del gesto motor y detección de eventuales errores– ocurren en menos de medio segundo. La información pasa de un área cerebral a la siguiente con una velocidad notable. Hoy en día, sólo la electroencefalografía y la magnetoencefalografía ofrecen la oportunidad de seguir este intercambio en tiempo real.

Comprender la palabra "dieciocho"

Pensemos en otro ejemplo de la velocidad de procesamiento de la información numérica en el cerebro humano. Observen las palabras DIECIOCHO y DIDEROT. Una fracción de segundo es suficiente para darse cuenta de que la primera remite a un número y la segunda a un escritor francés. Es igualmente fácil darse cuenta de que DOMINAR es un verbo, DINOSAURIO, un animal y DKLPSGQI, una cadena de letras sin signi-

---

44 Véase una revisión en Taylor, Stern y Gehring (2007).

ficado. ¿Qué áreas cerebrales están involucradas en la categorización de palabras de forma arbitraria, pero con significados diametralmente diferentes? ¿Podría el registro de potenciales relacionados con eventos revelar la activación de áreas implicadas en la representación del significado de palabras? ¿Y la corteza parietal inferior se activaría durante la lectura de la palabra "dieciocho", aunque no se requiriese cálculo alguno?

Cuando los voluntarios prestan atención a la categoría semántica a la que pertenecen las palabras, los potenciales evocados muestran una secuencia notable de activación cerebral (Dehaene, 1995). Al principio, las áreas visuales del hemisferio izquierdo se activan del mismo modo para las cadenas impresas DIECIOCHO, DIDEROT o DKLPSGQI. Sin embargo, luego de un cuarto de segundo, poco más o menos, las áreas visuales posteriores diferencian las palabras reales de las cadenas de letras sin significado cuya formación no respeta las reglas de la lengua. Apenas más tarde, cerca de trescientos milisegundos después de mostrar esa palabra en el monitor, también comienzan a diferenciarse las diferentes categorías de palabras. Otra vez, los números como DIECIOCHO producen una onda eléctrica localizada en la corteza parietal izquierda y derecha inferior, como si el cerebro tuviera que recrear una representación cuantitativa de su localización en la recta numérica para chequear que sin duda estos son números.

En contraste, otras categorías de palabras activan regiones cerebrales muy diferentes. Tanto los verbos como los animales y las personas famosas causan una activación extensa de la región temporal izquierda, sospechada por mucho tiempo de tener un papel especial en la representación del significado de las palabras. Sin embargo, aparecen variaciones sutiles entre categorías. Lo más notable es que los nombres de personajes famosos –sean DIDEROT, OBAMA o MARADONA– son los únicos estímulos que activan la región temporal inferior, cuya implicación en el reconocimiento de rostros familiares fue demostrada ya en otros experimentos. Varios otras investigaciones recientes sugieren que este no es un hallazgo aislado. Se ha descubierto que muchas categorías de palabras –animales, herramientas, verbos, palabras para colores, partes del cuerpo, números, entre otras– dependen de conjuntos de regiones distintas diseminadas por la corteza. En cada caso, para determinar la categoría a la cual pertenece una palabra, el cerebro parece activar las áreas cerebrales que almacenan la información no verbal acerca del significado de esa palabra.

Neuronas matemáticas

A pesar de sus importantes aportes, la electroencefalografía todavía es un método indirecto e impreciso. Decenas de miles de neuronas deben activarse en sincronía antes de que su efecto eléctrico se vuelva detectable en el cuero cabelludo. Por eso, los neurocientíficos siguen soñando con una técnica que les permita examinar el patrón temporal de actividad de una única neurona en el cerebro humano, como es usual hacer con los animales. En realidad, esta técnica ya es una realidad, y de hecho, a veces se implantan electrodos directamente en la corteza cerebral humana, pero es tan invasiva que sólo se justifica en condiciones muy excepcionales. En algunos pacientes que sufren de epilepsia intratable, es necesaria la neurocirugía para extirpar el tejido cerebral anormal en el que se originan los ataques. Implantar electrodos intracraneanos todavía es la mejor forma de señalar la localización exacta de ese tejido. El método consiste en insertar delgadas agujas, cada una con múltiples espacios de registro eléctrico, en la profundidad de la corteza y de los núcleos subcorticales. A menudo estos electrodos se dejan varios días en el lugar, de modo que pueda recogerse suficiente información acerca de los ataques epilépticos recurrentes. Previo consentimiento del paciente, no hay inconveniente para aprovechar este escenario a fin de estudiar el procesamiento neural de información en el cerebro humano. Por medio de los electrodos implantados, se puede registrar directamente la actividad eléctrica en el cerebro mientras el paciente lee palabras o realiza cálculos simples. Según las características del electrodo, se mide la actividad promedio de sólo unos pocos milímetros cúbicos de corteza, o hasta de una sola neurona.

En el centro de investigación cerebral de San Petersburgo, Yalchin Abdullaev y Konstantin Melnichuk (1996) registraron de este modo la actividad de varias neuronas individuales en la corteza parietal humana de un paciente que realizaba tareas lingüísticas y de aritmética. En una condición experimental, aparecía una serie de dígitos en una pantalla y el paciente tenía que calcular su total; esto se contrastaba con una condición de control en la que el paciente simplemente tenía que leer los mismos dígitos en voz alta. En una segunda condición experimental, el paciente debía sumar o restar números como 54 y 7; una vez más, el control consistía en leer uno de los dos números en voz alta. Por último, la tercera tarea, que no tenía relación alguna con la aritmética, consistía en decidir si una cadena de letras como CASA o VINCHA es una palabra válida o no.

Los resultados fueron muy claros. En los dos hemisferios, las neuronas parietales inferiores se activaban sólo cuando se presentaban números. La mayoría de las neuronas también se activaba más durante el cálculo que durante la lectura de números. Sin embargo, la corteza parietal derecha contenía unas pocas neuronas cuya frecuencia de activación aumentaba incluso durante la lectura de los dígitos 1 y 2. Cuando el sujeto leía, estas neuronas se activaban sólo durante un intervalo breve luego de la aparición del dígito, de trescientos a quinientos milisegundos. En cambio, cuando el sujeto sumaba o restaba, la actividad duraba hasta ochocientos milisegundos después de la presentación visual (figura 8.7).

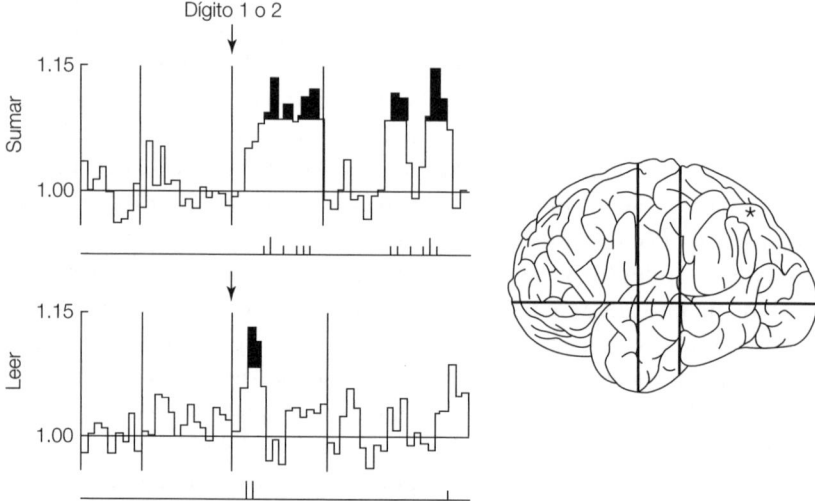

Figura 8.7. Una neurona de la corteza parietal humana responde selectivamente durante el procesamiento de números. La flecha indica el tiempo de presentación del dígito arábigo 1 o 2. Los intervalos durante los cuales la frecuencia de activación se desvía significativamente de su valor de reposo se muestran en negro. La actividad neuronal dura por más tiempo cuando el sujeto suma el dígito a un total, que cuando simplemente lo lee en voz alta (tomado de Abdullaev y Melnichuk, 1996; cortesía de Yalchin Abdullaev).

Así, el registro celular provee un respaldo directo para las inferencias que hemos obtenido de los métodos más indirectos de la neuropsicología, la tomografía por emisión de positrones y la electroencefalografía. En el momento en que tenemos que manipular mentalmente cantidades numéricas, los circuitos neurales de la corteza parietal inferior desempeñan un papel indispensable y muy específico.

Por supuesto, los experimentos dispersos mencionados en este capítulo representan el inicio de las imágenes cerebrales. Las herramientas para visualizar el cerebro humano activo recién se generalizaron en la década de 1990. Incluso dentro del campo de la aritmética, docenas de temas todavía permanecen inexplorados. ¿Las neuronas parietales responden específicamente a algunos números? ¿La corteza parietal inferior está organizada de forma topográfica, de modo que las magnitudes numéricas cada vez más grandes se proyectan sistemáticamente en distintas partes de la corteza? ¿La suma, la resta y la comparación utilizan circuitos distintos? ¿Su organización cambia con la edad, la educación en matemática, o el talento para el cálculo mental? ¿A qué otras regiones se proyecta el área parietal inferior y cómo se comunica con las áreas involucradas en la identificación y la producción de palabras habladas y números arábigos?

Se sabe tan poco acerca de este amplio campo de investigación que nuestra lista de preguntas abiertas podría continuar indefinidamente. Con las herramientas de imágenes cerebrales que se encuentran disponibles hoy en día, nuestras exploraciones científicas del cerebro humano tienen por delante un terreno de conocimiento muy promisorio. Desde los circuitos neurales hasta el cálculo mental, desde las neuronas individuales hasta las funciones aritméticas complejas, la neurociencia cognitiva ha comenzado a tejer vínculos cada vez más estrechos entre las regiones cerebrales, revelando una imagen más compleja y más intrigante que la que nos podríamos haber imaginado. Sólo hemos capturado las primeras imágenes de cómo el tejido neural se puede volver, en palabras de Jean-Pierre Changeux y Alain Connes (1995), "materia para el pensamiento".

9. ¿Qué es un número?

Un matemático es una máquina de convertir café en teoremas.
Anónimo

"¿Qué es un número, que el hombre puede conocerlo, y qué es un hombre, que puede conocer un número?" Esta pregunta, formulada admirablemente por Warren McCulloch en su libro *Embodiments of Mind* (1965) es uno de los problemas más antiguos de la filosofía de la ciencia, de aquellos que Platón y sus discípulos discutían cotidianamente en sus pasos por la primera y primigenia Academia, veinticinco siglos atrás. A menudo me pregunto cómo habrían recibido los grandes filósofos del pasado la información que hoy tenemos gracias a la neurociencia y la psicología cognitiva. ¿Qué diálogos habrían inspirado las imágenes de la tomografía por emisión de positrones en los platónicos? ¿Qué revisiones drásticas habrían impuesto en los filósofos empiristas ingleses los experimentos sobre aritmética en recién nacidos? ¿Cómo habría recibido Diderot la información neuropsicológica que demuestra la extremada fragmentación del conocimiento en el cerebro humano? ¿Qué agudas conclusiones hubiera sacado Descartes si hubiese podido disponer de los datos rigurosos de la neurociencia actual en lugar de las elucubraciones de sus contemporáneos?

Nos acercamos al final de nuestra exploración de la aritmética en el cerebro. Ahora que tenemos una mejor comprensión del modo en que el cerebro humano representa y opera con los números, tal vez deberíamos intentar resumir, con la prudencia que impone el magro bagaje de nuestro conocimiento, en qué medida esta información empírica afecta nuestra visión del cerebro y de la matemática. ¿Cómo hace el cerebro para aprender matemática? ¿Cuál es la naturaleza de la intuición matemática y de qué forma podemos mejorarla? ¿Cuáles son las relaciones entre la matemática y la lógica? ¿Por qué la matemática es tan útil en las ciencias físicas? Estas preguntas no atañen solamente a los filósofos, ni son reflexiones propias de torres de marfil. Muy por el contrario, las respuestas que les demos condicionarán nuestras políticas educativas y los programas de investigación. El constructivismo de Piaget y el austero rigor de Bourbaki han dejado sus huellas en nuestras escuelas. ¿Llegará el día en que las reformas drásticas dejarán paso a métodos de enseñanza más optimistas y serenos, basados sobre una comprensión genuina del modo en que el cerebro humano resuelve los problemas matemáticos? Sólo un análisis meticuloso de las bases neuropsicológicas de la matemática puede acercarnos a alcanzar esta meta crucial.

¿El cerebro es una máquina lógica?

¿Qué tipo de máquina es el cerebro humano, capaz de producir matemática? Warren McCulloch pensaba que sabía parte de la respuesta a esta pregunta que él mismo se había planteado. Dado que era un matemático, estaba ansioso por comprender "de qué modo algo como la matemática podía haber visto la luz". Ya en 1919, se acercó al estudio de la psicología y, más tarde, a la neurofisiología, con la convicción personal de que el cerebro es una "máquina lógica". En 1943, en un influyente artículo que publicó junto con Walter Pitts, despojó a las neuronas de sus reacciones biológicas complejas y las redujo a dos funciones: sumar los estímulos recibidos y comparar esta suma a un umbral fijo. Entonces, demostró que una red formada por muchas unidades de este tipo interconectadas puede realizar cálculos de una complejidad temeraria. En la jerga de la ciencia computacional, una red como esta tiene el poder computacional de una máquina de Turing, un dispositivo formal sencillo, inventado por el brillante matemático británico Alan Turing en 1937, que captura las operaciones esenciales que se encuentran en funcionamiento en las computadoras para leer, escribir y transformar la información digital de acuerdo con operaciones matemáticas. El trabajo de McCulloch demostró así que cualquier operación que puede ser programada en una computadora también puede ser realizada por una red adecuadamente conectada de neuronas simplificadas. En resumen, proclamó que "un sistema nervioso puede calcular cualquier número calculable".

De este modo, McCulloch siguió las huellas de George Boole, quien en 1854 se había impuesto como programa "investigar las leyes fundamentales de las operaciones de la mente gracias a las cuales se lleva a cabo el razonamiento, para darles expresión en el lenguaje simbólico de un cálculo, y sobre esta base establecer la ciencia de la lógica y construir su método" (Boole, 1854).

Boole es el creador de la lógica "booleana", que describe que los valores binarios *verdadero* y *falso*, denotados por el 1 y el 0, deberían combinarse en las operaciones lógicas. En la actualidad se da por sentado que el álgebra booleana pertenece a la lógica matemática y a la informática. Pero el propio Boole consideró su investigación como una contribución central a la psicología, una *Investigación de las leyes del pensamiento*, según tituló su libro.

La metáfora del cerebro como una computadora adquirió así una inmensa popularidad, no sólo entre el público en general, sino incluso entre los especialistas en ciencia cognitiva. Reside en el núcleo mismo del llamado enfoque "funcionalista" de la psicología, que propone estudiar los algoritmos de la mente sin preocuparse por su sustrato neural. Un argumento funcionalista clásico pone el acento en el hecho de que cualquier algoritmo digital computa exactamente el mismo resultado, sin importar si funciona en una supercomputadora o en una calculadora electrónica de bolsillo, y que es absolutamente indiferente que la máquina en cuestión esté hecha de silicona o de células nerviosas. De igual modo, para los funcionalistas, el *software* utilizado por la computadora de la mente es independiente del equipamiento del cerebro. Ellos afirman también que los resultados matemáticos de Alonzo Church y Alan Turing garantizan que todas las funciones de cálculo realizables por una mente humana también se pueden hacer con una máquina de Turing o con una computadora. En 1983, Philip Johnson-Laird hasta llegó a afirmar que "la naturaleza física [del cerebro] no le impone restricción alguna al patrón de pensamiento", y que, por ende, la metáfora del cerebro-computadora "nunca se deberá suplantar" (Johnson-Laird, 1983).

¿El cerebro realmente no es más que una computadora? ¿Una "máquina lógica"? ¿Su organización lógica puede explicar nuestras habilidades matemáticas y debería estudiarse independientemente de su sustrato neural? Ustedes no se sorprenderán mucho si confieso mi sospecha de que el funcionalismo proporciona una perspectiva insuficiente y limitada entre la mente y el cerebro.[45] Sobre una base puramente empírica, la metáfora del cerebro como computadora simplemente no se aplica: no ofrece un buen modelo de la información experimental disponible. Los capítulos precedentes abundan en contraejemplos que sugieren que el

45 Véase Changeux y Dehaene (1989).

cerebro humano no calcula como una "máquina lógica". De hecho, los cálculos rigurosos no se le dan con facilidad al *Homo sapiens*. Como tantos otros animales, los humanos nacen con un concepto difuso y aproximado del número, que tiene poco en común con las representaciones digitales de las computadoras. La invención de una lengua numérica y de algoritmos de cálculo exactos pertenece a la historia cultural reciente de la humanidad y, en varios sentidos, es una evolución antinatural. Si bien nuestra cultura ha inventado la lógica y la aritmética, sorprendentemente nuestro cerebro ha continuado siendo rebelde incluso a los algoritmos más simples. Como prueba, basta con considerar la dificultad con la que los niños asimilan las tablas aritméticas y las reglas de cálculo. Hasta a un prodigio de cálculo, luego de años de entrenamiento, le lleva decenas de segundos multiplicar dos números de seis dígitos: es entre mil y un millón de veces más lento que la computadora personal más lenta.

El fracaso de la metáfora del cerebro-computadora es casi cómico. En dominios en los que la computadora es excelente –la ejecución sin fallas de una serie larga de pasos lógicos– nuestro cerebro resulta lento y falible. A la inversa, en campos en los que la ciencia computacional se enfrenta a sus mayores desafíos –el reconocimiento de formas y la atribución de significado– nuestro cerebro brilla por su extraordinaria velocidad.

Tampoco en el nivel de los circuitos neurales, la organización del cerebro se asemeja a la de una computadora. Cada neurona implementa una función biológica considerablemente más compleja que la simple adición lógica de los estímulos que recibe (incluso si las neuronas formales de McCulloch y Pitt aportan una aproximación útil a las neuronas reales). Por sobre todas las cosas, las redes reales de neuronas no poseen el rigor de ensamblaje de los transistores que se encuentran en los chips electrónicos de las computadoras modernas. Aunque técnicamente es posible ensamblar neuronas formales para construir funciones lógicas, como muestran McCulloch y Pitts, este no es el modo en que funciona el sistema nervioso central. Las operaciones lógicas no son las funciones primitivas del cerebro. Si uno tuviera que buscar una función "primitiva" en el sistema nervioso, tal vez sería la habilidad de una célula nerviosa para reconocer una "forma" elemental en sus *inputs* sopesando la información que recibe de las descargas neuronales de miles de otras unidades. El reconocimiento de formas aproximadas es una propiedad elemental e inmediata del cerebro, mientras que la lógica y el cálculo son propiedades derivadas, sólo accesibles al cerebro de una única especie de primate educado de forma adecuada.

Para ser justos, debería aclararse que la mayoría de los psicólogos funcionalistas contemporáneos no adhieren a la ecuación simplista "cerebro = computadora". Su posición es más sofisticada. No identifican necesariamente el cerebro con ninguno de los tipos de computadoras seriales que utilizamos hoy en día, sino que lo conciben como un mero *dispositivo de procesamiento de información*. De acuerdo con ellos, lo que cuenta para la psicología es exclusivamente la caracterización de las transformaciones que los módulos cerebrales aplican a la información que reciben. Incluso si estos algoritmos de transformación no se comprenden aún, y si ninguna computadora existente es capaz de ponerlos en práctica, en principio se supone que con el tiempo las funciones cerebrales se verán reducidas a ellos. Esa perspectiva torna irrelevante para la psicología el estudio de las neuronas, las sinapsis, las moléculas y otras propiedades "húmedas" –como suele llamárselas– de la mente. De todos modos, también esa rama más sutil del funcionalismo es discutible. No quiero decir que esté mal estudiar los algoritmos del cerebro, o las actividades de los humanos, a un nivel puramente conductual: se puede aprender mucho acerca de una máquina si se determinan los principios de funcionamiento sobre los que está basada. ¿Pero no se logra mayor progreso todavía cuando se descubre cómo está construida la máquina en sí misma? La historia de la ciencia abunda en ejemplos en que la comprensión del sustrato físico o biológico de un fenómeno ha causado un avance inesperado en la comprensión de sus propiedades funcionales. El descubrimiento de la estructura molecular del ácido desoxirribonucleico (ADN), por ejemplo, ha modificado radicalmente nuestra concepción de los "algoritmos" de heredabilidad, descubiertos muchos años antes por Mendel. Del mismo modo, las nuevas herramientas de neuroimágenes están revolucionando en la actualidad nuestro conocimiento de las funciones cerebrales. ¿No sería absurdo que los psicólogos desestimaran estas herramientas por no ser importantes para nuestra comprensión de la cognición? En realidad, lejos de dar la espalda a la investigación en neurociencia, una vasta mayoría de ellos entiende que realiza una contribución de vital importancia al progreso de la psicología experimental y clínica.

La insistencia de los funcionalistas sobre los aspectos computables del procesamiento cerebral tiene además otra consecuencia poco deseable. Los lleva a desatender otras facetas del funcionamiento cerebral que no encajan con facilidad dentro del formalismo de la ciencia computacional. Puede ser esta la razón más importante por la que la psicología cognitiva ha dejado de lado, en gran parte, el complejo problema de las emociones y su papel en la vida intelectual. Sin embargo, con seguridad las emociones deberían tener un lugar en cualquier teoría del funcionamiento cerebral, incluyendo nuestra investigación sobre las bases neurales de la matemática. La preocupación por la matemática llega a paralizar a los niños hasta tal punto que pueden volverse incapaces de aprender hasta los algoritmos aritméticos más simples. A la inversa, una pasión por los números puede convertir a un pastor en un prodigio del cálculo. En su libro llamado *El error de Descartes,* Antonio Damasio (1994) demuestra que las emociones y la razón están estrechamente ligadas, en grado tal que una lesión de los sistemas neurales responsables de la evocación interna de las emociones puede tener un impacto radical en la habilidad para tomar decisiones racionales en la vida diaria. La metáfora del cerebro-computadora no tolera con facilidad este tipo de observaciones, que sugieren que las funciones cerebrales no pueden reducirse a la transformación fría de información de acuerdo con reglas lógicas. Si queremos comprender cómo la matemática puede volverse objeto de tanta pasión u odio, tenemos que conceder a la sintaxis de las emociones tanta atención como a las operaciones de la razón.

Cómputos analógicos en el cerebro

Los inconvenientes de la metáfora cerebro-computadora no han escapado a la sagacidad de todos los científicos computacionales. Ya en 1957, John von Neumann, uno de los padres de la ciencia computacional, dijo, en *El ordenador y el cerebro,* "La lengua del cerebro no es la lengua de la matemática" (Von Neumann, 1958), y recomendaba que no redujéramos las máquinas sólo a computadoras digitales. Las máquinas analógicas que ignoran completamente la lógica matemática pueden realizar cálculos avanzados. Se dice que una máquina es "analógica" cuando realiza cómputos operando con cantidades físicas continuas análogas a las variables que se representan. En la calculadora de Robinson Crusoe, por ejemplo, el nivel de agua que se encuentra en el acumulador funciona como un análogo del número, y el agregado de agua es análogo a la suma numérica. Von Neumann tuvo la notable percepción de que el cerebro es, probablemente, una máquina híbrida analógico-digital en la que los códigos simbólicos y analógicos están integrados en una continuidad. Las habilidades limitadas que nuestro cerebro demuestra para la lógica y la matemática pueden ser sencillamente el resultado visible de una arquitectura neural que sigue reglas no lógicas. En palabras del mismo Von Neumann,

Cuando hablamos de matemática, quizá hablamos un lenguaje *secundario*, construido sobre el lenguaje *primario* utilizado verdaderamente por el sistema nervioso central. Entonces, las formas exteriores (visibles) de *nuestra* matemática no son en absoluto adecuadas para evaluar cuál es el lenguaje matemático o lógico *verdaderamente* utilizado por el sistema nervioso central.

En efecto, la forma en que comparamos los números sugiere que nos parecemos más a una máquina analógica que a una computadora digital. Cualquiera que escriba programas de computación sabe que la operación de la comparación de números se encuentra dentro del conjunto básico de instrucciones del procesador. Un único ciclo de cálculo de duración constante, con frecuencia de menos de un microsegundo, es suficiente para determinar si el contenido de un registro es menor, igual o mayor que el contenido del otro. No es así con el cerebro. En el capítulo 3 vimos que a un adulto le lleva casi medio segundo comparar dos números, o cualquier otro par de cantidades físicas. Mientras que a un chip le alcanzan unos pocos transistores, el sistema nervioso tiene que recurrir a amplias redes de neuronas e invertir una gran cantidad de tiempo para llegar al mismo resultado.

Más aún, el método de comparación que nosotros utilizamos no se implementa con tanta facilidad en una computadora digital. Recordemos que sufrimos de un efecto de distancia: nos lleva sistemáticamente más tiempo comparar dos números cercanos, como el 1 y el 2, que dos distantes, como el 1 y el 9. En cambio, en las computadoras modernas el tiempo de comparación es obviamente independiente de los números involucrados.

Inventar un algoritmo digital que reproduzca el efecto de distancia es un desafío. En una máquina de Turing, una forma simple de codificar los números consiste en repetir *n* veces un mismo símbolo. Entonces, el 1 está representado por un carácter arbitrario *a*; el 2, con la cadena *aa*, y el 9, con *aaaaaaaaa*. Pero la máquina sólo puede procesar este tipo de cadenas carácter por carácter. De modo que la mayoría de los algoritmos de comparación responden en un tiempo que es proporcional al menor de los números a comparar, independientemente de la distancia entre ellos. Se puede programar una máquina de Turing para que cuente cuántos símbolos separan los dos números, pero el más simple algoritmo de este tipo demora cada vez *menos* tiempo a medida que más se acercan los números a comparar, a diferencia de lo que ocurre con el cerebro.

La notación binaria es otra forma simple de representar los números en una computadora digital. Cada número, entonces, se codifica como una cadena de *bits* formada por ceros y unos. Por ejemplo, 6 se codifica como 110, 7 como 111, y 8 como 1000. Pero en este punto las cosas toman un curso extraño: la comparación lleva más tiempo para los números 6 y 7, que se distinguen sólo por el último bit, que para los números 7 y 8, que difieren completamente desde el primer bit. No es necesario decir que esta singular propiedad matemática no tiene ningún eco en las observaciones psicológicas, que indican, al contrario, que el 6 y el 7 son un poco *más fáciles* de comparar que el 7 y el 8.

Entonces, el efecto de distancia, una característica fundamental del procesamiento numérico en el cerebro humano, no es una propiedad que se sostenga para la mayoría de las computadoras. ¿Hay otro tipo de máquina para el que aparezca espontáneamente un efecto de distancia? La respuesta es afirmativa. Prácticamente cualquier máquina *analógica* puede mostrar el efecto de distancia. Observemos el más simple de ellos: una balanza. Pongan una libra de peso en el plato izquierdo y nueve libras en el derecho. En cuanto los suelten, la balanza se inclinará inmediatamente a la derecha, indicando que el 9 es más grande que el 1. Luego reemplacen las nueve libras por dos, y realicen el experimento otra vez. La balanza demorará un lapso más largo en inclinarse hacia el lado derecho. Entonces, para las balanzas, exactamente como para los cerebros, es más difícil comparar 2 y 1 que 9 y 1. En efecto, el tiempo que les lleva inclinarse es inversamente proporcional a la raíz cuadrada de la diferencia en el peso, una función matemática que se adecua muy bien al tiempo que nosotros demoramos en comparar dos números.

Por lo tanto, nuestro algoritmo mental de comparación puede asemejarse a una balanza que "pesa números". Las habilidades aritméticas de nuestro cerebro pueden modelarse mejor por medio de una máquina analógica, como la balanza, que con un programa digital. Se podría objetar que siempre es posible *simular* el comportamiento de un dispositivo analógico en una computadora digital. Es verdad (aunque algunos sistemas físicos caóticos no pueden simularse con una precisión absoluta). Pero los principios a partir de los cuales se diseña la computadora no capturan ninguna regularidad significativa acerca del cerebro: las propiedades del sistema se definen por completo a partir del sistema físico que se quiere describir.

La peculiar forma en que comparamos los números revela los originales principios utilizados por el cerebro para representar parámetros respecto de su entorno, tales como los números. A diferencia de la computadora, no usa un código digital, sino una representación cuantitativa interna continua. El cerebro no es una máquina lógica, sino un dispositivo analógico. Charles Randy Gallistel ha expresado esta conclusión con una simplicidad notable:

> En efecto, el sistema nervioso invierte la convención representacional según la cual los números se utilizan para representar magnitudes lineales. En lugar de servirse de los números para representar las magnitudes, la rata [¡como el *Homo sapiens*!] utiliza las magnitudes para representar los números (Gallistel, 1990).

Cuando la intuición supera a los axiomas

Se puede esgrimir un argumento más contra la hipótesis de que el cerebro realiza operaciones matemáticas como una "máquina lógica". Desde fines del siglo XIX, varios matemáticos y lógicos –Dedekind, Peano, Frege, Russell y Whitehead, entre otros– han intentado fundar la aritmética sobre una base puramente formal.[46] Diseñaron sistemas lógicos elaborados cuyos axiomas y reglas sintácticas intentaron capturar nuestra intuición de lo que son los números. Sin embargo, este enfoque formalista se enfrentaba a varios problemas bastante reveladores respecto de lo difícil que puede ser reducir el funcionamiento cerebral a un sistema formal.

La más simple de estas formalizaciones de la aritmética fue provista por los axiomas de Peano. Para evitar a los lectores cualquier tipo de jerga matemática, puede decirse que estos axiomas se reducen esencialmente a las siguientes afirmaciones:

- 1 es un número.
- Cada número tiene un sucesor, denotado como Sn o simplemente como $n + 1$.
- Cada número excepto el 1 tiene un predecesor (dando por sentado que sólo consideramos los enteros positivos).
- Dos números diferentes no pueden tener el mismo sucesor.
- Axioma de recurrencia: si una propiedad se verifica para el número 1, y si el hecho de que se verifique para n implica que también se verifica para su sucesor $n + 1$, entonces la propiedad es verdadera para cualquier número n.

46 Véase una reseña de la historia de la matemática en Kline (1972, 1980).

Estos axiomas pueden parecer complejos y arbitrarios. Sin embargo, lo único que hacen es formalizar la noción muy concreta de la cadena de enteros 1, 2, 3, 4, etc. Satisfacen nuestra intuición de que esta cadena no tiene final: cualquier número puede siempre ser seguido por otro diferente de todos los anteriores. Por último, también permiten una definición muy simple de la suma y la multiplicación: sumar un número n implica repetir la operación del sucesor n veces, y multiplicar por n significa repetir la operación de adición n veces.

Pero este formalismo tiene un problema importante. Mientras los axiomas de Peano aportan una buena descripción de las propiedades intuitivas de los enteros, a la vez permiten concebir otros objetos monstruosos, que nos resistimos a llamar "números", pero que satisfacen los axiomas en todos los sentidos. Se llaman "modelos no estándar de la aritmética", y plantean dificultades considerables para el enfoque formalista.

Es difícil, en unas pocas líneas, explicar qué apariencia tiene un modelo no estándar, pero para los propósitos actuales debería ser suficiente una metáfora simplificada. Comencemos con el conjunto de enteros usuales, 1, 2, 3, etc., y agreguemos otros elementos que podemos imaginar que son "más grandes que todo el resto de los números". A la semirrecta numérica formada por los números 1, 2, 3, etc., agreguemos, por ejemplo, una segunda recta que se extienda hacia el infinito por los dos lados.

Para evitar cualquier confusión, denotamos los números de esta segunda recta numérica agregándoles un asterisco. Entonces, –3*, –2*, –1*, 0*, 1*, 2*, 3*, y demás, son todos miembros de este segundo conjunto. Ahora, unamos los enteros estándar y estos nuevos elementos y llamemos "de los números enteros artificiales" a este conjunto A que comprende a unos y otros:

$$A = \{1, 2, 3, ..., ..., -3^*, -2^*, -1^*, 0^*, 1^*, 2^*, 3^*, ...\}$$

El conjunto A realmente merece esa denominación. Es una quimera que no corresponde a nada intuitivo. Sus elementos son lo último que querríamos llamar "números". Y sin embargo cumplen con todos los axiomas de Peano (con la excepción del de recurrencia: allí mi metáfora está demasiado simplificada). En efecto, hay un número artificial 1 que no es el sucesor de ningún otro número artificial, y cada número artificial tiene un único y distinto sucesor en A. El sucesor de 1 es 2, el de 2 es 3, y así sucesivamente; y del mismo modo el sucesor de –2* es –1*, el de –1* es 0*, el de 0* es 1*, y así sucesivamente. Desde un punto de vista puramente formal, el conjunto A supone una representación completamente adecuada del conjunto de enteros tal como lo definen los axiomas de Peano: es un "modelo no estándar de la aritmética". De hecho, hay infinidad de modelos de este tipo, muchos de los cuales son aún más exóticos que A.

Los modelos no estándar son tan extravagantes que, para dar una idea más vívida de lo que implican, tengo que recurrir a una metáfora algo inverosímil. En el siglo XIX, la clasificación de las especies animales parecía estar bien establecida hasta que se descubrió un "monstruo" en la remota Oceanía: el ornitorrinco. Los zoólogos no habían previsto que algunos de los criterios que utilizaban para clasificar las aves –especies que tienen pico y ponen huevos– pudiera aplicarse también a este extraño mamífero que a nadie le gustaría llamar "ave". Del mismo modo, Peano no podía anticipar que su definición de los enteros también se aplicaría a los monstruos matemáticos que se alejan de manera radical de los números corrientes.

El descubrimiento del ornitorrinco llevó a los zoólogos a revisar algunos de sus principios. ¿Por qué los matemáticos no podrían seguir sus pasos? ¿No podrían seguir agregando más axiomas a la lista de Peano hasta que ese sistema formal revisado se aplicara a los "verdaderos" enteros y sólo a ellos? Ahora estamos llegando al núcleo mismo de la paradoja. Un poderoso teorema de la lógica matemática, probado por primera vez por Skolem y profundamente relacionado con el famoso teorema de Gödel, muestra que el agregado de nuevos axiomas nunca puede abolir modelos no estándar. Por más que sigan intentando extender el formalismo axiomático, los matemáticos se encontrarán continuamente con nuevos "ornitorrincos", monstruos que verificarán todas las definiciones formales de los enteros sin ser idénticos a ellos.

A decir verdad, las cosas son un poco más complejas, porque sólo una determinada versión de los axiomas de Peano, que los matemáticos llaman "aritmética de Peano de primer orden", sufre esta infinita multiplicación de modelos no estándar. Sin embargo, en general se piensa que esta es la mejor axiomatización de la teoría de los números que tenemos. De manera que nuestro mejor sistema de axiomas no logra capturar de modo unívoco nuestras intuiciones de lo que son los números. Las reglas subyacentes a estos axiomas parecen ser adecuadas a los enteros "naturales", con un criterio muy ajustado; pero luego descubrimos que objetos muy diferentes, que he llamado "enteros artificiales", también cumplen con ellas. Por lo tanto, nuestro "sentido numérico" no puede reducirse a la definición formal provista por estos axiomas. Como notó Husserl en su *Filosofía de la aritmética,* dar una definición formal unívoca de lo que llamamos números es esencialmente *imposible:* el concepto de número es primitivo e indefinible.

Esta conclusión no parece plausible. Todos tenemos una idea clara de lo que entendemos como entero; entonces, ¿por qué debería ser tan difícil formalizarla? Sin embargo, nuestros intentos de dar una definición formal no llegan a ningún lado. Podemos intentar afirmar, por ejemplo, que los enteros se obtienen contando: simplemente comiencen con el 1 y repitan la operación de "sucesión" de Peano tantas veces como sea necesario. ¿Tantas veces como sea necesario? Pero, con seguridad, no más que un número finito de veces; de lo contrario, ¡terminaríamos otra vez en la tierra extraña de los enteros artificiales! La circularidad de la definición se vuelve obvia: los *números* son lo que se obtiene repitiendo la operación de sucesión un *número* finito de veces.

En *Ciencia e hipótesis,* Poincaré (1914-2007) se dio el gusto de ridiculizar los intentos de sus contemporáneos por definir los enteros mediante la teoría de conjuntos. "Cero es el número de elementos en la clase nula", proponía el matemático Louis Couturat. "¿Y cuál es la clase nula?", le objetó Poincaré: "Es la clase que no contiene ningún elemento". Más tarde rebatió de nuevo: "Cero es el número de objetos que satisfacen una condición que nunca se satisface. Pero, como *nunca* significa *en ningún caso,* no veo que se haya hecho mucho progreso". Y, otra vez, en una respuesta mordaz a Couturat, quien definía el uno como el número de elementos de un conjunto en el que dos elementos cualesquiera son idénticos: "Me temo que si le preguntáramos a Couturat qué es dos, se vería obligado a usar la palabra 'uno'".

La ironía es que cualquier niño de 5 años tiene una comprensión profunda de los mismos números que los lógicos más brillantes no logran definir. No hay necesidad de una definición formal: sabemos intuitivamente lo que son los enteros. Entre el infinito número de modelos que satisfacen los axiomas de Peano, inmediatamente podemos distinguir los verdaderos enteros de otras fantasías artificiales y sin significado. Entonces, nuestro cerebro no depende de axiomas.

Si insisto con tanto énfasis sobre este punto es por sus importantes consecuencias para la educación en matemática. Si los psicólogos educacionales hubieran prestado suficiente atención a la primacía de la intuición por sobre los axiomas formales en la mente humana, podría haberse evitado un colapso sin precedentes en la historia de la matemática. Me refiero al infame episodio de la "matemática moderna", que ha dejado cicatrices en las mentes de muchos niños de Francia, así como en muchos otros países. En la década de 1979, con el pretexto de enseñar a los niños un mayor rigor –¡una meta innegablemente importante!– se diseñó un currículo de matemática que imponía a los alumnos una pesada carga de axiomas y formalismos abstrusos. Detrás de esta reforma educativa se encontraba una teoría de la adquisición del conocimiento basada en la metáfora del cerebro-computadora, que veía a los niños como pequeños dispositivos de procesamiento de información vacíos de ideas preconcebidas y capaces de devorar cualquier sistema axiomático. El grupo de matemáticos de élite conocido como "Bourbaki", al que nos referimos en el capítulo 5, llegó a la conclusión de que los maestros deberían comenzar lo antes posible a presentar a los niños las bases formales más fundamentales de la matemática. En efecto, ¿por qué dejar que los alumnos pierdan valiosos años resolviendo problemas aritméticos sencillos y concretos, cuando la teoría de grupos abstracta resume todo ese conocimiento y muchos otros de una forma mucho más concisa y rigurosa?

Los capítulos precedentes exponen con claridad las falacias que se encuentran detrás de esta línea de razonamiento. El cerebro del niño, lejos de ser una esponja, es un órgano estructurado que adquiere información en la medida en que se pueda integrar a su conocimiento anterior. Está bien adaptado a la representación de cantidades continuas, y a su manipulación mental de modo analógico. La evolución nunca lo preparó, en cambio, para la tarea de devorar vastos sistemas de axiomas, ni de aplicar largos algoritmos simbólicos. Entonces, la intuición cuantitativa prima por sobre los axiomas lógicos. Como observó con sagacidad John Locke, ya en 1689, en su *Ensayo sobre el entendimiento humano*: "Muchos saben que 1 más 2 es igual a 3 sin haber pensado en ningún axioma por medio del cual se lo pueda probar".

Entonces, bombardear al cerebro juvenil con axiomas abstractos probablemente sea inútil. Una estrategia más razonable para la enseñanza de la matemática parecería ser avanzar hacia un enriquecimiento progresivo de las intuiciones de los niños, apelando sobre todo a su talento precoz para la manipulación de cantidades y el conteo. Uno debería, en primer lugar, estimular su curiosidad con algunos acertijos y problemas numéricos entretenidos. Luego, poco a poco, se les puede presentar el poder de la notación matemática simbólica y los atajos que provee; en este punto, se debería tener mucho cuidado de no separar nunca este tipo de conocimiento simbólico de las intuiciones cuantitativas del niño. Finalmente, se pueden presentar sistemas axiomáticos formales. Tampoco, entonces, se le deberían imponer al niño, sino más bien deberían estar justificados por una necesidad de mayor simplicidad y efectividad. Idealmente, cada alumno debería desandar mentalmente, de forma condensada, la historia de la matemática y sus motivaciones.

Platónicos, formalistas e intuicionistas

Ahora estamos listos para examinar la segunda pregunta de McCulloch: "¿Qué es un número, que el hombre puede conocerlo?". Los matemáticos del siglo XX han estado profundamente divididos acerca de esta cuestión fundamental, que concierne a la naturaleza de los objetos matemáticos. Para algunos, llamados tradicionalmente "platónicos", la realidad matemática existe en un plano abstracto, y sus objetos son tan reales como los de la vida diaria. Esta era la convicción que tenía Hardy, el descubridor de Ramanujan: "Creo que la realidad matemática yace fuera de nosotros, que nuestra función es descubrirla y *observarla*, y que los teoremas que probamos y describimos de forma grandilocuente como nuestras 'creaciones' son simplemente notas a partir de nuestras observaciones".

Una profesión de fe sorprendentemente similar se encuentra en el matemático francés Charles Hermite: "Creo que los números y las funciones del análisis no son el producto arbitrario de nuestro espíritu; creo que existen por fuera de nosotros con el mismo carácter de necesidad que los objetos de la realidad objetiva; y los encontramos o descubrimos y los estudiamos como lo hacen los físicos, los químicos y los zoólogos".

Estas dos citas están tomadas del libro *Matemáticas. La pérdida de la certidumbre* de Morris Kline (1980), que incluye docenas de fragmentos similares. En efecto, la doctrina platónica está muy difundida entre los matemáticos, y estoy convencido de que describe con precisión su introspección: realmente tienen la *sensación* de estar moviéndose en un paisaje abstracto de números o cifras que existe de forma independiente de sus propios intentos de explorarlo. Sin embargo, ¿este sentimiento debería tomarse tal cual, o deberíamos considerarlo simplemente un fenómeno psicológico que necesita ser explicado? Para un epistemólogo, un neurobiólogo o un neuropsicólogo, la posición platónica parece difícil de defender; de hecho, resulta igualmente inaceptable que considerar el dualismo cartesiano como teoría científica del cerebro. Del mismo modo en que la hipótesis dualista encuentra dificultades insuperables para explicar cómo un alma inmaterial puede interactuar con un cuerpo físico, el platonismo deja en sombras cómo un matemático de carne y hueso podría explorar el reino abstracto de los objetos matemáticos. Si estos objetos son reales pero inmateriales, ¿de qué modos extrasensoriales los percibe un matemático? Esta objeción parece definitiva para la perspectiva platónica de la matemática. También si la introspección de los matemáticos llega a convencerlos de la realidad tangible de los objetos que estudian, este sentimiento no puede ser más que una ilusión. Se supone que uno sólo puede ser un genio matemático si tiene una capacidad sobresaliente para formarse representaciones mentales vívidas de conceptos matemáticos abstractos, imágenes mentales que pronto se vuelven una ilusión, y eclipsan así los orígenes humanos de los objetos matemáticos y los dotan de la apariencia de una existencia independiente.

De espaldas al platonismo, una segunda categoría de matemáticos, los "formalistas", entienden que la problemática de la existencia de objetos matemáticos es una discusión sin sentido y vacía. Para ellos, la matemática es sólo un juego en el que uno manipula símbolos de acuerdo con reglas formales precisas. Los objetos matemáticos como los números no tienen ninguna relación con la realidad: se definen, simplemente, como un conjunto de símbolos que satisfacen determinados axiomas. De acuerdo con David Hilbert, líder del movimiento formalista, en lugar de afirmar que sólo una línea puede atravesar dos puntos cualesquiera, uno debería decir que sólo una mesa atraviesa cualesquiera dos vasos de cerveza: ¡esta sustitución no cambiaría ninguno de los teoremas de la geometría! O, parafraseando la famosa afirmación de Wittgenstein: "Todas las premisas de la matemática significan lo mismo, es decir, nada".

Sin duda hay algo de cierto en la idea de los formalistas de que una gran parte de la matemática es un juego puramente formal. En efecto, muchas preguntas de la matemática pura han surgido de lo que, a primera vista, pueden parecer ideas fantasiosas. ¿Qué pasaría si ese axioma se reemplazara por su negación? ¿O si uno transformara este signo de "más" en un signo de "menos"? ¿O si de pronto fuera posible extraer la raíz cuadrada de un número negativo? ¿O si hubiera enteros más grandes que todos los otros?

Y, sin embargo, no creo que toda la matemática pueda reducirse de este modo a una exploración de las consecuencias de elecciones formales y arbitrarias. Aunque la posición formalista puede dar cuenta de la evolución reciente de la matemática pura, no me parece que explique adecuadamente sus orígenes. Si la matemática no es más que un juego formal, ¿cómo es que se centra en categorías específicas y universales de la mente humana como números, conjuntos y cantidades continuas? ¿Por qué los matemáticos estiman que las leyes de la aritmética son más fundamentales que las reglas del ajedrez? ¿Por qué Peano hizo esfuerzos tan grandes por proponer unos pocos axiomas bien seleccionados en lugar de una serie de definiciones desordenadas? ¿Por qué el propio Hilbert escogió sólo un subconjunto restringido de razonamientos numéricos elementales para que funcionaran como una base tentativa para el resto de la matemática? Y, por sobre todas las cosas, ¿por qué la matemática se aplica de forma tan eficaz para caracterizar fenómenos de la física?

Considero que lo que hace la mayoría de los matemáticos no es manejar símbolos de acuerdo con reglas puramente arbitrarias. Por el contrario, intentan capturar en sus teoremas determinadas intuiciones numéricas, geométricas y lógicas. De manera que una tercera categoría de matemáticos es la de los "intuicionistas" o "constructivistas", que creen que los objetos matemáticos no son más que construcciones de la mente humana.[47] Desde su punto de vista, la matemática no existe en el mundo exterior, sino sólo en el cerebro del matemático que la inventa. Ni la aritmética, ni la geometría, ni la lógica preceden a la aparición de la especie humana. Hasta sería concebible que otra especie desarrollara una matemática radicalmente diferente, como han sugerido Poincaré o Delbrück. Los objetos matemáticos son categorías fundamentales, a priori, del pensamiento humano que el matemático refina y formaliza. La estructura de nuestra mente nos fuerza, en particular, a subdividir el mundo en objetos discretos; este es el origen de nuestras nociones intuitivas de los conjuntos y del número.

Los fundadores del intuicionismo han puesto el acento sobre la naturaleza primitiva e irreductible de la intuición numérica. Poincaré hablaba sobre "esta intuición del número puro, la única intuición que no puede engañarnos", y proclamaba, con seguridad, que "los únicos objetos naturales del pensamiento matemático son los enteros". Para Dedekind, también, el número era una "emanación inmediata de las puras leyes del pensamiento".

---

47 Un análisis lúcido de las concepciones intuicionistas y constructivistas de la epistemología de la matemática figura en Poincaré (1907) y Kitcher (1984).

Como demuestra el historiador de la matemática Morris Kline, las raíces del intuicionismo se remontan a Descartes, Pascal, y, por supuesto, a Kant. Si bien Descartes defendía el cuestionamiento sistemático de las propias creencias, no llegaba hasta desafiar la obviedad de la matemática. En sus *Meditaciones metafísicas*, confesaba que

> había contado en el número de las verdades más patentes aquellas que concebía con claridad y distinción tocantes a las figuras, los números y demás cosas atinentes a la aritmética y la geometría.

Pascal extendió aún más esa perspectiva:

> Nuestro conocimiento de los primeros principios, como el espacio, el tiempo, el movimiento, el número, es tan cierto como cualquier conocimiento que obtengamos a través del razonamiento. De hecho, este conocimiento provisto por nuestros corazones y nuestro instinto es necesariamente la base sobre la que nuestro razonamiento tiene que construir sus conclusiones.

Por último, para Kant, el número pertenecía a las categorías sintéticas *a priori* de la mente. De modo más general, este filósofo afirmaba que "la verdad fundamental de la matemática se encuentra en la posibilidad de que sus conceptos sean construidos por la mente humana".

Entre las teorías disponibles sobre la naturaleza de la matemática, en mi opinión, el intuicionismo ofrece la mejor explicación de las relaciones entre la aritmética y el cerebro humano. Los descubrimientos de los últimos años en la psicología de la aritmética han traído nuevos argumentos para avalar la perspectiva intuicionista que ni Kant ni Poincaré podrían haber conocido. Estos resultados empíricos tienden a confirmar el postulado de Poincaré de que el número pertenece a los "objetos naturales del pensamiento", las categorías innatas de acuerdo con las cuales aprehendemos el mundo. De hecho, ¿qué nos revelaron los capítulos precedentes acerca de este sentido numérico natural?

- Que el bebé humano nace con mecanismos innatos para individualizar objetos y para extraer la numerosidad de pequeños conjuntos.
- Que este "sentido numérico" también está presente en los animales y, por lo tanto, es independiente del lenguaje y tiene una historia evolutiva larga.

- Que en los niños la estimación numérica, la comparación, el conteo, las sumas y restas simples, todas estas operaciones emergen de forma espontánea sin demasiada instrucción explícita.
- Que la región parietal inferior de ambos hemisferios cerebrales alberga circuitos neuronales dedicados a la manipulación mental de las cantidades numéricas.

De manera que la intuición acerca de los números está anclada en la profundidad de nuestro cerebro. El número parece ser una de las dimensiones fundamentales a partir de las cuales nuestro sistema nervioso interpreta el mundo externo. Del mismo modo en que no podemos evitar ver los objetos en color (un atributo completamente construido por los circuitos de nuestra corteza occipital, incluida el área V4) y en localizaciones definidas del espacio (una representación reconstruida por vías occipitoparietales de proyección neuronal), las cantidades numéricas se nos imponen sin esfuerzo a través de los circuitos especializados de nuestro lóbulo parietal inferior. La estructura de nuestro cerebro define los atributos del entorno que estamos en condiciones de atender, en la medida en que determina categorías de acuerdo con las cuales aprehendemos el mundo, y sobre las cuales fundamos la matemática.

La construcción y la selección de la matemática

Si bien los resultados empíricos de la neuropsicología parecen avalar el intuicionismo con argumentos similares a los invocados por Poincaré, esta posición debería disociarse claramente de una forma extrema de intuicionismo: el constructivismo defendido ardientemente por el matemático neerlandés Luitzen Brower. En su afán por fundar la matemática sobre puras intuiciones, Brower fue demasiado lejos, según muchos de sus colegas. Rechazó determinados principios lógicos que solían utilizarse en las demostraciones matemáticas, pero que según él no se ajustaban a ninguna intuición simple. En especial, llegó a rechazar, por motivos que no se pueden explicar de forma completa aquí, la aplicación a conjuntos infinitos de la ley del medio excluido, un principio de la lógica clásica de apariencia muy inocente, que sostiene que cualquier afirmación matemática significativa es o bien verdadera o bien falsa. El rechazo de ese postulado llevó al desarrollo de una nueva rama de la matemática llamada "constructivista".

Definitivamente, no depende de mí decidir si es la matemática clásica o es la constructivista de Brower la que provee los caminos más coherentes y productivos para la investigación. En última instancia, la decisión corresponde a la comunidad matemática, y los psicólogos deben limitarse al rol de observadores. De todos modos, en mi opinión, ambas teorías son compatibles con la hipótesis más amplia de que la matemática consiste en la formalización y el gradual refinamiento de nuestras intuiciones fundamentales. Como humanos, nacemos con múltiples intuiciones en lo que se refiere a los números, los conjuntos, las cantidades continuas, la iteración, la lógica y la geometría del espacio. Los matemáticos luchan por formalizar estas intuiciones y convertirlas en sistemas de axiomas coherentes desde el punto de vista lógico, pero no hay garantía alguna de que esto llegue a ser posible. En verdad, los módulos cerebrales que subyacen a nuestras intuiciones han sido moldeados de forma independiente por la evolución, con mayor interés por su eficiencia en el mundo real antes que por su coherencia global. Tal vez por esto los matemáticos no coinciden respecto de las intuiciones que adoptan como axiomas y las que dejan de lado. La matemática clásica está basada en una intuición de la dicotomía entre la verdad y la falsedad (y, en este sentido –como notó Brower–, en efecto corre el riesgo de excederse en nuestras intuiciones acerca de los conjuntos finitos e infinitos). Brower, al contrario, adopta la primacía de las construcciones finitas o de los razonamientos como principio fundamental. En última instancia, y a pesar de que muchas veces se la llama "intuicionismo", es claro que su versión de la matemática no es más intuitiva que otras, sólo está basada en un conjunto de intuiciones parcialmente distinto.

En este marco, entonces, resta explicar cómo, sobre la base de las categorías innatas de su intuición, los matemáticos elaboran construcciones cada vez más abstractas. En línea con el neurobiólogo francés Jean-Pierre Changeux (Changeux y Connes, 1995), me gustaría sugerir que en la matemática está en funcionamiento un proceso evolutivo de construcción seguido de selección. La evolución de la matemática es un hecho histórico bien probado. La matemática no es un cuerpo rígido de conocimiento. Sus objetos y hasta sus modos de razonamiento han evolucionado en el transcurso de muchas generaciones. La estructura de la matemática se ha construido por medio de la prueba y el error. A veces los andamiajes más altos están a punto de derrumbarse, y a menudo la reconstrucción sigue a la demolición, en un ciclo sin fin. Las bases de cualquier construcción matemática están asentadas en intuiciones fundamentales, como las nociones de conjunto, número, espacio, tiempo o lógica. Estas últimas casi nunca se cuestionan, dado que pertenecen a las representaciones más profundas e irreductibles elaboradas por nuestro cerebro. La matemática se puede caracterizar como la formalización progresiva de estas intuiciones. Su objetivo es hacerlas más coherentes, mutuamente compatibles, y adaptadas a nuestra experiencia del mundo exterior.

Varios criterios parecen regir la selección de objetos matemáticos y su transmisión a las generaciones futuras. En la matemática pura, la no contradicción, pero también la elegancia y la simplicidad son las propiedades centrales que garantizan la preservación de una construcción matemática. En matemática aplicada, se agrega un criterio importante: la adecuación de los constructos matemáticos al mundo físico. Año tras año, se localizan y se eliminan inexorablemente las construcciones matemáticas autocontradictorias, torpes o inútiles. Sólo las más fuertes resisten la prueba del tiempo.

Ya hemos visto por primera vez un ejemplo de cómo se produce la selección en matemática en el capítulo 4, cuando analizamos la evolución de las notaciones numéricas. Nuestros ancestros remotos probablemente nombraran sólo los números 1, 2 y 3. Más tarde surgió una serie de inventos: la numeración a través del señalamiento del cuerpo, los nombres de números hasta el diez y finalmente una compleja sintaxis numérica basada en reglas de suma y multiplicación; y en la escritura, la notación basada en marcas, la numeración aditiva y luego la notación posicional en base 10. Cada paso fue el hito de una mejora pequeña pero consistente, para que los números se volvieran más legibles, más compactos y más expresivos.

Se podría escribir una historia evolutiva similar para el *continuum* de los números reales. En tiempos de Pitágoras, sólo los enteros y las proporciones de dos enteros se consideraban números. Luego llegó el increíble descubrimiento de la inconmensurabilidad de la diagonal del cuadrado: $\sqrt{2}$ no se puede expresar como la proporción de dos enteros. Pronto se construyó una infinidad de cantidades irracionales de este tipo. Durante más de veinte siglos, los matemáticos lucharon por encontrar una formalización adecuada para ellos. Hubo pasos en falso –los infinitesimales–, soluciones aparentes, que en realidad estaban llenas de contradicciones, y varios regresos al punto de partida. Por último, hace sólo un siglo, el trabajo de Dedekind comenzó a proveer una definición satisfactoria del conjunto de los números reales.

De acuerdo con el punto de vista evolucionista que postulo, la matemática es una construcción humana y, en consecuencia, una tentativa necesariamente imperfecta y revisable. Esta conclusión puede parecer sorprendente debido al aura de pureza que rodea a la matemática, con tanta frecuencia proclamada como el "templo del rigor". Los matemáticos mismos se maravillan con la potencia de su disciplina, y está bien que así sea. ¿Pero no tendemos todos a olvidarnos de que fueron necesarios cinco milenios de esfuerzos para que viera la luz?

Muchas veces la matemática es considerada la única ciencia acumulativa: una vez obtenidos, sus resultados nunca se cuestionan o se revisan. Sin embargo, una mirada a viejos libros de matemática provee muchos contraejemplos para esta perspectiva. Volúmenes monumentales se han vuelto obsoletos con el advenimiento de métodos generales para resolver ecuaciones polinómicas de segundo, tercero y cuarto grado. Una demostración que una vez resultó válida puede ser juzgada inadecuada o directamente falsa por la siguiente generación de matemáticos. ¿No es sorprendente, por ejemplo, que la suma infinita $1 - 1 + 1 - 1 + 1\ldots$, alternando infinitamente la suma y resta de 1, haya paralizado a los matemáticos por más de un siglo? Hoy en día, cualquier estudiante universitario puede probar que esta suma no tiene ningún valor significativo (oscila entre 0 y 1). Sin embargo, en 1713, ¡un matemático tan talentoso como Leibniz *probó* –de forma incorrecta, claro– que esta suma infinita era igual a $1/2$!

Si les parece difícil creer que un razonamiento defectuoso pueda esconderse durante décadas para las mejores mentes, tómense el tiempo de pensar el problema ilustrado en la figura 9.1. ¡Se *prueba*, en unos pocos pasos, que dos líneas cualesquiera se encuentran en un ángulo recto! La demostración es errónea, por supuesto, pero el error es tan sutil que puede buscarse durante varias horas sin tener éxito. ¿Qué decir, entonces, de recientes demostraciones que a veces cubren cientos de páginas en las revistas científicas de matemática? Las academias en todo el mundo han recibido docenas de falsas demostraciones del último teorema de Fermat; hasta la primera prueba convincente encontrada por Andrew Wiles contenía una afirmación incorrecta cuya rectificación le llevó casi un año de esfuerzo. ¿Y qué debemos pensar de las demostraciones más nuevas, que requieren que una computadora realice una evaluación exhaustiva de miles de millones de combinaciones? Algunos matemáticos objetan esta práctica, porque temen que no tengamos prueba de que el programa de computadora no contiene errores. Hasta el día de hoy, entonces, la estructura de la matemática no se encuentra completamente estabilizada. No tenemos garantías de que algunas de sus piezas, como la suma infinita de Leibniz, no serán arrojadas a la basura dentro de unas pocas generaciones.

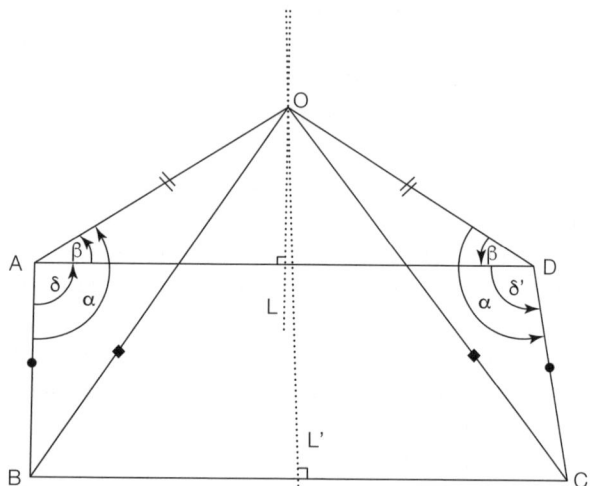

Figura 9.1. El cerebro humano está poco adaptado a las largas cadenas de pasos lógicos necesarios para las demostraciones matemáticas. En la prueba que sigue, aunque cada paso parezca correcto, la conclusión final es obviamente errónea, ¡dado que afirma que cualquier ángulo es un ángulo recto! ¿Pueden encontrar el error?

Demostración: sea ABCD un cuadrilátero con dos lados iguales AB y CD y con un ángulo recto δ = ∠BAD. El ángulo δ' = ∠ADC es arbitrario; sin embargo, vamos a probar que siempre es igual al ángulo recto δ.
Dibujen L, la mediatriz de AD y L', la mediatriz de BC. Llamen "O" a la intersección de L y L'.
Por hipótesis, O es equidistante de A y de D (OA = OD), y también de B y de C (OB = OC). Dado que AB = CD, los triángulos OAB y ODC tienen lados iguales; luego, son semejantes. Dado que sus ángulos son iguales:

$$\angle BAO = \angle ODC = \alpha$$

Dado que OAD es un triángulo isósceles,

$$\angle DAO = \angle ODA = \beta$$

Por consiguiente,

$$\delta = \angle BAD = \angle BAO - \angle DAO = \alpha - \beta$$

y

$$\delta' = \angle ADC = \angle ODC - \angle ODA = \alpha - \beta$$

lo que implica que δ = δ'. *Quod erat demonstrandum*, como solemos señalar en nuestro trabajo con teoremas.
¿Dónde está el error? La respuesta está en el apéndice de p. 389 de este libro.

Nadie puede negar que la matemática es una actividad extraordinariamente difícil. He atribuido esta dificultad a la arquitectura del cerebro humano, que no está bien adaptado para las largas cadenas de operaciones simbólicas. Cuando éramos niños, ya nos encontrábamos con severas dificultades para aprender las tablas de multiplicar o los algoritmos de cálculo de varias cifras. Las imágenes de la actividad cerebral que se produce cuando una persona realiza restas repetidas del dígito 3 muestran una activación bilateral intensa de los lóbulos parietal y frontal. Si una operación tan elemental como la resta ya pone en funcionamiento nuestra red neuronal hasta tal punto, ¡es fácil imaginar la concentración y el nivel de experticia necesarios para demostrar una conjetura matemática novedosa y verdaderamente difícil! Así, no causa gran sorpresa que tan a menudo el error y la imprecisión arruinen las construcciones matemáticas. Sólo la actividad colectiva de decenas de miles de matemáticos, acumulada y refinada a lo largo de los siglos, puede explicar su éxito actual. Esta conclusión fue capturada acertadamente por el matemático francés Évariste Galois: "[Esta] ciencia es la obra de la mente humana, que está destinada más a estudiar que a saber, y a buscar la verdad más que a encontrarla".

La efectividad irracional de la matemática

Afirmar que la aritmética es el producto de la mente humana no implica sostener que sea arbitraria y que, en algún otro planeta, podríamos haber nacido con la idea de que $1 + 1 = 3$. A lo largo de la evolución filogenética, así como durante el desarrollo neural en la niñez, la evolución ha actuado a través de la selección para asegurar que el cerebro construya representaciones internas que estén adaptadas al mundo exterior. La aritmética es una adaptación de este tipo. En nuestra escala, el mundo está construido en su mayor parte a partir de objetos separables que se combinan en conjuntos de acuerdo con la conocida ecuación $1 + 1 = 2$. Y eso motivó que la evolución haya anclado esta regla en nuestros genes. ¡Tal vez nuestra aritmética habría sido radicalmente diferente si, como querubines, hubiéramos evolucionado en los cielos, donde una nube más otra sigue siendo una sola nube!

La evolución de la matemática provee algunas ideas acerca de lo que todavía se destaca como uno de sus más grandes misterios: su habilidad para representar el mundo físico con una precisión notable; en 1921, Einstein se preguntó: "¿Cómo es posible que la matemática, un producto del pensamiento humano que es independiente de la experiencia, encaje tan bien con los objetos de la realidad física?". El físico Eugene Wigner (1960) hablaba de la "irracional efectividad de la matemática en las ciencias naturales". En verdad, los conceptos matemáticos y las observaciones físicas a veces parecen encajar con tanta precisión como las piezas de un rompecabezas. Adviertan que Kepler y Newton describen que los cuerpos sujetos a la gravedad siguen trayectorias regulares en forma de elipses, parábolas e hipérbolas, las mismas curvas de acuerdo con las cuales los matemáticos griegos, dos milenios antes, clasificaban las varias intersecciones de un plano y un cono. Adviertan que las ecuaciones de la mecánica cuántica predicen la masa del electrón hasta el enésimo decimal. Adviertan que la curva con forma de campana de Gauss encaja, prácticamente a la perfección, con la distribución observada de la radiación fósil originada con el *big bang*.

La efectividad de la matemática plantea un problema fundamental para la mayoría de los matemáticos. Desde su perspectiva, el mundo abstracto de la matemática no tendría que ajustarse de modo tan exacto al mundo concreto de la física porque se supone que son independientes. Perciben la aplicabilidad de la matemática como un misterio indescifrable, que lleva a algunos de ellos al misticismo. Para Wigner, "el *milagro* de lo apropiado de la lengua de la matemática para la formulación de las leyes de la física es un *magnífico don* que ni comprendemos ni merecemos". De acuerdo con Kepler, "el objeto principal de toda la investigación sobre el mundo exterior debería ser descubrir su orden y su armonía racional, que fueron *dispuestos por Dios* y que él nos *reveló* en la lengua de la matemática". O prestemos atención a Cantor: "La más alta perfección de Dios yace en la habilidad para crear un conjunto infinito, y su *inmensa bondad* lo lleva a crearlo". Por su parte, Ramanujan sigue los mismos caminos: "Una ecuación, para mí, no tiene significado a menos que exprese un *pensamiento de Dios*" [en todas estas citas, el destacado me pertenece]. Estas afirmaciones no son sólo reliquias del misticismo del siglo XIX. Una versión del principio antrópico, recientemente adoptado por famosos astrofísicos contemporáneos, afirma que el universo fue creado por medio de un diseño según el cual los humanos emergerían de él al final y serían capaces de comprenderlo.

¿El universo fue diseñado intencionadamente de acuerdo con leyes matemáticas? Sería tonto creer que puedo resolver este problema que claramente le compete a la metafísica, y al cual el mismo Einstein veía como el misterio principal del universo. Sin embargo, por lo menos uno puede preguntarse por qué científicos eminentes sienten la necesidad de afirmar, en el mismo contenido de su investigación, su fe en un diseño universal y su sumisión a entidades no observables, sin importar si las llaman "Dios" o "las leyes matemáticas del universo". En biología, la revolución darwiniana nos enseñó que el descubrimiento de estructuras organizadas que parecen diseñadas para un propósito claro no señala necesariamente las obras de un Gran Arquitecto. El ojo humano, que parece un milagro de la organización, es el resultado de millones de años de mutaciones ciegas ordenadas por la selección natural. El mensaje central de Darwin es que, cada vez que vemos evidencias de un diseño en un órgano como el ojo, tenemos que preguntarnos si alguna vez existió un diseñador o si por sí sola la selección pudo darle esa forma en el curso de la evolución.

La evolución de la matemática es un hecho. Los historiadores de la ciencia han registrado su lento ascenso, a través de prueba y error, a una mayor eficiencia. Puede no ser necesario, entonces, postular que el universo fue diseñado para conformar a las leyes matemáticas. En lugar de ello, ¿no fueron nuestras leyes matemáticas, y los principios de organización de nuestro cerebro antes que ellas, los seleccionados para encajar con precisión en la estructura del universo? El milagro de la efectividad de la matemática, tan apreciado por Wigner, podría entonces explicarse si se tiene presente la evolución selectiva, del mismo modo que el milagro de la adaptación del ojo a la vista. Si la matemática de nuestros días es eficiente, tal vez sea porque la matemática ineficiente de ayer se ha eliminado y reemplazado inexorablemente.

La matemática pura parece plantear un problema en verdad más serio para la perspectiva evolutiva que defiendo. Los matemáticos declaran que siguen algunas cuestiones matemáticas sólo por su perfección, sin aplicaciones a la vista. Sin embargo, décadas más tarde se revela que sus descubrimientos encajan a la perfección con algún problema hasta entonces insospechado de la física. ¿Cómo se puede explicar la extraordinaria adecuación de los productos más puros de la mente humana a la realidad física? En un marco evolucionista, tal vez la matemática pura se debería comparar con un diamante en bruto, material crudo que todavía no se ha sometido a la prueba de selección. Los matemáticos generan una enorme cantidad de matemática pura. Solo una pequeña parte de ella será útil alguna vez para la física. Así, existe una sobreproducción de soluciones matemáticas de las que los físicos seleccionan aquellas que parecen mejor adaptadas a su disciplina, un proceso no muy diferente del modelo darwiniano de las mutaciones al azar seguidas por la selección. Tal vez con este argumento parecerá menos milagroso que, entre la amplia variedad de modelos disponibles, algunos terminen encajando perfectamente con el mundo físico.

En última instancia, el tema de la efectividad irracional de la matemática pierde buena parte de su velo de misterio cuando uno tiene en mente que los modelos matemáticos pocas veces están de acuerdo *exactamente* con la realidad física. Mal que le pese a Kepler, los planetas no trazan elipses. La Tierra tal vez seguiría una trayectoria elíptica exacta si estuviera sola en el sistema solar, si fuera una esfera perfecta, si no intercambiara energía con el Sol, etc. En la práctica, sin embargo, todos los planetas siguen trayectorias caóticas que apenas se parecen a elipses y resultan imposibles de calcular con precisión más allá de un límite de varios miles de años. Todas las "leyes" de la física que imponemos con arrogancia al universo parecen estar condenadas a no ser más que modelos parciales, representaciones mentales aproximadas que mejoramos sin cesar. En mi opinión, es probable que nunca se alcance la "teoría del todo", el sueño actual de los físicos.

La hipótesis de una adaptación parcial de las teorías matemáticas a las regularidades del mundo físico tal vez pueda proveer algunas bases para encontrar una reconciliación entre los platónicos y los intuicionistas. El platonismo hace un hallazgo de innegable verdad cuando pone el énfasis en que la realidad física está organizada de acuerdo con estructuras que preceden a la mente humana. Sin embargo, no diría que esta organización es de naturaleza matemática. Más bien, es el cerebro humano el que la traduce a la matemática. La estructura de un cristal de sal es tan clara que no podemos evitar percibirla con seis facetas. Sin duda, existía mucho antes de que los humanos comenzaran a vagar por la tierra; sin embargo, solo los cerebros humanos parecen capaces de discriminar el conjunto de facetas, percibir su numerosidad como 6, y relacionar ese número con otros en una teoría coherente de la aritmética. Los números, como otros objetos matemáticos, son construcciones mentales cuyas raíces se deben encontrar en la adaptación del cerebro humano a las regularidades del universo.

Hay un instrumento que los científicos utilizan con tanta regularidad que a veces se olvidan de que existe: su propio cerebro. El cerebro no es una máquina lógica, universal y óptima. Mientras la evolución lo ha dotado de una sensibilidad especial a determinados parámetros útiles para la ciencia, como el número, también lo ha vuelto particularmente impaciente e ineficiente en series de cálculos lógicos y largos. Lo ha inclinado, por último, a proyectar sobre los fenómenos físicos un marco antropocéntrico que hace que todos veamos evidencias de diseño donde sólo suceden la evolución y el azar. ¿El universo realmente está "escrito en lengua matemática", como decía Galileo? Me inclino a pensar, más bien, que este es el único lenguaje con el que podemos intentar leerlo.

PARTE IV
La ciencia contemporánea del número y el cerebro

10. El sentido numérico, quince años después

Han pasado quince años desde que propuse mi hipótesis del *sentido numérico*, la peculiar idea de que debemos nuestras intuiciones matemáticas a una capacidad heredada que compartimos con otros animales, concretamente, la percepción rápida de cantidades aproximadas de objetos. ¿Cómo se sostiene una idea tan disparatada luego de quince años de un intenso escrutinio? Sorprendentemente bien, diría. El sentido numérico es reconocido hoy como uno de los dominios más importantes de la capacidad humana y animal, y sus mecanismos cerebrales vienen siendo estudiados de manera constante y con un nivel de detalle cada vez mayor. En este epílogo, señalaré algunos de los descubrimientos más fascinantes en este campo que crece con velocidad.

Para una demostración simple, miren la cruz situada en el centro de la figura 10.1, que muestra un conjunto de cien puntos a la izquierda y diez a la derecha. Esperen treinta segundos, vayan a la figura de la página siguiente y miren la cruz otra vez. Deberían experimentar una ilusión numérica fuerte: la imagen de la derecha de esta segunda ilustración también parecerá tener más puntos que la de la izquierda. Luego de unos instantes, la ilusión desaparecerá y surgirá la verdad: ¡ambos lados presentan exactamente el mismo dibujo de cuarenta puntos! Esta ilusión resiste todo tipo de manipulaciones de tamaño, densidad, forma o color de los puntos: sólo parece importar su número. Este es un ejemplo perfecto del sentido numérico. La percepción del número se impone de forma inmediata, automática y sin control consciente: incluso cuando *sabemos* que los números son iguales, nuestros ojos, o mejor, nuestro cerebro, nos dicen lo contrario. En palabras de David Burr y John Ross, que descubrieron esta ilusión: "Del mismo modo en que tenemos una sensación visual directa del color rojo en media docena de cerezas maduras, también tenemos un sentido de su condición de seis".

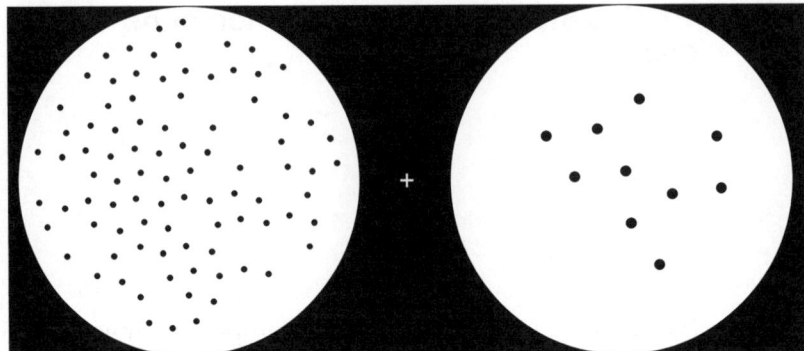

Figura 10.1. Una ilusión numérica revela la potencia y la automaticidad del sentido numérico. Primero, miren la cruz del centro durante treinta segundos. Luego, den vuelta la página y miren otra vez, intentando decidir cuál de los dos conjuntos es más grande. Cuando se exponen a la primera ilustración, su sentido numérico se adapta a una cantidad grande a la izquierda y a una cantidad pequeña a la derecha, lo que causa un sesgo erróneo en la dirección opuesta para la segunda ilustración (tomada de Burr y otros, 2008).

Pero ¿qué sabemos acerca de los circuitos cerebrales que subyacen a esta percepción del número?

Números en el cerebro

El capítulo 8 de este libro tiene por tema excluyente las técnicas de neuroimágenes que existían en 1997. "Quédense conectados", escribí en aquel momento, "porque los próximos diez años de investigación sobre el cerebro muy probablemente nos entregarán muchos más vistazos emocionantes acerca del órgano especial que nos hace humanos". Es sorprendente, en retrospectiva, observar lo rudimentarias que eran estas técnicas en la década de 1990. De hecho, uno de los avances más importantes de los últimos quince años ha sido la proliferación de investigaciones en neuroimágenes humanas, utilizando técnicas cada vez más sofisticadas. La resonancia magnética funcional (o fMRI) se ha vuelto el método preponderante. Brinda imágenes de la actividad cerebral en una escala milimétrica. Se pueden tomar imágenes del cerebro completo en funcionamiento repetidas veces, cada uno o dos segundos. Por eso, veinte segundos de información obtenidos de este modo son equivalentes a los resultados de un experimento de tres horas realizado mediante la tomografía por emisión de positrones (o PET), y además, sin tener que inyectar una sustancia extraña en el flujo sanguíneo del participante, porque las imágenes utilizan únicamente la omnipresente molécula de hemoglobina. La sensibilidad de la resonancia magnética también es notable. Por ejemplo, si monitoreamos la actividad de la corteza motora de una persona, podemos saber qué botón se ha presionado, en cualquier ensayo, con una precisión del 95% (Dehaene, Le Clec'H y otros, 1998). Así, no causa sorpresa que en pocos años se hayan publicado decenas de miles de experimentos, incluidos cientos acerca de los mecanismos cerebrales de la aritmética.

Los resultados de todos estos experimentos confirman que hay una franja estrecha y específica de la corteza que realiza un aporte especial al procesamiento numérico (Dehaene, Piazza, Pinel y Cohen, 2003). Se encuentra en la profundidad de un espacio localizado en la parte posterior del cerebro –en los lóbulos parietales izquierdo y derecho, como puede verse en la figura 10.2– y se lo conoce como "surco intraparietal"; pero mis colegas y yo lo llamamos "región 'hIPS'", debido a las iniciales de "parte horizontal del surco intraparietal" en inglés. Se activa sistemáticamente en todos los sujetos que hemos estudiado alguna vez mediante neuroimágenes, siempre que les solicitamos que presten atención a un número. El cálculo mental es la mejor forma de activar esta región; por ejemplo, si pedimos a una persona que reste al número 13 los diferentes dígitos que aparecen en una pantalla (Chochon, Cohen, Van de Moortele y Dehaene, 1999, Simon, Mangin, Cohen, Le Bihan y Dehaene, 2002). Sin embargo, realmente no hace falta poner en marcha una aritmética tan compleja. Si la persona simplemente presta atención a una secuencia de letras, colores y dígitos y se le pide que busque elementos específicos (por ejemplo, el color rojo, la letra A y el dígito 1), la hIPS se activa cada vez que aparece un número (Eger, Sterzer, Russ, Giraud y Kleinschmidt, 2003); en cambio, no reacciona si el estímulo es una letra o un cuadrado de color. Así pues, su asociación con el sentido numérico es muy cercana: parece que no podemos pensar en un número sin poner en funcionamiento esta área cerebral.

Hay muchos indicios de que esta región en efecto está íntimamente involucrada en la cantidad, por oposición a otros aspectos del número. En primer lugar, responde a todas las modalidades de presentación: ya sea que la persona esté mirando un conjunto de puntos, como hicieron ustedes, o un símbolo, como el número arábigo 3, o bien la palabra escrita o hablada "tres". Este criterio simple ubica la hIPS en lo que los neurocientíficos llaman sectores de la corteza "plurimodales" o "amodales": regiones cerebrales que, a diferencia de las áreas sensoriales, no están ligadas a una modalidad sensorial específica, como la vista o el tacto, sino

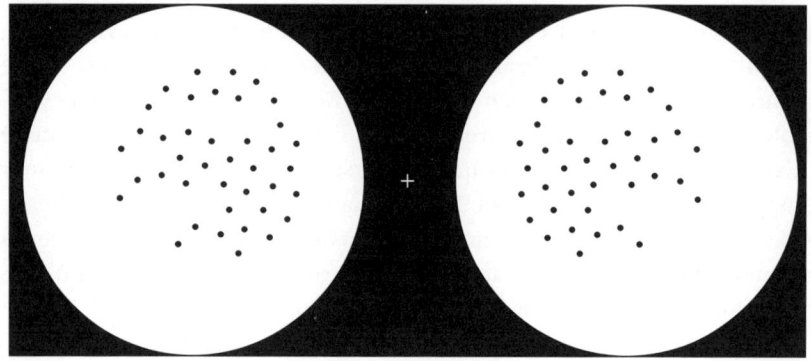

Figura 10.1 [Continuación]

que yacen en el punto de encuentro de muchas rutas de entrada y procesan información de naturaleza más abstracta. Si una región cerebral debe codificar un concepto abstracto, que no esté vinculado a sensaciones específicas, es fundamental que responda a todas las modalidades de estimulación por las cuales puede comunicarse ese concepto.

En verdad, un segundo criterio confirma que la hIPS está involucrada exclusivamente con el concepto del número: su activación no cambia si los números son hablados o escritos, pero varía conforme los números son pequeños o grandes, cercanos o distantes. Piensen, por ejemplo, en la tarea de comparación de números. En ella hay que decidir si un número-blanco, como el 59, es más pequeño o más grande que determinada referencia, por ejemplo, 65. Como expliqué en el capítulo 3, nuestras respuestas en esta tarea dependen enteramente de la proximidad de las cantidades. Tal como hemos mostrado, somos mucho más rápidos cuando la distancia numérica es grande, por ejemplo, cuando comparamos 19 y 65, que cuando es pequeña, como en la comparación de 59 con 65. Sorprendentemente, la región hIPS muestra el mismo efecto de distancia: su grado de activación varía de forma monótona según la distancia entre los números. La activación es baja cuando la distancia es grande y la comparación es fácil, y aumenta de forma gradual a medida que la distancia se reduce (Pinel y otros, 2001).[48] La

48 Del mismo modo, aumentar el tamaño de los números involucrados en una tarea de cálculo hace que la activación del hIPS aumente en paralelo con los tiempos de cálculo (véase, por ejemplo, Stanescu-Cosson y otros, 2000).

región hIPS continúa codificando la distancia numérica incluso cuando los números se presentan utilizando complicadas palabras escritas, por ejemplo, "cuarenta y siete" frente a "sesenta y uno". A esta región parece no afectarle la especificidad de la información de entrada, sino sólo el concepto de cantidad.

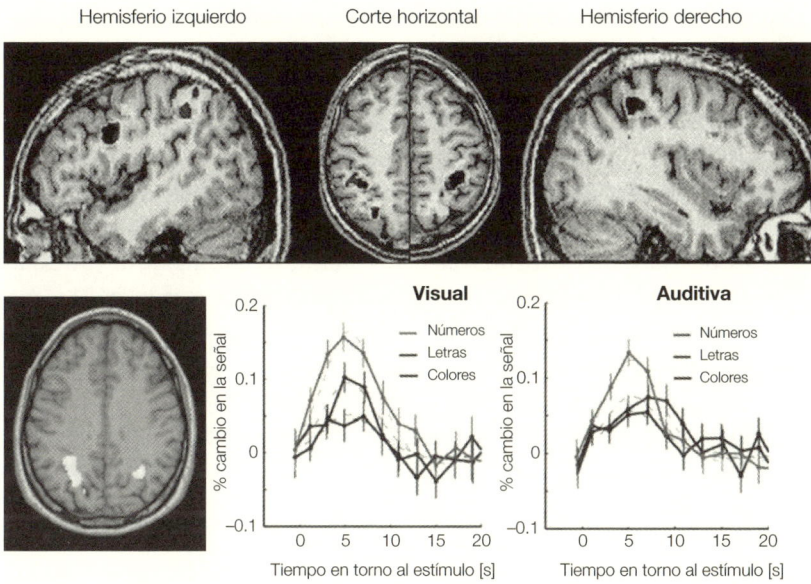

Figura 10.2. Localización de la región parietal para el sentido numérico. La fila de arriba muestra cortes de un cerebro humano. Las regiones bilaterales que se muestran en negro en el corte del medio pertenecen a la hIPS (segmento horizontal del surco intraparietal), el lugar que se activa en varias tareas aritméticas, como la comparación de números, la suma, la resta o la aproximación. Las imágenes de abajo muestran que la detección de sólo un número es suficiente para activar esta región; como indica la curva, ya sea que se los presente de forma visual o auditiva, los números la activan mucho más que las letras o los colores.

En 1999, con mis colegas publicamos un artículo en la revista *Science* que propuso una contundente demostración del modo en que el lóbulo parietal focaliza la cantidad (Dehaene y otros, 1999). Comenzamos con la idea simple de que algunos cálculos aritméticos precisan que se piense específicamente acerca de las cantidades, mientras que otros sólo requieren que se recuerden de memoria datos aritméticos. Por ejemplo, la mayoría de nosotros tiene almacenada una "tabla mental" de datos de multiplicación; en cambio, de algún modo tenemos que calcular la respuesta para una resta de dos dígitos, porque no la sabemos de memoria. Incluso *dentro* de la misma operación, como la suma, podemos adoptar una de dos actitudes: o tratamos de recuperar el resultado desde la memoria verbal, o intentamos calcularlo multiplicando cantidades. Piensen, por ejemplo, en la ecuación $15 + 24 = 99$: su sentido de las magnitudes, que se involucra de inmediato, les permite darse cuenta de que la ecuación es falsa, mucho antes de que puedan decidir si el resultado correcto es 39 o 49, utilizando el cálculo exacto y su memoria verbal de datos aritméticos almacenados. Se sigue una predicción muy simple: si se le pide a una persona que compute una suma exacta, se observará activación en áreas vinculadas con las tareas seriales y esforzadas, y con la memoria verbal; pero si se le solicita a esa persona que realice una aproximación, observaremos una activación mayor en las regiones parietales izquierda y derecha que codifican la cantidad (hIPS). Cuando monitoreamos la activación cerebral con la fMRI y con electroencefalografía (potenciales relacionados con eventos), nuestros resultados coincidían muy bien con esta predicción sencilla. Cuando se les da a las personas una suma exacta con la opción de dos respuestas muy cercanas (por ejemplo, ¿$4 + 5 = 7$ o 9?), hay mayor activación en las regiones del hemisferio izquierdo que se encuentran involucradas en el procesamiento del lenguaje; mientras que, en la condición de aproximación, donde ambas opciones son incorrectas pero una es más cercana (por ejemplo, ¿$4 + 5 =$ cerca de 8 o cerca de 3?), nuestra área predilecta, la hIPS, está notablemente más activa.

Por supuesto, la diferencia es de grados. Ambos conjuntos de regiones colaboran sistemáticamente cuando hacemos cuentas, pero la presencia de la hIPS es más evidente cuando se vuelve necesario el procesamiento de cantidades. En particular, el entrenamiento cambia el equilibrio entre áreas cerebrales. Cuando se nos pide por primera vez que calculemos operaciones aritméticas complicadas, como $23 + 39$, la hIPS está al máximo de su activación. Poco a poco, a medida que la repetición almacena los datos en nuestra memoria, la actividad cerebral disminuye en la hIPS y aumenta en las regiones del hemisferio izquierdo que procesan lenguaje, particularmente en una región llamada "giro angular" (Delazer y otros, 2003, Ischebeck y otros, 2006). En conjunto, estos resultados se ajustan bien a la noción de la existencia de dos sistemas para el procesamiento del número: una representación central de las magnitudes, asociada con la región intraparietal de ambos hemisferios, presente en todas las culturas y tipos de educación; y un circuito del hemisferio izquierdo distinto, asociado con estrategias específicas de la lengua y la educación para almacenar y recuperar datos aritméticos.

La interconexión entre la hIPS y la región del hemisferio izquierdo dedicada al lenguaje es tan eficiente que, siempre que vemos un dígito o una palabra que hace referencia a un número, nuestro cerebro la convierte rápidamente en el código parietal de cantidad. Esta conversión ocurre incluso de forma inconsciente (Dehaene, Naccache y otros, 1998, Naccache y Dehaene, 2001a, 2001b, Reynvoet y Ratinckx, 2004). En el capítulo 3, describí el ingenioso diseño de los psicólogos cognitivos que permite hacer invisibles las palabras, enmascarándolas con cadenas de letras al azar o asteriscos. De este modo, se puede proyectar un número en una pantalla durante no más de un veinteavo de segundo sin que el sujeto se dé cuenta: todo lo que ve son los caracteres intermitentes. A pesar de esto, el cerebro de la persona registra claramente la palabra escondida, computa su significado y lo representa en la hIPS. Más sorprendente aún resulta que, cuando se le pregunta si otro número visible, que sigue inmediatamente al invisible, es más grande o más pequeño que 5, las imágenes cerebrales revelan que el número escondido tiene una influencia sobre la respuesta. ¡El sujeto no sabe de qué número se trataba, pero su cerebro tiene la información de si era más grande o más pequeño que 5! Hasta su corteza motora se comporta como si estuviera calculando cómo debería haber respondido al estímulo-blanco invisible.

Una pregunta fundamental, sin embargo, es si alguna parte de la región hIPS está verdaderamente dedicada al número. ¿La región hIPS se comporta, como propone Brian Butterworth (1999), como un "módulo del número" especializado cuyas neuronas no se ocupan de otra cosa más que de la aritmética? En efecto, a veces el cerebro dedica toda una parte de la corteza a una función muy precisa e importante, por ejemplo, al reconocimiento de rostros (Tsao, Freiwald, Tootell y Livingstone, 2006). Sin embargo, respecto del número, la respuesta es más compleja. Algunos de los circuitos neuronales de la hIPS se encargan específicamente del número, pero están entremezclados con neuronas que se enfocan a otros parámetros, como la localización o el tamaño de los objetos (Pinel y otros, 2004, Tudusciuc y Nieder, 2007). Tenemos que enfrentar esta realidad compleja: el cerebro humano no es ni un "papel en blanco" isotrópico cuyas regiones son todas equivalentes, ni tampoco una prolija disposición de módulos altamente especializados y bien separados.

Muchos experimentos prueban que la hIPS claramente no es una región genérica que se activa cuando alguien piensa en un concepto abstracto o realiza cualquier tipo de operación de comparación. Este punto fue precisado por el psicólogo belga Marc Thioux (Thioux, Pesenti, Costes, De Volder y Seron, 2005). Utilizó un diseño ingenioso en el cual se tomaban neuroimágenes de los participantes mientras realizaban tareas de comparación y clasificación del mismo tipo, pero a veces con números y a veces con nombres de animales. Por ejemplo, durante la comparación, tenían que decidir si cada animal que se presentaba era más o menos feroz que un perro, y esto se contrastaba más tarde con la decisión de si cada número era más grande o más pequeño que 5. En la tarea de clasificación, los sujetos debían juzgar si un número era impar o par, o si un animal era un mamífero o no. Por último, en el caso más sencillo, se les pedía que decidieran si el número estaba escrito en minúsculas o mayúsculas. En todos los casos, la hIPS se activaba cuando la persona veía un número, pero no reaccionaba para el nombre de un animal. Esta región se activa de forma manifiesta con la dimensión abstracta de la cantidad, pero no con la noción igualmente conceptual de ferocidad. Es más, esta conclusión es totalmente convergente con los estudios realizados en pacientes con daño cerebral, que indican que el conocimiento de los animales y el aritmético pueden disociarse por completo a partir de una lesión cerebral (Cappelletti, Butterworth y Kopelman, 2001, Lemer y otros, 2003), de modo tal que se pierde el acceso a uno de ellos, mientras que el otro se mantiene indemne. Los pacientes que sufren de Alzheimer pueden tener una demencia severa, hasta el punto de no saber cuál es la diferencia entre un perro y una jirafa y, sin embargo, tener un desempeño destacado con los números. A la inversa, los pacientes con acalculia, con frecuencia ocasionada por una lesión cerebral en la región hIPS o muy cerca de ella, pueden perder toda comprensión del número y, sin embargo, seguir siendo perfectamente racionales con otras categorías de palabras. Entonces, no hay dudas de que el cerebro trata al número como una categoría específica del conocimiento, que requiere su propio aparato neurológico en el lóbulo parietal.

Números en el espacio y el tiempo

Cuando se trata de distinciones más sutiles, como el número frente al largo, el espacio o el tiempo, la especificidad de la hIPS desaparece. Ninguna parte de la hIPS parece estar involucrada sólo en los cálculos numéricos. Sabemos esto a partir de experimentos en los que se les pidió a las personas que compararan no sólo números, sino también otras dimensiones sensoriales continuas, como el tamaño físico, la localización, el ángulo o la luminosidad (Fias, Lammertyn, Reynvoet, Dupont y Orban, 2003, Pinel y otros, 2004, Cohen Kadosh y otros, 2005, Kaufmann y otros, 2005, Cohen Kadosh y Henik, 2006b, Zago y otros, 2008). En este caso, las activaciones no se separan de manera neta en grupos correspondientes a distintas regiones, específicas para cada parámetro, sino que en gran medida se superponen a lo largo de todo el surco intraparietal. Esta superposición es particularmente marcada respecto del número y la localización y del número y el tamaño; en efecto, los niños y hasta los adultos con frecuencia confunden estas dimensiones. Recuerden que examinamos las interacciones entre número y tamaño en el capítulo 3; pueden probar su habilidad para esto decidiendo cuál de estos números es el más grande del par:

$$2 \, _o \, _4$$

$$_9 \, _o \, 5$$

$$5 \, _o \, _6$$

¿Notaron que eran anormalmente lentos y hasta cometían errores al realizar esta tarea simple? Estas observaciones son un testimonio directo del hecho de que el tamaño físico y la magnitud numérica se superponen en su cerebro (Pinel y otros, 2004). El tamaño, la localización y el número se procesan, todos, en una región similar de la corteza parietal. También hay una superposición considerable entre las activaciones inducidas por las comparaciones de números y letras (Fias, Lammertyn, Caessens y Orban, 2007), probablemente porque las letras y los números comparten principios de orden y temporalidad, por lo menos cuando los recitamos en un orden fijo. Los conceptos de letra y número son disociables –no utilizan exactamente las mismas neuronas (Facoetti y otros, 2009)– pero están tan entremezclados que crean interferencia en nuestras mentes.

En síntesis, una región específica del parietal está activa cuando operamos con la aritmética, pero el concepto de número se vincula de forma muy cercana a los de espacio y tiempo en esta área del cerebro. Las neuronas encargadas de estas dimensiones están entremezcladas dentro de las mismas áreas cerebrales. Es más, no forman un conjunto prolijo y ajustado o un "módulo", sino que parecen encontrarse ampliamente distribuidas en varios centímetros de corteza. Lejos de ser un problema, o incluso una sorpresa, este descubrimiento ayuda a explicar una gran cantidad de observaciones realizadas acerca del sentido numérico; por ejemplo, el hecho de que utilicemos palabras espaciales para hablar de números que están "cerca" o "lejos" el uno del otro. Los pacientes con lesiones parietales muchas veces sufren de una pérdida simultánea del número y de otros conceptos temporales o categorías ordenadas, como los días de la semana (¡un paciente nombró 1 como lunes y 2 como martes!). Otros pacientes que sufrían de negligencia espacial –incapacidad para prestar atención al lado izquierdo del espacio, típicamente debida a una lesión en el hemisferio derecho– exhiben un deterioro atencional que se extiende a la representación espacial de los números. Una evaluación estándar de su déficit consiste en pedirles que señalen la mitad de un segmento horizontal: como "desatienden" el lado izquierdo, el punto medio que perciben generalmente está alejado hacia la derecha. Sorprendentemente, lo mismo ocurre con los números: cuando se les pide a los pacientes que sufren de negligencia que reporten la mitad de un intervalo numérico, por ejemplo, "¿Qué hay entre 11 y 19?", responden con un número excesivamente grande como 17 o 18; o, en los casos más severos, con un número fuera del intervalo original, como 23 (Zorzi, Priftis y Umilta, 2002). Sus respuestas parecen absurdas. Sólo se pueden comprender si tenemos en mente que, durante una tarea de bisección, utilizamos nuestra atención espacial para explorar mentalmente la recta numérica. Los pacientes cuyo sistema de atención espacial está dañado merodean al azar por este espacio interno.

Los últimos quince años han producido un frenesí de demostraciones de cómo el número, el espacio y el tiempo interactúan en el cerebro, de maneras más diversas que las que alguna vez imaginé (Hubbard y otros, 2005). Los niños y hasta los bebés de 8 meses de edad aparentemente ya pueden hacer asociaciones entre estas dimensiones (De Hevia y Spelke, 2009, 2010, Lourenco y Longo, 2010). Uno de los descubrimientos más notables es que pensar acerca de un número afecta el modo en que distribuimos la atención en el espacio (Fischer, Castel, Dodd y Pratt, 2003). Para comprobar esto en el laboratorio, primero se debe mostrar un número en el centro de una pantalla e inmediatamente después presentar un pequeño punto a la izquierda o a la derecha. Si bien el número parecería ser totalmente irrelevante para la tarea, el tiempo que lleva detectar el punto depende del tamaño del número: un número grande atrae la atención a la derecha y acelera la detección en esa parte del espacio, mientras que uno pequeño atrae la atención a la izquierda. Esta es una buena variación de la asociación espacial-numérica de códigos de respuesta, o efecto SNARC, que describí en el capítulo 3, y que muestra una relación consistente entre los conceptos de número y espacio.

En efecto, de unos años a esta parte se han identificado fuertes vínculos entre el tiempo, el espacio y el número en innumerables experimentos. Por ejemplo, pueden comprobar que luego de ver un número grande, si tienen que hacer un movimiento de la mano, esta se inclinará hacia la derecha (Song y Nakayama, 2008). Si tienen que tomar un objeto, sus dedos se abrirán hasta un tamaño apenas más grande que el necesario (Lindemann, Abolafia, Giraldi y Bekkering, 2007). Si tienen que juzgar la duración temporal, un número más grande parece durar por más tiempo en la pantalla que uno más pequeño (Dormal, Seron y Pesenti, 2006). La asociación también funciona en la dirección inversa. Si usted le pide a alguien que genere números al azar, podrá adivinar el tamaño aproximado de sus respuestas mirando sus movimientos oculares: a menudo, antes de generar un número grande, sus ojos se moverán hacia la derecha y arriba, mientras que irán hacia la izquierda y abajo cuando piensen en un número pequeño (Loetscher, Bockish, Nicholls y Brugger, 2010).

¿Cómo se explica esta peculiar asociación entre el tamaño del número y la dirección de la mirada y la atención? Nuestra investigación por medio de neuroimágenes ha revelado que proviene de un "derrame" sistemático de actividad neural en el lóbulo parietal (Hubbard y otros, 2005, Knops, Thirion, Hubbard, Michel y Dehaene, 2009, Ranzini, Dehaene, Piazza y Hubbard, 2009). Cuando evocamos una representación mental de alguna magnitud numérica, la activación cerebral comienza en la hIPS, pero también se expande a regiones cercanas que codifican la localización, el tamaño y el tiempo. Como resultado, cuando vemos un número, nuestra percepción del espacio, y hasta nuestros movimientos de la mano y de los ojos, se ven afectados por las estimaciones algo tendenciosas que hacemos de estos parámetros.

Como ejemplo, con mi alumno posdoctoral André Knops describimos hace algún tiempo cómo el cálculo mental crea una comunicación cruzada entre el área numérica y el área de los movimientos oculares, ambas del lóbulo parietal (Knops, Thirion y otros, 2009, Knops, Viarouge y Dehaene, 2009). En primer lugar, identificamos las regiones de los movimientos oculares del cerebro simplemente pidiéndoles a los participantes que rotaran los ojos hacia la izquierda o hacia la derecha mientras se los registraba. Así, se identificaron dos regiones claramente definidas en la corteza parietal posterior izquierda y derecha. Con un mecanismo de aprendizaje automático, después mostramos que el estado de activación de estas regiones podía decirnos, con una precisión del 70%, hacia dónde se había movido el ojo en determinado ensayo. Esta es una forma de "lectura cerebral", que simplemente indica que en esta área se puede trazar un mapa de todas las direcciones posibles de nuestra mirada: si podemos ver dónde está ocurriendo la activación en el mapa, podemos determinar adónde moverá los ojos la persona. Sin embargo, en una continuación más creativa de este experimento, luego examinamos qué hacían estas áreas de movimientos oculares en un segundo bloque de ensayos, en el que las personas calculaban sumas y restas aproximadas. El resultado fue sorprendente: el patrón de actividad cerebral durante las sumas se parecía al de un movimiento ocular a la derecha. A la inversa, cuando nuestros participantes restaban números, el patrón correspondía al de un desplazamiento hacia la izquierda. Verificamos que los ojos no se estuvieran moviendo: entonces, ¿por qué estaban activas estas regiones? Cuando se calcula, por ejemplo, que 32 + 21 es aproximadamente 50, la atención interna se mueve del primer número, 32, al número mayor 50, que está del lado "derecho" de la recta numérica en nuestra cultura, que lee de izquierda a derecha. Del mismo modo, cuando se calcula 32 − 21, la atención se mueve hacia la "izquierda", al número más pequeño 11. Entonces, la suma mueve la atención hacia la derecha, y la resta hacia la izquierda, y podemos detectar estos cambios de atención ocultos monitoreando el estado de activación en el cerebro.

Si bien estos estudios son entretenidos, sus conclusiones también tienen un amplio alcance. Cuando pensamos en números, o hacemos cuentas, no dependemos sólo de un concepto puro, etéreo y abstracto del número. De inmediato, nuestro cerebro conecta el número abstracto con nociones concretas de tamaño, localización y tiempo. No hacemos cuentas "en abstracto". Más bien, para realizar tareas matemáticas utilizamos circuitos cerebrales que también sirven para guiar nuestras manos y nuestros ojos en el espacio; circuitos que están presentes en el cerebro del mono, y es claro que no evolucionaron para la matemática, sino que se han anticipado y se han puesto a funcionar en un dominio diferente. Esta es una ilustración perfecta del *principio de reciclaje neuronal*, que presenté en mi libro reciente, *El cerebro lector* (Dehaene, 2014). Mi planteo es que los inventos humanos más nuevos −incluidas las letras, así como los números y todos los conceptos de la matemática− tienen que encontrar su nicho en un cerebro humano que no evolucionó para albergarlos. Han tenido que meterse en el cerebro invadiendo territorios corticales dedicados a funciones de cierta afinidad. En el caso de la aritmética, comenzamos con un sentido del número aproximado que compartimos con otros animales, y que involucra los lóbulos parietales. A medida que nuestra aritmética se expande a funciones completamente novedosas y exclusivamente humanas, como la suma de dos dígitos, estos conceptos flamantes se pueden representar en el cerebro, por lo menos en parte, sólo porque algunas funciones ya existentes en la corteza cercana se *reciclan* para este nuevo uso. Así, la aritmética invade las áreas cercanas que codifican el espacio y los movimientos de los ojos.

Neuronas para números

> La matemática depende de determinadas intuiciones que pueden ser el producto de las características de nuestros órganos sensoriales, nuestro cerebro y el mundo externo.
> **Morris Kline, *Matemáticas, la pérdida de la certidumbre***

Si bien el conocimiento de las áreas cerebrales involucradas en la aritmética es esencial, apenas constituye un comienzo. Los métodos para tomar imágenes del cerebro humano todavía son demasiado elementales como para dar alguna indicación acerca de cómo se codifican las funciones matemáticas en el nivel de las neuronas individuales. Sin embargo, las neuronas son las principales unidades de cómputo de la corteza, y no podemos afirmar que comprendemos el funcionamiento de las operaciones aritméticas si no somos capaces de describir, paso a paso, cómo estas células asombrosamente complejas logran representar, por ejemplo, el hecho de que 2 es más pequeño que 3.

Cuando escribí la primera versión de este libro, allá por 1997, propuse un modelo muy específico: es probable que el lóbulo parietal contenga neuronas que responden a un número, es decir que están calibradas, o ajustadas de manera aproximada para cada número que llega. En aquel momento, puse énfasis en el carácter especulativo de esta propuesta. La única evidencia directa a su favor era el puñado de neuronas registradas por Richard Thompson en gatos anestesiados, descripto en un artículo publicado en la revista *Science* en 1970. Muchas otras especies animales, incluidos los monos macacos, claramente prestaban atención a los números que los rodeaban, por lo que mi modelo predecía que también ellos debían estar equipados con neuronas ajustadas al número, pero nadie las había visto nunca. Esta área parecía lista para dar lugar a intensas investigaciones, y mi conclusión fue la siguiente: "La última palabra de esta historia será de los neurofisiólogos que se atrevan a continuar la búsqueda de las bases neuronales de la aritmética animal utilizando herramientas modernas de recodificación de neuronas".

Desafortunadamente, la corteza del macaco también contiene varios miles de millones de neuronas. Para albergar siquiera una pequeña esperanza de registrar aquellas relevantes para el procesamiento del número, los electrofisiólogos necesitaban contar por lo menos con una idea, aunque fuera inexacta, de dónde colocar sus electrodos. Mis colegas y yo siempre pensamos que nuestros experimentos de imágenes cerebrales humanas podían desempeñar un papel importante aquí. Después de todo, el cerebro humano es un gran cerebro de primate –¡aunque con un par de características agregadas!– y, por lo tanto, su organización sin duda podía darnos indicaciones útiles para la investigación en animales. Nuestros estudios siempre señalaban la región hIPS, en la profundidad del área parietal, como un correlato sistemático de la aritmética humana. Entonces, parecía probable que la misma localización, llamada *surco intraparietal*, que también se encuentra en los monos, estuviera involucrada en el procesamiento del número en el cerebro de estos. En 2002, publicamos un estudio de neuroimágenes que hizo más precisa esta propuesta (Simon y otros, 2002, Simon y otros, 2004). Mostramos que el lóbulo parietal humano contiene un mapa geométrico sistemático de las habilidades numéricas y espaciales. En todos los cerebros humanos, la activación relacionada con los números siempre cae en la misma posición entre dos puntos de referencia. Delante de ella hay un área que se activa cuando tomamos objetos. Detrás, una región que se ocupa de los movimientos oculares. Resulta significativo que también en el cerebro del mono –mucho más pequeño– existen regiones involucradas en tomar objetos y en los movimientos oculares. En la parte frontal del surco intraparietal del mono hay neuronas que sólo se activan cuando este toma objetos de determinada forma; en la parte posterior, otras neuronas se encargan de aquello a lo que el mono está prestando atención y sobre lo cual planifica enfocar los ojos. No sabíamos con certeza si estas zonas en el cerebro del mono eran verdaderos precursores evolutivos de las áreas humanas; de hecho, su homología todavía es materia de debate, en parte porque el cerebro humano parece tener muchas más áreas de este tipo que el cerebro del mono. Sin embargo, si aceptamos una homología no tan precisa, nuestro mapa implicaba que las hipotéticas neuronas dedicadas al número en el cerebro del mono también podían estar ubicadas en un punto intermedio entre estos dos puntos. Esta inferencia nos llevó a esperar encontrarlas en el área del mono llamada "intraparietal ventral", o simplemente VIP, por su sigla inglesa, que se encuentra en la profundidad del surco intraparietal del mono.

¡Unos pocos meses más tarde de que diéramos a conocer por primera vez nuestra hipótesis, se demostró que, en efecto, esta región específica era un "lugar muy importante"![49] Dos grupos independientes de científicos finalmente habían identificado las neuronas para números cuya existencia y ubicación habíamos predicho (Nieder, Freedman y Miller, 2002, Sawamura, Shima y Tanji, 2002, Nieder y Miller, 2003, 2004).[50] Si bien estas células estaban desparramadas por todo el lóbulo parietal, se observaron en mayor cantidad en el lugar exacto donde nuestros estudios con humanos nos habían llevado a esperarlas: en las profundidades del surco intraparietal, dentro del área VIP, o muy cerca de ella. También se registraron neuronas de números en un área muy anterior del cerebro, la corteza prefrontal dorso-lateral. Estas neuronas, sin embargo, parecían ser algo diferentes: sus respuestas eran más lentas y reaccionaban con mayor fuerza en una etapa tardía, en la que los monos almacenaban el número en la memoria de trabajo. En efecto, la corteza prefrontal como un todo es un área mucho más genérica, que está activa siempre que mantenemos en mente una información por algunos segundos. Por eso, la concepción actual sostiene que las neuronas parietales son las unidades especializadas que constituyen el código numérico primario, y las neuronas más lentas de la corteza prefrontal simplemente almacenan esta información si se la debe recuperar en un momento ulterior.

Para probar que estas neuronas realmente codifican el número, Andreas Nieder y Earl Miller, que en aquel momento trabajaban en el MIT, entrenaron a un grupo de monos en una tarea numérica muy difícil, que requería que prestaran atención a la igualdad numérica. En cada ensayo, el mono primero veía un conjunto que contenía entre uno y cinco puntos, seguido por una pantalla en blanco. Sin embargo, sabía que pronto aparecería un segundo conjunto, y que debería decidir si el número de puntos era el mismo que en el conjunto anterior o no. El desempeño de los monos no dejaba ninguna duda de que comprendían la tarea: tenían un formidable éxito en este juicio de igual/diferente, y sólo cometían errores cuando los números estaban cerca el uno del otro (por ejemplo, 4 frente a 5). Además, efectivamente estaban prestando atención al número y no a otros parámetros, como el tamaño de los items.

---

49 Como es sabido, en inglés la sigla VIP significa *very important person*, "persona muy importante". Aquí se reemplaza la palabra *people* por *place*, que significa "lugar". [N. de T.]

50 Véanse revisiones en Nieder (2005) y Nieder y Dehaene (2009).

Los investigadores comprobaron esto último cambiando el resto de las características del estímulo, como el tamaño, el color o la disposición de los ítems. Era muy obvio que el comportamiento del mono no estaba vinculado a estos parámetros irrelevantes, y dependía únicamente de la distancia entre los dos números.

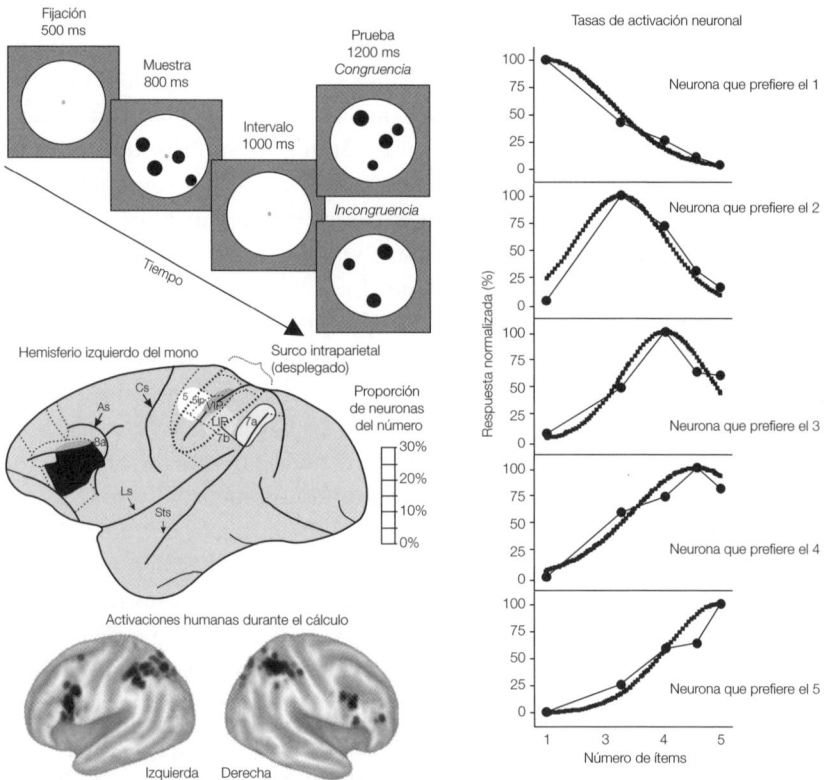

Figura 10.3. Neuronas de número en el cerebro del mono. Se entrenó al mono para que memorizara la numerosidad de un conjunto, y luego decidiera si coincidía con la numerosidad de un segundo conjunto. En la corteza prefrontal e intraparietal, una gran proporción de neuronas se ocupaba del número. Las curvas que representan el nivel de respuesta de las neuronas para cada conjunto de puntos, o curvas de ajuste, indican que cada neurona se activaba al máximo para un número específico de ítems (tomado de Nieder y otros, 2003, 2004).

Una vez determinado este comportamiento, Nieder y Miller comenzaron a registrar la actividad cerebral y muy rápidamente lograron identificar una fracción de las neuronas, cerca del 20% del lóbulo parietal, cuyo patrón de descarga reflejaba el número que se había presentado (véase figura 10.3). Cada una de ellas estaba ajustada para determinado número de objetos en el estímulo. Por ejemplo, un conjunto de neuronas se activaba al máximo cada vez que se presentaba un solo objeto; un número mayor de objetos en la escena sólo las hacía descargarse menos. Otro conjunto de neuronas alcanzaba su pico en el número 2; otras preferían los números 3, 4 o 5. En un trabajo reciente, Andreas Nieder ha encontrado incluso neuronas que se ocupan de números de las decenas del 20 y del 30 (Nieder y Merten, 2007). Como los mismos monos, estas neuronas sólo prestan atención a los números, y su comportamiento no varía en relación con las particularidades de lo que se les muestra. ¡Realmente parecen estar calibradas para los números!

A partir del modelo teórico que propuse con Jean-Pierre Changeux en 1993, y que se describe en el capítulo 1, teníamos expectativas muy precisas acerca de estas neuronas. No sólo debía haber un pico de descarga para un número determinado, sino que tendría que haber una curva con forma de campana alrededor del pico, lo que demostraría, de este modo, una preferencia para un rango aproximado de números. Es más, predijimos que el ancho de las curvas de campana sería el mismo para todas las neuronas, sin importar qué número prefirieran, una vez que se hubiera graficado la información en el eje "comprimido" apropiado para el número (desde un punto de vista matemático, debería ser un eje logarítmico). Esta propiedad significa, simplemente, que cada neurona responde a un porcentaje fijo de números alrededor de su valor preferido: se activa para todos los números que se encuentran dentro de un intervalo de, digamos, más o menos un 30% de su número favorito. Sorprendentemente, los datos de Andreas Nieder eran tan precisos que fue posible poner a prueba estas predicciones matemáticas con gran exactitud, y todos encajaban perfectamente con lo que esperábamos. Esto se puede observar en la figura 10.3. Las neuronas que se ocupan de los conjuntos de cuatro ítems, por ejemplo, también responden a tres o a cinco objetos, pero se activan mucho menos para un único objeto. Las características de las curvas de ajuste de las neuronas son exactamente las que deberían ser para explicar las confusiones numéricas de los monos (y las de los humanos también). Como se explicó en el capítulo 3, tendemos a confundir los números que representan cantidades similares, como el 4 y el 5. Es más, el rango en el cual ocurren estas confusiones aumenta con el número, de modo que se puede describir como un porcentaje fijo de incertidumbre alrededor de la media. Entonces, confundimos los números 4 y 5 aproximadamente al mismo nivel en que confundimos 40 y 50.

Las curvas de ajuste, es decir las curvas que muestran la tasa de respuesta de las neuronas de los monos de acuerdo con el número de ítems, tienen exactamente la misma métrica.

En conjunto, las neuronas del número forman lo que llamamos una "representación distribuida" o un "código de población" para números: cada número no se codifica con exactitud, por obra de unas pocas neuronas precisas, sino de forma aproximada, gracias a un conjunto de neuronas burdamente calibradas, con una imprecisión que aumenta con el número. El código neural identificado por Nieder y Miller en el mono macaco es justamente lo que esperaba según mi investigación conductual en humanos. En los últimos años, he desarrollado un modelo matemático para acortar la brecha entre las neuronas y el comportamiento (Dehaene, 2007).[51] A partir de la hipótesis de que tenemos neuronas que están ajustadas al número y de que nuestras decisiones se basan sobre inferencias óptimas de este código interno, mi modelo demuestra cómo podemos hacer una reconstrucción detallada de las características de los juicios numéricos humanos. Por ejemplo, en la medida en que los números se van acercando, nos volvemos cada vez más lentos y menos precisos en la comparación entre dos de ellos. La forma exacta de este "efecto de distancia" se puede derivar matemáticamente de las curvas de respuesta aproximadas de las neuronas. Con este tipo de leyes para vincular neuronas y comportamiento, la psicología está cada vez más cerca de ser una ciencia exacta.

Hasta el momento actual, no está claro cómo las neuronas parietales del número adquieren sus curvas de ajuste al número. Sin embargo, en 2007 se realizó un avance notable, cuando Michael Platt y sus colegas de la Universidad de Duke descubrieron un segundo tipo de código neural para el número (Roitman, Brannon y Platt, 2007). Estas neuronas están en otra región, llamada "LIP", justo detrás de la región VIP. Su comportamiento se diferencia del de las neuronas VIP descubiertas por Nieder y Miller de varias formas. En primer lugar, las neuronas LIP no están adaptadas al número. En cambio, su tasa de descarga varía de manera monótona, es decir, uniforme con el número. En algunas de ellas, la descarga aumenta de forma pronunciada con el número de objetos en el campo receptivo de la neurona, mientras que en otras tiene su pico máximo para un objeto y decrece progresivamente para números más grandes; pero en esta área no parecen encontrarse neuronas que tengan

---

51 Una propuesta afín aparece en Pearson y otros (2010).

un pico para números intermedios. Una segunda diferencia es que estas neuronas LIP tienen una visión limitada de la imagen de la retina (pequeños "campos receptivos"). No responden al número total de objetos en toda la escena, sino más bien al número local que se encuentra en determinada ventana.

¿Por qué dos códigos bastante distintos –células monótonas, o sea de respuesta gradual, frente a células calibradas, es decir que responden a un número en particular– coexisten en el mismo cerebro? Una posibilidad es que las células monótonas sean necesarias para calcular la representación de la célula calibrada. Esta hipótesis significaría que los códigos monótono y calibrado constituyen dos etapas distintas del cómputo de una representación estable del número. De hecho, un proceso de dos pasos de este tipo concuerda muy bien con el modelo inicial que planteamos con Jean-Pierre Changeux para las neuronas de número. Nuestras simulaciones informáticas comenzaban con neuronas que codificaban la localización de los objetos, sin importar su identidad ni su tamaño. Entonces, hacíamos que las células sumaran la activación de este trazado de localización de objetos; estas "neuronas de acumulación" producían una representación del número aproximado. Por último, estableciendo el umbral de esta activación en un nivel cada vez más alto, obteníamos un banco de "detectores de numerosidad": neuronas que estaban, cada una, ajustadas a una numerosidad específica. Los descubrimientos más recientes sugieren que estos dos pasos sucesivos en la extracción del número pueden corresponder a lo que las áreas LIP y VIP efectivamente hacen. Las neuronas de acumulación, con sus respuestas graduales al número, se corresponden bastante bien con las células LIP, mientras que las células VIP ajustadas a números específicos se corresponden exactamente a los detectores de numerosidad que postulamos. Es más, sabemos, a partir de la anatomía, que las neuronas LIP se proyectan directamente a las neuronas VIP. Por último, las neuronas de número LIP son sensibles a la localización (tienen "campos receptivos"), mientras que las VIP parecen responder a la numerosidad de toda una imagen, lo que resulta consistente con la hipótesis de que reciben información de todo un conjunto de neuronas LIP.

En resumen, los registros electrofisiológicos han aportado un apoyo notable a nuestro modelo teórico. Los monos claramente codifican el número usando poblaciones de neuronas, y bien podría ser que realizaran esto sumando las localizaciones ocupadas por objetos, y luego dedicando neuronas específicas a los valores individuales incluidos en la suma. Por plausible que parezca este modelo, hará falta un esfuerzo considerable para confirmar sus hipótesis clave. Un gran problema con la información actual es que ambos tipos de códigos numéricos (células monótonas o graduales y calibradas o ajustadas) se han encontrado, en diferentes laboratorios, en distintas áreas del cerebro, usando diferentes monos entrenados para realizar tareas diversas. Entonces, todavía resta ver si estos dos códigos realmente coexisten en los mismos animales. Resulta interesante, sin embargo, que el código numérico gradual descubierto en las neuronas LIP reúna todas las propiedades necesarias para dar cuenta de la ilusión visual con la que comencé este capítulo (Burr y Ross, 2008), donde nos adaptamos a un determinado número y luego percibimos otro como más pequeño o más grande de lo que en realidad es. Como las neuronas LIP, la adaptación es específica de una determinada localización en la retina (la figura 10.1 muestra que nos adaptamos de manera diferente a los números vistos a la izquierda o a la derecha). Es más, se extiende a lo largo de un amplio rango de números: la adaptación a doscientos puntos cambia nuestra percepción de cuarenta puntos. Esto sería imposible si la adaptación sólo se debiera a células ajustadas a esas cantidades específicas, pero tiene sentido si también se adapta un código monótono. Entonces, es probable que el cerebro humano también posea un código monótono para las magnitudes numéricas, además de neuronas ajustadas a números específicos.

Debo poner énfasis en el hecho de que estas conclusiones son meramente extrapolaciones basadas sobre la probable homología entre el cerebro del mono y el cerebro humano. Nadie ha visto realmente una neurona sola y ajustada al número en el cerebro humano, ¡por la muy buena razón de que no podemos encontrar voluntarios que quieran que se les inserten pequeños electrodos en su cerebro! Hay muy pocas condiciones en las que se realizan registros de una única neurona en el cerebro humano. Una de ellas se da cuando un paciente epiléptico es sometido a intervención quirúrgica. En este caso, en ocasiones los neurólogos necesitan implantar electrodos en la profundidad del cerebro para hallar la localización de la epilepsia. De este modo se ha registrado información preciosa de las neuronas humanas, ¡incluidas células fascinantes que descargan sólo cuando ven la Ópera de Sídney, o a la actriz de Hollywood Halle Berry![52] Lamentablemente para nosotros, la epilep-

---

52 El líder indiscutido en este campo es el neurocirujano Itzhak Fried, que desarrolló las técnicas para el registro de una única célula en humanos y, con varios colegas, las aplicó a muchas preguntas importantes en la neurociencia

sia afecta sobre todo el lóbulo temporal, y hay muchos menos registros del lóbulo parietal humano, donde se encuentran las neuronas para los números. Por tanto, hasta la actualidad, las neuronas humanas para los números todavía quedan por ser identificadas.

Como no existen registros directos, tuvimos que ser más creativos. Por supuesto, hay medios indirectos para identificar nuestras queridas neuronas de número. La fMRI no puede ver neuronas individuales, pero su señal realiza un barrido sobre varios miles de células y puede, por lo tanto, hasta cierto grado, reflejar su ajuste promedio. Un buen truco es examinar cómo se adapta la señal cuando el mismo ítem se repite una y otra vez.[53] Sabemos que, bajo condiciones de este tipo, las neuronas se habitúan: sus descargas disminuyen progresivamente con la repetición sucesiva, como si se aburrieran de ver el mismo estímulo innumerables veces. Como la mayoría de las neuronas muestra este tipo de habituación o adaptación, se vuelve una señal macroscópica que podemos registrar con imágenes cerebrales: literalmente, vemos que la señal de esta región cerebral disminuye con el tiempo. Por lo tanto, podemos evaluar si la señal se recupera cuando se presenta un nuevo ítem. Una recuperación de este tipo debe significar que este sector de la corteza contiene neuronas que distinguen el primer ítem del segundo.

Con mi colega Manuela Piazza decidimos aplicar al número este truco de la adaptación, con hermosos resultados (figura 10.4). Primero habituamos a un grupo de voluntarios humanos a una aburrida serie de imágenes en las que veían el mismo número repetido una y otra vez. Por ejemplo, en una serie veían casi siempre conjuntos de dieciséis círculos; su tamaño y disposición podía variar, pero el número y la forma siempre eran los mismos. En momentos específicos, sin embargo, introducíamos imágenes distintas, ya fuera con una nueva forma (triángulos) o con un nuevo número, que iba del 8 al 32. Exactamente como habíamos predicho, la corteza intraparietal reaccionó a la novedad numérica: su activa-

---

cognitiva humana. Veanse, por ejemplo, Quiroga, Reddy, Kreiman, Koch y Fried (2005), Quiroga, Mukamel, Isham, Malach y Fried (2008), Fisch y otros (2009).

53 La adaptación de la fMRI, también llamada "método de *priming*", se ha propuesto como un medio general para estudiar los códigos neurales en el cerebro humano. Véanse Grill-Spector y Malach (2001), Naccache y Dehaene (2001a), y para un artículo cauteloso véase también Sawamura, Orban y Vogels (2006).

ción apareció cada vez que el nuevo número estaba lo suficientemente alejado del viejo (figura 10.4).

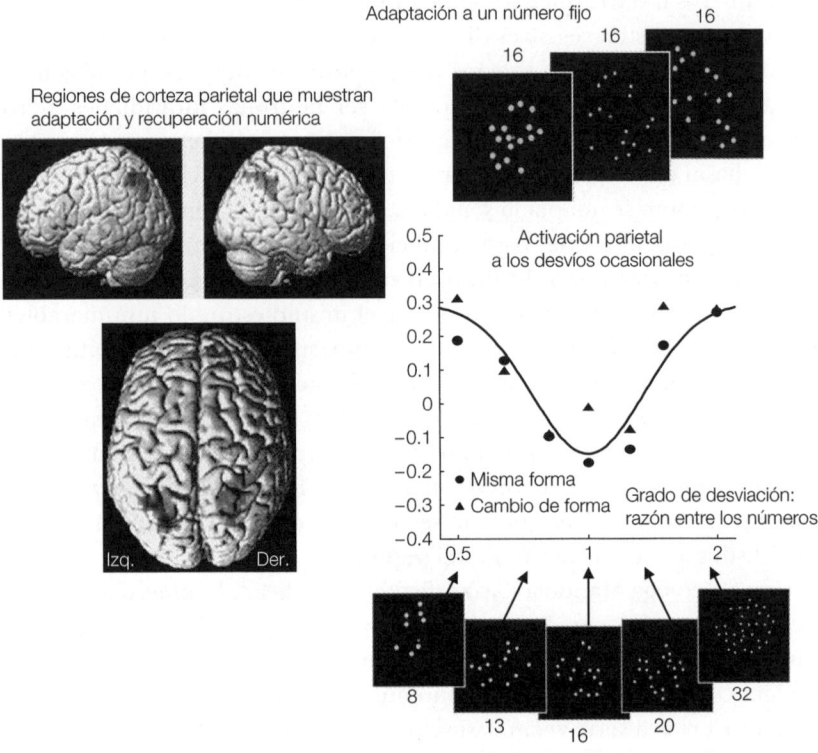

Figura 10.4. Evidencia de ajuste al número en el lóbulo parietal humano. Durante las imágenes cerebrales, a los participantes se los exponía repetidas veces al mismo número de objetos, lo que llevaba a una activación cerebral reducida frente a este número (adaptación). Cuando se presentaban ocasionalmente números nuevos, la activación se recuperaba en relación directa con la distancia de los números viejo y nuevo, y, de esta manera, trazaba una curva de respuesta que recuerda a las neuronas de números de los monos. Estas respuestas al cambio de número eran independientes de que se produjera un cambio de forma (tomado de Piazza y otros, 2004).

Esta respuesta numérica se encontró precisamente donde la esperábamos: en las orillas del surco intraparietal, bilateralmente –en ambos hemisferios–; en ningún otro lugar del cerebro. Las curvas también se mostraron exactamente como debían ser si esta región de la corteza contenía neuronas de números similares a las del mono: la corteza parietal parecía estar "calibrada" para el número que se repetía, y se recuperaba cuando se presentaba un nuevo número, con una función con forma de campana similar a la de las neuronas individuales. Es más, la corteza parietal no respondía a cualquier tipo de novedad. Cuando cambiábamos la forma, no ocurría nada en esta región, sino que reaccionaban otras áreas de la corteza visual y prefrontal. Así logramos probar que a la corteza parietal humana, al igual que a la del mono, no le incumbe la forma sino que está bien calibrada para los cambios en el número. Hoy no cabe duda de que nuestros cerebros humanos, como los de nuestros primos macacos, albergan mecanismos muy similares para extraer la magnitud numérica de un conjunto de objetos.

Números en bebés

Lo bueno de la técnica de adaptación es que no requiere ninguna instrucción compleja. No hay necesidad de cálculo o respuesta explícitos, ya que el participante de un experimento sencillamente tiene que mirar una serie de diapositivas. Este método, entonces, es ideal para el estudio de los cerebros de los niños pequeños, que todavía no pueden hacer cuentas mentales, pero es posible que ya tengan un sentido numérico. En efecto, la técnica de adaptación de neuroimágenes es casi idéntica al método de habituación conductual que se usa para demostrar una reacción de sorpresa a la novedad numérica en los bebés (Xu y Spelke, 2000). Incluso en las primeras semanas de vida, cuando los bebés ven un número constante de objetos repetidos, por ejemplo, ocho ítems, si la imagen cambia de ocho a dieciséis objetos, los bebés volverán a mirar la imagen durante más tiempo. Registrar esto en el nivel de la corteza tiene la ventaja adicional de permitirnos identificar qué áreas cerebrales están involucradas en este logro. ¿La corteza parietal ya es responsable del sentido numérico a esta edad temprana?

El primer experimento de adaptación al número realizado con niños fue llevado a cabo por Jessica Cantlon y sus colegas de la Universidad de Duke (Cantlon, Brannon, Carter y Pelphrey, 2006), no con bebés sino con chicos de 4 años de edad. Estos preescolares todavía no habían recibido ningún entrenamiento aritmético, pero su lóbulo parietal ya mostraba la misma reacción numérica que la observada en los adultos: un fuerte incremento de la activación siempre que el número que se había repetido se reemplazaba por uno nuevo. Esta respuesta era particularmente evidente en el hemisferio derecho. En efecto, hoy hay muchas señales de que la región parietal derecha puede ser funcional muy temprano en la vida, y estar en la base de la intuición no verbal del número de los niños antes de que estos reciban cualquier tipo de instrucción aritmética (Rivera, Reiss, Eckert y Menon, 2005, Ansari y Dhital, 2006, Pinel y Dehaene, 2009). Los resultados también mostraron que el cerebro del niño ya se encuentra organizado en vías específicas dedicadas al número y la forma: la corteza parietal reaccionaba frente a un cambio en la numerosidad del conjunto, pero no frente a las formas de los objetos del conjunto, mientras que la corteza visual ventral respondía al cambio en la forma y no al cambio de número.

Cuando se informaron estos sorprendentes resultados, con mis colegas Véronique Izard y Ghislaine Dehaene-Lambertz decidimos que era momento de probar este método con bebés muy pequeños (Izard, Dehaene-Lambertz y Dehaene, 2008).[54] Centramos nuestro trabajo en bebés de 3 meses de edad, cuya atención se puede comprometer de forma casi hipnótica utilizando estímulos visuales atractivos. Véronique diseñó conjuntos coloridos de animales y rostros que capturaban la atención de los bebés. No intentamos usar con ellos la fMRI, sino que utilizamos registros de sus ondas cerebrales colocando en sus cabezas una red equipada con esponjas húmedas que contenían pequeños electrodos. Como se esperaba, luego de la habituación a la presentación repetida de varias diapositivas que mostraban cuatro patos, vimos que los cerebros de los bebés reaccionaban eléctricamente en el momento en que aparecían ocho patos. Cerca de cuatrocientos milisegundos después de la aparición de esta nueva diapositiva, los potenciales cerebrales divergían. La respuesta era similar para diferentes rangos de números (2 frente a 3, 4 frente a 8 y 4 frente a 12), pero se producía una respuesta cerebral completamente diferente cuando se cambiaba la forma. Entonces, llegamos a la conclusión de que, incluso a los pocos meses, el cerebro ya está organizado de dos maneras distintas para la forma y para el número.

La identificación precisa de las regiones corticales involucradas fue difícil, por el notablemente complejo "problema inverso" de inferir la localización de la fuente dentro del cerebro a partir de una señal obtenida en el cuero cabelludo. Sin embargo, utilizamos un método avanzado que reconstruye una aproximación regular de la distribución completa de la actividad eléctrica sobre la superficie de la corteza, sobre la base de un

---

54 Hay otros resultados que indican una respuesta cerebral al número en niños y bebés: véanse Temple y Posner (1998), Berger, Tzur y Posner (2006).

modelo preciso de los pliegues corticales del niño. Felizmente, los resultados tenían sentido. Sugerían que la corteza parietal derecha responde a la novedad numérica, mientras que la corteza visual ventral izquierda reacciona a la novedad del objeto. Una vez más, esta distinción es similar a lo que se ha encontrado en adultos y en niños de 4 años. Parece que, desde el principio, incluso en los bebés, el número pertenece a los parámetros que la corteza parietal extrae rápidamente.

Véronique Izard perseveró en esta dirección y, observando sólo el comportamiento de los bebés, pudo probar que hasta los *recién nacidos* poseen un sentido numérico abstracto (Izard y otros, 2009). A alrededor de las 49 horas de nacidos, los bebés no podían, por supuesto, prestar atención mucho tiempo. Simplemente escuchaban una cadena del mismo número de sílabas por dos minutos, por ejemplo, cuatro: "tu-tu-tu-tu", "bi-bi-bi-bi", etc. Luego se les mostraban unas pocas imágenes de prueba con conjuntos de imágenes de colores brillantes, por ejemplo, doce patos amarillos. La mitad de las imágenes coincidía con el número que se había mostrado antes, mientras que el número de la otra mitad era por completo diferente. La estratagema de Véronique era usar números que fueran lo suficientemente lejanos (4 frente a 12) como para asegurarse de que hasta un sistema infantil muy inmaduro e impreciso pudiera detectar la diferencia. La reacción de los bebés indicaba con claridad que habían notado la relación numérica en el estímulo, a pesar de que hubiera un cambio radical en el modo de presentación.

Hasta el día de hoy, se han realizado muchos experimentos cuidadosos que demuestran sensibilidad al número en el primer año de vida.[55] Al final del siglo pasado, estos descubrimientos fueron discutidos en determinado momento, lo que creó alguna confusión. Una serie de estudios publicados que habían utilizado controles estrictos con el objetivo de separar la influencia de factores que no fueran específicamente numéricos no lograron replicar los descubrimientos anteriores, y se sugirió que el desempeño de los bebés no estaba regido por una representación de alto nivel, es decir del número abstracto, sino por algunos otros factores de bajo nivel que se solapaban en el experimento, como la cantidad total de color o la luminosidad (Mix, Levine y Huttenlocher, 1997, Simon, 1999, Xu y Spelke, 2000, Feigenson y otros, 2004). Por fortuna, este debate hoy está cerrado. Existen resultados recientes que indican que existe un

---

55 Véanse, por ejemplo, Feigenson y otros (2004), McCrink y Wynn (2004, 2007).

mayor desarrollo cognitivo en los bebés del que habíamos imaginado al principio: son capaces de prestar atención ya sea al número o a otros parámetros, como el tamaño, y aparentemente con distintos alcances según los detalles del diseño experimental. Así, por ejemplo, si todos los objetos de una pantalla son idénticos, los bebés pequeños se enfocan en su identidad en lugar de hacerlo en su número. Sin embargo, los niños prestarán atención a la numerosidad hasta en un rango de uno a tres ítems, en tanto los conjuntos estén formados por objetos muy diferentes, en vez de réplicas idénticas del mismo objeto (Feigenson, 2005). Actualmente, un trabajo de investigación extenso efectuado por Sara Cordes y Elizabeth Brannon en la Universidad de Duke sugiere que prestar atención al número es sólo una de las opciones disponibles para los bebés. Estas autoras llegan a sugerir incluso que los bebés están más preparados para percibir el número que para otros parámetros físicos, porque detectan cambios más sutiles en el número que, por ejemplo, en el tamaño de los objetos (Cordes y Brannon, 2008). Entonces, parecería que el número es uno de los atributos principales que nos permiten comprender el mundo exterior, ya desde el nacimiento.

La especial condición de los números 1, 2 y 3

> Un error puede volverse exacto, según se haya equivocado o no la persona que lo cometió.
> **Pierre Dac, humorista francés**

La mayor parte de la investigación reciente que he descripto hasta aquí apoya con fuerza la hipótesis del sentido numérico. Sin embargo, debo confesar que hay un punto en el que me equivoqué. En el capítulo 3, describí la "subitización", es decir, la notable capacidad que todos tenemos de identificar uno, dos o tres ítems en una sola mirada. Tenía razón al afirmar que todos podemos "subitizar" sin contar: toda una corriente de nuevas publicaciones ha confirmado este punto con variedad de métodos (Piazza y otros, 2003, Arp, Taranne y Fagard, 2006, Watson, Maylor y Bruce, 2007, Demeyere, Lestou y Humphreys, 2010, Maloney, Risko, Ansari y Fugelsang, 2010). Sin embargo, me equivoqué al sugerir que la subitización es esencialmente una forma de "aproximación precisa". Mi idea original era que, en el rango de los muy pequeños números 1, 2 y 3, las curvas de ajuste de las neuronas de número son lo suficientemente agudas como para codificar un valor preciso. Nuestras neuronas de número, entonces, aunque fueran aproximadas, serían lo suficientemente precisas como para diferenciar el 1 del 2 y el 2 del 3 en una mirada, con un 100% de precisión. Por fuera de este rango, este tipo de subitización sería imposible porque la gran superposición de activación neural evitaría la separación rápida de dos números consecutivos. En ese caso, si necesitáramos acceder a un número exacto, nos veríamos obligados a contar. De acuerdo con esta perspectiva, compartida en aquel momento por muchos otros científicos (Gallistel y Gelman, 1991, Cordes y otros, 2001), la subitización no es un proceso distinto, sino sólo el límite inferior de nuestro sistema de aproximación.

En 2008, en mi laboratorio, Susannah Revkin llevó a cabo un experimento que refutó esta seductora idea acerca de la subitización (Revkin y otros, 2008). Nuestra premisa era simple: si la mente humana está equipada con sólo un sistema de aproximación, con un porcentaje fijo de incertidumbre en todo el rango de números, entonces debería ser igualmente fácil distinguir números cualesquiera separados por la misma razón. Entonces, diferenciar el 1 del 2 debería ser tan fácil como distinguir el 10 del 20 o el 20 del 40. Para probar esta predicción, preparamos dos experimentos muy bien emparejados. El primero era una tarea de subitización clásica, en la que los participantes veían conjuntos que contenían entre 1 y 8 puntos y tenían que identificar su número lo más rápido posible. En el otro, se utilizarían conjuntos con factor 10. Dijimos a los participantes que sólo verían diez, veinte, treinta, cuarenta, cincuenta, sesenta, setenta u ochenta puntos, y nunca otras cantidades. Todo lo que tenían que hacer era indicar el número correspondiente a la decena, lo más rápido que pudieran. Les dimos entrenamiento extenso y les hicimos comentarios para asegurarnos de que comprendieran la tarea y se desempeñaran de forma óptima. Sin embargo, los resultados fueron claros: el desempeño con los números que expresaban decenas, como 10, 20 y 30, era notoriamente peor que el obtenido con números en el rango de subitización (1, 2 y 3). Nuestra hipótesis predecía que deberíamos ser excelentes para distinguir diez, veinte o treinta puntos; tan buenos, de hecho, como con los números 1, 2 y 3. En cambio, estas decenas en realidad no se procesaban mejor ni más rápido que 40 o 50. En todo el rango de números evaluado, sólo 1, 2 y 3 daban resultados diferentes de los otros: con estos pequeños números, las personas eran a veces hasta doscientos milisegundos más rápidas en la denominación, y también eran casi perfectamente precisas. Nuestros resultados no dejan ninguna duda de que existe un proceso distinto que se ocupa del rango de subitización de los números, una conclusión que también ha sido avalada por la investigación realizada por medio de neuroimágenes (Piazza y otros, 2003, Hyde y Spelke, 2009).

¿Por qué este punto es tan importante? Porque indica que nuestro sentido numérico es un mosaico de múltiples procesos centrales. El consenso actual es que no tenemos sólo uno, sino *dos* sistemas para representar un número de objetos sin contar (Feigenson, Carey y Hauser, 2002, Feigenson y otros, 2004). El sistema de números pequeños, llamado "de seguimiento de objetos", sólo representa conjuntos de uno, dos o tres ítems. Nos permite seguir sus trayectorias de forma bastante precisa y, por lo tanto, nos brinda un modelo mental exacto de lo que ocurre cuando un objeto se mueve dentro o fuera de un conjunto pequeño. Por otro lado, el sistema de aproximación puede representar cualquier número, grande o pequeño; nos permite compararlos o combinarlos en operaciones aproximadas.

La diferencia entre los dos sistemas numéricos reside en su capacidad para representar números grandes: el sistema de seguimiento de objetos fracasa cuando el número de objetos es mayor que tres o cuatro. Aunque resulte sorprendente, los números pequeños 1, 2 y 3 parecen ser representados mentalmente en simultáneo por ambos sistemas. Podemos subitizarlos, pero también aproximarlos y disponerlos en la localización apropiada en la recta numérica mental aproximada. Por tanto, no hay discontinuidad en nuestra representación mental, ninguna necesidad de "suturar" la recta numérica: el rango completo de números pequeños y grandes está representado en la recta numérica mental aproximada. Este rasgo puede explicar por qué los monos entrenados para ordenar conjuntos de acuerdo con su número, incluso cuando el entrenamiento está limitado a conjuntos de uno a cuatro ítems, inmediatamente generalizan el conocimiento a conjuntos más grandes de hasta nueve ítems (Brannon y Terrace, 1998, 2000). Con el sistema de aproximación, tenemos una intuición inmediata de la continuidad de los números. El sistema de números pequeños, por otro lado, nos permite hacer *zoom* para centrarnos en los números muy pequeños 1, 2 y 3 y obtener una comprensión exacta de su aritmética, de cómo estos números se cambian al sumar o restar un objeto.

La investigación llevada a cabo con niños pequeños indica que ambos sistemas numéricos ya se encuentran disponibles durante los primeros días de vida, y que su combinación puede tener un papel crucial en la adquisición de la aritmética. En efecto, algunas de las mejores evidencias de que existe un sistema distinto para números pequeños proceden de la investigación realizada en bebés. En muchos experimentos, los niños pequeños *sólo* tienen éxito cuando los números son lo suficientemente pequeños como para ser subitizados. Piensen, por ejemplo, en un experimento sencillo llevado a cabo por Lisa Feigenson y sus colegas, que en ese momento trabajaban en la Universidad de Nueva York (Feigenson, Carey y Hauser, 2002).[56] Primero se introducen en un escenario dos cajas vacías, y luego el bebé ve al investigador esconder dos galletitas en una caja (de a una por vez) y luego tres en la otra. Más tarde, se lo anima a que intente alcanzar una de las dos cajas. No resulta extraordinario que el bebé elija la caja que contiene un número más grande de galletitas más del 80% de las veces. Pero luego llega el descubrimiento sorprendente. En otra parte del experimento, se colocan dos galletitas en una caja y cuatro en la otra. Ahora el bebé falla rotundamente: su porcentaje de éxito es un magro 50%, esencialmente una elección al azar. ¿Por qué el niño tiene éxito en 2 frente a 3 y falla con 2 frente a 4, una diferencia más grande y aparentemente más obvia? La evidencia indica que los bebés también fallan en 1 frente a 4, 3 frente a 6 o prácticamente en cualquier experimento en el que uno de los números exceda el 3. La única explicación posible parece ser que más de cuatro eventos saturan la memoria del niño, hasta que colapsa. Tres galletitas ubicadas en una caja encajan con facilidad dentro del rango de subitización. Una galletita más es suficiente para exceder este límite, y los bebés repentinamente pierden la cuenta de cuántos ítems hay en la caja. Su sistema de aproximación parece no tener ninguna utilidad, porque las galletitas se introducen de a una por vez, y entonces el conjunto completo nunca se ve entero. La presentación secuencial impide el uso del sistema de aproximación, y deja al niño con un sentido limitado de los números 1, 2 y 3.

¿Cómo funciona la subitización?

Cómo funciona verdaderamente la subitización todavía es un poco misterioso. Sin embargo, una clave interesante es que, al contrario de lo que pensamos alguna vez, no resulta independiente de nuestra atención. Subjetivamente, la subitización parece ser automática: una única mirada a un conjunto parece ser suficiente para que reconozcamos sin esfuerzo que contiene uno, dos o tres objetos. Esto, no obstante, es una

---

56 Los monos se comportan exactamente del mismo modo: véanse Hauser, Carey y Hauser (2000), Hauser y Carey (2003).

ilusión (Railo, Koivisto, Revonsuo y Hannula, 2008, Trick, 2008, Vetter, Butterworth y Bahrami, 2008, 2010, Xu y Liu, 2008). Los conjuntos que se presentan cuando nuestra mente está temporariamente ocupada en otra cosa –por ejemplo, porque se nos pide que memoricemos una letra– ya no se perciben con precisión, incluso cuando sólo abarcan dos o tres ítems. Lejos de ser "preatencional" y de ocurrir sin esfuerzo, la subitización requiere atención. Podemos seleccionar un pequeño número de ítems, e incluso seguirlos a través del tiempo y el espacio, pero esto supone una carga para nuestra atención.

Entonces, ¿cómo funciona la subitización? La investigación actual sugiere que tenemos tres o cuatro espacios de memoria en los cuales podemos almacenar por un tiempo breve una especie de indicador que señala hacia cualquier representación mental (Vogel y Machizawa, 2004, Awh, Barton y Vogel, 2007, Feigenson, 2008, Zhang y Luck, 2008). Este almacén de la memoria se llama "memoria de trabajo", una reserva transitoria que mantiene los objetos del pensamiento activados por un breve lapso. La utilizamos, por ejemplo, para recordar qué formas aparecen en una tarjeta: tres o cuatro objetos se pueden almacenar con eficiencia en este archivo mental, cada uno con todas sus propiedades perceptuales. Cuando almacenamos información de este modo, también obtenemos "sin costo" adicional su número, porque el sistema codifica de manera implícita el número de espacios ocupados en un determinado momento. Para comprender esto, imaginen que tienen tres cajas de zapatos, una verde, una roja y una azul, que pueden usar en un orden fijo al guardar sus zapatillas de correr para un viaje. Como las cajas se usan en un orden fijo, un vistazo a sus colores les permite determinar el número de pares que se han llevado. Si se usa sólo la caja verde, significa que sólo se llevó un par; verde + rojo significa dos, y verde + rojo + azul significa tres. Un sistema de archivo de este tipo es una buena metáfora de cómo puede funcionar la subitización: cuando prestamos atención a los objetos, nuestro sistema perceptual inmediatamente ubica sus propiedades en los espacios disponibles de un dispositivo de seguimiento de objetos. Para subitizar, todo lo que tenemos que hacer es conectar los contenidos de este archivo mental con los nombres de los números 1, 2 o 3.

Lo singular acerca del código de subitización es que provee una cifra *discreta* para cada uno de los números pequeños 1, 2 y 3. El agregado de cada objeto abre un nuevo espacio en la memoria, una marca adicional en la mente, que claramente indica el movimiento a un nuevo número. Este principio de codificación es radicalmente diferente de la forma en que los números se codifican en la recta numérica mental aproximada.

Aquí, los números se representan mediante distribuciones de activación poco precisas, de modo tal que 7 y 8 se superponen, mientras que 2 y 8 se solapan mucho menos. No hay nada en el sistema numérico aproximado que sostenga un sistema de aritmética exacta con números discretos. En cambio, con el sistema de archivo de objetos podemos seguir cada objeto con precisión (siempre y cuando su número no pase de tres). El concepto de "número natural", el pilar de nuestro sistema aritmético, probablemente venga de nuestra notable capacidad para seguir pequeños números de objetos, combinada con nuestro sentido numérico intuitivo, que nos dice que cualquier conjunto, por grande que sea, tiene un número cardinal. De algún modo, alrededor de los 3 o 4 años de edad, estos dos sistemas se ensamblan. De repente, los niños infieren que un conjunto debe tener un número *preciso*, y que 13, entonces, es un concepto distinto, radicalmente diferente de sus vecinos 12 y 14. Esta revolución mental, exclusiva del *Homo sapiens,* es el primer paso en el camino a la matemática más compleja.

Números en la selva amazónica

> El conocimiento de las cosas matemáticas es casi innato para nosotros […] Esta es la ciencia más fácil, un hecho que es obvio en tanto ningún cerebro la rechaza; ya que los legos y las personas completamente analfabetas saben cómo contar y calcular.
> **Roger Bacon**

Todavía no conocemos con precisión qué ocurre en la mente del niño cuando de pronto comprende que hay una infinidad discreta de números exactos. Sin embargo, hoy sabemos que la transición no es automática ni se desencadena sola a partir de la maduración del cerebro humano. Se trata de un invento *cultural.* El gran matemático Leopold Kroenecker se equivocó cuando dijo: "Dios hizo los enteros; todo el resto es trabajo del hombre". Hasta los enteros son una construcción humana. Sólo existen en culturas que inventaron la noción de contar. La humanidad tenía que elaborar un sistema para contar formado por palabras que hicieran referencia a números antes de poder representar que 13 era diferente de 12.

Debemos nuestro conocimiento del carácter cultural de la aritmética exacta a la valentía de investigadores como los lingüistas Pierre Pica y Peter Gordon, quienes se tomaron el trabajo de viajar largas distancias para investigar la habilidad matemática de culturas remotas del Amazonas (Gordon, 2004, Pica y otros, 2004, Dehaene, Izard, Pica y Spelke, 2006, Dehaene, Izard, Spelke y Pica, 2008, Franks, 2008). Lo que observaron fue notable. Lejos de ser incompetentes, hasta las etnias que viven aisladas de nuestro mundo, sin educación formal ni vocabulario matemático, poseen un sentido refinado del número aproximado. Sin embargo, no parecen disponer de los enteros *exactos*.

He tenido la fortuna intelectual de trabajar durante los últimos diez años con Pierre Pica sobre el modo en que los mundurucus representan los números. He sido el proverbial científico de sillón de este proyecto. En realidad, nunca viajé al Amazonas; en cambio, cada año sin descanso Pierre Pica se adentró en la jungla, con una computadora portátil y sus baterías solares a mano, para poner a prueba la hipótesis que Véronique Izard, Elizabeth Spelke y yo habíamos concebido en París. Diseñamos animaciones de PowerPoint y programas de computadora que se pudieran enviar a la jungla y utilizar con personas que nunca habían visto una pantalla de computadora.

Los mundurucus nos resultan particularmente interesantes para evaluar nuestra teoría porque su lengua no tiene un sistema completo para contar. Sólo cuenta con unas pocas palabras que hacen referencia a números, que llegan hasta 5: *pũg* significa 1; *xep xep* es 2; *ebapũg*, 3; *ebadipdip*, 4, y *pũg põgbi*, que significa "una mano" o "un puñado", es 5. A partir de este punto, su sistema numérico esencialmente se reduce a "algunos" (*adesũ*) frente a "muchos" (*ade*). Sorprendentemente, estos números nunca se usan para contar: los mundurucus no suelen recitarlos a toda velocidad como lo haríamos nosotros ("unodostrescuatrocinco"), y normalmente no los hacen corresponder uno a uno con los objetos de un conjunto. Más bien, esas palabras parecen usarse como adjetivos para determinada cantidad, de un modo similar a como nosotros podemos decir que un conjunto parece tener "más o menos cinco" unidades o parece rondar "una docena". Uno de nuestros primeros experimentos consistió en mostrar conjuntos de puntos a estos participantes y preguntarles cuántos ítems se encontraban presentes. Nunca contaban, sino que, esencialmente, etiquetaban los conjuntos con una palabra aproximada. Cuando había uno, dos o tres ítems, con frecuencia emitían el *pũg, xep xep* o *ebapũg* correcto. Ante cuatro ítems, sin embargo, ya comenzaban a cometer errores, diciendo que había cinco o tres. A partir de cinco o seis ítems, usaban "algunos" y a los diez o doce simplemente decían "muchos". Claramente, no tenían modo de nombrar con precisión los números cardinales exactos.

Luego nos preguntamos qué impacto tenía esta limitación léxica sobre su comprensión de la aritmética. La hipótesis del sentido numérico predecía que debían estar lejos de ser tontos. Aunque nunca habían ido a la escuela, nunca habían oído hablar de la suma o la sustracción, y ni siquiera podían nombrar los números a partir del cinco, predijimos que serían muy competentes con los números aproximados. Como cualquiera de nosotros, habían heredado una capacidad para comprender cómo se comportan los conjuntos de objetos en operaciones análogas a la suma y la resta. Era probable que no diferenciaran los números exactos, porque su cultura está limitada a una etapa temprana de la construcción de la aritmética, en la que todavía no se cuenta.

En un primer conjunto de tareas, demostramos que, en efecto, los mundurucus son notablemente competentes para el número aproximado. Deciden con facilidad cuál de dos conjuntos de puntos es el más numeroso, incluso con números que llegan hasta 80, y en presencia de una considerable variación en parámetros no numéricos, como el tamaño del objeto o la densidad. También pueden realizar cálculos aproximados: cuando se les muestran dos conjuntos de objetos que se esconden sucesivamente en un frasco, pueden estimar su suma y compararla con un tercer número. Es sorprendente que aborígenes aislados, sin educación formal y con una lengua limitada en relación con las palabras para números, sean casi tan precisos como los adultos franceses educados que tomamos como grupo de control en esta tarea de aproximación (figura 10.5).

Sin embargo, difieren en el cálculo exacto. Les presentamos ejemplos concretos de problemas de resta muy simples como 6 – 4, escondiendo seis objetos en un frasco y luego quitando cuatro (figura 10.5). El resultado final siempre era 0, 1 o 2, que se encontraban con facilidad dentro del rango de nombrado de los mundurucus (aunque no tienen una palabra para el 0, pueden usar paráfrasis como "no queda nada"). En una prueba, solicitamos a los participantes que mencionaran el resultado, y en otra lo hicimos todavía más fácil pidiéndoles que señalaran una imagen que mostraba el resultado correcto (cero, uno o dos objetos en un frasco). En ninguna de las tareas los mundurucus lograron calcular el resultado exacto. Tuvieron un desempeño relativamente bueno en los números que se encuentran por debajo de tres, pero fallaban cada vez con más frecuencia a medida que los números se volvían más grandes, y no superaron el 50% de respuestas correctas en cuanto el número inicial superó el cinco. Un modelo matemático mostró que su desempeño era exactamente el esperable, dada su capacidad para aproximar: ¡*aproximaron* una operación tan simple como 5 – 3!

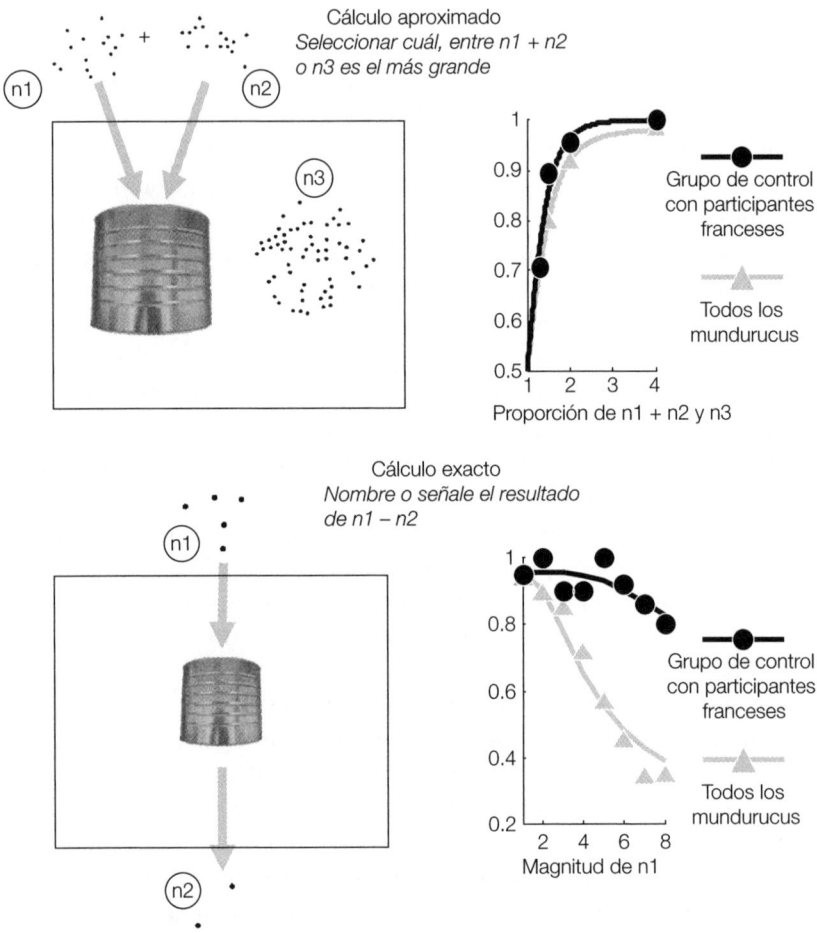

Figura 10.5. Incluso sin educación formal y sin un vocabulario para números grandes, los aborígenes de la cultura amazónica mundurucu poseen un sentido numérico bien desarrollado. Realizan sumas aproximadas y comparaciones de números grandes a aproximadamente el mismo nivel que los participantes de un grupo de franceses con educación formal que tomamos como control (arriba). Sin embargo, fallan cuando la tarea involucra un cálculo exacto, como 5 – 4 (abajo) (tomado de Pica y otros, 2004).

En general, los estudios que realizamos con los mundurucus demuestran que las etiquetas lingüísticas no son necesarias para dominar los conceptos más importantes de la aritmética (la cantidad, las relaciones entre más grande y más pequeño, la suma, la resta) y para realizar operaciones aproximadas. La intuición aritmética provista por el sentido numérico es suficiente. Sin embargo, parece esencial disponer de un sistema de números simbólicos para superar este sistema evolutivamente antiguo y para realizar cálculos exactos.

Ha habido mucha controversia alrededor de la interpretación teórica de estos resultados. Mientras nosotros nos enfocamos en los mundurucus, Peter Gordon, un lingüista de la Universidad de Columbia, estudió al grupo de los pirahãs, cuya lengua es todavía más limitada: sólo tienen palabras numéricas para el 1 y el 2, ¡y estas también parecen ser sinónimos de "pocos" y "muchos", y de "pequeño" frente a "grande"! Su estudio, que se publicó en el mismo ejemplar de *Science* que el nuestro, mostraba esencialmente el mismo resultado: cuando se les pedía que colocaran baterías en una correspondencia uno a uno con un conjunto de objetos, los pirahãs no podían dar un equivalente numérico exacto, pero siempre se aproximaban a la cantidad correcta. Las afirmaciones de Gordon, sin embargo, fueron mucho más extremas que las nuestras. Planteó que la lengua pirahã es totalmente "inconmensurable" respecto de la nuestra, y citó como corroboración la perspectiva del lingüista Benjamin Lee Whorf, que sostiene que la lengua determina la estructura conceptual:

> Así, pues, nos vemos introducidos en un nuevo principio de relatividad que afirma que no todos los observadores son dirigidos por la misma evidencia física hacia la misma imagen del universo, a menos que los sustratos de sus experiencias lingüísticas sean similares o puedan ser nivelados de algún modo (Benjamin Whorf, *Lenguaje, pensamiento y realidad*, 1956, p. 2014).

No estoy de acuerdo con esta interpretación, que, en mi opinión, es exagerada. Lo que limita a los mundurucus y a los pirahãs no es la falta de conocimiento conceptual. Tienen conceptos de número aproximado y de aritmética, y en ese sentido su cultura es completamente "comparable" respecto de la nuestra, en tanto compartimos una medida común del número aproximado. Es más, nuestra lengua, con términos de aproximación como "docena" y expresiones como "diez, quince libros" no es diferente de la de ellos.

En síntesis, nuestros experimentos no proveen evidencia para la hipótesis whorfiana de que la lengua determina el pensamiento. Al contrario, sostienen con firmeza la universalidad del sentido numérico y su presencia en cualquier cultura humana, por aislada y desfavorecida que esté desde el punto de vista de su educación formal. Lo que muestran es que la aritmética es una escalera: todos comenzamos en el primer peldaño, pero no todos trepamos hasta el mismo nivel. El progreso en la escala conceptual de la aritmética depende del dominio de una caja de herramientas de inventos matemáticos. La lengua de los numerales es sólo una de las herramientas culturales que amplían el repertorio de estrategias cognitivas disponibles y nos permiten resolver problemas concretos. En especial, el dominio de una secuencia de palabras para números nos permite contar rápidamente cualquier cantidad de objetos.

En mi opinión, la lengua ni siquiera es la única que permite contar: podemos contar casi con igual eficiencia sin utilizar nombres para números, ya sea indicando puntos en el cuerpo, a través de un ábaco o con algunas marcas. Pero dominar al menos un sistema de este tipo es esencial para avanzar más allá de la aproximación. Un conjunto de experimentos recientes realizados por Lisje Spaepen en Harvard muestra que, en ausencia de un sistema para contar, hasta una persona perfectamente integrada en su sociedad puede no llegar a desarrollar una capacidad para la aritmética exacta. Lisje estudió en Nicaragua a adultos sordos que vivían en comunidades hablantes que no les habían enseñado una lengua de señas ni a contar. Estas personas tenían trabajos, ganaban dinero y sus familias no sospechaban que tuvieran dificultades con la aritmética. Pese a esto, los experimentos de Spaepen mostraron que se comportaban de una forma muy similar a los mundurucus en relación con la aritmética, pues eran incapaces de equiparar determinado número de objetos con otro conjunto de ítems. Si bien levantaban un determinado número de dedos cuando se les mostraba un conjunto de objetos, estos gestos no operaban como verdaderos "símbolos": no eran fijos, y su congruencia con el número del conjunto con frecuencia sólo era aproximada. En resumen, cuando se lo priva de un dispositivo para contar, hasta un adulto integrado en la sociedad occidental puede ser incapaz de comprender completamente uno de sus principios clave, el concepto del número exacto.

En nuestro trabajo más reciente con los mundurucus, vemos otra huella de los cambios cognitivos inducidos a partir de saber contar. Recuerden que el adulto occidental representa las cantidades como una recta numérica mental, un espacio lineal que se extiende de manera continua de los números pequeños a los más grandes. Nos preguntábamos si los mundurucus tendrían las mismas intuiciones que nosotros. ¿Pensarían espontáneamente en los números como algo que se extiende a lo largo de una escala lineal? ¿Sabrían que cualquier número se encuentra "entre" sus vecinos más pequeño y más grande, un concepto puramente espacial? La hipótesis del sentido numérico predecía que así debería ser.

Para probar nuestra hipótesis, les mostramos a los mundurucus un segmento de una línea en una pantalla de computadora, con un punto a la izquierda y diez puntos a la derecha (figura 10.6). Les dimos sólo dos ensayos de entrenamiento, en los cuales les dijimos que la cantidad uno pertenecía al extremo izquierdo y la cantidad diez al derecho. Luego de eso, les presentamos todos los números intermedios y les preguntamos a dónde pertenecían. Eran libres de señalar cualquier lugar dentro de la recta, y podían elegir una amplia variedad de estrategias de respuesta: por ejemplo, podían agrupar todos los números impares a la izquierda y todos los pares a la derecha. Sin embargo, esto no fue lo que hicieron. Como nosotros, inmediatamente comprendieron que el número y el espacio debían coincidir regularmente uno con otro. La amplia mayoría de ellos produjo una representación uniforme de los números, con una comprensión clara del hecho de que el 1 debería estar cerca del 2, el 2 cerca del 3, y así sucesivamente. Entonces, obviamente comparten nuestras intuiciones acerca de las cantidades y de cómo se proyectan en el espacio.

Un aspecto de sus respuestas, sin embargo, fue bastante inusual. Si nos pidieran a nosotros que hiciéramos esta tarea, espontáneamente colocaríamos el número 5 cerca del medio, entre 1 y 9. En efecto, evaluamos a sujetos control del área de Boston, y produjeron una prolija representación rectilínea, con marcas equidistantes para los enteros sucesivos, y con el 5 ubicado en la mitad del camino entre el 1 y el 9. Pero los mundurucus que no recibieron educación formal no lo hacían así; su medio subjetivo caía más cerca del 3. Todo el patrón de respuesta era curvo, no lineal (figura 10.6). Parecían creer que el 8 está mucho más cerca del 9 de lo que el 1 está del 2. De hecho, su representación se aproximaba a una función logarítmica y no a una línea.

¿Qué hay detrás del sofisticado patrón de respuesta de los mundurucus? La respuesta se puede encontrar en el capítulo 3. La representación espontánea del número aproximado que compartimos nosotros y otros animales está comprimida mentalmente. Dos conjuntos grandes, con ocho frente a nueve ítems, parecen más similares que dos pequeños que contengan, por ejemplo, uno frente a dos ítems. En el sentido numérico animal, los números se organizan en función de sus razones: un conjunto de tres objetos es a uno lo que nueve es a tres; entonces, el número tres cae, en un sentido, "en el medio" de 1 y 9. Obviamente, los mundurucus no conocen las propiedades abstractas de la función logarítmica, inventada por el matemático escocés John Napier en el siglo XVI. Sin embargo, como ordenan sus respuestas espaciales de acuerdo con razones numéricas o porcentajes, sus rectas numéricas coinciden espontáneamente con una ley logarítmica compresiva.

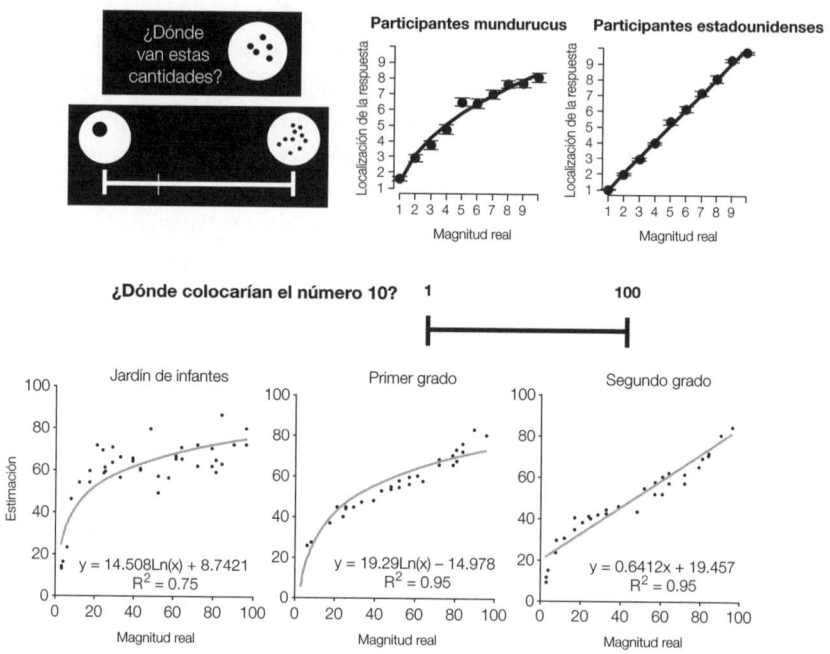

Figura 10.6. La comprensión de la correspondencia entre números y espacio cambia con la educación. Los niños pequeños y los mundurucus adultos que no han recibido educación formal proyectan los números de una forma curva y comprimida, y consideran que el 3 se encuentra en el medio de 1 y 9, y que 8 y 9 están más cerca que 1 y 2. Con la escolarización, la proyección se vuelve estrictamente lineal, y el 5 cae en el medio de 1 y 9 (tomado de Dehaene, Izard y otros, 2008, y Siegler y Opfer, 2004).

Esta comprensión intuitiva del número es notablemente resistente al cambio. Aun los adultos mundurucus bilingües que saben contar en portugués y aplican las palabras de esta lengua sobre el segmento de un modo lineal, proyectan conjuntos de puntos y nombres de números de la lengua mundurucu utilizando una escala logarítmica. En los niños pequeños de nuestro propio ambiente cultural se puede ver un comportamiento similar. Cuando se les pide que señalen la localización correcta de una palabra numérica hablada en un segmento lineal etiquetado con el 1 a la izquierda y el 100 a la derecha, los niños de jardín de infantes comprenden la tarea y sistemáticamente colocan los números más pequeños a la izquierda y los más grandes a la derecha. Sin embargo, como los mundurucus, no distribuyen los números de forma pareja y lineal. Más bien, dan más espacio a los números pequeños, lo que impone una proyección comprimida. Por ejemplo, colocan el número 10 cerca de la mitad del intervalo que va del 1 al 100 (Siegler y Opfer, 2003, Siegler y Booth, 2004, Booth y Siegler, 2006, Berteletti, Lucangeli, Piazza, Dehaene y Zorzi, 2010). Más adelante en el desarrollo ocurre una transición de la proyección logarítmica a la proyección lineal, entre primero y cuarto grado, según la experiencia y el rango de números evaluado. A un niño le insume largo tiempo comprender que los números 1 y 2 están separados por el mismo intervalo que los números 8 y 9 o, en realidad, cualquier par de números consecutivos. Esta comprensión profunda de la función de sucesión, una base de la aritmética exacta, no aparece de forma espontánea, sino que es el resultado de la cultura y la educación.

De la aproximación a los números exactos

> El número [...] es una de las ideas más abstractas y metafísicas que la mente del hombre es capaz de formar.
>
> **Adam Smith, *Considerations concerning the first formation of languages***

Dado que requiere una combinación exacta uno a uno de los objetos y una secuencia de numerales o marcas, contar parece promover una integración conceptual de las representaciones numéricas aproximadas, las representaciones discretas de objetos y el código verbal (Carey, 1998, Spelke y Tsivkin, 2001). Nadie sabe exactamente cómo ocurre esto, pero alrededor de los 3 o 4 años de edad, el procesamiento numérico de los niños occidentales registra un cambio abrupto (Wynn, 1990). Repentinamente los chicos se dan cuenta de que cada palabra para contar hace referencia a una cantidad precisa. Esta "cristalización" de los números discretos a partir de un *continuum* inicialmente aproximado de magnitudes numéricas parece ser exactamente lo que los mundurucus no tienen.

Una clave de este cambio viene de los estudios cuantitativos acerca de cómo se desarrolla el sentido numérico con la edad. Las variantes de nuestros experimentos con mundurucus se pueden convertir con facilidad en un dispositivo de medición exacto para evaluar la precisión del sentido numérico. Con Manuela Piazza diseñamos una prueba elemental, lo suficientemente simple para un niño de 3 años, en la que los participantes ven dos conjuntos de puntos, uno a la izquierda y el otro a la derecha, y se les pide que señalen el más grande. Si modificamos la distancia entre los números por muy poco, podemos hacer que esta tarea se vuelva arbitrariamente fácil o difícil y, de este modo, establecer la menor diferencia numérica detectable (figura 10.7). Como ocurre con la cartilla visual del oftalmólogo, la prueba provee una estimación detallada de la "agudeza" de cada persona para los números. Sorprende la pronunciada mejora de este valor con la edad (Halberda y Feigenson, 2008, Berteletti y otros, 2010, Piazza y otros, 2010). Un niño de 6 meses necesita una variación del 100% –en otras palabras, una duplicación del número– antes de reconocer sistemáticamente el número más grande. Para cuando el niño tiene 3 años, ese valor ha bajado al 40% y continuará descendiendo en los años subsiguientes.

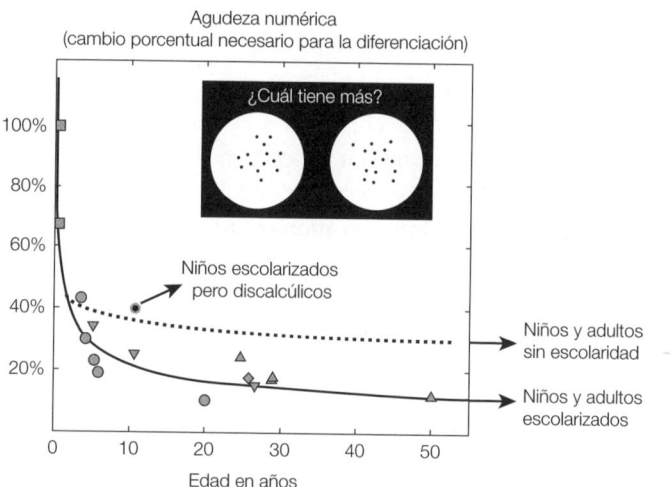

Figura 10.7. El sentido numérico se perfecciona con la edad y la educación. En su primer año de vida, los niños ya distinguen dos números cuando se diferencian por una proporción lo suficientemente grande (por ejemplo, 8 frente a 16, un cambio del 100%). La agudeza numérica mejora continuamente con la edad, y como adultos podemos distinguir cambios muy pequeños, del orden del 15% (por ejemplo, 14 frente a 16, como se ilustra en el ejemplo). Sin embargo, sin educación formal, los adultos de la etnia mundurucu del Amazonas sólo pueden distinguir un cambio del 30% en el número, un desempeño muy cercano al de los preescolares, lo que sugiere que la educación formal refina mucho nuestras intuiciones de las cantidades. Mientras que esta prueba no verbal es extraordinariamente simple, también identifica a los niños con discalculia del desarrollo: a la edad de 11 años, todavía muestran la agudeza numérica de un niño de 5 años (redibujado a partir de los datos de Piazza y otros, 2010).

El cambio más marcado en la agudeza numérica ocurre antes de los 3 años, y resulta muy tentador relacionarlo con la capacidad que aparece en el niño de aprender palabras para los números. La precisión refinada del sentido numérico actúa como un lente que, poco a poco, pone los números en un foco más preciso. Puede ser el factor clave que permite que el niño diferencie las categorías "cristalizadas" discretas dentro de lo que es inicialmente un continuo de numerosidad, y les asigne etiquetas numéricas. El refinamiento progresivo de la agudeza numérica puede explicar por qué toma tanto tiempo que un niño adquiera la palabra "uno"; luego, meses más tarde, la palabra "dos", y lo mismo para la palabra "tres": dado que la recta numérica está comprimida, los números más grandes, que conceptualmente en conjunto están más cerca, entran en foco en un punto posterior de la vida.

Al mismo tiempo, el aprendizaje de las palabras para números también parece tener un impacto en la precisión del sentido numérico. En los adultos occidentales, la precisión final alcanzada es de aproximadamente el 15 o el 20%; sin contar, podemos diferenciar entre 30 y aproximadamente 36. Sin educación, los adultos mundurucus muestran valores cercanos a 30: necesitan que exista casi el doble de la diferencia antes de comenzar a distinguir dos números (Dehaene, Piazza, Izard y Pica, investigación en curso, 2010). Este es, claramente, el resultado de la educación, porque los mundurucus que han sido escolarizados y han llegado hasta tercer grado, en el que se presentan los conceptos de los números y las cuentas, ven refinarse su agudeza hasta el valor occidental del 15-20%.

En resumen, durante los años preescolares, el establecimiento de un diálogo bidireccional entre nuestro sentido numérico y nuestro sistema de conteo lleva a un sistema muy integrado y mejorado, donde cada símbolo numérico se vincula de forma automática con un significado cada vez más preciso. Recién comenzamos a comprender cómo ocurre este cambio en el cerebro. Luego de estudiar la forma en que las neuronas de los monos codifican la numerosidad de los conjuntos de puntos, Andreas Nieder y otros colegas realizaron un experimento osado pero muy revelador: entrenaron a sus monos con números arábigos (Diester y Nieder, 2007). Cada día, por un período de unos pocos meses, se entrenó a dos monos macacos para aparear las formas de los dígitos arábigos 1, 2, 3 y 4 con las cantidades correspondientes de puntos. Al final, los primates tuvieron un desempeño bastante bueno. Es interesante que todavía se percibía un efecto de distancia numérica: cuando se les mostraba un dígito, tendían a confundirlo con las magnitudes cercanas, lo que sugiere que, en efecto, estaban juzgando las cantidades asociadas.

Una vez que los monos se habían vuelto expertos, Nieder y sus colegas comenzaron a registrar neuronas individuales, tanto en la corteza parietal donde se habían encontrado las neuronas más rápidas con sensibilidad para la numerosidad, como en la corteza frontal, que contiene células de memoria más lentas. Lo notable es que encontraron algunas neuronas con curvas de ajuste a los *símbolos* en ambos lugares. Por ejemplo, una neurona se activaba con fuerza cuando aparecía el número 4, un poco menos para el 3, mucho menos para el 2 y nada para el 1. Otras neuronas preferían los dígitos 1, 2 o 3. Es obvio, entonces, que las neuronas no respondían a las formas, sino que consideraban la cantidad asociada a esas formas, y lo hacían de manera muy regular, sobre la base de la similitud de sus significados.

Sorprendentemente, en el lóbulo parietal una amplia mayoría de neuronas mostraba preferencias distintas para dígitos y para conjuntos de puntos: o bien estaban adaptadas a los símbolos o bien a los conjuntos, pero no a ambos al mismo tiempo. Sólo en la corteza prefrontal una proporción relativamente grande de neuronas codificaba valores numéricos sin importar si se presentaban como un número específico de puntos o como un dígito arábigo. Nieder las llamó "neuronas de asociación", porque por sí mismas parecían proveer la asociación directa entre dígitos y cantidades necesarias para realizar con éxito la tarea de apareamiento. Es más, el nivel de activación de las neuronas de asociación predecía el desempeño del mono: cada vez que el mono no lograba responder de forma correcta en un ensayo, las respuestas adaptadas de las células colapsaban. En cambio, sólo el 2% de las células de la corteza parietal asociaba dígitos con cantidades, y entonces estas respuestas eran bastante débiles y tardías.

Lo que sugieren estos resultados es que, en las etapas iniciales del aprendizaje de los símbolos, la corteza prefrontal tiene un papel esencial para ligar el "2" con "••". Es muy probable que esta región provea un espacio para la síntesis mental, reuniendo información dispersa y formando nuevas combinaciones (Dehaene y Changeux, 1995, Dehaene, Kerszberg y Changeux, 1998, O'Reilly, 2006). Sus conexiones se abren a muchas otras áreas cerebrales de alto nivel, como las regiones temporales inferiores que categorizan formas y las parietales que se ocupan de las magnitudes, lo que la hace ideal para ensamblar un concepto unificado del número. Además, hay que tener en cuenta que las neuronas prefrontales pueden mantener información activa disparando por un período largo de tiempo, y entonces funcionan como un búfer de memoria de trabajo que permite confrontar dos porciones de información presentada en momentos diferentes. Probablemente este rasgo sea esencial para permitirles a los monos aprender la asociación entre un dígito y una cantidad, incluso cuando los dos elementos se presenten separados por varios segundos.

Otro rasgo crucial de la corteza prefrontal es que está involucrada en el aprendizaje consciente y con esfuerzo. La utilizamos cuando prestamos atención a información nueva, diseñamos una nueva estrategia o tomamos conciencia de una nueva conexión.[57] Cuando se establece una rutina, el conocimiento se transfiere a circuitos más automáticos, y la activación prefrontal desaparece. Es probable que los monos de Andreas Nieder nunca hayan alcanzado esta etapa de rutina. El aprendizaje de símbolos posiblemente extienda los límites de todos los primates no humanos, por lo que sus áreas prefrontales parecen permanecer firmemente movilizadas por esta tarea demandante, incluso después de meses de entrenamiento. Los niños humanos son diferentes. Unos pocos años de escolarización son suficientes para automatizar los vínculos entre los dígitos y las magnitudes, al punto de que incluso un número apenas visible evoca rápidamente la cantidad correspondiente en la mente del niño (Girelli y otros, 2000, Mussolin y Noel, 2008).

Las neuroimágenes hasta hoy se han utilizado para seguir la actividad cerebral mientras los niños aprenden números arábigos y aritmética (Ansari, García, Lucas, Hamon y Dhital, 2005, Rivera y otros, 2005, Ansari y Dhital, 2006, Kaufmann y otros, 2006, Kucian, Von Aster, Loenneker, Dietrich y Martin, 2008). Al principio, el patrón de activación se parece al de los monos. En contraste con los adultos, los niños pequeños que no disponen de experiencia con los símbolos numéricos tienen un alto nivel de actividad prefrontal siempre que hacen aritmética. Sin embargo, con la edad y la habilidad, a medida que se pone en marcha la automaticidad, la activación en la corteza prefrontal se desvanece y cambia a las áreas parietal y témporo-occipital, particularmente en el hemisferio izquierdo (Rivera y otros, 2005, Kucian y otros, 2008). Así, la corteza prefrontal parece ser la primera área cortical en establecer las asociaciones

---

57 Si se busca una introducción a la ciencia moderna de la conciencia y su relación con un "espacio de trabajo neuronal global" que involucra la corteza prefrontal como un nodo clave, véanse Dehaene y Naccache (2001), Dehaene, Changeux, Naccache, Sackur y Sergent (2006), Del Cul, Dehaene, Reyes, Bravo y Slachevsky (2009), Dehaene (2014).

simbólicas de los números arábigos, que se relocalizan poco a poco en la corteza parietal durante la niñez.

Si esta explicación es correcta, lleva a una predicción simple: los adultos humanos que se han vuelto expertos en comprender dígitos y palabras para números deberían tener "neuronas de asociación" en la corteza parietal. En los cerebros educados, debería activarse un código neural común al ver veinte puntos, la palabra "veinte" o el número 20. ¿Cómo podemos probar esta predicción? Como expliqué antes, no podemos observar realmente las neuronas individuales en el cerebro humano normal, pero podemos usar trucos indirectos. Manuela Piazza y yo usamos otra vez el truco de la adaptación. Aburrimos a los sujetos con patrones de puntos cuya numerosidad siempre se encontraba en el mismo rango, por ejemplo, 17, 19, 18, y así sucesivamente. Luego mostrábamos números ocasionales que podían estar muy cerca (20) o muy lejos (50); pero lo que resulta crucial es que esta vez los números se podían mostrar como números arábigos. Elaboramos la hipótesis de que la señal de neuroimagen de la corteza parietal primero se adaptaría a veinte puntos, luego permanecería baja cuando viera el número 20, pero se recuperaría para el número 50. Este patrón de adaptación significaría que las mismas neuronas codifican números simbólicos y no simbólicos: reconocen la identidad conceptual oculta de veinte puntos y el número 20. Y esto es, exactamente, lo que encontramos; de este modo, probamos un aspecto importante de la teoría del reciclaje neuronal: la manipulación de símbolos culturales aprendidos recicla áreas que antes estaban involucradas en operaciones aritméticas evolutivamente más antiguas con conjuntos concretos.

Hoy existe una forma aún más directa de probar este punto. Con la fMRI de alta resolución, podemos detectar patrones distintos de actividad en la superficie de la corteza humana, y vincular cada uno a determinado significado (por ejemplo, un número en especial). Este método se ha llamado "decodificación cerebral", y es posible porque las neuronas que codifican diferentes números, aunque entremezcladas de forma arbitraria, tienden a formar conjuntos aleatorios en la corteza. Entonces, el número 4 evoca un patrón de actividad distinguible en la superficie cortical, mientras que el número 8 evoca otro. Los patrones pueden parecer indistintos a simple vista, pero se puede entrenar un sofisticado algoritmo de aprendizaje automático para separar la señal del ruido e identificar las partes de la actividad evocada asociadas de forma confiable a cada número. El resultado es una máquina de decodificación cortical, que utiliza imágenes de la activación cerebral como información de entrada y, como producto, estima el número que se le había presentado al sujeto.

Para nuestra sorpresa, este tipo de decodificación cerebral funciona bastante bien (Eger y otros, 2009). En mi laboratorio, Evelyn Eger diseñó un decodificador que acierta cerca del 75% de las veces respecto de cuál, entre dos números, se había presentado (mientras que una respuesta al azar sólo tendría un 50% de éxito). Más impresionante aún resulta que, una vez que se ha entrenado un decodificador con los números arábigos, se puede generalizar a conjuntos de puntos. Entonces, cuando distinguimos el dígito 2 del dígito 4, utilizamos, por lo menos en parte, las mismas neuronas que pueden distinguir entre dos puntos y cuatro puntos. Al examinar una gran porción de los lóbulos parietal y frontal, Evelyn notó que la región intraparietal hIPS es, nuevamente, la mejor para la decodificación de números. En los adultos bien entrenados, por lo menos, la corteza parietal es el lugar donde se encuentran las cantidades y los símbolos. La educación nos da un código neuronal compartido para las numerosidades y los símbolos.

Sin embargo, hay una dificultad con esta teoría. Si nuestros símbolos fueran meras etiquetas para cantidades aproximadas, no deberían ser muy diferentes de las palabras mundurucus para "cerca de cinco", "pocos" o "muchos". Es obvio que nuestra caja de herramientas numérica occidental va mucho más allá de la aproximación. Los números arábigos y las palabras para números nos permiten hacer referencia a números precisos, y distinguir sin problema entre, por ejemplo, 13 y 14. Entonces, el código de cantidad no sólo se vuelve accesible a partir de la educación; también debe ser extremadamente refinado. Un modelo teórico, estructurado como una red de neuronas modelo, arroja luz sobre el posible funcionamiento de esto (Verguts y Fias, 2004). Cuando se expone la red a conjuntos de puntos, desarrolla células más o menos ajustadas a cantidades aproximadas, de un modo muy similar a las neuronas para número de Andreas Nieder. Sin embargo, cuando se la expone al mismo tiempo a los símbolos numéricos, las neuronas se separan en grupos mucho más pequeños, cada uno enfocado con claridad en un número específico. En el modelo, las mismas neuronas se utilizan para codificar magnitudes aproximadas y símbolos numéricos exactos, pero sus curvas de ajuste son diferentes. Los símbolos ajustan a las neuronas de una forma mucho más exacta y, por tanto, les permiten codificar una cantidad precisa. En otras palabras, un conjunto de puntos evoca una activación amplia y difusa en las neuronas parietales, mientras que los símbolos inducen la activación en un subgrupo más pequeño, pero altamente selectivo.

Hoy en día, sólo hay evidencia modesta, aunque sugerente, para avalar esta teoría (Piazza, Izard, Pinel, Le Bihan y Dehaene, 2004, Piazza, Pinel, Le Bihan y Dehaene, 2007, Eger y otros, 2009). Los patrones sutilmente asimétricos para la adaptación y para la decodificación sugieren que el refinamiento predicho de la codificación de números puede ocurrir específicamente en la corteza parietal *izquierda*. Este resultado es lógico. Sólo la región parietal izquierda contiene al mismo tiempo un código de cantidad y las conexiones directas necesarias para vincularlo con los sistemas de la lengua y del símbolo del hemisferio izquierdo. Es más, existe evidencia directa de que esta región se vuelve cada vez más lateralizada al hemisferio izquierdo durante el desarrollo numérico, en correlación estrecha con la lateralización del circuito del lenguaje (Rivera y otros, 2005; Pinel y Dehaene, 2009). Pero lo que resulta particularmente atractivo de la teoría es que inmediatamente explica por qué hasta los niños pequeños pueden tener intuiciones acerca de las palabras para números. En cuanto estas palabras se proyectan en las neuronas parietales para números, adquieren un significado numérico y pueden ingresar a los cálculos intuitivos, incluso antes de todo tipo de escolarización. Como se utilizan las mismas neuronas, cualquier número arábigo, por ejemplo, el 8, adopta las propiedades de la representación mental de la magnitud correspondiente.

La comprensión de las diferencias individuales y la discalculia

> El mayor teorema no resuelto en matemática es por qué algunas personas son mejores en ella que otras.
> **Howard Eves, *Return to matematical circles***

Actualmente existe evidencia directa de que la integración de cantidades y de palabras que hacen referencia a números es lo que da a los preescolares intuiciones acerca de la aritmética. Camilla Gilmore y Elizabeth Spelke probaron este punto con un experimento muy osado: ¡les pidieron a niños de jardín de infantes de 5 y 6 años de edad que resolvieran problemas de suma y resta de dos dígitos! (Gilmore, McCarthy y Spelke, 2007). A esta edad, los niños todavía no han aprendido a sumar; entonces, ¿cómo es posible que hagan esto? El truco, como se ve en la figura 10.8, es que la prueba sólo requiere una comprensión aproximada de las cantidades. Por ejemplo, se le dice al niño que "Sarah tiene sesenta y cuatro caramelos, regala trece de ellos; John tiene treinta y cuatro caramelos; ¿quién tiene más?". Aunque el problema está puesto en palabras, la respuesta supone convertir estas palabras en cantidades y pensar en sus relaciones, sin siquiera realizar ningún cálculo exacto.

El desempeño de los niños en la prueba de Gilmore y Spelke sugiere que esto es exactamente lo que hicieron. Sus respuestas muestran todas las huellas del sistema numérico aproximado: sus respuestas sólo son estadísticamente correctas (cerca del 70% de las veces), pero mejoran a medida que aumenta la distancia entre las dos opciones. Además, son peores con la resta que con la suma, exactamente como predice una teoría matemática del proceso de aproximación (Dehaene, 2007).

"Sarah tiene 21 caramelos." "Le dan 30 más." "John tiene 34 caramelos. ¿Quién tiene más?"

Figura 10.8. El sentido numérico es una fuente poderosa de intuiciones matemáticas en los niños pequeños. En este experimento, se les preguntó a niños de jardín de infantes por sus intuiciones acerca de la forma en que se combinan en sumas y restas los números simbólicos de gran tamaño. Si bien nunca se les había enseñado nada acerca de los números de dos dígitos, la suma ni la resta, tuvieron un desempeño mucho mejor que el azar, sin distinción de sexo u origen social. Utilizaron intuiciones aproximadas de las cantidades y sólo acertaron si la distancia entre los números era lo suficientemente grande, como en el ejemplo. El éxito en esta prueba de aproximación fue un buen predictor de los puntajes posteriores de los niños en matemática (tomado de Gilmore y otros, 2007).

El experimento de Gilmore y Spelke es fundamental, dado que valida un principio central de la hipótesis del sentido numérico: hasta los niños de jardín de infantes son competentes en la aritmética antes de la escolarización, y su comprensión de la aritmética simbólica está fundada sobre una intuición temprana de las magnitudes. Incluso si nunca se les enseña el significado de 64 y 13, aprenden a conectar estas palabras con cantidades aproximadas. En este punto, la suma formal de números arábigos de dos dígitos todavía está, sin duda, fuera de su alcance, pero pueden utilizar su conocimiento anterior de cómo se combinan las cantidades para obtener una respuesta aproximada para 64 − 13.

Resulta extraordinario que la agudeza de los niños pequeños en las tareas aproximadas de este tipo sea un predictor excelente de éxito en el currículo clásico de matemática, incluso cuando se descartan la inteligencia, el éxito escolar general y el nivel socioeconómico (Gilmore y otros, 2007, Gilmore, McCarthy y Spelke, 2010). En niños un poco más grandes, de 6 a 8 años, la variabilidad en la agudeza numérica predice los logros en matemática, pero no en lectura (Holloway y Ansari, 2008). A lo largo de un rango de tiempo aún mayor, existe una correlación entre las notas en matemática en la escuela y la agudeza numérica a la edad de 14 años (Halberda, Mazzocco y Feigenson, 2008). Más importante, la agudeza numérica reducida puede identificar a los niños que tienen dificultades en matemática: en la prueba de agudeza de Manuela Piazza, los niños de 10 años con déficits específicos en aritmética tuvieron puntajes al mismo nivel que los niños de 5 años.

Estos resultados proveen evidencia directa de que las diferencias en las habilidades individuales para la aritmética corresponden a diferencias en el sentido numérico. En efecto, hasta es posible detectar este tipo de diferencias individuales a nivel del cerebro: en su adolescencia temprana, los niños que tienen un puntaje más alto en pruebas de matemática tienen conexiones detectablemente más eficientes entre el área del sentido numérico de la corteza intraparietal izquierda y el lóbulo frontal (figura 10.9; Tsang, Dougherty, Deutsch, Wandell y Ben-Shachar, 2009). Pero la relación causal todavía no se ha determinado por completo. ¿Un sentido numérico más agudo predispone a algunos niños a la aritmética? ¿O, a la inversa, una exposición temprana a la educación aritmética impulsa el sentido numérico? Probablemente, ambas cosas sean ciertas. Sospecho con convicción que el desarrollo del niño involucra causalidad bidireccional o "espiralada": el sentido numérico temprano impulsa la comprensión de la aritmética, que, a su vez, impulsa la agudeza numérica, en una espiral virtuosa en ascenso constante. A la inversa, los niños cuyo sentido numérico está atrasado respecto del de sus pares probablemente pierdan terreno poco a poco en otras áreas de la matemática. Para ellos, la espiral se vuelve un círculo vicioso: como su desempeño no logra mejorar de forma normal, la brecha en el aprendizaje aumenta a medida que se quedan cada vez más atrás de otros niños de su grupo etario.

Desde la primera edición de esta obra, se ha logrado un progreso notable en la comprensión de los mecanismos cerebrales que se encuentran detrás de la discalculia del desarrollo. Allá por 1997 sólo mencioné brevemente que muchos niños –un índice que ronda entre el 3 y el 6% (Kosc, 1974, Badian, 1983, Shalev y otros, 2000)–, a menudo con percep-

ción, lenguaje e inteligencia normales, mostraban dificultades despro-
porcionadas para el procesamiento de los números y la aritmética. Se
los llama "discalcúlicos", el equivalente de la dislexia pero en el campo
de la aritmética. En muchos de ellos, el déficit tiene un impacto en tareas muy básicas: puede estar comprometida incluso la decisión de si un
conjunto está compuesto por dos o tres objetos, o de cuál es el número
más grande entre 5 y 6. Es más, aunque esto fue inicialmente debatido,
hoy existe cada vez más evidencia de que está dañado su sentido de la
numerosidad: la subitización de los números pequeños 1, 2 y 3 es anormal, con frecuencia equivocan los juicios de conjuntos de puntos, y su
agudeza para la aproximación numérica es reducida (Landerl, Bevan y
Butterworth, 2004, Price, Holloway, Rasanen, Vesterinen y Ansari, 2007,
Landerl, Fussenegger, Moll y Willburger, 2009; Mussolin, Mejias y Noel,
2010, Piazza y otros, 2010).

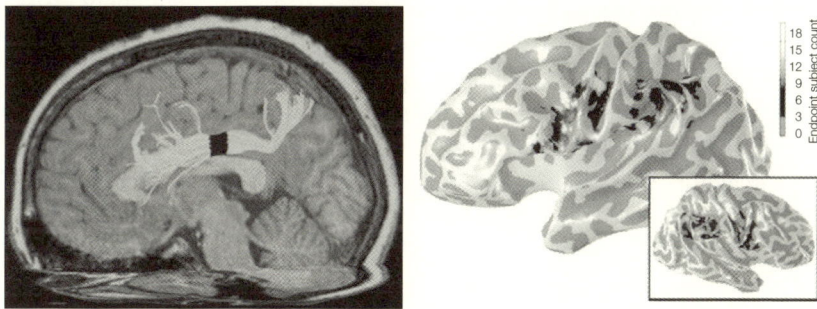

Figura 10.9. ¿Se pueden inferir las habilidades matemáticas a partir de la
observación del cerebro? En este estudio de resonancia magnética, los niños
que tuvieron un puntaje alto en una prueba de aritmética aproximada también
mostraron una mejor organización detallada de conexiones cerebrales específicas. El tracto de fibra relevante, mostrado a la izquierda, conecta la región
intraparietal izquierda, que incluye el área del sentido numérico, con la corteza
frontal. Como tal, se presume que facilita la manipulación explícita y la memorización de los números. Sin embargo, no se puede determinar a través de
este método si las diferencias observadas son genéticas o si dependen de la
experiencia (tomado de Tsang y otros, 2009).

Una hipótesis natural en lo concerniente a este déficit, entonces, es que
el sistema de cantidad parietal ha sido afectado, ya sea por una enfermedad genética o por un daño cerebral temprano. Esta hipótesis fue
defendida hace poco tiempo por varios estudios de imágenes cerebrales.
En uno, un conjunto de adolescentes jóvenes nacidos prematuros fue
separado en dos grupos: los que habían sufrido discalculia durante su ni-

ñez y los que no (Isaacs, Edmonds, Lucas y Gadian, 2001).[58] Se utilizaron imágenes de resonancia magnética para estimar la densidad de materia gris en toda la corteza. Sólo los discalcúlicos sufrían de una reducción selectiva de densidad de materia gris en el surco intraparietal izquierdo, en la localización precisa donde por lo general se observa la actividad cerebral durante las operaciones de aritmética mental.

Los niños prematuros parecen ser especialmente propensos a la discalculia y a otros déficits del lóbulo parietal, como la desorientación espacial o la dispraxia (torpeza en los movimientos), probablemente porque el daño cerebral perinatal afecta con frecuencia la zona periventricular posterior que subyace a la corteza parietal. Pero también sabemos de casos de "discalculia pura" en los que los niños no poseen un sentido numérico sólido, a pesar de haber tenido un nacimiento normal. Aquí, otra vez, la corteza parietal parece estar desorganizada, porque no logra activarse normalmente cuando se les pide a los niños que realicen tareas simples que involucran al sentido numérico (Kucian y otros, 2006, Price y otros, 2007, Mussolin, De Volder y otros, 2010).

Tenemos la firme sospecha de que, del mismo modo que para la dislexia, en la discalculia se encuentra involucrado un componente genético. En las familias con al menos un niño discalcúlico, la prevalencia de discalculia en parientes de primer grado es diez veces mayor que en el resto de la población (Shalev y otros, 2001). En el 70% de los casos de gemelos, si uno se ve afectado, el otro también tiene una alteración (Alarcon, DeFries, Light y Pennington, 1997). No se ha identificado aún ningún gen al respecto, pero conocemos varias enfermedades genéticas en las que la discalculia es muy frecuente.[59] Una de ellas es el síndrome de Turner, una anomalía en los cromosomas por la cual las mujeres nacen con sólo un cromosoma X. Cuando con Nicolas Molko extrajimos neuroimágenes de pacientes con síndrome de Turner, observamos una activación anormal de la corteza parietal derecha durante el cálculo de sumas con números grandes (Molko y otros, 2003). El patrón de pliegues corticales también estaba desorganizado. Esta

---

58 Este estudio fue replicado parcialmente en discalcúlicos puros por Rotzer y otros (2008), pero en este caso, con un foco en la disminución de materia gris en la corteza parietal *derecha*.

59 La discalculia es frecuente en los síndromes de Williams, de Turner y de X frágil. Un estudio del cálculo en este último consta en Rivera, Menon, White, Glaser y Reiss (2002).

observación es importante, porque los pliegues corticales comienzan a formarse durante el tercer trimestre del embarazo y, por lo tanto, una anomalía en esta área señala una afección genética temprana en el desarrollo cerebral.

De la cognición numérica a la educación

El hecho de que haya una categoría de niños con inteligencia y escolaridad normales, pero que presentan una dificultad desproporcionada para la aritmética rechaza la noción de que la educación siempre involucra mecanismos de aprendizaje de dominio general. Más bien, la base del aprendizaje matemático es una representación especializada de la numerosidad, con un sustrato cerebral específico. Uno debería ser cuidadoso, sin embargo, de no exagerar las conclusiones extraídas a partir de los estudios de discalculia. No sabemos cuántos niños discalcúlicos realmente tienen alteraciones cerebrales identificables. Es muy probable que muchos de los que muestran dificultades con la aritmética no tengan ningún daño biológico; simplemente, no se les ha enseñado por medio de los métodos apropiados. En efecto, algunos niños con déficits de cálculo tienen un sentido numérico perfectamente normal, pero no pueden acceder a él a partir de los símbolos numéricos (Rubinstein y Henik, 2005, Rousselle y Noel, 2007, Wilson y otros, 2009). Este problema parece ser una descripción aplicable a las habilidades matemáticas reducidas de los niños de contextos socioeconómicos bajos, que pueden haber tenido menos experiencia con los símbolos de números que aquellos de situaciones más privilegiadas.

Incluso con niños que sufren una discalculia genuina, un déficit genético no es un castigo de por vida. A diferencia de las lesiones cerebrales adultas, los trastornos del desarrollo pocas veces dejan totalmente destruidos los sistemas cerebrales. El cerebro del niño presenta un alto grado de plasticidad, e incluso los déficits muy severos pueden ser superados, con frecuencia, con un entrenamiento reparador intensivo distribuido a lo largo de varias semanas o meses. En el caso de la dislexia, gran cantidad de investigaciones ha demostrado los efectos beneficiosos de programas centrados precisamente en los déficits cognitivos exactos de los niños. Las imágenes cerebrales de antes y después del entrenamiento muestran un grado considerable de recuperación, tanto dentro de las áreas que originalmente estaban subactivadas como en circuitos compensatorios adicionales, particularmente los del hemisferio derecho

(Kujala y otros, 2001, Simos y otros, 2002, Temple y otros, 2003, Eden y otros, 2004).[60]

Aunque la investigación sobre la discalculia tiene un progreso más lento, no hay razones para creer que un entrenamiento completo no puede hacer mucho para superar el problema. La primera edición de esta obra ponía el énfasis sobre el hecho de que la realización de juegos con números en la escuela puede encauzar la atención de los niños sobre las intuiciones que se encuentran detrás de los símbolos numéricos, y esto ha sido completamente confirmado por la investigación reciente (Wilson, Revkin y otros, 2006, Wilson y otros, 2009). Pero ahora estamos en la era de los juegos de computadora. ¿Las computadoras pueden contribuir al entrenamiento en aritmética? Sin reemplazar nunca a los maestros, los programas de computadora educativos presentan muchas ventajas. Los juegos inteligentes pueden proveer entrenamiento intenso e incesante, un día tras otro, y hacerlo de una forma atractiva y entretenida, divertida para el niño. Lo que es más importante, se pueden hacer adaptativos: el *software* identifica automáticamente los puntos débiles del niño y pone el foco sobre ellos durante el entrenamiento, mientras se asegura de que el niño gane juegos con la frecuencia suficiente como para que no se sienta desalentado.

Con Anna Wilson hemos desarrollado el primer juego de computadora adaptativo para aritmética básica: *The number race*, un juego que supone correr una carrera con la computadora hasta el final de una recta numérica.[61] En cada ensayo, el niño elige el más grande de dos números, y luego lo usa para avanzar un número equivalente de espacios por una pista de carreras. Al permitir la variación de la distancia entre los números, la velocidad de la decisión y también el formato de la ilustración –desde puntos hasta complicados cálculos, como la elección entre 9 – 6 y 5 – 1–, la dificultad del juego se puede ajustar con precisión a la necesidad de cada niño. En efecto, el *software* está diseñado para entrenar cada aspecto importante de la aritmética temprana: la evaluación rápida de cantidades, la rutina para contar, el vínculo rápido entre los símbolos y las cantidades, y la comprensión de que el número y el espacio tienen un vínculo cercano. El *software* está diseñado con una configuración abierta, de modo que cualquie-

---

60 Para una revisión de la lectura y la dislexia, véase mi trabajo en *El cerebro lector* (Siglo XXI, 2014).

61 Una reseña del diseño del juego y sus principios cognitivos subyacentes figuran en Wilson, Dehaene y otros (2006). Para bajar el juego, hacer clic en *The number race*, en <www.unicog.org>.

ra pueda utilizarlo o transformarlo. En efecto, ya se lo ha traducido a ocho lenguas y está comenzando a utilizarse en varios estudios controlados.

Los resultados obtenidos con nuestro juego son modestos, pero significativos (Wilson, Revkin y otros, 2006, Ramani y Siegler, 2008, Siegler y Ramani, 2008, 2009, Wilson y otros, 2009). El desempeño de los niños mejora en varias tareas diferentes, desde la subitización hasta la resta. Los mejores resultados se obtienen con niños pequeños de barrios pobres, que con frecuencia no juegan este tipo de juego. Jugar sólo en unas pocas ocasiones es suficiente para disminuir sus errores de comparación de números en un factor de dos.

Desde un punto de vista cognitivo, todavía hay mucho para comprender acerca de cómo funcionan en realidad estos juegos de entrenamiento y cómo pueden volverse óptimos. Sabemos que cualquier intervención con computadora mejora la atención y la cognición en general. Este es un resultado optimista, pero implica que, siempre que probemos un juego específicamente diseñado para centrarse en los déficits aritméticos, debemos compararlo con programas de computadoras control con un contenido diferente. En el caso de *The number race*, mostramos que sus efectos positivos en la comparación de números estaban relacionados de forma única a su contenido numérico y no se podían obtener si se utilizaba *software* de lectura a modo de control.

Sin embargo, dado que nuestro programa está lleno de conocimiento numérico, que abarca desde la subitización hasta el conteo y la estimación, no podemos estar seguros de cuál de estos aspectos es preponderante. Por fortuna, Geetha Ramani y Robert Siegler, de la Universidad Carnegie Mellon, han diseñado un manejo mucho más sutil (Ramani y Siegler, 2008, Siegler y Ramani, 2008, 2009). La mitad de los niños juegan a un juego matemático simple, en el que corren uno contra otro en una recta numérica de diez cuadrados, haciendo girar una ruleta etiquetada con los números 1 y 2, y avanzan sumando esta cantidad al número de la celda del jugador. La otra mitad de los niños desarrolla un juego muy similar, en el mismo tablero, cuya única diferencia es que la rueda tiene colores y, a cada paso, el niño debe moverse al cuadrado que tiene el mismo color. La primera actividad específicamente entrena a los niños acerca de la proyección de los números 1 – 10 sobre una escala lineal, mientras que el segundo controla completamente todos los otros contenidos: el espacial, el social y el de gratificación.[62] Con este enfoque senci-

---

62 Otro control, todavía más estricto, consistía en contrastar un juego de mesa

llo, Ramani y Siegler demostraron que un juego de mesa numérico tiene un impacto positivo enorme sobre la comprensión de la aritmética. Se ven grandes mejoras en una variedad de tareas numéricas, que incluyen las pruebas de lectura de dígitos, comparación de magnitudes, suma y pruebas de recta numérica. Los beneficios llegan a ser significativos después de dos meses. Obviamente, los niños que juegan a juegos de mesa cuentan con una ventaja inicial que puede tener un efecto multiplicador de largo plazo en su habilidad y su confianza con la matemática.

Conclusión

Como dicen David y Ann Premack (2003: 227), "una teoría de la educación sólo se podría derivar de la comprensión de la mente a la que se debe educar". Por cierto, hoy contamos con un conocimiento refinado de la mente del matemático incipiente. Se han dado grandes pasos en nuestra comprensión de cómo se implementa la aritmética en el cerebro. Las aplicaciones de la neurociencia cognitiva a la educación ya no están "demasiado lejos" (como anunciaba, ya desde su título, Bruer, 1997). Al contrario, hoy se encuentran disponibles muchos métodos de investigación conceptuales y empíricos. Se pueden presentar programas educativos innovadores, y tenemos a nuestro alcance todas las herramientas para estudiar su impacto en los cerebros y las mentes de los niños.

El aula debería ser nuestro próximo laboratorio.

---

lineal con uno circular, en el que el patrón que organiza los números es el del reloj. El sentido numérico sólo mejora en los niños entrenados con el juego de mesa lineal, lo que prueba que la comprensión del número como una "línea" metafórica que se extiende de izquierda a derecha es un elemento esencial del programa de entrenamiento. Véase Siegler y Ramani (2009).

Apéndice A

Corrección de la "prueba" de la figura 9.1. Esa figura se dibujó de forma incorrecta deliberadamente. Aunque en efecto los triángulos OAB y ODC son similares, sus relaciones son bastante diferentes de las que sugiere la figura 9.1. El punto O, la intersección de L y L´, en realidad es mucho más alto (véase la figura abajo). Entonces, es verdad que $\delta = \alpha - \beta$, pero $\delta' = 2\pi - \alpha - \beta$. Estas relaciones obviamente no permiten extraer ninguna conclusión acerca del valor del ángulo δ'.

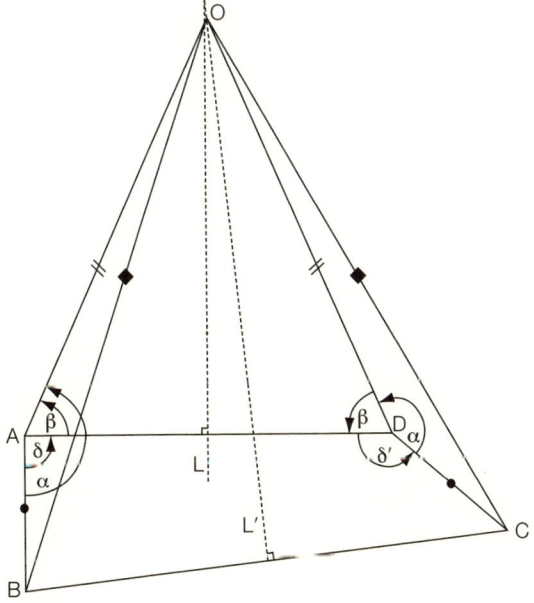

Apéndice B

Páginas de Internet de utilidad

- Laboratorio de Dehaene: INSERM - CEA Unidad de Neuroimágenes Cognitivas, <www.unicog.org>, última consulta: 11/01/2016. Contiene resúmenes de nuestra investigación reciente y provee acceso a una lista de artículos publicados acerca del número, la lectura y la conciencia.

- Intervenciones digitales para la discalculia y las dificultades en matemática, <www.low-numeracy.ning.com>, última consulta: 11/01/2016. Contiene varios juegos de números simples, un foro y discusiones útiles.

- Programa *The number race*, <www.unicog.org/numberrace/number_race_index.html>, última consulta: 11/01/2016. Es un juego de computadora diseñado por Anna Wilson y por mí y que, según se ha demostrado, ayuda a enseñar la aritmética elemental a los niños. Se puede realizar la descarga gratuita y hay acceso completo al código fuente.

- Iniciador en discalculia y guía de recursos, <www.oecd.org/document/8/0,3343,en_2649_35845581_34495560_1_1_1_1,00.html>, última consulta: 11/01/2016. Se trata de una serie de preguntas simples y respuestas concisas acerca de la discalculia, con referencias útiles.

- About Dyscalculia, <www.aboutdyscalculia.org>, última consulta: 11/01/2016. Aporta más información acerca de la discalculia, con secciones específicas para padres, maestros e investigadores.

- Center for Educational Neuroscience, <www.educationalneuroscience.org.uk>, última consulta: 11/01/2016.
  Es un sitio de referencia para seminarios en línea y discusión de investigación acerca de neurociencia y educación.

Bibliografía

Principales fuentes consultadas

Baruk, S. (1973), *Échec et maths*, París, Seuil.
— (1985), *L'âge du capitaine*, París, Seuil.

Bideaud, J., C. Meljac y J.-P. Fischer (1992), *Pathways to number*, Hillsdale, NJ, Erlbaum.

Binet, A. (1981 [1894]), *Psychologie des grands calculateurs et joueurs d'échecs*, París-Ginebra, Slatkine.

Butterworth, B. (1999), *The mathematical brain*, Londres, Macmillan.

Campbell, J. I. (2004), *The handbook of mathematical cognition*, Londres, Psychology Press.

Campbell, J. I. D. (ed., 1992), *The nature and origins of mathematical skills*, Ámsterdam, North Holland.

Case, R. (1985), *Intellectual development: Birth to adulthood*, San Diego, Academic Press.
— (1992), *The mind's staircase: Exploring the conceptual underpinnings of children's thought and knowledge*, Hillsdale, NJ, Erlbaum.

Changeux, J. P. y A. Connes (1995), *Conversations on mind, matter, and mathematics*, Princeton, NJ, Princeton University Press [ed. cast.: *Materia de reflexión*, Barcelona, Tusquets, 1993].

Dantzig, T. (1967 [1930]), *Number: The language of science*, Nueva York, The Free Press [ed. cast.: *El número, lenguaje de la ciencia*, Buenos Aires, Hobbs Sudamericana, 1971].

Dehaeno, S. (ed., 1993), *Numerical cognition*, Óxford, Blackwell.

Deloche, G. y X. Seron (eds., 1987), *Mathematical disabilities: A cognitive neuropsychological perspective*, Hillsdale, NJ, Erlbaum.

Dixon, R. M. W. (1980), *The languages of Australia*, Cambridge, Cambridge University Press.

Dowker, A. y G. D. Phye (2008), *Mathematical difficulties: Psychology and intervention*, Londres, Academic Press.

Fernald, L. D. (1984), *The Hans legacy: A story of science*, Hillsdale, NJ, Erlbaum.

Flansburg, S. (1993), *Math magic*, Nueva York, William Morrow & Co.

Fuson, K. C. (1988), *Children's counting and concepts of number*, Nueva York, Springer-Verlag.

Fuster, J. M. (1989), *The prefrontal cortex*, 2ª ed., Nueva York, Raven.

Gallistel, C. R. (1990), *The organization of learning*, Cambridge, MA, MIT Press.

Geary, D. C. (1994), *Children's mathematical development*, Washington DC, American Psychological Association.

Gelman, R. y C. R. Gallistel (1978), *The child's understanding of number*, Cambridge, MA, Harvard University Press.

Ginsburg, H. P. (ed., 1983), *The development of mathematical thinking*, Nueva York, Academic Press.

Gould, S. J. (1981), *The mismeasure of man*, Nueva York, Penguin [ed. cast.: *La falsa medida del hombre*, Barcelona, Crítica, 1997].

Hadamard, J. (1945), *An essay on the psychology of invention in the mathematical field*, Princeton, NJ, Princeton University Press [ed. cast.: *Psicología de la invención en el campo matemático*, Madrid, Espasa-Calpe, 2011].

Hardy, G. H. (1940), *A mathematician's apology*, Cambridge, Cambridge University Press [ed. cast.: *Apología de un matemático*, Madrid, Nivola, 1999].

Hiebert, J. (ed., 1986), *Conceptual and procedural knowledge: The case of mathematics*, Hillsdale, NJ, Erlbaum.

Hofstadter, D. R. (1979), *Gödel, Escher, Bach: An eternal golden braid*, Nueva York, Basic Books [ed. cast.: *Gödel, Escher, Bach. Un eterno y grácil bucle*, Barcelona, Tusquets, 2007].

Hurford, J. R. (1987), *Language and number*, Óxford, Basil Blackwell.

Husserl, E. (1891), *Philosophie der Arithmetik*, Halle, C. E. M. Pfeffer.

Ifrah, G. (1985), *From one to zero: A universal history of numbers*, Nueva York, Viking.

Ionesco, E. (1958), *The lesson*, trad. de Donald M. Allen, Nueva York, Grove Press [ed. cast.: *La lección - El maestro - Víctimas del deber - La joven casadera*, Buenos Aires, Losada, Biblioteca Clásica y Contemporánea, 1998].

Johnson-Laird, P. N. (1983), *Mental models*, Cambridge, MA, Harvard University Press.

Jouette, A. (1996), *Le secret des nombres*, París, Albin Michel [ed. cast.: *El secreto de los números*, Barcelona, Swing, 2008].

Kanigel, R. (1991), *The man who knew infinity: A life of the genius Ramanujan*, Nueva York, Charles Scribner's Sons.

Kitcher, P. (1984), *The nature of mathematical knowledge*, Nueva York, Oxford University Press.

Kline, M. (1972), *Mathematical thought from ancient to modern times*, Nueva York, Oxford University Press [ed. cast.: *El pensamiento matemático de la Antigüedad a nuestros días*, Madrid, Alianza, 2012].
— (1980), *Mathematics: The loss of certainty*, Nueva York, Oxford University Press [ed. cast.: *Matemáticas. La pérdida de la certidumbre*, México, Siglo XXI, 2000].

Le Lionnais, F. (1983), *Les nombres remarquables*, París, Hermann.

Luria, A. R. (1966), *The higher cortical functions in man*, Nueva York, Basic Books [ed. cast.: *Las funciones corticales superiores del hombre*, México, Distribuciones Fontamara, 2005].

McCulloch, W. S. (1965), *Embodiments of mind*, Cambridge, MA, MIT Press.

Núñez, R. E. y G. Lakoff (2000), *Where mathematics comes from: How the embodied mind brings mathematics into being*, Nueva York, Basic Books.

Obler, L. K. y D. Fein (eds., 1988), *The exceptional brain: Neuropsychology of talent and special abilities*, Nueva York, The Guilford Press.

Paulos, J. A. (1988), *Innumeracy: Mathematical illiteracy and its consequences*, Nueva York, Vintage Books [ed. cast.: *El hombre anumérico*, Barcelona, Tusquets, 2010].

Poincaré, H. (1907), *Science and hypothesis*, Londres, Walter Scott Publishing Co. [ed. cast.: *Ciencia e hipótesis*, Madrid, Espasa, 2005].
— (1907), *The value of science*, Nueva York, Science Press [ed. cast.: *El valor de la ciencia*, Madrid, Espasa-Calpe, 2007].

Posner, M. I. y M. E. Raichle (1994), *Images of mind*, Nueva York, Scientific American Library.

Premack, D. y A. Premack (2003), *Original intelligence: Unlocking the mystery of who we are*, Nueva York, McGraw Hill.

Sacks, O. (1985), *The man who mistook his wife for a hat*, Londres, Gerald Duckworth & Co. [ed. cast.: *El hombre que confundió a su mujer con un sombrero*, Barcelona, Anagrama, 2002].

Siegler, R. S. y E. A. Jenkins (1989), *How children discover new strategies*, Hillsdale, NJ, Erlbaum.

Smith, S. B. (1983), *The great mental calculators*, Nueva York, Columbia University Press.

Stevenson, H. W. y J. W. Stigler (1992), *The learning gap*, Nueva York, Simon & Schuster.

Thom, R. (1991), *Prédire n'est pas expliquer*, París, Flammarion.

Toga, A. W. y J. C. Mazziotta (ed., 1996), *Brain mapping: The methods*, Nueva York, Academic Press.

Von Neumann, J. (1958), *The computer and the brain*, New Haven, CT, Yale University Press [ed. cast.: *El ordenador y el cerebro*, Barcelona, Bon Ton, 1999].

Bibliografía detallada

Abdullaev, Y. G. y K. V. Melnichuk (1996), "Counting and arithmetic functions of neurons in the human parietal cortex", *NeuroImage 3*(3): S216.

Alarcon, M., J. C. DeFries, J. G. Light y B. F. Pennington (1997), "A twin study of mathematics disability", *Journal of Learning Disabilities 30*(6): 617-623.

Allison, T., G. McCarthy, A. C. Nobre, A. Puce y A. Belger (1994), "Human extrastriate visual cortex and the perception of faces, words, numbers and colors", *Cerebral Cortex 4*(5): 544-554.

Anderson, B. y T. Harvey (1996), "Alterations in cortical thickness and neuronal density in the frontal cortex of Albert Einstein", *Neuroscience Letters 210*(3): 161-164.

Anderson, S. W., A. R. Damasio y H. Damasio (1990), "Troubled letters but not numbers. Domain specific cognitive impairments following focal damage in frontal cortex", *Brain 113*(3): 749-766.

Ansari, D. y B. Dhital (2006), "Age-related changes in the activation of the intraparietal sulcus during nonsymbolic magnitude processing: An event-related functional magnetic resonance imaging study", *Journal of Cognitive Neuroscience 18*(11): 1820-1828.

Ansari, D., N. Garcia, E. Lucas, K. Hamon y B. Dhital (2005), "Neural correlates of symbolic number processing in children and adults", *Neuroreport 16*(16): 1769-1773.

Antell, S. E. y D. P. Keating (1983), "Perception of numerical invariance in neonates", *Child Development 54*(3): 695-701.

Appolonio, I., L. Rueckert, A. Partiot, I. Litvan, J. Sorenson, L. D. Bihan y J. Grafman (1994), "Functional magnetic resonance imaging (f-MRI) of calculation ability in normal volunteers", *Neurology 44*: 262.

Arp, S., P. Taranne y J. Fagard (2006), "Global perception of small numerosities (subitizing) in cerebral-palsied children", *Journal of Clinical Experimental Neuropsychology 28*(3): 405-419.

Ashcraft, M. H. (1982), "The development of mental arithmetic: A chronometric approach", *Developmental Review 2*(3): 213-236.

— (1992), "Cognitive arithmetic: A review of data and theory", *Cognition 44*(1-2): 75-106.

— (1995), "Cognitive psychology and simple arithmetic: A review and summary of new directions", *Mathematical Cognition 1*(1): 3-34.

Ashcraft, M. H. y J. Battaglia (1978), "Cognitive arithmetics: evidence for retrieval and decision processes in mental addition", *Journal of Experimental Psychology: Human Learning and Memory 4*(5): 527-538; disponible en <www.researchgate.net>, última consulta: 23/12/2015.

Ashcraft, M. H. y B. A. Fierman (1982), "Mental addition in third, fourth and sixth graders", *Journal of Experimental Child Psychology 33*(2): 216-234.

Ashcraft, M. H. y E. H. Stazyk (1981), "Mental addition: A test of three verification models", *Memory and Cognition 9*(2), 185-196; disponible en <link.springer.com>, última consulta: 29/11/2015.

Awh, E., B. Barton y E. K. Vogel (2007), "Visual working memory represents a fixed number of items regardless of complexity", *Psychological Science 18*(7): 622-628.

Badian, N. A. (1983), "Dyscalculia and nonverbal disorders of learning", en H. R. Myklebust (ed.), *Progress in learning disabilities 5*, Nueva York, Grune & Stratton: 235-264.

Baillargeon, R. (1986), "Representing the existence and the location of hidden objects: Object permanence in 6- and 8-month-old infants", *Cognition 23*(1): 21-41.

Baillargeon, R. y J. DeVos (1991), "Object permanence in young infants: Further evidence", *Child Development 62*(6): 1227-1246; disponible en <internal.psychology.Illinois.edu>, última consulta: 23/12/2015.

Banks, W. P. y M. J. Coleman (1981), "Two subjective scales of number", *Perception and Psychophysics 29*(2): 95-105; disponible en <link.springer.com>; última consulta: 23/12/2015.

Banks, W. P. y D. K. Hill (1974), "The apparent magnitude of number scaled by random production", *Journal of Experimental Psychology 102*(2): 353-376.

Baruk, S. (1973), *Échec et maths*, París, Seuil.

Benbow, C. P. (1988), "Sex differences in mathematical reasoning ability in intellectually talented preadolescents: Their nature effects and possible causes", *Behavioral and Brain Sciences 11*(2): 169-232.

Benbow, C. P., D. Lubinski, D. L. Shea y H. Eftekhari-Sanjani (2000), "Sex differences in mathematical reasoning ability at age 13: Their status 20 years later", *Psychological Science 11*(6): 474-480.

Benford, F. (1938), "The law of anomalous numbers", *Proceedings of the American Philosophical Society 78*(4): 551-572.

Benson, D. F. y M. B. Denckla (1969), "Verbal paraphasia as a source of calculation disturbances", *Archives of Neurology 21*(1): 96-102.

Benton, A. L. (1961), "The fiction of the 'Gerstmann syndrome'", *Journal of Neurology 24*(2): 176-181; disponible en <www.ncbi.nlm.nih.gov>, última consulta: 23/12/2015.
— (1987), "Mathematical disability and the Gerstmann syndrome", en G. Deloche y X. Seron (eds.), *Mathematical disabilities: A cognitive neuropsychological perspective*, Hillsdale, NJ, Erlbaum: 111-120.
— (1992), "Gerstmann's syndrome", *Archives of Neurology 49*(5): 445-447.

Beran, M. J. (2004), "Long-term retention of the differential values of Arabic numerals by chimpanzees (Pan troglodytes)", *Animal Cognition 7*(2), 86-92.

Berger, A., G. Tzur y M. I. Posner (2006), "Infant brains detect arithmetic errors", *Proceedings of the National Academy of Sciences USA 103*(33), 12 649-12 653; disponible en <www.pnas.org.>, última consulta: 23/12/2015.

Berteletti, I., D. Lucangeli, M. Piazza, S. Dehaene y M. Zorzi (2010), "Numerical estimation in preschoolers", *Developmental Psychology 46*(2): 545-551.

Bijeljac-Babic, R., J. Bertoncini y J. Mehler (1991), "How do four-day-old infants categorize multisyllabic utterances", *Developmental Psychology 29*(4): 711-721.

Binet, A. (1981 [1894]), *Psychologie des grands calculateurs et joueurs d'échecs*, París-Ginebra, Slatkine.

Bisanz, J. (1999), "The development of mathematical cognition: arithmetic", *Journal of Experimental Child Psychology 74*(3): 153-156.

Bonatti, L., E. Frot, R. Zangl y J. Mehler (2002), "The human first hypothesis: identification of conspecifics and individuation of objects in the young infant", *Cognitive Psychology 44*(4): 388-426.

Boole, G. (1854), *An investigation into the laws of thought*, Londres, Macmillan.

Booth, J. L. y R. S. Siegler (2006), "Developmental and individual differences in pure numerical estimation", *Developmental Psychology 42*(1): 189-201.

Bourdon, B. (1908), "Sur le temps nécessaire pour nommer les nombres", *Revue Philosophique de la France et de l'Étranger 65*: 426-431.

Boysen, S. T. y G. G. Berntson (1989), "Numerical competence in a chimpanzee (Pan troglodytes)", *Journal of Comparative Psychology 103*(1): 23-31.

Boysen, S. T., G. G. Berntson, M. B. Hannan y J. T. Cacioppo (1996), "Quantity-based interference and symbolic representations in chimpanzees (Pan troglodytes)", *Journal of Experimental Psychology. Animal Behavior Processes 22*(1): 76-86.

Brannon, E. M. y H. S. Terrace (1998), "Ordering of the numerosities 1 to 9 by monkeys", *Science 282*(5389): 746-749.

— (2000), "Representation of the numerosities 1-9 by rhesus macaques (*Macaca mulatta*)", *Journal of Experimental Psychology. Animal Behavior Processes 26*(1): 31-49.

Bruandet, M., N. Molko, L. Cohen y S. Dehaene (2004), "A cognitive characterization of dyscalculia in Turner syndrome", *Neuropsychologia 42*(3): 288-298.

Bruer, J. T. (1997), "Education and the brain: A bridge too far", *Educational Researcher 26*(8): 4-16.

Burr, D. y J. Ross (2008), "A visual sense of number", *Current Biology 18*(6): 425-428.

Butterworth, B. (1999), *The mathematical brain*, Londres, Macmillan.

Butterworth, B., R. Reeve, F. Reynolds y D. Lloyd (2008), "Numerical thought with and without words: Evidence from indigenous Australian children", *Proceedings of Natural Academy of Sciences USA 105*(35): 13 179-13 184; disponible en <www.pnas.org>, última consulta: 23/12/2015.

Campbell, J. I. (2004), *The handbook of mathematical cognition*, Londres, Psychology Press.

Campbell, J. I. D. y M. Oliphant (1992), "Representation and retrieval of arithmetic facts: A network-interference model and simulation", en J. I. D. Campbell (ed.), *The nature and origin of mathematical skills*, Ámsterdam, Elsevier: 331-364.

Cantlon, J. F. y E. M. Brannon (2007), "Basic math in monkeys and college students", *Public Library of Science (PLoS) Biology 5*(12), e328; disponible en <journals.plos.org>; última consulta: 23/12/2015.

Cantlon, J. F., E. M. Brannon, E. J. Carter y K. A. Pelphrey (2006), "Functional imaging of numerical processing in adults and 4-y-old children", *Public Library of Science (PLoS) Biology 4*(5): e125; disponible en <journals.plos.org>; última consulta: 23/12/2015.

Capaldi, E. J. y D. J. Miller (1988), "Counting in rats: Its functional significance and the independent cognitive processes that constitute it", *Journal of Experimental Psychology. Animal Behavior Processes 14*(1): 3-17.

Cappelletti, M., B. Butterworth y M. Kopelman (2001), "Spared numerical abilities in a case of semantic dementia", *Neuropsychologia 39*(11): 1224-1239.

Carey, S. (1998), "Knowledge of number: its evolution and ontogeny", *Science 282*(5389): 641-642.

Case, R. (1985), *Intellectual development: Birth to adulthood*, San Diego, Academic Press.
— (1992), *The mind's staircase: Exploring the conceptual underpinnings of children's thought and knowledge*, Hillsdale, NJ, Erlbaum.

Cattell, J. M. (1886), "The time it takes to name and see objects", *Mind 11*(41): 63-65.

Changeux, J. P. y A. Connes (1995), *Conversations on mind, matter and mathematics*, Princeton, NJ, Princeton University Press [ed. cast. ya citada].

Changeux, J. P. y S. Dehaene (1989), "Neuronal models of cognitive functions", *Cognition 33*(1-2): 63-109.

Chase, W. G. y K. A. Ericsson (1981), "Skilled memory", en J. R. Anderson (ed.), *Cognitive skills and their acquisition*, Hillsdale, NJ, Erlbaum: 141-189.

Chochon, F., L. Cohen, P. F. van de Moortele y S. Dehaene (1999), "Differential contributions of the left and right inferior parietal lobules to number processing", *Journal of Cognitive Neuroscience 11*(6), 617-630.

Church, R. M. y W. H. Meck (1984), "The numerical attribute of stimuli", en H. L. Roitblat, T. G. Bever y H. S. Terrace (eds.), *Animal cognition*, Hillsdale, NJ, Erlbaum: 445-464.

Cipolotti, L., B. Butterworth y G. Denes (1991), "A specific deficit for numbers in a case of dense acalculia", *Brain 114*(6): 2619-2637.

Cohen, L. y S. Dehaene (1995), "Number processing in pure alexia: the effect of hemispheric asymmetries and task demands", *NeuroCase 1*(2): 121-137; disponible en <www.unicog.org>, última consulta: 23/12/2015.
— (1996), "Cerebral networks for number processing: Evidence from a case of posterior callosal lesion", *NeuroCase 2*(3): 155-174; disponible en <www.unicog.org>, última consulta: 23/12/2015.
— (2000), "Calculating without reading: Unsuspected residual abilities in pure alexia", *Cognitive Neuropsychology 17*(6): 563-583.

Cohen, L., S. Dehaene y P. Verstichel (1994), "Number words and number non-words: A case of deep dyslexia extending to arabic numerals", *Brain 117*(2): 267-279.

Cohen, L., C. Henry, S. Dehaene, O. Martinaud, S. Lehericy, C. Lemer y S. Ferrieux (2004), "The pathophysiology of letter-by-letter reading", *Neuropsychologia 42*(13): 1768-1780; disponible en <www.unicog.org>, última consulta: 23/12/2015.

Cohen, L., P. Verstichel y S. Dehaene (1997), "Neologistic jargon sparing numbers: A category-specific phonological impairment", *Cognitive Neuropsychology 14*(7): 1029-1061; disponible en <www.unicog.org>, última consulta: 23/12/2015.

Cohen Kadosh, R. y A. Henik (2006a), "Color congruity effect: Where do colors and numbers interact in synesthesia?", *Cortex 42*(2): 259-263.

— (2006b), "A common representation for semantic and physical properties: A cognitive-anatomical approach", *Experimental Psychology 53*(2): 87-94.

Cohen Kadosh, R., A. Henik, O. Rubinsten, H. Mohr, H. Dori, V. van de Ven, M. Zorzi, T. Hendler, R. Goebel y D. E. Linden (2005), "Are numbers special? The comparison systems of the human brain investigated by f-MRI", *Neuropsychologia 43*(9): 1238-1248.

Colvin, M. K., M. G. Funnell y M. S. Gazzaniga (2005), "Numerical processing in the two hemispheres: Studies of a split-brain patient", *Brain and Cognition 57*(1): 43-52.

Cooper, R. G. (1984), "Early number development: Discovering number space with addition and subtraction", en C. Sophian (ed.), *Origins of cognitive skills*, Hillsdale, NJ, Erlbaum: 157-192.

Cordes, S. y E. M. Brannon (2008), "The difficulties of representing continuous extent in infancy: Using number is just easier", *Child Development 79*(2): 476-489; disponible en <www2.bc.edu>, última consulta: 23/12/2015.

Cordes, S., R. Gelman, C. R. Gallistel y J. Whalen (2001), "Variability signatures distinguish verbal from nonverbal counting for both large and small numbers", *Psychonomic Bulletin and Review 8*(4): 698-707; disponible en <www.researchgate.net>, última consulta: 23/12/2015.

Damasio, A. R. (1994), *Descartes' error: Emotion, reason, and the human brain*, Nueva York, G. P. Putnam [ed. cast.: *El error de Descartes. La emoción, la razón y el cerebro humano*, Barcelona, Destino, 2011].

Damasio, A. R. y H. Damasio (1983), "The anatomic basis of pure alexia", *Neurology 33*(12): 1573-1583.

Dantzig, T. (1967 [1930]), *Number: The language of science*, Nueva York, The Free Press [ed. cast. ya citada].

Davis, H. y R. Pérusse (1988), "Numerical competence in animals: Definitional issues current evidence and a new research agenda", *Behavioral and Brain Sciences 11*(4): 561-615; disponible en <www.researchgate.net>, última consulta: 23/12/2015.

De Hevia, M. D. y E. S. Spelke (2009), "Spontaneous mapping of number and space in adults and young children", *Cognition 110*(2): 198-207.
— (2010), "Number-space mapping in human infants", *Psychological Science 21*(5): 653-660; disponible en <dash.harvard.edu>, última consulta: 23/12/2015.

Dehaene, S. (1992), "Varieties of numerical abilities", *Cognition 44*: 1-42; disponible en <www.unicog.org>, última consulta: 23/12/2015.
— (1995), "Electrophysiological evidence for category-specific word processing in the normal human brain", *NeuroReport 6*(16): 2153-2157; disponible en <www.unicog.org>, última consulta: 23/12/2015.
— (1996), "The organization of brain activations in number comparison: Event-related potentials and the additive-factors methods", *Journal of Cognitive Neuroscience 8*(1): 47-68.
— (2007), "Symbols and quantities in parietal cortex: Elements of a mathematical theory of number representation and manipulation", en P. Haggard e Y. Rossetti (eds.), *Attention and Performance XXII. Sensori-Motor Foundations of Higher Cognition*, Cambridge, MA, Harvard University Press: 527-574.

— (2009), *Reading in the brain*, Nueva York, Penguin Viking [ed. cast.: *El cerebro lector*, Buenos Aires, Siglo XXI, 2014].

— (2014), *Consciousness and the Brain*, Nueva York, Viking Adult [ed. cast.: *La conciencia en el cerebro*, Buenos Aires, Siglo XXI, 2015].

Dehaene, S. y R. Akhavein (1995), "Attention, automaticity and levels of representation in number processing", *Journal of Experimental Psychology: Learning, Memory, and Cognition 21*(2): 314-326.

Dehaene, S., S. Bossini y P. Giraux (1993), "The mental representation of parity and numerical magnitude", *Journal of Experimental Psychology: General 122*(3): 371-396; disponible en <www.unicog.org>, última consulta: 23/12/2015.

Dehaene, S. y J. P. Changeux (1993), "Development of elementary numerical abilities: A neuronal model", *Journal of Cognitive Neuroscience 5*(4): 390-407.

— (1995), "Neuronal models of prefrontal cortical functions", *Annals of the New York Academy of Sciences 769*: 305-319.

Dehaene, S., J. P. Changeux, L. Naccache, J. Sackur y C. Sergent (2006), "Conscious, preconscious, and subliminal processing: A testable taxonomy", *Trends in Cognitive Science 10*(5): 204-211.

Dehaene, S. y L. Cohen (1991), "Two mental calculation systems: A case study of severe acalculia with preserved approximation", *Neuropsychologia 29*(11): 1045-1074.

— (1994), "Dissociable mechanisms of subitizing and counting: Neuropsychological evidence from simultanagnosic patients", *Journal of Experimental Psychology: Human Perception and Performance 20*(5): 958-975; disponible en <www.researchgate.net>, última consulta: 23/12/2015.

— (1995), "Towards an anatomical and functional model of number processing", *Mathematical Cognition 1*: 83-120.

— (1997), "Cerebral pathways for calculation: Double dissociation between rote verbal and quantitative knowledge of arithmetic", *Cortex 33*: 219-250.

— (2007), "Cultural recycling of cortical maps", *Neuron 56*(2): 384-398; disponible en <www.cell.com>, última consulta: 23/12/2015.

Dehaene, S., G. Dehaene-Lambertz y L. Cohen (1998), "Abstract representations of numbers in the animal and human brain", *Trends in Neuroscience 21*(8): 355-361.

Dehaene, S., E. Dupoux y J. Mehler (1990), "Is numerical comparison digital?: Analogical and Symbolic effects in two-digit number comparison", *Journal of Experimental Psychology: Human Perception and Performance 16*(3): 626-641.

Dehaene, S., V. Izard, P. Pica y E. Spelke (2006), "Core knowledge of geometry in an Amazonian indigene group", *Science 311*(5759): 381 384.

Dehaene, S., V. Izard, E. Spelke y P. Pica (2008), "Log or linear? Distinct intuitions of the number scale in Western and Amazonian indigene cultures", *Science 320*(5880): 1217-1220.

Dehaene, S., M. Kerszberg y J. P. Changeux (1998), "A neuronal model of a global workspace in effortful cognitive tasks", *Proceedings of the National Academy of Science USA 95*(24): 14 529-14 534; disponible en <www. pnas.org>, última consulta: 23/12/2015.

Dehaene, S., G. Le Clec'H, L. Cohen, J. B. Poline, P. F. van de Moortele y D. Le Bihan (1998), "Inferring behavior from functional brain images", *Nature Neuroscience 1*(7): 549-550.

Dehaene, S. J. y J. Mehler (1992), "Cross-linguistic regularities in the frequency of number words", *Cognition 43*: 1-29.

Dehaene, S., N. Molko, L. Cohen y A. J. Wilson (2004), "Arithmetic and the brain", *Current Opinion in Neurobiology 14*(2): 218-224; disponible en <cognitrn.psych.edu>, última consulta: 2/12/2015.

Dehaene, S. y L. Naccache (2001), "Towards a cognitive neuroscience of consciousness: Basic evidence and a workspace framework", *Cognition 79*(1-2): 1-37.

Dehaene, S., L. Naccache, G. Le Clec'H, E. Koechlin, M. Mueller, G. Dehaene-Lambertz, P. F. van de Moortele y D. Le Bihan (1998), "Imaging unconscious semantic priming", *Nature 395*(6702): 597-600.

Dehaene, S., M. Piazza, P. Pinel y L. Cohen (2003), "Three parietal circuits for number processing", *Cognitive Neuropsychology 20*(3/4/5/6): 487-506; disponible en <www.unicog.org>, última consulta: 2/12/2015.

Dehaene, S., M. I. Posner y D. M. Tucker (1994), "Localization of a neural system for error detection and compensation", *Psychological Science 5*: 303-305.

Dehaene, S., E. Spelke, P. Pinel, R. Stanescu y S. Tsivkin (1999), "Sources of mathematical thinking: Behavioral and brain-imaging evidence", *Science 284*(5416): 970-974.

Dehaene, S., N. Tzourio, V. Frak, L. Raynaud, L. Cohen, J. Mehler y B. Mazoyer (1996), "Cerebral activations during number multiplication and comparison: A PET study", *Neuropsychologia 34*(11): 1097-1106.

Déjerine, J. (1892), "Contribution à l'étude anatomo-pathologique et clinique des différentes variétés de cécité verbale", *Mémoires de la Société de Biologie 4*: 61-90.

Del Cul, A., S. Dehaene, P. Reyes, E. Bravo y A. Slachevsky (2009), "Causal role of prefrontal cortex in the threshold for access to consciousness", *Brain 132*(9): 2531-2540; disponible en <brain.oxfordjournals.org>, última consulta: 23/12/2015.

Delazer, M. y T. Benke (1997), "Arithmetic facts without meaning", *Cortex 33*(4), 697-710.

Delazer, M., F. Domahs, L. Bartha, C. Brenneis, A. Lochy, T. Trieb y T. Benke (2003), "Learning complex arithmetic-an fMRI study", *Brain Research. Cognitive Brain Research 18*(1): 76-88.

Demeyere, N., V. Lestou y G. W. Humphreys (2010), "Neuropsychological evidence for a dissociation in counting and subitizing", *Neurocase 16*(3): 219-237.

Den Heyer, K. y K. Briand (1986), "Priming single digit numbers: Automatic spreading activation dissipates as a function of semantic distance", *American Journal of Psychology 99*(3): 315-340.

Diamond, A. y P. S. Goldman-Rakic (1989), "Comparison of human infants and rhesus monkeys on Piaget's A-not-B task: Evidence for dependence on dorsolateral prefrontal cortex", *Experimental Brain Research 74*(1): 24-40.

Diamond, M. C., A. B. Scheibel, G. M. Murphy, Jr. y T. Harvey (1985), "On the brain of a scientist: Albert Einstein", *Experimental Neurology 88*(1): 198-204.

Diester, I. y A. Nieder (2007), "Semantic associations between signs and numerical categories in the prefrontal cortex", *Public Library of Science (PLoS) Biology 5*(11): e294; disponible en <www.ncbi.nlm.nih.gov>, última consulta: 23/12/2015.

Dormal, V., X. Seron y M. Pesenti (2006), "Numerosity-duration interference: A Stroop experiment", *Acta Psychologica* (Amst) *121*(2): 109-124; disponible en <www.researchgate.net>, última consulta: 23/12/2015.

Duncan, E. M. y C. E. McFarland (1980), "Isolating the effects of symbolic distance and semantic congruity in comparative judgments: An additive-factors analysis", *Memory and Cognition 8*(6): 612-622; disponible en <link.springer.com>, última consulta: 23/12/2015.

Eden, G. F., K. M. Jones, K. Cappell, L. Gareau, F. B. Wood, T. A. Zeffiro, N. A. Dietz, J. A. Agnew y D. L. Flowers (2004), "Neural changes following remediation in adult developmental dislexia", *Neuron 44*(3): 411-422; disponible en <www.sciencedirect.com>, última consulta: 23/12/2015.

Eger, E., V. Michel, B. Thirion, A. Amadon, S. Dehaene y A. Kleinschmidt (2009), "Deciphering cortical number coding from human brain activity patterns", *Current Biology 19*(19): 1608-1615; disponible en <www.sciencedirect.com>, última consulta: 23/12/2015.

Eger, E., P. Sterzer, M. O. Russ, A. L. Giraud y A. Kleinschmidt (2003), "A supramodal number representation in human intraparietal cortex", *Neuron 37*(4): 719-725; disponible en <www.sciencedirect.com>, última consulta: 23/12/2015.

Elbert, T., C. Pantev, C. Wienbruch, B. Rockstroh y E. Taub (1995), "Increased cortical representation of the fingers of the left hand in string players", *Science 270*(5234): 305-307.

Ellis, N. (1992), "Linguistic relativity revisited: The bilingual word-length effect in working memory during counting remembering numbers and mental calculation", en R. J. Harris (ed.), *Cognitive processing in bilinguals*, Ámsterdam, Elsevier: 137-155.

Facoetti, A., A. N. Trussardi, M. Ruffino, M. L. Lorusso, C. Cattaneo, R. Galli, M. Molteni y M. Zorzi (2009), "Multisensory spatial attention deficits are predictive of phonological decoding skills in developmental dyslexia", *Journal of Cognitive Neuroscience 22*(5): 1011-1025.

Feigenson, L. (2005), "A double-dissociation in infants' representations of object arrays", *Cognition 95*(3): B37-B48; disponible en <pbs.jhu.edu>, última consulta: 23/12/2015.
— (2008), "Parallel non-verbal enumeration is constrained by a set-based limit", *Cognition 107*(1): 1-18; disponible en <www.psy.jhu.edu>, última consulta: 23/12/2015.

Feigenson, L., S. Carey y M. Hauser (2002), "The representations underlying infants' choice of more: Object files versus analog magnitudes", *Psychological Science 13*(2): 150-156; disponible en <pbs.jhu.edu>, última consulta: 23/12/2015.

Feigenson, L., S. Carey y E. Spelke (2002), "Infants' discrimination of number vs. continuous extent", *Cognitive Psychology 44*(1): 33-66; disponible en <pbs.jhu.edu>, última consulta: 23/12/2015.

Feigenson, L., S. Dehaene y E. Spelke (2004), "Core systems of number", *Trends in Cognitive Science 8*(7): 307-314; disponible en <pbs.jhu.edu>, última consulta: 23/12/2015.

Fernald, L. D. (1984), *The Hans legacy: A story of science*, Hillsdale, NJ, Erlbaum.

Fias, W., M. Brysbaert, F. Geypens y G. d'Ydewalle (1996), "The importance of magnitude information in numerical processing: Evidence from the SNARC effect", *Mathematical Cognition 2*(1): 95-110; disponible en <www.researchgate.net>, última consulta: 23/12/2015.

Fias, W., J. Lammertyn, B. Caessens y G. A. Orban (2007), "Processing of abstract ordinal knowledge in the horizontal segment of the intraparietal sulcus", *The Journal of Neuroscience 27*(33): 8952-8956; disponible en <www.jneurosci.org>, última consulta: 23/12/2015.

Fias, W., J. Lammertyn, B. Reynvoet, P. Dupont y G. A. Orban (2003), "Parietal representation of symbolic and nonsymbolic magnitude", *Journal of Cognitive Neuroscience 15*(1): 47-56.

Fisch, L., E. Privman, M. Ramot, M. Harel, Y. Nir, S. Kipervasser, F. Andelman, M. Y. Neufeld, U. Kramer, I. Fried y R. Malach (2009), "Neural 'ignition': Enhanced activation linked to perceptual awareness in human ventral stream visual cortex", *Neuron 64*(4): 562-574; disponible en <www.ncbi.nlm.nih.gov>, última consulta: 23/12/2015.

Fischer, M. H., A. D. Castel, M. D. Dodd y J. Pratt (2003), "Perceiving numbers causes spatial shifts of attention", *Nature Neuroscience 6*(6): 555-556.

Flansburg, S. (1993), *Math magic*, Nueva York, William Morrow & Co.

Franks, N. P. (2008), "General anaesthesia: From molecular targets to neuronal pathways of sleep and arousal", *Nature Reviews. Neuroscience 9*(5): 370-386.

Frege, G. (1950), *The foundations of arithmetic*, Óxford, Basil Blackwell [ed. cast.: *Los fundamentos de la aritmética*, México, Unam, 1972].

Frith, C. D. y U. Frith (1972), "The solitaire illusion: An illusion of numerosity", *Perception & Psychophysics 11*(6): 409-410; disponible en <www.icn.ucl.ac.uk>, última consulta: 23/12/2015.

Frith, U. y C. D. Frith (2003), "Development and neurophysiology of mentalizing", *Philosophical Transactions. The Royal Society of London B Biological Science 358*(1431): 459-473; disponible en <www.ncbi.nlm.nih.gov>, última consulta: 23/12/2015.

Fuson, K. C. (1982), "An analysis of the counting-on solution procedure in addition", en T. P. Carpenter, M. J. Moser y T. A. Romberg (eds.), *Addition and subtraction: A cognitive perspective*, Hillsdale, NJ, Lawrence Erlbaum: 67-81.

Fuson, K. C. (1988), *Children's counting and concepts of number*, Nueva York, Springer.

Fuster, J. M. (2008), *The prefrontal cortex*, 4ª ed., Londres, Academic Press.

Gallistel, C. R. (1989), "Animal cognition: The representation of space time and number", *Annual Review of Psychology 40*: 155-189.
— (1990), *The organization of learning*, Cambridge, MA, MIT Press.

Gallistel, C. R. y R. Gelman (1991), "The preverbal counting process", en W. Kessen, A. Ortony y F. Craik (eds.), *Thoughts memories and emotions: Essays in honor of George Mandler*, Hillsdale, NJ, Erlbaum: 65-81.
— (1992), "Preverbal and verbal counting and computation", *Cognition 44*(1-2): 43-74; disponible en <www.researchgate.net>, última consulta: 23/12/2015.

Galton, F. (1880), "Visualised numerals", *Nature 21*: 252-256.

Gazzaniga, M. S. y S. A. Hillyard (1971), "Language and speech capacity of the right hemisphere", *Neuropsychologia 9*(3): 273-280; disponible en <people.psych.ucsb.edu>, última consulta: 23/12/2015.

Gazzaniga, M. S. y C. E. Smylie (1984), "Dissociation of language and cognition: A psychological profile of two disconnected right hemispheres", *Brain 107*(1): 145-153; disponible en <people.psych.ucsb.edu>, última consulta: 23/12/2015.

Geary, D. C. (1990), "A componential analysis of an early learning deficit in mathematics", *Journal of Experimental Child Psychology 49*(3): 363-383; disponible en <web.missouri.edu>, última consulta: 23/12/2015.

Gehring, W. J., B. Goss, M. G. H. Coles, D. E. Meyer y E. Donchin (1993), "A neural system for error detection and compensation", *Psychological Science 4*: 385-390; disponible en <pss.sagepub.com>, última consulta: 23/12/2015.

Gelman, R. y C. R. Gallistel (1978), *The child's understanding of number*, Cambridge, MA, Harvard University Press.

Gelman, R. y E. Meck (1983), "Preschooler's counting: Principles before skill", *Cognition 13*(3): 343-359; disponible en <ruccs.rutgers.edu>, última consulta: 23/12/2015.
— (1986), "The notion of principle: The case of counting", en J. Hiebert (ed.), *Conceptual and procedural knowledge: The case of mathematics*, Hillsdale, NJ, Erlbaum: 29-57.

Gelman, R. y M. F. Tucker (1975), "Further investigations of the young child's conception of number", *Child Development 46*(1): 167-175; disponible en <www.researchgate.net>, última consulta: 2/12/2015.

Gerstmann, J. (1940), "Syndrome of finger agnosia, disorientation for right and left, agraphia, and acalculia", *Archives of Neurology and Psychiatry 44*(2): 398-408.

Geschwind, N. y A. M. Galaburda (1985), "Cerebral lateralization. Biological mechanisms, associations, and pathology: I. A hypothesis and a program for research", *Archives of Neurology 42*(5): 428-459.

Gilmore, C. K., S. E. McCarthy y E. S. Spelke (2007), "Symbolic arithmetic knowledge without instruction", *Nature 447*(7144): 589-591; disponible en <www.psychology.nottingham.ac.uk>, última consulta: 23/12/2015.

— (2010), "Non-symbolic arithmetic abilities and mathematics achievement in the first year of formal schooling", *Cognition 115*(3): 394-406; disponible en <www.ncbi.nlm.nih.gov>, última consulta: 23/12/2015.

Ginsburg, N. (1976), "Effect of item arrangement on perceived numerosity: Randomness vs regularity", *Perceptual and Motor Skills 43*: 663-668.
— (1978), "Perceived numerosity item arrangement and expectancy", *American Journal of Psychology 91*(2): 267-273.

Girelli, L., D. Lucangeli y B. Butterworth (2000), "The development of automaticity in accessing number magnitude", *Journal of Experimental Child Psychology 76*(2): 104-122.

Goldman-Rakic, P. S., A. Isseroff, M. L. Schwartz y N. M. Bugbee (1983), "The neurobiology of cognitive development", en M. P. (ed.), *Handbook of child psychology: Biology infancy development*, vol. 2, Nueva York, Wiley: 281-344.

Gordon, P. (2004), "Numerical cognition without words: Evidence from Amazonia", *Science 306*(5695): 496-499.

Gould, S. J. (1981), *The mismeasure of man*, Nueva York, W.W. Norton & Co. [ed. cast. ya citada].

Grafman, J., D. Kampen, J. Rosenberg, A. Salazar y F. Boller (1989), "Calculation abilities in a patient with a virtual left hemispherectomy", *Behavioural Neurology 2*: 183-194.

Greenblatt, S. H. (1973), "Alexia without agraphia or hemianopsia. Anatomical analysis of an autopsied case", *Brain 96*: 307-316.

Greeno, J. G., M. S. Riley y R. Gelman (1984), "Conceptual competence and children's counting", *Cognitive Psychology 16*(1): 94-143.

Greenwald, A. G., R. L. Abrams, L. Naccache y S. Dehaene (2003), "Long-term semantic memory versus contextual memory in unconscious number processing", *Journal of Experimental Psychology: Learning, Memory and Cognition 29*(2): 235-247; disponible en <faculty.washington.edu>, última consulta: 23/12/2015.

Griffin, S. y R. Case (1996), "Evaluating the breadth and depth of training effects when central conceptual structures are taught", *Monographs of the Society for Research in Child Development 61*(1-2): 83-102.

Griffin, S., R. Case y R. S. Siegler (1986), "Rightstart: Providing the central conceptual prerequisites for first formal learning of arithmetic to students at risk for school failure", en K. McGilly (ed.), *Classroom lessons: Integrating cognitive theory and classroom practice*, Cambridge, MIT Press: 25-49.

Grill-Spector, K. y R. Malach (2001), "fMR-adaptation: a tool for studying the functional properties of human cortical neurons", *Acta Psychologica (Amst) 107*(1-3): 293-321; disponible en <culhamlab.ssc.uwo.ca>, última consulta: 23/12/2015.

Groen, G. J. y J. M. Parkman (1972), "A chronometric analysis of simple addition", *Psychological Review 79*(4): 329-343.

Hadamard, J. (1945), *An Essay on the Psychology of Invention in the Mathematical Field*, Princeton, Princeton University Press [ed. cast. ya citada].

Halberda, J. y L. Feigenson (2008), "Developmental change in the acuity of the 'Number Sense': The approximate number system in 3-, 4-, 5, and 6-year-olds and adults", *Developmental Psychology 44*(5): 1457-1465; disponible en <pbs.jhu.edu>, última consulta: 23/12/2015.

Halberda, J., M. M. Mazzocco y L. Feigenson (2008), "Individual differences in non-verbal number acuity correlate with maths achievement", *Nature 455*(7213): 665-668; disponible en <www.researchgate.net>, última consulta: 23/12/2015.

Hardy, G. H. (1940), *A mathematician's apology*, Cambridge, Cambridge University Press [ed. cast. ya citada].

Harris, E. H., D. A. Washburn, M. J. Beran y R. A. Sevcik (2007), "Rhesus monkeys (Macaca mulatta) select Arabic numerals or visual quantities corresponding to a number of sequentially completed maze trials", *Learning and Behavior 35*(1): 53-59; disponible en <link.springer.com>, última consulta: 23/12/2015.

Hatano, G., S. Amaiwa y K. Shimizu (1987), "Formation of a mental abacus for computation and its use as a memory device for digits: A developmental study", *Developmental Psychology 23*(6): 832-838; disponible en <ucmasaustralia.com.au>, última consulta: 23/12/2015.

Hatano, G. y K. Osawa (1983), "Digit memory of grand experts in abacus-derived mental calculation", *Cognition 15*(1-3): 95-110.

Hauser, M. D. y S. Carey (2003), "Spontaneous representations of small numbers of objects by rhesus macaques: Examinations of content and format", *Cognitive Psychology 47*(4): 367-401; disponible en <www.researchgate.net>, última consulta: 23/12/2015.

Hauser, M. D., S. Carey y L. B. Hauser (2000), "Spontaneous number representation in semi-free-ranging rhesus monkeys", *Proceedings of the Royal Society of London B Biological Science 267*(1445): 829-833.

Hauser, M. D., P. MacNeilage y M. Ware (1996), "Numerical representations in primates", *Proceedings of the Natural Academy of Science USA 93*(4): 1514-1517; disponible en <pnas.org>, última consulta: 23/12/2015.

Henik, A. y J. Tzelgov (1982), "Is three greater than five: The relation between physical and semantic size in comparison tasks", *Memory and Cognition 10*(4): 389-395; disponible en <link.springer.com>, última consulta: 23/12/2015.

Hermelin, B. y N. O'Connor (1986a), "Idiot savant calendrical calculators: rule and regularities", *Psychological Medicine 16*(4): 885-893.
— (1986b), "Spatial representations in mathematically and in artistically gifted children", *British Journal of Educational Psychology 56*: 150-157.
— (1990), "Factors and primes: A specific numerical ability", *Psychological Medicine, 20*(1): 163-169.

Hinrichs, J. V., D. S. Yurko y J. M. Hu (1981), "Two-digit number comparison: use of place information", *Journal of Experimental Psychology: Human Perception And Performance 7*(4): 890-901.

Hittmair-Delazer, M., U. Sailer y T. Benke (1995), "Impaired arithmetic facts but intact conceptual knowledge - a single case study of dyscalculia", *Cortex 31*(1): 139-147.

Holloway, I. D. y D. Ansari (2009), "Mapping numerical magnitudes onto symbols: The numerical distance effect and individual differences in children's mathematics achievement", *Journal of Experimental Child Psychology 103*(1): 17-29.

Howe, M. J. A. y J. Smith (1988), "Calendar calculating in idiots savants: How do they do it", *British Journal of Psychology 79*(3): 371-386.

Hubbard, E. M., M. Piazza, P. Pinel y S. Dehaene (2005), "Interactions between number and space in parietal cortex", *Nature Reviews. Neuroscience 6*(6): 435-448; disponible en <www.daysyn.com>, última consulta: 23/12/2015.
— (2009), "Numerical and spatial Intuitions: A role for posterior parietal cortex?", en L. Tommasi, L. Nadel y M. A. Peterson (eds.), *Cognitive biology: Evolutionary and developmental perspectives on mind, brain and behavior*, Cambridge, MA, MIT Press: 221-246.

Hubbard, E. M., M. Ranzini, M. Piazza y S. Dehaene (2009), "What information is critical to elicit interference in number-form synaesthesia?", *Cortex 45*(10): 1200-1216; disponible en <www.daysyn.com>, última consulta: 23/12/2015.

Huettel, S. A., A. W. Song y G. McCarthy (2008), *Functional magnetic resonance imaging*, 2ª ed., Nueva York, Sinauer Associates Inc.

Hurford, J. R. (1987), *Language and number*, Óxford, Basil Blackwell.

Husserl, E. (2003 [1891]), *Philosophy of arithmetic*, Dallas, Willard.

Hyde, J. S., E. Fennema y S. J. Lamon (1990), "Gender differences in mathematics performance: A meta-analysis", *Psychological Bulletin 107*(2): 139-155; disponible en <www.pnas.org>, última consulta: 23/12/2015.

Hyde, D. C. y E. S. Spelke (2009), "All numbers are not equal: An electrophysiological investigation of small and large number representations", *Journal of Cognitive Neuroscience 21*(6): 1039-1053; disponible en <www.ncbi.nlm.nih.gov>, última consulta: 23/12/2015.

Ifrah, G. (1985), *From one to zero: A universal history of numbers*, Nueva York, Viking.
— (1998), *The universal history of numbers*, Londres, The Harvil Press [ed. cast.: *Historia universal de las cifras. La inteligencia de la humanidad contada por los números y el cálculo*, Madrid, Espasa-Calpe, 2008].

Ingvar, D. H. y G. E. Nyman (1962), "Epilepsia arithmetices: A new physiologic trigger mechanism in a case of epilepsy", *Neurology 12*: 282-287.

Ingvar, D. H. y M. Schwarz (1974), "Blood flow patterns induced in the dominant hemisphere by speech and reading", *Brain 97*(2): 273-288.

Isaacs, E. B., C. J. Edmonds, A. Lucas y D. G. Gadian (2001), "Calculation difficulties in children of very low birthweight: A neural correlate", *Brain 124*(Pt 9): 1701-1707; disponible en <brain.oxfordjournals.org>, última consulta: 23/12/2015.

Ischebeck, A., L. Zamarian, C. Siedentopf, F. Koppelstatter, T. Benke, S. Felber y M. Delazer (2006), "How specifically do we learn? Imaging the learning of multiplication and subtraction", *Neuroimage 30*(4): 1365-1375.

Ito, Y. y T. Hatta (2004), "Spatial structure of quantitative representation of numbers: evidence from the SNARC effect", *Memory and Cognition 32*(4): 662-673; disponible en <link.springer.com>, última consulta: 23/12/2015.

Izard, V. y S. Dehaene (2008), "Calibrating the mental number line", *Cognition 106*(3): 1221-1247; disponible en <www.researchgate.net>, última consulta: 23/12/2015.

Izard, V., G. Dehaene-Lambertz y S. Dehaene (2008), "Distinct cerebral pathways for object identity and number in human infants", *Public Library of Science (PLoS) Biology 6*(2): 275-285; disponible en <journals.plos.org>, última consulta: 23/12/2015.

Izard, V., C. Sann, E. S. Spelke y A. Streri (2009), "Newborn infants perceive abstract numbers", *Proceedings of the Natural Academy of Sciences USA 106*(25): 10 382-10 385; disponible en <www.pnas.org>, última consulta: 23/12/2015.

Jacob, S. N. y A. Nieder, A. (2008), "The ABC of cardinal and ordinal number representations", *Trends in Cognitive Science 12*(2): 41-43; disponible en <homepages.uni-tuebingen.de>, última consulta: 23/12/2015.

Jenkins, W. M., M. M. Merzenich y G. Recanzone (1990), "Neocortical representational dynamics in adult primates: Implications for neuropsychology", *Neuropsychologia 28*(6): 573-584.

Jensen, A. R. (1990), "Speed of information processing in a calculating prodigy", *Intelligence 14*: 259-274.

Jensen, E. M., E. P. Reese y T. W. Reese (1950), "The subitizing and counting of visually presented fields of dots", *The Journal of Psychology 30*: 363-392.

Johnson-Laird, P. N. (1983), *Mental models*, Cambridge, MA, Harvard University Press.

Kanigel, R. (1991), *The man who knew infinity: A life of the genius Ramanujan*, Nueva York, Charles Scribner's Sons.

Kaufmann, L., F. Koppelstaetter, M. Delazer, C. Siedentopf, P. Rhomberg, S. Golaszewski, S. Felber y A. Ischebeck (2005), "Neural correlates of distance and congruity effects in a numerical Stroop task: An event-related fMRI study", *Neuroimage 25*(3): 888-898.

Kaufmann, L., F. Koppelstaetter, C. Siedentopf, I. Haala, E. Haberlandt, L. B. Zimmerhackl, S. Felber y A. Ischebeck (2006), "Neural correlates of the number-size interference task in children", *Neuroreport 17*(6): 587-591.

Kilian, A., S. Yaman, L. von Fersen y O. Gunturkun (2003), "A bottlenose dolphin discriminates visual stimuli differing in numerosity", *Learning and Behavior 31*(2): 133-142; disponible en <link.springer.com>, última consulta: 16/12/2015.

Kitcher, P. (1984), *The nature of mathematical knowledge,* Nueva York, Oxford University Press.

Kline, M. (1972), *Mathematical thought from ancient to modern times*, Nueva York, Oxford University Press [ed. cast. ya citada].
— (1980), *Mathematics: The loss of certainty*, Nueva York, Oxford University Press [ed. cast. ya citada].

Knops, A., B. Thirion, E. M. Hubbard, V. Michel y S. Dehaene (2009), "Recruitment of an area involved in eye movements during mental arithmetic", *Science* 324(5934): 1583-1585; disponible en <www.unicog. org>, última consulta: 23/12/2015.

Knops, A., A. Viarouge y S. Dehaene, S. (2009), "Dynamic representations underlying symbolic and nonsymbolic calculation: Evidence from the operational momentum effect", *Attention, Perception, and Psychophysics* 71(4): 803-821; disponible en <www.unicog.org>, última consulta: 23/12/2015.

Koechlin, E., S. Dehaene y J. Mehler (1997), "Numerical transformations in five month old human infants", *Mathematical Cognition 3*(2): 89-104; disponible en <www.sissa.it>, última consulta: 23/12/2015.

Koehler, O. (1951), "The ability of birds to count", *Bulletin of Animal Behaviour 9*: 41-45.

Kopera-Frye, K., S. Dehaene y A. P. Streissguth (1996), "Impairments of number processing induced by prenatal alcohol exposure", *Neuropsychologia 34*(12): 1187-1196.

Kosc, L. (1974), "Developmental dyscalculia", *Journal of Learning Disabilities 7*(3): 165-177.

Krojgaard, P. (2007), "Comparing infants' use of featural and spatiotemporal information in an object individuation task using a new event-monitoring design", *Developmental Science 10*(6): 892-909.

Krueger, L. E. (1986), "Why 2 x 2 = 5 looks so wrong: On the odd-even rule in product verification", *Memory and Cognition 14*(2): 141-149; disponible en <paperity.org>, última consulta: 23/12/2015.

— (1989), "Reconciling Fechner and Stevens: Toward a unified psychophysical law", *Behavioral and Brain Sciences 12*(2): 251-267.

Krueger, L. E. y E. W. Hallford (1984), "Why 2 + 2 = 5 looks so wrong: On the odd-even rule in sum verification", *Memory and Cognition 12*(2): 171-180; disponible en <link.springer.com>, última consulta: 23/12/2015.

Kucian, K., T. Loenneker, T. Dietrich, M. Dosch, E. Martin y M. von Aster (2006), "Impaired neural networks for approximate calculation in dyscalculic children: A functional MRI study", *Behavioral Brain Functions 2*: 31; disponible en <behavioralandbrainfunctions.biomedcentral.com>, última consulta: 23/12/2015.

Kucian, K., M. von Aster, T. Loenneker, T. Dietrich y E. Martin (2008), "Development of neural networks for exact and approximate calculation: A fMRI study", *Developmental Neuropsychology 33*(4): 447-473.

Kujala, T., K. Karma, R. Ceponiene, S. Belitz, P. Turkkila, M. Tervaniemi y R. Naatanen (2001), "Plastic neural changes and reading improvement caused by audiovisual training in reading-impaired children", *Proceedings of the National Academy of Sciences USA 98*(18): 10 509-10 514; disponible en <www.pnas.org>, última consulta: 23/12/2015.

Landerl, K., A. Bevan, B. Butterworth (2004), "Developmental dyscalculia and basic numerical capacities: A study of 8-9-year-old students", *Cognition 93*(2): 99-125; disponible en <www.mathematicalbrain.com>, última consulta: 23/12/2015.

Landerl, K., B. Fussenegger, K. Moll y E. Willburger (2009), "Dyslexia and dyscalculia: Two learning disorders with different cognitive profiles", *Journal of Experimental Child Psychology 103*(3): 309-324.

Le Corre, M. y S. Carey (2007), "One, two, three, four, nothing more: An investigation of the conceptual sources of the verbal counting principles", *Cognition 105*(2): 395-438; disponible en <ww.ncbi.nlm.nih.gov>, última consulta: 23/12/2015.

Le Corre, M., G. van de Walle, E. M. Brannon y S. Carey (2006), "Re-visiting the competence/performance debate in the acquisition of the counting principles", *Cognitive Psychology 52*(2): 130-169.

Le Lionnais, F. (1983), *Les nombres remarquables*, París, Hermann.

LeFevre, J., J. Bisanz y L. Mrkonjic (1988), "Cognitive arithmetic: Evidence for obligatory activation of arithmetic facts", *Memory and Cognition 16*(1): 45-53; disponible en <link.springer.com>, última consulta: 23/12/2015.

Lemaire, P., S. E. Barrett, M. Fayol y H. Abdi (1994), "Automatic activation of addition and multiplication facts in elementary school children", *Journal of Experimental Child Psychology 57*(2): 224-258.

Lemer, C., S. Dehaene, E. Spelke y L. Cohen (2003), "Approximate quantities and exact number words: Dissociable systems", *Neuropsychologia 41*: 1942-1958; disponible en <citeseerx.ist.psu.edu>; última consulta: 23/12/2015.

Lennox, W. G. (1931), "The cerebral circulation: XV. The effect of mental work", *Archives of Neurology and Psychiatry 26*(4): 725-730.

Levine, S. C., N. C. Jordan y J. Huttenlocher (1992), "Development of calculation abilities in young children", *Journal of Experimental Child Psychology 53*(1): 72-103; disponible en <psychology.uchicago.edu>, última consulta: 23/12/2015.

Lindemann, O., J. M. Abolafia, G. Girardi y H. Bekkering (2007), "Getting a grip on numbers: Numerical magnitude priming in object grasping", *Journal of Experimental Psychology: Human Perception and Performance 33*(6): 1400-1409.

Lochy, A., X. Seron, M. Delazer y B. Butterworth (2000), "The odd-even effect in multiplication: parity rule or familiarity with even numbers?", *Memory and Cognition 28*(3): 358-365; disponible en <link.springer.com>; última consulta: 23/12/2015.

Loetscher, T., C. J. Bockisch, M. E. Nicholls y P. Brugger (2010), "Eye position predicts what number you have in mind", *Current Biology 20*(6): R264-R265; disponible en <www.sciencedirect.com>, última consulta: 23/12/2015.

Lourenco, S. F. y M. R. Longo (2010), "General magnitude representation in human infants", *Psychological Science 21*(6): 873-881.

Luria, A. R. (1966), *The higher cortical functions in man*, Nueva York, Basic Books [ed. cast. ya citada].

Maloney, E. A., E. F. Risko, D. Ansari y J. Fugelsang (2010), "Mathematics anxiety affects counting but not subitizing during visual enumeration", *Cognition 114*(2): 293-297.

Mandler, G. y B. J. Shebo (1982); "Subitizing: An analysis of its component processes", *Journal of Experimental Psychology: General 111*(1): 1-21; disponible en <escholarchip.org>, última consulta: 23/12/2015.

Marshack, A. (1991), "The Taï Plaque and Calendrical Notation in the Upper Palaeolithic", *Cambridge Archaeological Journal 1*(1): 25-61.

Matsuzawa, T. (1985), "Use of numbers by a chimpanzee", *Nature 315*(6014): 57-59; disponible en <lagint.pri.kyoto-u.ac.jp>, última consulta: 23/12/2015.

— (2009), "Symbolic representation of number in chimpanzees", *Current Opinion in Neurobiology 19*(1): 92-98.

Mayer, E., M. D. Martory, A. J. Pegna, T. Landis, J. Delavelle y J. M. Annoni (1999), "A pure case of Gerstmann syndrome with a subangular lesion", *Brain 122*(Pt 6): 1107-1120; disponible en <brain.oxfordjournals.org>, última consulta: 23/12/2015.

Mazzocco, M. M. (1998), "A process approach to describing mathematics difficulties in girls with Turner syndrome", *Pediatrics 102*(2 Pt 3): 492-496; disponible en <pediatrics.aapublications.org>, última consulta: 23/12/2015.

McCloskey, M. y A. Caramazza (1987), "Cognitive mechanisms in normal and impaired number processing", en G. Deloche y X. Seron (eds.), *Mathematical disabilities: A cognitive neuropsychological perspective*, Hillsdale, NJ, Erlbaum: 201-219.

McCloskey, M., A. Caramazza y A. Basili (1985), "Cognitive mechanisms in number processing and calculation: Evidence from dyscalculia", *Brain and Cognition 4*(2): 171-196; disponible en <postcorg.ucd.ie>, última consulta: 23/12/2015.

McCloskey, M., S. M. Sokol y R. A. Goodman (1986), "Cognitive processes in verbal-number production: Inferences from the performance of brain-damaged subjects", *Journal of Experimental Psychology: General 115*(4): 307-330.

McCrink, K. y K. Wynn (2004), "Large-number addition and subtraction by 9-month-old infants", *Psychological Science 15*(11): 776-781.

— (2007), "Ratio abstraction by 6-month-old infants", *Psychological Science 18*(8): 740-745.

— (2009), "Operational momentum in large-number addition and subtraction by 9-month-olds", *Journal of Experimental Child Psychology 103*(4): 400-408.

McCulloch, W. S. (1965), *Embodiments of mind*, Cambridge, MA, MIT Press.

McGarrigle, J. y M. Donaldson (1974), "Conservation accidents", *Cognition 3*(4): 341-350.

Mechner, F. (1958), "Probability relations within response sequences under ratio reinforcement", *Journal of the Experimental Analysis of Behavior 1*(2): 109-121; disponible en <www.ncbi.nlm.nih.gov>, última consulta: 23/12/2015.

Mechner, F. y L. Guevrekian (1962), "Effects of deprivation upon counting and timing in rats", *Journal of the Experimental Analysis of Behavior 5*(4): 463-466; disponible en <www.ncbi.nlm.nih.gov>, última consulta: 23/12/2015.

Meck, W. H. y R. M. Church (1983), "A mode control model of counting and timing processes", *Journal of Experimental Psychology: Animal Behavior Processes 9*(3): 320-334; disponible en <www.researchgate.net>, última consulta: 23/12/2015.

Mehler, J. y T. G. Bever (1967), "Cognitive capacity of very young children", *Science 158*(3797): 141-142.

Menninger, K. (1969), *Number words and number symbols*, Cambridge, MA, MIT Press.

Miller, E. K. y J. D. Cohen (2001), "An integrative theory of prefrontal cortex function", *Annual Review of Neuroscience 24*: 167-202; disponible en <matt.colorado.edu>, última consulta: 23/12/2015.

Miller, K., C. M. Smith, J. Zhu y H. Zhang (1995), "Preschool origins of cross-national differences in mathematical competence: The role of number-naming systems", *Psychological Science 6*(1): 56-60; disponible en <www.researchgate.net>, última consulta: 23/12/2015.

Miller, K. y J. W. Stigler (1987), "Counting in Chinese: Cultural variation in a basic cognitive skill", *Cognitive Development 2*(3): 279-305; disponible en <www.researchgate.net>, última consulta: 23/12/2015.

Miller, K. F. y D. R. Paredes (1990), "Starting to add worse: Effects of learning to multiply on children's addition", *Cognition 37*(3): 213-242.

Mitchell, R. W., P. Yao, P. T. Sherman y M. O'Regan (1985), "Discriminative responding of a dolphin (*Tursiops truncatus*) to differentially rewarded stimuli", *Journal of Comparative Psychology 99*(2): 218-225.

Mix, K. S., S. C. Levine y J. Huttenlocher (1997), "Numerical abstraction in infants: Another look", *Developmental Psychology 33*(3): 423-428; disponible en <psychology.uchicago.edu>, última consulta: 23/12/2015.

Molko, N., A. Cachia, D. Rivière, J. F. Mangin, M. Bruandet, D. Le Bihan, L. Cohen y S. Dehaene (2003), "Functional and structural alterations of the intraparietal sulcus in a developmental dyscalculia of genetic origin", *Neuron 40*(4): 847-858; disponible en <www.sciencedirect.com>, última consulta: 23/12/2015.
— (2004), "Brain anatomy in Turner syndrome: Evidence for impaired social and spatial-numerical networks", *Cerebral Cortex 14*(8): 840-850; disponible en <www.cercor.oxfordjournals.org>, última consulta, 23/12/2015.

Morin, R. E., D. V. DeRosa y V. Stultz (1967), "Recognition memory and reaction time", *Acta Psychologica 27*: 298-305.

Moyer, R. S. y T. K. Landauer (1967), "Time required for judgements of numerical inequality", *Nature 215*: 1519-1520.

Mussolin, C., A. De Volder, C. Grandin, X. Schlögel, M. C. Nassogne y M. P. Noël (2010), "Neural correlates of symbolic number comparison in developmental dyscalculia", *Journal of Cognitive Neuroscience 22*(5): 860-874; disponible en <www.researchgate.net>.

Mussolin, C., S. Mejias y M. P. Noël (2010), "Symbolic and nonsymbolic number comparison in children with and without dyscalculia", *Cognition 115*(1): 10-25.

Mussolin, C. y M. P. Noël (2008), "Automaticity for numerical magnitude of two-digit Arabic numbers in children", *Acta Psychologica (Amst) 129*(2): 264-272.

Naccache, L. y S. Dehaene (2001a), "The priming method: Imaging unconscious repetition priming reveals an abstract representation of number in the parietal lobes", *Cerebral Cortex 11*(10): 966-974; disponible en <cercor.oxfordjournals.org>, última consulta: 23/12/2015.
— (2001b), "Unconscious semantic priming extends to novel unseen stimuli", *Cognition 80*(3): 215-229.

Nieder, A. (2005), "Counting on neurons: The neurobiology of numerical competence", *Nature Reviews Neuroscience 6*(3): 177-190.

Nieder, A. y S. Dehaene (2009), "Representation of number in the brain", *Annual Review of Neuroscience 32*: 185-208.

Nieder, A., D. J. Freedman y E. K. Miller (2002), "Representation of the quantity of visual items in the primate prefrontal cortex", *Science 297*(5587): 1708-1711.

Nieder, A. y K. Merten (2007), "A labeled-line code for small and large numerosities in the monkey prefrontal cortex", *The Journal of Neuroscience 27*(22): 5986-5993; disponible en <www.jneurosci.org>, última consulta: 23/12/2015.

Nieder, A. y E. K. Miller (2003), "Coding of cognitive magnitude. Compressed scaling of numerical information in the primate prefrontal cortex", *Neuron 37*(1): 149-157; disponible en <www.sciencedirect.com>, última consulta: 23/12/2015.
— (2004), "A parieto-frontal network for visual numerical information in the monkey", *Proceedings of the Natural Academy of Science USA 101*(19): 7457-7462; disponible en <www.pnas.org>, última consulta: 23/12/2015.

Norris, D. (1990), "How to build a connectionist idiot (savant)", *Cognition 35*(3): 277-291.

O'Connor, N. y B. Hermelin (1984), "Idiot savant calendrical calculators: maths or memory", *Psychological Medicine 14*: 801-806.

O'Reilly, R. C. (2006), "Biologically based computational models of high-level cognition", *Science 314*(5796): 91-94.

Obler, L. K. y D. Fein (eds., 1988), *The exceptional brain: Neuropsychology of talent and special abilities*, Nueva York, The Guilford Press.

Onishi, K. H. y R. Baillargeon (2005), "Do 15-month-old infants understand false beliefs?", *Science 308*(5719): 255-258; disponible en <www.ncbi.nlm.nih.gov>, última consulta: 23/12/2015.

Papert, S. (1960), "Problèmes épistémologiques et génétiques de la récurrence", en P. Gréco, J.-B. Grize, S. Papert y J. Piaget (eds.), *Études d'épistemologie génétique*, vol. 11: *Problèmes de la construction du nombre*, París, Presses Universitaires de France: 117-148.

Paulos, J. A. (1988), *Innumeracy: Mathematical illiteracy and its consequences*, Nueva York, Vintage Books [ed. cast. ya citada].

Pearson, J., J. D. Roitman, E. M. Brannon, M. L. Platt y S. Raghavachari (2010), "A physiologically-inspired model of numerical classification based on graded stimulus coding", *Frontiers in Behavioral Neuroscience 4*: 1; disponible en <journal.frontiersin.org>, última consulta: 23/12/2015.

Pepperberg, I. M. (1987), "Evidence for conceptual quantitative abilities in the african grey parrot: Labeling of cardinal sets", *Ethology 75*(1): 37-61.

Piaget, J. (1952), *The child's conception of number*, Nueva York, Norton [ed. cast.: *Génesis del número en el niño*, Buenos Aires, Guadalupe, 1987].
— (1960 [1948]), *Child's conception of geometry*, Londres, Routledge and Kegan Paul.

Piazza, M., A. Facoetti, A. Trussardi, I. Berteletti, S. Conte, D. Lucangeli, S. Dehaene, y M. Zorzi (2010), "Developmental trajectory of number acuity reveals a severe impairment in developmental dyscalculia", *Cognition 116*(1): 33-41; disponible en <ccnl.psy.unipd.it>, última consulta: 23/12/2015.

Piazza, M., E. Giacomini, D. Le Bihan y S. Dehaene (2003), "Single-trial classification of parallel pre-attentive and serial attentive processes using functional magnetic resonance imaging", *Proceedings B Biological Science. The Royal Society 270*(1521): 1237-1245; disponible en <rspb.royalsocietypublishing.org>, última consulta: 23/12/2015.

Piazza, M., V. Izard, P. Pinel, D. Le Bihan y S. Dehaene (2004), "Tuning curves for approximate numerosity in the human intraparietal sulcus", *Neuron 44*(3): 547-555; disponible en <www.sciencedirect.com>, última consulta: 23/12/2015.

Piazza, M., A. Mechelli, B. Butterworth y C. J. Price (2002), "Are subitizing and counting implemented as separate or functionally overlapping processes?", *Neuroimage 15*(2): 435-446; disponible en <www.mathematicalbrain.com>, última consulta: 23/12/2015.

Piazza, M., P. Pinel, D. Le Bihan y S. Dehaene (2007), "A magnitude code common to numerosities and number symbols in human intraparietal cortex", *Neuron 53*(2): 293-305; disponible en <www.sciencedirect.com>, última consulta: 23/12/2015.

Pica, P., C. Lemer, V. Izard y S. Dehaene (2004), "Exact and approximate arithmetic in an Amazonian indigene group", *Science 306*(5695): 499-503.

Pinel, P. y S. Dehaene (2009), "Beyond hemispheric dominance: Brain regions underlying the joint lateralization of language and arithmetic to the left hemisphere", *Journal of Cognitive Neuroscience 22*(1): 48-66; disponible en <www.mitpressjournals.org>, última consulta: 23/12/2015.

Pinel, P., S. Dehaene, D. Rivière y D. LeBihan (2001), "Modulation of parietal activation by semantic distance in a number comparison task", *Neuroimage 14*(5): 1013-1026.

Pinel, P., M. Piazza, D. LeBihan y S. Dehaene (2004), "Distributed and overlapping cerebral representations of number, size, and luminance during comparative judgments", *Neuron 41*(6): 983-993; disponible en <www.sciencedirect.com>, última consulta: 23/12/2015.

Platt, J. R. y D. M. Johnson (1971), "Localization of position within a homogeneous behavior chain: Effects of error contingencies", *Learning and Motivation 2*(4): 386-414.

Poincaré, H. (1907), *Science and hypothesis*, Londres, Walter Scott Publishing Co. [ed. cast. ya citada].

— (1914/2007), *Science and method*, Nueva York, Cosimo [ed. cast. ya citada].

Pollmann, T. y C. Jansen (1996), "The language user as an arithmetician", *Cognition 59*(2): 219-237.

Posner, M. I., S. E. Petersen, P. T. Fox y M. E. Raichle (1988), "Localization of cognitive operations in the human brain", *Science 240*(4859): 1627-1631; disponible en <gureckislab.org>, última consulta: 23/12/2015.

Posner, M. I. y M. E. Raichle (1994), *Images of mind*, Nueva York, Scientific American Library.

Premack, D. y A. Premack (2003), *Original intelligence: Unlocking the mystery of who we are*, Nueva York, McGraw Hill.

Price, G. R., I. Holloway, P. Rasanen, M. Vesterinen y D. Ansari (2007), "Impaired parietal magnitude processing in developmental dyscalculia", *Current Biology 17*(24): R1042-1043; disponible en <www.sciencedirect.com>, última consulta: 23/12/2015.

Puce, A., T. Allison, M. Asgari, J. C. Gore y G. McCarthy (1996), "Differential sensitivity of human visual cortex to faces, letterstrings, and textures: A functional magnetic resonance imaging study", *Journal of Neuroscience 16*: 5205-5215; <www.jneurosci.org>, última consulta: 23/12/2015.

Quine, W. V. O. (1960), *Word and object*, Cambridge, MA, MIT Press [ed. cast.: *Palabra y objeto*, Barcelona, Herder, 2001].

Quiroga, R. Q., R. Mukamel, E. A. Isham, R. Malach e I. Fried (2008), "Human single-neuron responses at the threshold of conscious recognition", *Proceedings of the Natural Academy of Science USA 105*(9): 3599-3604; disponible en <www.pnas.org>, última consulta: 23/12/2015.

Quiroga, R. Q., L. Reddy, G. Kreiman, C. Koch e I. Fried (2005), "Invariant visual representation by single neurons in the human brain", *Nature 435*(7045): 1102-1107.

Railo, H., M. Koivisto, A. Revonsuo y M. M. Hannula (2008), "The role of attention in subitizing", *Cognition 107*(1): 82-104; disponible en <mindbrain.ucdavis.edu>, última consulta: 23/12/2015.

Ramachandran, V. S. y E. M. Hubbard (2001), "Synaesthesia - A window into perception, thought and language", *Journal of Consciousness Studies 8*(12): 3-34; disponible en <cbc.ucsd.edu>, última consulta: 23/12/2015.

Ramachandran, V. S., D. Rogers-Ramachandran y M. Stewart (1992), "Perceptual correlates of massive cortical reorganization", *Science 258*(5085): 1159-1160.

Ramani, G. B. y R. S. Siegler (2008), "Promoting broad and stable improvements in low-income children's numerical knowledge through playing number board games", *Child Development 79*(2): 375-394; disponible en <drum.lib.umd.edu>, última consulta: 23/12/2015.

Ranzini, M., S. Dehaene, M. Piazza y E. M. Hubbard (2009), "Neural mechanisms of attentional shifts due to irrelevant spatial and numerical cues", *Neuropsychologia 47*(12): 2615-2624.

Reivich, M., D. Kuhl, A. Wolf, J. Greenberg, M. Phelps, T. Ido, V. Casella, J. Fowler, E. Hoffman, A. Alavi, P. Som y L. Sokoloff (1979), "The [18F] fluorodeoxyglucose method for the measurement of local cerebral glucose utilization in man", *Circulation Research 44*(1): 127-137; disponible en <circres.ahajournals.org>, última consulta: 23/12/2015.

Revkin, S. K., M. Piazza, V. Izard, L. Cohen y S. Dehaene (2008), "Does subitizing reflect numerical estimation?", *Psychologycal Science 19*(6): 607-614.

Reynvoet, B. y M. Brysbaert (1999), "Single-digit and two-digit Arabic numerals address the same semantic number line", *Cognition 72*(2): 191-201.

Reynvoet, B., M. Brysbaert y W. Fias (2002), "Semantic priming in number naming", *The Quarterly Journal of Experimental Psychology 55A*(4): 1127-1139; disponible en <crr.urgent.be>, última consulta: 23/12/2015.

Reynvoet, B. y E. Ratinckx (2004), "Hemispheric differences between left and right number representations: Effects of conscious and unconscious priming", *Neuropsychologia 42*(6): 713-726.

Rivera, S. M., V. Menon, C. D. White, B. Glaser y A. L. Reiss (2002), "Functional brain activation during arithmetic processing in females with fragile X syndrome is related to FMR1 protein expression", *Human Brain Mapping 16*(4): 206-218; disponible en <mindbrain.ucdavis.edu>, última consulta: 23/12/2015.

Rivera, S. M., A. L. Reiss, M. A. Eckert y V. Menon (2005), "Developmental changes in mental arithmetic: Evidence for increased functional specialization in the left inferior parietal cortex", *Cerebral Cortex 15*(11): 1779-1790; disponible en <cercor.oxfordjournals.org>, última consulta: 23/12/2015.

Roitman, J. D., E. M. Brannon y M. L. Platt (2007), "Monotonic coding of numerosity in macaque lateral intraparietal area", *Public Library of Science(PLoS). Biology 5*(8): e208; disponible en <journals.plos.org>, última consulta: 23/12/2015.

Roland, P. E. y L. Friberg (1985), "Localization of cortical areas activated by thinking", *Journal of Neurophysiology 53*(5): 1219-1243.

Rotzer, S., K. Kucian, E. Martin, M. von Aster, P. Klaver y T. Loenneker (2008), "Optimized voxel-based morphometry in children with developmental dyscalculia", *Neuroimage 39*(1): 417-422.

Rousselle, L. y M. P. Noel (2007), "Basic numerical skills in children with mathematics learning disabilities: A comparison of symbolic vs non-symbolic number magnitude processing", *Cognition 102*(3): 361-395.

Rubinsten, O. y A. Henik (2005), "Automatic activation of internal magnitudes: A study of developmental dyscalculia", *Neuropsychology 19*(5): 641-648; disponible en <langnum.haifa.ac.il>, última consulta: 23/12/2015.

Rumbaugh, D. M., S. Savage-Rumbaugh y M. T. Hegel (1987), "Summation in the chimpanzee (*Pan troglodytes*)", *Journal of Experimental Psychology: Animal Behavior Processes 13*(2): 107-115.

Rusconi, E., P. Pinel, E. Eger, D. LeBihan, B. Thirion, S. Dehaene y A. Kleinschmidt (2009), "A disconnection account of Gerstmann syndrome: Functional neuroanatomy evidence", *Annals of Neurology 66*(5): 654-662.

Sacks, O. (1985), *The man who mistook his wife for a hat*, Londres, Gerald Duckworth & Co.

Sarnecka, B. W. y S. Carey (2008), "How counting represents number: What children must learn and when they learn it", *Cognition 108*(3): 662-674.

Sawamura, H., G. A. Orban y R. Vogels (2006), "Selectivity of neuronal adaptation does not match response selectivity: A single-cell study of the fMRI adaptation paradigm", *Neuron 49*(2): 307-318; disponible en <www.sciencedirect.com>, última consulta: 23/12/2015.

Sawamura, H., K. Shima y J. Tanji (2002), "Numerical representation for action in the parietal cortex of the monkey", *Nature 415*(6874): 918-922.

Schlaug, G., L. Jancke, Y. Huang y H. Steinmetz (1995), "In vivo evidence of structural brain asymmetry in musicians", *Science 267*(5198): 699-701; disponible en <gottfriedschlaug.org>, última consulta: 23/12/2015.

Senanayake, N. (1989), "Epilepsia arithmetices revisited", *Epilepsy Research 3*(2): 167-173.

Seron, X., M. Pesenti, M. P. Noël, G. Deloche y J.-A. Cornet (1992), "Images of numbers or 'When 98 is upper left and 6 sky blue' ", *Cognition 44*(1-2): 159-196.

Seymour, S. E., P. A. Reuter-Lorenz y M. S. Gazzaniga (1994), "The disconnection syndrome: Basic findings reaffirmed", *Brain 117*(1): 105-115.

Shaki, S. y M. H. Fischer (2008), "Reading space into numbers: A cross-linguistic comparison of the SNARC effect", *Cognition 108*(2): 590-599.

Shalev, R. S., J. Auerbach, O. Manor y V. Gross-Tsur (2000), "Developmental dyscalculia: Prevalence and prognosis", *European Child and Adolescent Psychiatry 9*(Suppl 2): II58-64.

Shalev, R. S., O. Manor, B. Kerem, M. Ayali, N. Badichi, Y. Friedlander y V. Gross-Tsur (2001), "Developmental dyscalculia is a familial learning disability", *Journal of Learning Disabilities 34*(1): 59-65.

Shallice, T. y M. E. Evans (1978), "The involvement of the frontal lobes in cognitive estimation", *Cortex 14*(2): 294-303.

Shepard, R. N., D. W. Kilpatrick y J. P. Cunningham (1975), "The internal representation of numbers", *Cognitive Psychology 7*(1): 82-138.

Shipley, E. F. y B. Shepperson (1990), "Countable entities: Developmental changes", *Cognition 34*(2): 109-136.

Siegler, R. S. (1987), "The perils of averaging data over strategies: An example from children's addition", *Journal of Experimental Psychology: General 116*(3): 250-264; disponible en <www.psy.cmu.edu>, última consulta: 23/12/2015.

— (1989), "Mechanisms of cognitive development", *Annual Review of Psychology 40*: 353-379; disponible en <www.psy.cmu.edu>, última consulta: 23/12/2015.

Siegler, R. S. y J. L. Booth (2004), "Development of numerical estimation in young children", *Child Development 75*(2): 428-444; disponible en <www.cs.cmu.edu>, última consulta: 23/12/2015.

Siegler, R. S. y E. A. Jenkins (1989), *How children discover new strategies*, Hillsdale, NJ, Erlbaum.

Siegler, R. S. y J. E. Opfer (2003), "The development of numerical estimation: Evidence for multiple representations of numerical quantity", *Psychological Science 14*(3): 237-243; disponible en <eclass.gunet.edu>, última consulta: 23/12/2015.

Siegler, R. S. y G. B. Ramani (2008), "Playing linear numerical board games promotes low-income children's numerical development", *Development Science 11*(5): 655-661; disponible en <www.psy.cmu.edu>, última consulta: 23/12/2015.

— (2009), "Playing linear number board games –but not circular ones– improves low-income preschoolers' numerical understanding", *Journal of Educational Psychology 101*(3): 545-560; disponible en <www.psy.cmu.edu>, última consulta: 23/12/2015.

Simon, O., F. Kherif, G. Flandin, J. B. Poline, D. Rivière, J. F. Mangin, D. Le Bihan y S. Dehaene (2004), "Automatized clustering and functional geometry of human parietofrontal networks for language, space, and number", *Neuroimage 23*(3): 1192-1202.

Simon, O., J. F. Mangin, L. Cohen, D. Le Bihan y S. Dehaene (2002), "Topographical layout of hand, eye, calculation, and language-related areas in the human parietal lobe", *Neuron 33*(3): 475-487, disponible en <www.sciencedirect.com>, última consulta: 23/12/2015.

Simon, T. (1999), "The foundations of numerical thinking in a brain without numbers", *Trends in Cognitive Science 3*(10): 363-365; disponible en <www.researchgate.net>, última consulta: 23/12/2015.

Simon, T. J., S. J. Hespos y P. Rochat (1995), "Do infants understand simple arithmetic? A replication of Wynn (1992)", *Cognitive Development 10*(2): 253-269; disponible en <www.psychology.emory.edu>, última consulta: 23/12/2015.

Simos, P. G., J. M. Fletcher, E. Bergman, J. I. Breier, B. R. Foorman, E. M. Castillo, R. N. Davis, M. Fitzgerald y A. C. Papanicolaou (2002), "Dyslexia-specific brain activation profile becomes normal following successful remedial training", *Neurology 58*(8): 1203-1213.

Smith, S. B. (1083), *Tho groat montal calculators*, Nueva York, Columbia University Press.

Sokoloff, L. (1979), "Mapping of local cerebral functional activity by measurement of local cerebral glucose utilization with [14C]deoxyglucose", *Brain 102*(4): 653-668.

Sokoloff, L., R. Mangold, R. L. Wechsler, C. Kennedy y S. Kety (1955), "The effect of mental arithmetic on cerebral circulation and metabolism", *Journal of Clinical Investigations 34*(7 Pt1): 1101-1108; disponible en <www.ncbi.nlm.nih.gov>, última consulta: 23/12/2015.

Song, J. H. y K. Nakayama (2008), "Numeric comparison in a visually-guided manual reaching task", *Cognition 106*(2): 994-1003.

Spalding, J. M. K. y O. L. Zangwill (1950), "Disturbance of number-form in a case of brain injury", *Journal of Neurology 13*(1): 24-29; disponible en <www.ncbi.nlm.nih.gov>, última consulta: 23/12/2015.

Spelke, E. S., K. Breinlinger, J. Macomber y K. Jacobson (1992), "Origins of knowledge", *Psychological Review 99*(4): 605-632; disponible en <cogsci. ucd.ie>, última consulta: 23/12/2015.

Spelke, E. S., G. Katz, S. E. Purcell, S. M. Ehrlich y K. Breinlinger (1994), "Early knowledge of object motion: Continuity and inertia", *Cognition 51*(2): 131-176; disponible en <www.researchgate.net>, última consulta: 23/12/2015.

Spelke, E. y S. Tsivkin (2001), "Initial knowledge and conceptual change: Space and number", en M. Bowerman y S. C. Levinson (eds.), *Language acquisition and conceptual development*, Cambridge, Cambridge University Press: 70-100.

Stanescu-Cosson, R., P. Pinel, P. F. van de Moortele, D. Le Bihan, L. Cohen y S. Dehaene (2000), "Understanding dissociations in dyscalculia: A brain imaging study of the impact of number size on the cerebral networks for exact and approximate calculation", *Brain 123*(Pt 11): 2240-2255; disponible en <brain.oxfordjournals.org>, última consulta: 23/12/2015.

Starkey, P., R. G. y Jr. Cooper (1980), "Perception of numbers by human infants", *Science 210*(4473): 1033-1035; disponible en <www.psychology. nottingham.ac.uk>, última consulta: 23/12/2015.

Starkey, P., E. S. Spelke y R. Gelman (1983), "Detection of intermodal numerical correspondences by human infants", *Science 222*(4620): 179-181; disponible en <software.rc.fas.harvard.edu>, última consulta: 23/12/2015.
— (1990), "Numerical abstraction by human infants", *Cognition 36*(2): 97-127.

Staszewski, J. J. (1988), "Skilled memory and expert mental calculation", en M. Chi, R. Glaser y M. J. Farr (eds.), *The nature of expertise*, Hillsdale, NJ, Erlbaum: 71-128.

Stazyk, E. H., M. H. Ashcraft y M. S. Hamann (1982), "A network approach to mental multiplication", *Journal of Experimental Psychology: Learning 8*(4): 320-335; disponible en <www.researchgate.net>, última consulta: 23/12/2015.

Stevenson, H. W. y J. W. Stigler (1992), *The learning gap*, Nueva York, Simon y Schuster.

Stigler, J. W. (1984), "Mental abacus: The effect of abacus training on Chinese children's mental calculation", *Cognitive Psychology 16*: 145-176; disponible en <www.researchgate.net>, última consulta: 23/12/2015.

Strauss, M. S. y L. E. Curtis (1981), "Infant perception of numerosity", *Child Development 52*(4): 1146-1152.

Taylor, S. F., E. R. Stern y W. J. Gehring (2007), "Neural systems for error monitoring: Recent findings and theoretical perspectives", *Neuroscientist 13*(2): 160-172.

Temple, C. M. (1989), "Digit dyslexia: A category-specific disorder in development dyscalculia", *Cognitive Neuropsychology 6*(1): 93-116.

— (1991), "Procedural dyscalculia and number fact dyscalculia: Double dissociation in developmental dyscalculia", *Cognitive Neuropsychology* 8(2): 155-176.

Temple, E., G. K. Deutsch, R. A. Poldrack, S. L. Miller, P. Tallal, M. M. Merzenich y J. D. Gabrieli (2003), "Neural deficits in children with dyslexia ameliorated by behavioral remediation: Evidence from functional MRI", *Proceedings of the Natural Academy of Science USA 100*(5): 2860-2865; disponible en <www.pnas.org>, última consulta: 23/12/2015.

Temple, E. y M. I. Posner (1998), "Brain mechanisms of quantity are similar in 5-year-olds and adults", *Proceedings of the National Academy of Sciences USA 95*: 7836-7841; disponible en <ww.ncbi.nlm.nih.gov>, última consulta: 23/12/2015.

Thioux, M., M. Pesenti, N. Costes, A. De Volder y X. Seron (2005), "Task-independent semantic activation for numbers and animals", *Brain Research. Cognitive Brain Research 24*(2): 284-290.

Thom, R. (1991), *Prédire n'est pas expliquer*, París, Flammarion.

Thompson, R. F., K. S. Mayers, R. T. Robertson y C. J. Patterson (1970), "Number coding in association cortex of the cat", *Science 168*(3928): 271-273.

Timmers, L. y W. Claeys (1990), "The generality of mental addition models: Simple and complex addition in a decision-production task", *Memory and Cognition 18*(3): 310-320; disponible en <link.springer.com>, última consulta: 23/12/2015.

Trick, L. M. (2008), "More than superstition: Differential effects of featural heterogeneity and change on subitizing and counting", *Perception and Psychophysics 70*(5): 743-760; disponible en <link.springer.com>, última consulta: 23/12/2015.

Trick, L. M. y Z. W. Pylyshyn (1993), "What enumeration studies can show us about spatial attention: Evidence for limited capacity preattentive processing", *Journal of Experimental Psychology. Human Perception and Performance 19*(2): 331-351; disponible en <www.researchgate.net>, última consulta: 23/12/2015.
— (1994), "Why are small and large numbers enumerated differently? A limited capacity preattentive stage in visión", *Psychological Review 101*(1): 80-102.

Tsang, J. M., R. F. Dougherty, G. K. Deutsch, B. A. Wandell y M. Ben-Shachar (2009), "Frontoparietal white matter diffusion properties predict mental arithmetic skills in children", *Proceedings of the Natural Academy of Science USA 106*(52): 22 546-22 551; disponible en <www.pnas.org>, última consulta: 23/12/2015.

Tsao, D. Y., W. A. Froiwald, R. B. Tootell y M. S. Livingstone (2006), "A cortical region consisting entirely of face-selective cells", *Science 311*(5761): 670-674; disponible en <www.ncbi.nlm.nih.gov>, última consulta: 23/12/2015.

Tudusciuc, O. y A. Nieder (2007), "Neuronal population coding of continuous and discrete quantity in the primate posterior parietal cortex", *Proceedings of the Natural Academy of Science USA 104*(36): 14 513-14 518; disponible en <www.ncbi.nlm.nih.gov>, última consulta: 23/12/2015.

Tzelgov, J., J. Meyer y A. Henik (1992), "Automatic and intentional processing of numerical information", *Journal of Experimental Psychology: Learning, Memory, and Cognition 18*(1): 166-179; disponible en <www.researchgate.net>, última consulta: 23/12/2015.

Van Lehn, K. (1986), "Arithmetic procedures are induced from examples", en J. Hiebert (ed.), *Conceptual and procedural knowledge: The case of mathematics*, Hillsdale, NJ, Erlbaum: 133-179.
— (1990), *Mind bugs. The origin of procedural misconceptions*, Cambridge, MIT Press.

Van Loosbroek, E. y A. W. Smitsman (1990), "Visual perception of numerosity in infancy", *Developmental Psychology 26*(6): 916-922.

Van Oeffelen, M. P. y P. G. Vos (1982), "A probabilistic model for the discrimination of visual number", *Perception and Psychophysics 32*(2): 163-170; disponible en <link.springer.com>, última consulta: 23/12/2015.

Vandenberg, S. G. (1962), "The hereditary abilities study: Hereditary components in a psychological test battery", *American Journal of Human Genetics 14*(2): 220-237; disponible en <www.ncbi.nlm.nih.gov>, última consulta: 23/12/2015.
— (1966), "Contributions of twin research to psychology", *Psychological Bulletin 66*(5): 327-352.

Verguts, T. y W. Fias (2004), "Representation of number in animals and humans: A neural model", *Journal of Cognitive Neuroscience 16*(9): 1493-1504; disponible en <users.ugent.be>, última consulta: 23/12/2015.

Verguts, T., W. Fias y M. Stevens (2005), "A model of exact small-number representation", *Psychonomic Bulletin and Review 12*(1): 66-80; disponible en <users.ugent.be>, última consulta: 23/12/2015.

Vetter, P., B. Butterworth y B. Bahrami (2008), "Modulating attentional load affects numerosity estimation: Evidence against a pre-attentive subitizing mechanism", *Public Library of Science One 3*(9): e3269; disponible en <www.ncbi.nlm.nih.gov>, última consulta: 23/12/2015.
— (2010), "A candidate for the attentional bottleneck: Set-size specific modulation of the right TPJ during attentive enumeration", *Journal of Cognitive Neuroscience 23*(3): 728-736.

Viarouge, A., E. M. Hubbard, S. Dehaene y J. Sackur (2010), "Number line compression and the illusory perception of random numbers", *Experimental Psychology 57*(6): 446-454.

Vogel, E. K. y M. G. Machizawa (2004), "Neural activity predicts individual differences in visual working memory capacity", *Nature 428*(6984): 748-751; disponible en <www.researchgate.net>, última consulta: 23/12/2015.

Von Neumann, J. (1958), *The computer and the brain*, New Haven, Yale University Press [ed. cast. ya citada].

Walsh, V. (2003), "A theory of magnitude: Common cortical metrics of time, space and quantity", *Trends in Cognitive Science 7*(11): 483-488.

Wang, S. H. y R. Baillargeon (2008), "Detecting impossible changes in infancy: A three-system account", *Trends in Cognitive Science 12*(1): 17-23; disponible en <www.ncbi.nlm.nih.gov>, última consulta: 23/12/2015.

Warren, H. C. (1897), "The reaction time of counting", *Psychological Review* *4*(6): 569-591.

Washburn, D. A. y D. M. Rumbaugh (1991), "Ordinal judgments of numerical symbols by macaques (*Macaca mulatta*)", *Psychological Science* *2*(3): 190-193.

Watson, D. G., E. A. Maylor y L. A. Bruce (2007), "The role of eye movements in subitizing and counting", *Journal of Experimental Psychology. Human Perception and Performance* *33*(6): 1389-1399.

Widaman, K. F., D. C. Geary, P. Cormier y T. D. Little (1989), "A componential model for mental addition", *Journal of Experimental Psychology: Learning, Memory, and Cognition* *15*(5): 898-919; disponible en <www.agencylab. ku.edu>, última consulta: 23/12/2015.

Wigner, E. (1960), "The unreasonable effectiveness of mathematics in the natural sciences", *Communications on Pure and Applied Mathematics* *13*(1): 1-14.

Williamson, L. L., R. K. Cheng, M. Etchegaray y W. H. Meck (2008), "'Speed' warps time: Methamphetamine's interactive roles in drug abuse, habit formation, and the biological clocks of circadian and interval timing", *Current Drug Abuse Review* *1*(2): 203-212.

Wilson, A. J., S. Dehaene, O. Dubois y M. Fayol (2009), "Effects of an adaptive game intervention on accessing number sense in low-socioeconomic-status kindergarten children", *Mind, Brain and Education* *3*(4): 224-234.

Wilson, A. J., S. Dehaene, P. Pinel, S. K. Revkin, L. Cohen y D. Cohen (2006), "Principles underlying the design of *The number race*, an adaptive computer game for remediation of dyscalculia", *Behavioral and Brain Functions* *2*: 19; disponible en <www.ncbi.nlm.nih.gov>, última consulta: 23/12/2015.

Wilson, A. J., S. K. Revkin, D. Cohen, L. Cohen y S. Dehaene (2006), "An open trial assessment of *The number race*, an adaptive computer game for remediation of dyscalculia", *Behavioral and Brain Functions* *2*: 20; disponible en <www.ncbi.nlm.nih.gov>, última consulta: 23/12/2015.

Witelson, S. F., D. L. Kigar y T. Harvey (1999), "The exceptional brain of Albert Einstein", *The Lancet* *353*(9170): 2149-2153; disponible en <lifescience. bioquant.com>, última consulta: 23/12/2015.

Woodruff, G. y D. Premack (1981), "Primative mathematical concepts in the chimpanzee: Proportionality and numerosity", *Nature* *293*(5833): 568-570.

Wynn, K. (1990), "Children's understanding of counting", *Cognition* *36*(2): 155-193; disponible en <www.researchgate.net>, última consulta: 23/12/2015.

— (1992a), "Addition and subtraction by human infants", *Nature* *358*(6389): 749-750.

— (1992b), "Children's acquisition of the number words and the counting system", *Cognitive Psychology* *24*: 220-251; disponible en <isites.harvard. edu>, última consulta: 23/12/2015.

— (1996), "Infants' individuation and enumeration of actions", *Psychological Science* *7*(3): 164-169; disponible en <www.researchgate.net>, última consulta: 23/12/2015.

Xu, F. y S. Carey (1996), "Infants' metaphysics: The case of numerical identity", *Cognitive Psychology 30*(2): 111-153; disponible en <citeseer.ist. psu.edu>, última consulta: 23/12/2015.

Xu, F., S. Carey y N. Quint (2004), "The emergence of kind-based object individuation in infancy", *Cognitive Psychology 49*(2): 155-190.

Xu, X. y C. Liu (2008), "Can subitizing survive the attentional blink? An ERP study", *Neuroscience Letters 440*(2): 140-144.

Xu, F. y E. S. Spelke (2000), "Large number discrimination in 6-month-old infants", *Cognition 74*(1): B1-B11.

Yamaguchi, M. (2009), "On the savant syndrome and prime numbers", *Dynamical Psychology*; disponible en <wp.dynapsyc.org>, última consulta: 23/12/2015.

Zago, L., L. Petit, M. R. Turbelin, F. Andersson, M. Vigneau y N. Tzourio-Mazoyer (2008), "How verbal and spatial manipulation networks contribute to calculation: An fMRI study", *Neuropsychologia 46*(9): 2403-2414.

Zebian, S. (2005), "Linkages between number concepts, spatial thinking, and directionality of writing: The SNARC effect and the REVERSE SNARC effect in English and Arabic monoliterates, biliterates, and illiterate Arabic speakers", *Journal of Cognition and Culture 5* (1-2): 165-191.

Zhang, W. y S. J. Luck (2008), "Discrete fixed-resolution representations in visual working memory", *Nature 453*(7192): 233-235; disponible en <www. ncbi.nlm.nih.gov>, última consulta: 23/12/2015.

Zorzi, M., K. Priftis y C. Umilta (2002), "Brain damage: Neglect disrupts the mental number line", *Nature 417*(6885): 138-139.